U0560427

我
思

敢于运用你的理智

湖北省公益学术著作

Hubei Special Funds 出版专项资金
for Academic and Public-interest
Publications

十九世纪德国非主流哲学

现象学史前史札记

靳希平　吴增定　著

长江出版传媒｜崇文书局

图书在版编目（ＣＩＰ）数据

十九世纪德国非主流哲学：现象学史前史札记 ／ 靳希平，吴增定著． —— 武汉：崇文书局，2023.7
（崇文学术文库·西方哲学）
ISBN 978-7-5403-7224-8

Ⅰ．①十… Ⅱ．①靳… ②吴… Ⅲ．①现象学－哲学史－德国－ 19 世纪 Ⅳ．① B81-06

中国国家版本馆 CIP 数据核字（2023）第 064001 号

2023 年度湖北省公益学术著作出版专项资金项目

十 九 世 纪 德 国 非 主 流 哲 学
SHIJIUSHIJI DEGUO FEIZHULIU ZHEXUE

出 版 人　韩　敏
出　品　崇文书局人文学术编辑部·我思
策 划 人　梅文辉（mwh902@163.com）
责任编辑　黄显深（bithxs@qq.com）　鲁兴刚
责任校对　李堂芳
装帧设计　甘淑媛
出版发行　 长江出版传媒　崇 文 书 局
地　址　武汉市雄楚大街 268 号 C 座 11 层
电　话　（027）87677133　邮政编码　430070
印　刷　湖北新华印务有限公司
开　本　880 mm×1230 mm　1/32
印　张　20.625
字　数　462 千
版　次　2023 年 7 月第 1 版
印　次　2023 年 7 月第 1 次印刷
定　价　138.00 元
（读者服务电话：027-87679738）

我
思

敢于运用你的理智

ISBN 978-7-5403-7224-8

9 787540 372248 >

本作品之出版权（含电子版权）、发行权、改编权、翻译权等著作权以及本作品装帧设计的著作权均受我国著作权法及有关国际版权公约保护。任何非经我社许可的仿制、改编、转载、印刷、销售、传播之行为，我社将追究其法律责任。

前　言

　　1996 年 3 月到 1997 年 8 月在德国 Wuppertal 大学访问期间，我的主要工作是研究海德格尔哲学、翻译《海德格尔传》，大部分时间泡在大学图书馆。每当海德格尔把我搞烦了，或者搞累了的时候，就去翻阅大学采购到的旧书，做了一些笔记，以便为教研室合编的《西方哲学通史》第三卷德国部分的写作做些准备。后来，总觉得这些笔记对我理解现象学有些帮助，恰逢北京大学成立了德国研究小组，策划出版《北京大学德国研究丛书》，小组领导谷裕教授交办给我一本书的任务，同时北大外国哲学研究所申请教育部人文社会科学重点研究基地成功，第一批科研项目包括现象学运动的研究，于是就利用 2001 年 7 月到 9 月再次去 Wuppertal 大学的机会，把笔记整理了一下，校订了引文和出处，分成章节，做成了一本书的样子。由于时间短促，未能将全部笔记整理出来；还有许多材料，随手记下，并未经意，事后核查出处，十分困难。所以，像哈曼和新康德主义中的有些思想家的思想的介绍，只好暂缺；第一次世界大战之后的哲学家的思想研究，国内不乏专著和译著，可供有兴趣的同好参考，所以也未涉及。吴增定为本书增写了尼采一章，弥补了本书的一些缺憾，且为本书增色不少，特此感谢。

1988 年曾为涂纪亮先生主编的《欧洲大陆现代哲学》一书写过"现象学运动"一章，但因该书找不到出版者，1999 年原稿退回。现在略加补充，一并放在书后，充为"附录"。尽管原稿好多地方已显陈旧，但是敝帚自珍，呈给同道，以求得大家的批评。

下面来扯几句现象学。

在胡塞尔那里，现象学同他的数学和逻辑学的哲学奠基工作缠在一起，表现为一种极为专业化的认识论哲学，以至对于一般读者来说，他的著作十分艰深繁复；原著翻译为中文更加佶屈聱牙，即使像倪梁康先生这样的专家的手笔也难完全克服这类困难。所以胡塞尔的现象学总给人留下一种拒人以千里之外的印象。

其实就其精神而言，胡塞尔的现象学却是十分开放、十分平易近人的。现象学的基本原则同马克思主义哲学实事求是的精神是完全一致的。只不过现象学要求把实事求是的精神贯彻到底，将这个原则推到极致，使它成为一种"置一切其他原则于不顾"的唯一原则、最高原则。我们甚至可以说，现象学就是一种对待事物的极端实事求是的态度，现象学的精神就是一种绝对实事求是的精神。它要求把"实事求是"作为方法论，作为研究工作的至高无上的原则加以贯彻。

　　现象学主张的"实事求是"精神，用现象学的术语说就是"回到事物本身"，或者"面向事情本身"，也就是说，不要理会什么学什么论，也不要管什么主义什么方法，什么原则什么立场，只相信你自己亲"眼""看到"的，亲身经历到的东西。这里讲的"看"当然不只是用肉眼去看，而是用肉眼和心灵的眼睛、用感性的眼睛和智慧的眼睛去看。这里的"看"也就是哲学中常讲的直观。所以，现象学要求人们只相信自己的直观：在尽量不带任何先入之见的情况下，认真仔细、一丝不苟地去描述你"看到"、你经历到的内容以及它们的结构、它们的存在方式、它们的形成过程、它们的现实进程，等等。接下来的第二步就是把你看到的东西不加删节、剪裁，尽量不走样地、详尽地描述出来，呈现给你的同事和朋友。

　　现象学的这种要求，导致了哲学的工作风格发生了根本转变：哲学工作不再去追求理论体系的构建，而强调具体细致的分析研究工作。其实这也是马克思的工作风格。马克思像胡塞尔一样，从来没有写过关于自己哲学体系的书，而是致力于用他的原则分析具体问题。尽管马克思有《资本论》的系统构想，但他常常沉溺于具体的研究而将体系的完成置之不顾。所以马克思留给后人的《资本论》是一部未完成的著作，胡塞尔的《大观念》也是一部未完成著作，海德格尔的《存在与时间》也是一部未完成的作品。亚里士多德的《形而上学》也不是一部系统的成体系的著作。由此可见，现象学所提倡的这种哲学工作风格并非现象学所独有。它肇始于亚里士多德。提倡恢复这种风格的特楞德伦堡和布伦塔诺都是亚里士多德主义者。他们分别是现象学的先驱和胡塞尔的老师。现象学运动中的佼佼者海德格尔也是亚里士多德的信徒。在胡塞尔和海德格尔著作的中译本数量与日俱增的今天，我希望年轻的哲学同好们能通过他们的著作学到这种工作风格，去做具体的研究，那么，中国有独创性的现代哲学家的出现，就指日可待了。为了这一天早日到来，我愿意极力多做介绍工作。

这本札记所涉及的哲学家不一定全同现象学直接有关，但根据我自己的体会，他们对了解现象学产生的历史背景，以及了解现象学的特征均有帮助，所以都堆砌在里面，供读者自己拣选。

本书的写作得到了教育部人文社会科学重点研究基地基金的资助，特致谢忱。

目　录

历史综述

　　18世纪末到19世纪是德国政治、思想、文化各个方面变动最大的时期：

　　从国家的组织形式上看，直到17、18世纪，德国仍然是诸侯割据、四分五裂，在这片相当于我国一个中等省份大小的土地上，独立小王国有300多个，独立的骑士领地居然有1000多处！用我们中国人的地理尺度去衡量，差不多一个乡、一个镇就是一个独立的政治实体；而到了19世纪初，它们逐渐合并为30个政治实体，最后通过普鲁士的铁腕政策，成为一个统一的德国。国家政体也由18世纪代表容克（Junker）封建主利益的君主制开始向民主制度转化。

　　从经济上看，此前，德国98%以上的人口是农民和手工业者，属于典型的西欧的封建农业国家；到了19世纪，它渐渐走上强大工业国的道路。

　　在思想上，18世纪的德国仍然是基督教的世纪：在人民和知识分子中，基督教神圣崇拜占有绝对的统治地位。但是到了18、19世纪之交，风气骤变。强调个人思想自由的气氛四处蔓延；我们今天称之为"19世纪的德国古典唯心论"的哲学就是这个转型过程在思想意识形态中的一种反映。这些哲学家试图用理性构建的思想体系,去取代对思想实施统治的基督教意识形态,进而为人们用理性去把握世界、改造世界甚至创造新的世界提供理论根据。

人们常说,18、19世纪之交的德国是纯思想的国度,因为在那个时代的德国,文学上出了歌德、席勒,哲学上诞生了康德、费希特、谢林、黑格尔,音乐上有贝多芬。他们都是世界文化史上的巨星。可要是看一下那时候的一流水平的科学家的名单,你就会发现,其中的德国人却非常罕见。

经过文艺复兴运动,欧洲人建立了一种新的世界观,即在亚里士多德的经验主义之上加上了新毕达格拉斯—柏拉图主义:他们认为,数学展示的几何、数的关系才是世界的真正本质;只有把握了构成世界的数学结构,才算认识了世界本身。直至今天,以物理学为代表的自然科学仍然是以这种数学存在论哲学为前提的。在这种数学形而上学的指导下,生活在18、19世纪的英国人和法国人运用实验方法,谦虚耐心地研究着大自然本身,一步步揭示着只靠人的自然感官无力窥测到的自然秘密。然而在德国大学里,教授们却雄心勃勃地构建着准宗教的、包容天地万物、理应指导宇宙万物运动和生活世界活动的庞大哲学体系。这些德国的自然科学教授滔滔不绝地讲述着,他们如何从哲学的体系中推导出惊人的结论,或者,他们如何把各门科学综合、系统化为体系。也就是说,19世纪前30年,是德国唯心主义的绝对统治时期。

此时法国以孔德为代表的实证主义思潮开始在欧洲流行,渐渐成为显学,但是它们在德国找不到立足之地。为什么?因为德国的知识分子正热衷于思想中的革命。在这之前,"原罪意识""人生自卑自贱感""对现世界的否定"等基督教基本教条构成了德国人的世界观。而德国的古典唯心论像一把利剑,斩断了束缚在德国人精神上的种种基督教基本教条,即宗教的意识形态枷锁。德国唯心主义试图把人类生活中一切有价值的文化遗产都继承下来,进一步加以发展、完善、理性化,使之成为哲学意识形态的财富。这时的哲学家们雄心勃勃、气吞山河。他们立志要把握包括自然和人类社会生活在内的一切方面的形而上学意义,用理性的工作代替宗教,这是德国唯心论哲学家共同的理想。在19世纪30年代之前的德国大学里,哲学雄踞第一,有霸主之尊。

当时的哲学界并非没有不同的声音,但是,由于历史、政治和哲学本身的原因,整个19世纪前三十几年的德国哲学完全处在古典唯心主义的绝对控制之下。一大批出类拔萃的思想家的研究工作,或者直接受到压制禁止(弗雷斯、贝内克),或者受到哲学界的冷遇(赫尔巴特、叔本华、布尔察诺),被淹没在唯心论的热潮之中。只是在唯心主义热浪平息消退之后,这些思想家的思想才重新受到重视,并成为20世纪哲学思想,特别是现象学的先驱和思想来源。我们将在本书第一编中介绍这些被唯心论热潮淹没的思想家的思想。

1831年11月黑格尔逝世,1832年3月歌德逝世。这两位德国文化巨星的陨落宣告了一个时代的结束。在这个时期,德国周边国家的资本主义工业化进程加快了步伐;在其刺激下,自然科学及其在工业上的应用——工业技术——发展迅速。刚刚从神圣崇拜下解脱出来的德国人的理性精神,在这种新形势促使下,不得不走出准神学的思辨堂奥;德国教授们不得不放弃从基督教那里继承下来的野心，不再梦想重构全部的宇宙规律，而是学着英国人的样子，开始老老实实地、谦虚认真地去研究自然界这个最大的现实本身。

人类理性面对的现实有两大类：政治现实和大自然。第一类现实在当时的德国，是有待改革的社会政治现状。19 世纪初的德国，社会的政治动荡此起彼伏，它在理论上的表现，就是内在的思辨的革命——以黑格尔为代表的德国唯心论。19 世纪 30 年代以后成长起来的大学生和青年知识分子不再满足于思想内部的思辨的革命。他们要把思想变为现实，把反映现实的批判性的哲学变成对社会现实的直接批判。这就是以青年黑格尔派为代表的社会哲学、政治哲学和批判宗教哲学。费尔巴哈《基督教的本质》，施特劳斯的《耶稣传》，马克思、恩格斯的《德意志意识形态》《共产党宣言》和《资本论》等都是这方面的代表作。

自由理性面对的第二个现实是从神创说和思辨中解脱出来的赤裸裸的大自然。德国人在对它的研究中建立起了自己的自然科学大军。1826 年在法国工作的化学家利比希（Liebig）回到德国，在基森大学建了德国第一个化学实验室；鹤立鸡群的德国天才数学家、物理学家高斯，除了有卓越的数学成果，他在天文学、大地测量学上也做出了一系列贡献，不仅如此，他还和科学家韦伯一起发明了一种电磁式有线电报机。他在科学上的一系列创造性工作，使他在国际科学界名声斐然。高斯利用自己的声誉和权威在德国极力推动自然科学研究基地的建设。在他的影响下，一代德国精英献身自然科学的研究。

以柏林大学的发展为例：19 世纪初，在人们构建哲学体系的同时，有识之士也看到，要想改变德国贫困落后的面貌，必须发展科学。要做到这一点，首先是要发展大学的教育，建立新的大学。于是威廉·洪堡在哲学家费希特、施莱尔马赫、黑格尔的支持下，克服了普鲁士国王威廉三世的阻力，开始了他的教育改革。1810 年，恰值拿破仑战争期间，洪堡主持建立了柏林大学[①]。但初建的柏林大学和传统大学一样，教学和科研的重点仍然是哲学、古典文献学和神学。大学校长是费希特。十年以后，也就是到了 1820 年，柏林大学才渐渐有自然科学系科。而物理系始建于 1834 年，第一任物理教授是亨利希·古斯塔夫·马格努斯 (1802 - 1870)。他的兴趣不仅是物理学（弹道学）还包括生理学。但是，他只是一位副教授，1845 年才当上正教授。1860 年柏林大学才有了供学生做实验用的实验室。1871 年赫尔姆霍尔茨 (1821 - 1894) 接任物理系教授职位，在他力争下，柏林大学才开始建立物理研究所。也就是说，今日德国著名的自然科学研究阵地柏林大学，在黑格尔死后刚开始建立了自然科学系，[②]此时德国知识分子才开始走出思辨，转向事实。我们前面指出，此前德国人在自然科学上鲜有建树，可是到了 19 世纪 30 年代以后，情况发生了根本性的变化。据统计，1820 - 1919 年，在医学上，德国人的发明占发明总数的 40%；在有创见的生理学论文中，德国人的论文占 65%；1821 - 1900 年，在物理学（包括热学、光学、电学和磁学等）方面，德国人的发明超过英法两国

①　1811 年建立了布雷斯劳大学，1818 年在波恩又建立了两所新大学。

②　D. Nachmansohn, R. Schmid, *Die große Ära der Wissenschaft in Deutschland 1900 bis 1933*, Jüdische und nichtjüdische Pioniere in der Atomphysik, Chemie und Biophysik.

科学家发明的总和[①]。

科学分工越来越细，它涉足的领域越来越广：研究自然现象的有物理学，研究社会现象的有社会学，研究人的灵魂（心理现象）的有心理学，研究天体宇宙运行的有天文学……几乎生活现实的每一种现象都有一门学科与之对应。正是在这个转到面向事实的过程中，哲学开始"失宠"。正如余伯威格《哲学史》第12版第四卷作者厄斯特莱希（Konstantin Österreich）所说："哲学渐渐失去了对生活的统治性影响。实证科学和社会科学就哲学的生存权利同哲学发生了争论。知识的所有对象都被分配到自然科学的各个领域，没有留下任何东西供哲学作为研究对象。"[②]这里描述的就是黑格尔死后，在德国发生的哲学危机。在哲学危难之际，一些知识分子挺身而出，试图挽救哲学。这种挽救工作又分成两个不同的方向。他们中一部分人力图用自然科学的精神和成果来改造哲学，代表人物有摩莱萧特（Molschott）、毕希纳（Büchner）、福格特（Vogt）、冯特（Wundt）、玛雅尔（Meyer）、燕施（Jensch），甚至现象学的直接先驱特楞德伦堡（Trendelenburg）也有这一倾向。另有一派反对这种唯科学主义思潮，其代表人物有魏塞（Weisse）、费希纳（Fichner）和洛采（Lotze）等。其中洛采则是后来现象学的重要思想来源。关于这些哲学家的思想我们在本书第二编加以评介。

1848 年之前，马克思的历史唯物主义，费尔巴哈的人道主

---

① 陈洪捷：《德国古典大学观及其对中国大学的影响》，北京大学出版社，2002 年，第 1 页。

② Friedrich Überweg, *Grundriss der Geschichte der Philosophie*, Vierter Teil, 1916, s.2.

义唯物论，左派青年黑格尔主义，毕希纳、贝内克（Beneke）的科学唯物主义等各种不同的思想，共同创造了一个资产阶级革命需要的理论氛围。以马克思、费尔巴哈为代表的革命思想家化腐朽为神奇，他们把作为"普鲁士反动派的哲学"的黑格尔思想倒转过来，使之成为革命的指导思想。1848 年革命失败以后，欧洲保守势力掌权，开始思想政治的全面复辟。他们的专制措施之一，就是压制哲学的发展，因为 1848 年革命时期，思辨哲学与革命有瓜葛！在群众中，费尔巴哈的社会主义也不再受欢迎。人们情绪悲观，对人类发展前景失去信心，纷纷求助于叔本华提倡的悲观主义－意志主义的出世哲学。人们从简单的"实践论"出发，认为革命实践的失败，似乎证明了理论哲学、革命哲学、唯物主义的失败，证明哲学的无能。年轻的学生们不再对伟大的哲学感兴趣，他们的兴趣更多转向适合当时国家民族经济发展所需要的实用学科。

在革命前及革命中有决定性影响的哲学家几乎都不是大学的教授；尽管如此，在大学里，仍有不少真正有创造精神的哲学人才任教。革命失败以后，当时的政府加强了对新闻出版的管制，使哲学无法参与当时的政治。马克思也不得不去英国研究经济学。哲学家又回到了书斋。哲学家中有谁触及政治社会问题，不仅有打破饭碗的可能，而且有性命之忧。哲学在公众中威信扫地。有文化的人都纷纷阅读叔本华。只有科学认识论才无嫌疑！只有这类哲学家才能得到教授位置。①过去哲学同政治关系密切，如今哲学走向专业化、科学化、学科化。早在 1847 年，《哲学与哲

---

① Klaus Christian Köhnke, *Entstehung und Aufstieg des Neukantianismus*, Suhrkamp, 1986, s. 112.

学批判杂志》的编者海尔曼·乌尔里希（Hermann Ulrici）就曾呼吁：“在真、善和法权法庭上，坐在法官席上的不再是从事研究、从事认知的精神，而是意志。它提出建议，提出问题，接受回答，给每一位指出一个位子”，“我们要权力，我们不要再听你们的反驳。如果党派不是用言词，而是由心声相互呼唤的话，各个方面都呼唤：科学！科学！”[1]拒斥哲学，走向科学，可以说是当时欧洲思想界的基本倾向。这种政治环境的产物就是新康德主义。新康德主义从物理学家赫尔姆霍尔茨开始，绝非偶然。将科学重新与哲学结合在一起是哲学的出路。第一个出来做这一工作的是19世纪的物理学家、生理学家赫尔姆霍尔茨，新康德主义研究专家科恩克（Klaus Christian Köhnke）引用黎耳的话说，赫尔姆霍尔茨的工作将人们带到“科学哲学的时代”。

这个时期的有代表性的思想家都是新康德主义者。政治环境有利于新康德主义的传播。尽管如此，早期新康德主义者鲜有教授职位[2]，只有身为物理学家的新康德主义者有教授身份，但他

---

① Klaus Christian Köhnke, *Entstehung und Aufstieg des Neukantianismus*, ss. 110 – 111.

② 近代以来，西方文化的精神领袖都不在大学工作，都不是教授。经验论的培根、洛克、休谟，唯理论的笛卡尔、斯宾诺莎、莱布尼茨，法国唯物论者狄德罗、达兰贝尔以及卢梭等，都不是大学教授。据说，有人请莱布尼茨去 Altdorf 当教授，他拒绝说，他还有别的事情要做。到黑格尔时期情况才有变化。但像黑格尔这样有影响的教授，后来也绝迹了。此后哲学家大都是从大学中培养出来的。特楞德伦堡是大学教授 Karl Reinhold 的学生，他自己也在大学里培养了大批学生，最知名的有布伦塔诺、狄尔泰、哲学史家 Überweg、新康德主义者柯亨、实证主义者 Lasa，以及第一位新康德主义者 Jürgen Bona Meyer。他们后来也都成了大学里的教授。

们也不是哲学教授，而是物理学教授。著名哲学家 Carl Prantl，Rudolf Haym，Kuno Fischer，Friedrich Überweg，Friedrich Albert Lang，Jürgen Bona Meyer 都因为有黑格尔主义的倾向，在谋求大学职位时遇到困难。他们或者根本拿不到大学教职，或者是当上教授后不久便又被剥夺大学教职，或者长期被驱逐到普鲁士领土之外。^①第一代新康德主义者从获得教职到当上教授，平均用了 14 年时间。到了 19 世纪 70 年代，才缩短为 8 年半。^②按统计^③，1871－1890 年期间，在德国大学中康德哲学的课程数目是黑格尔哲学课程的 15 倍。19 世纪 60 年代柏拉图、亚里士多德的课程数目多出康德的好几倍，19 世纪 70 年代末康德的课程超出了柏拉图、亚里士多德，10 年内康德课程增加了 3 倍半。

新康德主义不是康德哲学的简单翻版，而是以康德哲学中的某些思想为契机发展出来的一种新的认识论哲学。他们所追求的目标是建立一种非思辨的科学哲学。这种理论倾向所针对的主要是黑格尔的思辨哲学。在他们看来，黑格尔哲学与自然科学进步完全相背。他们认为，与黑格尔相反，康德是一位科学家出身的哲学家。而且，他的哲学本身有科学哲学的特征。同科学唯物主义相比，康德思想的高明之处在于，他不是盲目崇拜科学，而是对科学持批判态度。他清醒认识到科学本身的界限。他的哲学一方面是为科学真理客观性辩护，同时也是对科学思想权限的界

---

① Klaus Christian Köhnke, *Entstehung und Aufstieg des Neukantianismus*, s. 149.

② Klaus Christian Köhnke, *Entstehung und Aufstieg des Neukantianismus*, s. 307.

③ Klaus Christian Köhnke, *Entstehung und Aufstieg des Neukantianismus*, s. 308.

定：自然科学知识无法对伦理道德问题提供说明。康德第一次为科学与宗教道德之间划出了清楚的界限。早期新康德主义主要是利用康德批判哲学的这种区分，将世界观同科学区分开，为宗教提供一席之地。柯亨的《康德经验理论》一书于1871年出版，标志了新康德主义的成熟期的开始。它是对康德理论哲学的直接的继承、批判与发展。

19世纪70年代下半叶，德国新闻出版管制放松，哲学家不再担心国家与教会的迫害了。1876－1878年间，重要的新康德主义者柯亨、黎耳、文德尔班都当上了教授。这一方面由于德意志帝国的建立，各处都在组建新大学。另一方面的原因是，政治自由主义倾向在德国逐步占了上风。在政治上，新康德主义反对政教合一，公开主张政教分离，提倡政治自由主义。他们既相信科学进步，反对叔本华悲观哲学，又相信基督教。他们是市民的民主自由权力的辩护者，主张信仰自由，反对教会的教条，反对国家强制和思想压迫。他们把科学中隐含的民主、开放思想直接表达出来。在哲学上，新康德主义反对叔本华的悲观主义同时也反对科学唯物主义（或叫唯自然科学主义）。新康德主义者提出，科学方法与世界观是分离的。他们承认经验方法是对自然科学唯一适合的方法，但同时反对由此推导出唯物主义的决定论世界观，反对将自然科学的知识与方法绝对化，所以，他们反对自然主义的经验论、唯物论。

1878年德意志帝国政治危机，谋杀德皇事件使俾斯麦政府解散国会，通过了"社会治安法"，严禁社会主义者集会，帝国自由主义时期结束，进入王权帝国时期。与此同时，帝国内反犹太主义抬头，并且反对犹太教的倾向发展为反对犹太种族的运动。此后，直至 20 世纪初，在德国科学界几乎再无犹太人入选教授。帝国内部危机四伏，工人失业，民众生活水平下降。在危机中，新康德主义内部纯理论研究转为对实践哲学重视①。这种哲学由"批判"哲学变成了"正面的肯定的"哲学；②原来批判世界观的新康德主义，转为一种世界观哲学；由认知论哲学进而发展成一种文化理论。与此同时，黑格尔又重新受到人们的重视。1870 年黑格尔的学生 Carl Ludwig Michelet 著书《黑格尔：永远驳不倒的世界哲学家》(*Hegel: Der unwiderlegte Weltphilosoph*)为黑格尔辩护。该书的背面有图书广告：黑格尔全集半价销售。1905 年狄尔泰《黑格尔青年史》问世；1907 年《黑格尔青年神学著作》出版；1910 年文德尔班著文《回忆黑格尔主义》。黑格尔的历史哲学在史学中的影响尤其深广。Leopold v. Ranke，Jacob Burckhardt，Johann Gustav Droysen 成为当时历史学界的泰斗，都得益于黑格尔的历史哲学。但是他们更多是在方法论的意义上接受了黑格尔的思想，而不是接受黑格尔对历史事件及其发展的看法和结论。他们离开了康德的元理论立场，由康德走向黑格尔，越来越热衷于对现实经验的发生过程给出解释。本书第三编主要介绍新康德主义的发展，此外，还介绍了与康德主义同时的其他哲学家的思想，以及现象学的直接先驱布伦塔诺及其学生和狄尔泰的思想。最后在附录中简要介绍了现象学运动的发展和胡塞尔现象学认识论的基本特征。

---

① Klaus Christian Köhnke, *Entstehung und Aufstieg des Neukantianismus*, s. 404.

② Klaus Christian Köhnke, *Entstehung und Aufstieg des Neukantianismus*, s. 433.

第一编
黑格尔时代的反思辨思潮

第一章
德国自由主义思想家威廉·洪堡

在世界名人录中，有两位洪堡：哥哥威廉·洪堡（Wilhelm von Humboldt），1767 年出生于波茨坦（Postsdam）；弟弟亚历山大·洪堡（Alexander von Humboldt）生于 1769 年。虽然我们这里只能集中谈论哥哥威廉的思想，但由于弟弟在人类文明史上的贡献一点也不亚于哥哥，所以我也想顺便讲几句有关弟弟的故事。亚历山大·洪堡是 19 世纪欧洲著名的地理学家、探险家、人类学家；他是近代地质学、气候学、地磁学、生态学的创始人。他曾组织德国有色金属矿的开采，为矿工发明了安全灯，建立了矿工技术学校；他曾于 1799 – 1804 年赴南美做人文地理科学探险，历时 5 年，行程两万多公里，足迹遍及委内瑞拉、古巴、厄瓜多尔、秘鲁、墨西哥等国。在沿途，他考察了安第斯山脉和火山，徒手登上海拔 5881 米的钦博拉索山顶峰，通过高山病的体验，提出了高山缺氧理论。他是最早提出大气等压线、等温线概念的人，并且绘制了第一张全球等温线图；他是人文经济地理的创始人；他曾经研究、测定南美洋流，调查墨西哥的自然环境、社会状况；他沿途做了大量岩石标本的采集工作，以及纬度测量、地磁测量等地球物理的研究；他研究了植物群落分布与地理环境之间的关系，在植物地理、天文地理、海洋学、大地物理学等方面做出了重要贡献。亚历山大·洪堡的工作还涉及考古学、民俗学、人类地理学。他经美国回到欧洲后，出版了 30 卷的旅行记。60 岁以后又去乌拉尔、西伯利亚和中亚地区考察。其后专门写作他的名著《宇宙》，历时 25 年，成书后去世，享年 90 岁。

语言学家、《格林童话》的收集者雅格比·格林得知人们要在柏林为他塑像，并且要与歌德、莱辛、席勒的塑像放在一起时，十分感慨地说，"配与歌德比肩而立的只有亚历山大·洪堡"。歌德也曾说，"16、17 世纪的那些杰出人物，就和我们这个时代的亚历山大·洪堡一样，他们每个人本身就是一个科学院"。①地理学家们认为他是第二个哥伦布；巴黎科学院精制了纪念币悼念他的逝世，纪念币上印着"该世纪最伟大的学者"；还有人称他为"新亚里士多德"。②由于亚历山大·洪堡有着浓厚的人文主义思想，因而他十分接近、了解下层人民和原始部落文化，所以深受德国工人的爱戴。

哥哥威廉·洪堡，即我们这里要集中介绍的洪堡，也是百科式的人物，不过不是在自然科学领域，而是在人文科学领域：他是外交家、文学评论家、语文学家、翻译家、诗人、语言学家、政治活动家、教育改革家和哲学家。他长黑格尔 3 岁（黑格尔生于 1770 年），比黑格尔晚去世 4 年。作为一个思想家，他的特点正好与

---

① Herbert Scurla, *Alexander von Humboldt: Eine Biographie*, Düsseldorf, 1982, s. 7.

② Herbert Scurla, *Alexander von Humboldt: Eine Biographie*, s. 7.

同时代的黑格尔相反：洪堡根本不追求成体系的理论，而是认真关注的具体问题，热衷于为具体问题寻找创造性的回答。这正是现象学的精神，也是亚里士多德精神。

他的生活经历复杂多变；与此相应，他的研究领域十分广泛，成果繁多但并不系统，而且生前发表的东西很少。威廉·洪堡①在世时，全力提倡全面的人文教育。他自己就是这种教育的一个典型：一个富有人文精神的真正的个人。同黑格尔出身于中下阶层不同，洪堡兄弟出身显贵，有身份有地位，生活安逸。他们从小受到很好的教育，风度翩翩，才华横溢，举手投足都充满着高雅的贵族风度。连国王见了他们也得站起来，虚心聆听他们的教诲。他们是雍容尔雅的绅士。亚历山大·洪堡长期住在法国。据说普鲁士国王多次请他回德国居住，都被他婉言拒绝。他觉得德国太土气，包括普鲁士的宫廷里都冒土气。他们兄弟的思想成果同他们的出身和贵族气质不无关系。②

洪堡出身于普鲁士官僚家庭，祖父和父亲都是普鲁士军官，1738 年普鲁士国王威廉一世授予他的家族以贵族称号。母系为法国血统的商人家庭。他和弟弟一起在家接受私人初等、中等教育之后，1787 年在老师的陪同下同弟弟一起去法兰克福学习法律和财政。1788 年他只身转学哥廷根，摆脱了家庭教师的监督，改学习物理、历史、语言文学，同时自学康德哲学，于 1789

---

① 以下所称洪堡，如无特殊说明，均指哥哥威廉·洪堡。

② 一个贵族社会创造的文化是以无数下层劳动人民的辛苦劳作作为代价的；一个平均主义占统治地位的社会是以高等文化的衰落、人的气质修养的颓败为代价的。所以，政治上温和的改良主义也许是代价最小的。但是历史留给一个民族实行改良的机会实在是太少了！

年结业。毕业后和弟弟同去正在革命烈火中燃烧的巴黎。回到柏林后，任法院秘书等职。1791 年辞职，并与卡洛琳（Coroline，原来姓 von Dacherröden）结婚。1791 – 1794 年间为自由职业者。1794 年迁居耶拿，与文豪席勒相遇，并与席勒共同主办新文艺杂志 Horen（时序三女神）。在这期间他还结识了歌德，并介绍席勒与歌德相识。但不到一年，因母亲病重，离开耶拿，回故乡省亲。母亲病故后，1797 年再次赴巴黎，住了四年。法国的人文气氛对洪堡兄弟产生了很大影响。在这期间，他还只身访问了西班牙的巴斯克地区，学习巴斯克人的语言。这段经历对他后来的比较语言研究产生了决定性的影响。

　　1801 年洪堡回到柏林，到外交部求职；1802 年作为普鲁士驻梵蒂冈教皇国的首席代表被派往罗马。洪堡处理外交事务，易如反掌。这使他能把大部分时间用于古典文化的欣赏与研究。1806 年罗马帝国正式解体。1808 年洪堡辞职离开罗马。在普鲁士帝国的重建中，1808 年 2 月洪堡被任命为普鲁士国务枢密大臣和普鲁士内务部文化及教育事务司司长。但好景不长，1810 年 4 月因普鲁士皇帝反对他的教育改革政策，肆意刁难，他愤然辞职。洪堡掌管教育事务司共计 16 个月[①]，尽管时间

---

　　① 林荣远先生翻译的洪堡《论国家的作用》一书的"译者的话"中对威廉·洪堡的生平作了精彩的介绍。只是将洪堡被任命为普鲁士国务枢密大臣和普鲁士内务部文化及教育事务司司长的日期 1808 年 2 月误记作 1808 年 12 月，所以文中有"主持文教事务仅仅 6 个月"云云（见该书"译者的话"，第 3 页）。其实，该书后面附的洪堡生平年表中记录的"1808 年 2 月 10 日"的月份是基本正确的，但同商务印书馆翻译出版的彼得·贝格拉著的《洪堡传》书后年表日期略有出入，该表中记作"1808 年 2 月 20 日"。

不长，但成绩卓著：他按人文主义的思想原则对普鲁士教育机构进行了彻底改组，建立、推广了人文主义中学（也可叫文理中学），创建了一所现代化的、独立于教会的大学——柏林大学，并在该大学大力提倡、贯彻人文主义教育。中国近代教育改革家蔡元培先生在任北大校长期间所实施的教育改革，在某种意义上说，就是洪堡教育思想在中国的推广。[①]

1810 年洪堡受命赴奥地利首都维也纳，促成奥地利参加普鲁士、俄国和英国的反法同盟。1814 年洪堡参与了第一次巴黎协定的谈判，并以强硬派著称。1815 年参与普鲁士宪法的制定，1817－1818 年被派驻英国伦敦。1819 年普鲁士政治日趋专制，实施新闻检查，禁止学生社团活动，迫害政治活动家，对大学和报纸实行了政府监督，等等。洪堡企图联合国会成员上书抗议，1819 年 12 月洪堡被解除职务。此后他作为自由知识分子在柏林从事研究和著述活动，直至 1835 年逝世。

洪堡在社会政治活动之余从事学术研究，而且涉猎范围很广，从政治哲学、历史哲学、美学到语言哲学、教育哲学，无不留下值得人们重新研读的作品。尽管他的工作涉猎的范围如此广博，但其中心却十分清楚，那就是人。但是他并没有试图去构建关于人的抽象的形而上学、哲学理论。正如五卷本《威廉·洪堡著作集》的编者 Andreas Flitner 和 Klaus Giel 在第一卷的跋中写道："在洪堡一生的学术生涯中，哲学人类学——但不是作为一

[①] 张祥龙教授对此有异议，他认为蔡元培并没有真正在北京大学提倡推广洪堡的人文教育精神，他提倡的只是科学精神；而且，首倡在全国中小学废止读经的就是当时的教育部长蔡元培。对此我没有研究，有兴趣的同好可以看张祥龙教授的大作《从现象学到孔夫子》。

个特殊的科学学科，也不作为一种特殊的形而上学，而是作为哲学思考的真正任务与工作领域——一直是他思想关注的中心。"①他从人的现实生活出发研究人的问题，目的也是为了解决人的现实问题。我愿意在这里再一次指出，洪堡这种从事实出发进行理论研究的精神，也就是面向事实本身的现象学精神。在所有的学术活动中把人的现实生活作为中心，正是 20 世纪哲学的主流。所以，《威廉·洪堡著作集》的编者才说，他的作品与"当代人类学有着极为密切的关系"。②

洪堡认为，人的价值就在于他自身之所是；人所能创造的好东西，同他自身的善一样多。③人的价值就在于人的存在本身，人的目的在于人本身，在于他内部的道德修养（Bildung）。④洪堡谈论人的时候，不是指抽象的人类，而是指具体的个人。所以，洪堡实际上是说，人的价值就在于具体个人的生活、生存。正是由这一点出发，他才十分重视个人的教育，特别强调个人特性、特长的发展。他认为，个人与他人组成团体，构成社会，共同生活，完全是出于个人的缘故，出于个人利益的考虑。这样，由人在社会中的功能、对社会用处之大小等来规定此人的价值的传统思想，在洪堡那里便失去了市场。这是洪堡政治哲学、教育哲学的基本出发点。

---

① *W. von Humboldt Werke*, Band I, Darmstadt, 1964, ss. 607－608.

② *W. von Humboldt Werke*, Band I, s. 607.

③ Christina M. Sauter, *Wilhelm von Humboldt und die deutsche Aufklärung*, Duncker & Humblot, 1989, s. 310.

④ 参见他的短文《论宗教》，见 *W. von Humboldt Werke*, Band I, s. 32。

第一节　自由主义政治哲学

洪堡是一位政治活动家，所以，在哲学研究中，他首先关注的是政治哲学。从近代以来，欧洲人讨论政治哲学的时候，总是要问，国家的起源是什么？在这一问题的解答中，人们提出了天赋人权论和社会契约论等政治哲学理论。但是与传统意义上的政治哲学家不同，洪堡在对国家进行哲学考察时，提出的问题是：国家的目的是什么？或者说，国家的功能是什么？按传统的看法，国家本应有自己的目的，而绝对国家（专制国家）的目的是维护民族的权力和民族的财产。达到这一目的的手段是民族的富强。政府、国家应该且必须负责保卫民族的幸福和利益。洪堡认为，这正是"最恶劣、最令人压抑的专制主义"。[①]洪堡针锋相对地提出，目的总是从个人的利益出发的；有用性总是相对于那个人、对于什么具体事情而有用，不可能有所谓一般的有用性。而且，任何目的都是有片面性的，都是就某一部分个人的利益而言的目的。所以国家根本不应该有所谓自己的目的，而且也不可能有自己的目的。国家作为合法的暴力的承担者，只是为了保卫作为公民的个人的行为自由，使他们有目的的活动成为可能。只是为完成这一任务，国家才被允许实施某些强制措施。国家不应该成为达到企图或目的之有用之物。[②]如果谈国家的目的，这是它唯一的目的：为维护个人的利益和目的为目的。

[①] 《关于国家宪法的观念》，见 *W. von Humboldt Werke*, Band I, s. 40。

[②] W. Moog, *Geschichte der Pädagogik*, Band 3, Henn/Zickfeldt Verlag, 1967, s. 306.

在国家制度的构建中，洪堡十分重视偶然性的作用。启蒙思想家和法国大革命的理性主义者总是认为，人们可以按照理性建立一个合理的理想国家。洪堡从根本上怀疑这种理性主义主张。他认为，我们的认识和知识总是以一般的理念为基础，而对经验来说，从个别事物的具体性出发来看，这种一般、普遍本身就意味着不完善（unvollständig）、部分真实（halbwahr）。[1]因为，人们的理性根本无力把握个别事物的具体性，在这类问题上根本无真理可言。而国家的立法、国家政治活动则完全取决于具体的个人力量：个人的影响，个人的喜怒哀乐。具体的现实中的个人行为是无限复杂的，是不可预测、不可计算的。而思想、理性恰恰是一种算计或计算，所以，理性是一般性的，因而是有局限性的。理性在于追求对偶然的驾驭。它无力认识实际上发生影响的真正的现实力量。历史现实中的一切产生于偶然，一切取决于当下的偶然事件。如果这种理性的工作同历史的偶然事件密切结合，对它认真小心地加以培植的话，便可以使理性的规划持久，导致其有用；如果离开历史的偶然事件，片面地追求理性的规划，即使这种规划得以实施，也会毫无结果。我想无论是东欧还是在亚洲，计划经济的失败，都证明洪堡的看法的合理性。

洪堡认为，"偶然性"是一切政治历史现实事件的来源，它们绝不是从理性里推导出来的。个人的行为和活动均发源于、受动于个人的内心活动，而这些内心活动是偶然性的，它不仅不可预测，而且它到底能有多大影响，又完全取决于对方和环境的不可预测的反响、反应。这些反响、反应也完全是个别的、具体的、

---

[1] *W. von Humboldt Werke*, Band I, s. 35.

偶然的、无限复杂的。任何一种影响都有同样强大的反应。所以，当下必须为未来做好准备。正是由于这个缘故，偶然性才如此强大有力。"努力争取把各种单一的、往往是逐一受过训练的力量统一起来，在他生命的每一个阶段，让几乎已经熄灭的和只有在未来才熊熊燃烧的星星之火同时发挥作用，而不是通过结合，使他发挥影响的力量，以及他对之产生影响的对象不断增多。在这里，个人当下同未来和过去联系在一起的东西，也就是他在社会中把自己同他人联系在一起的东西。"①这样，洪堡的思想业已涉及生活时间的内在结构问题，即海德格尔《存在与时间》中讨论的人生此在的时间性的结构样态问题。只不过他是在特殊的政治思想考查中涉及到它，没有专门把它作为专题提出来进行讨论。

当然，理性有能力对现成在手的材料加以整理，但它却没有力量（Kraft）创造新的材料。这种创造力只存在于诸事务的具体存在（Wesen）之中。诸事务在实际上发生着影响，而真正起作用的理性知识会激发诸事务进入活动，尝试对它们加以驾驭。洪堡认为，每种力量的影响都是片面的，理性的任务在于把各种偶然的片面性加以平衡，建立它们之间的合理关系。这样，在偶然的力量同理性的整理构建活动的关系中，理性不再是偶然性的来源和本质，而是相反，理性服务于偶然性，是对偶然性的现实影响力的整理定型。

---

① 参见洪堡:《论国家的作用》，林荣远译，中国社会科学出版社，1998年，第31页。德文见 *Wihlelm von Humboldt's Gesammelte Werke*，1852 年柏林版，1988 年 Walter de Gruyter 出版社影印本，第七卷，第 10 页。笔者对译文做了改动。

洪堡认为，一个国家实施什么样的法律并不是必然的结果，而是各种偶然因素综合作用的结果。所以，他说："国家的宪法是不能像把嫩枝嫁接到大树上一样，把它嫁接到人民之上的。如果时代和自然尚未成熟，这种做法无异于把鲜花和绳子结在一起。一次正午的骄阳就会使其枯黄。"①

洪堡的上述思想在当时专制的普鲁士只可能匿名发表，而表达了同样思想的代表作，即所谓《绿皮书》，则一直被他锁在书橱内，直到他死后 16 年，即该书完稿 56 年之后才得以面世。该书全名为《尝试对国家的影响力的限制进行规定时的一些观念》。前面我们已经看到，在洪堡眼里，国家的目的完全服务于人，国家以个人的行为为基础，所以国家理论就应该是一种关于人的理论。在《绿皮书》中，洪堡就是要讨论"什么是人的目的"这个问题。他对这个问题的回答是："人的目的是通过最高和最均衡的构成活动（Bildung，也可译为'教育'）使他的各种能量成为一个整体。"②也就是说，在洪堡看来，人的幸福不在于占有什么，而在于他的活动，他追求一个目标，使用身体和道德的力量去赢得这一目的，这就是一个精力充沛、体魄健壮的人的幸福之所在。实际上，个人的能力、能量总是有限的。理性无力产生个人的能量，也无法消灭个人的能量，理性的任务恰恰在于把许多个人的能量均衡地最有限度地组成一个整体，这就是人类的目的。

怎样实现人类的这一目的，即怎样实现这一构成过程呢？洪堡认为，实现它的首要条件是"自由"。除此之外，就是尊重个

---

① *W. von Humboldt Werke*, Band I, s. 36.

② *W. von Humboldt Werke*, Band I, ss. 64, 57.

人能力的多样性。单个个人的能力和能量总是偶然和片面的，尽管如此，也不应该去削弱它们，而是把这不同的片面的能量联系到一起。这就是人类组织为社会的目的。在洪堡看来，单个个人很难成为一个理想的人。理想的人是众多个人组成的整体，这就是人类这一概念的基本含义。每个个人的活动都是自由和多样性的，自由和多样性形成自己的能力和特殊性。行为自由和活动多样性使个人得以发展自己的个性，而每个个人的个性的发展又形成了人类行为的自由和活动的多样性。[①]两种自由与多样性相辅相成构成一体。洪堡的这一思想就是蔡元培先生"兼收并蓄"教育思想的来源。

　　从这一思想出发，洪堡反对由国家负责为人民大众或全民谋福利、谋幸福的思想。因为，实际上，这类为人民谋幸福的国家措施大大减少了生活的多样性，特别是国家通过统一、集中的规划而制定的利民措施，极大地限制了生活环境的多样性，于是也就削弱了个人以及由个人组成的社会团体的现实能力和影响力，因为这种越俎代庖的行为使个人力量找不到反抗力来锻炼自己、壮大自己。这里的关键是对幸福的理解：物质小康不是幸福的标准，幸福不在于对东西的占有之中，而在于对东西的获取的奋斗行为之中。[②]所以，根本不存在一旦达到了它，就使生活圆满幸福的实际目标。幸福不可能像对东西的占有一样，以最终的方式占有它，也不可能达到所谓最终的幸福状态。我们甚至根本

---

　　① 参见 W. Moog, *Geschichte der Pädagogik*, Band 3, s. 306。

　　② 洪堡这里坚持的无非是亚里士多德在《尼各马可伦理学》中对"幸福"的定义。

说不出幸福最终存在于什么地方，由什么构成。所以，幸福也根本无法由别人或组织代为谋之。国家作为一种暴力的承担者，只是实施强制，它同个人在自由奋斗的过程中体验到的幸福根本不相干。所以它根本无法为个人及人民谋得幸福，尽管它可能为个人或者某些人和集团谋得财产和经济实惠。

在洪堡看来，国家作为理性的代表并不是人的现实生活力量。它的作用恰恰表现为权力、强制力。它对实际人生只能发生间接的限制性影响。生活就像一匹马，国家只是揽辔而已。

正是从这种"幸福存在于行为活动中"这一基本思想出发，洪堡对时间的看法也与众不同。这一点前面已经顺便提到。他认为，任何一个外在状态，如果你们不去干扰它的话，它都并不是努力使自己巩固，而是使自己走向没落。所有的当下的瞬间本性都是对自己的否定，是自己的没落。真正的现在当下的现实表现就是占有未来。这里已经接近了海德格尔《存在与时间》中对时间性的理解，后来萨特表达为当下"是其所不是，不是其所是"。洪堡认为，正是基于人生现实的这种特征，理性才可能也理应对人生现实产生引导性影响。所以他主张，不去触动事物的当下现实状态，而去影响人的精神和性格，给它们以引导，这才是智者贤人应该去尝试的工作。

从上述观点出发，洪堡提出了所谓"自由"与"约束"的辩证关系：理论总是强调自由，而现实到处是强制，强制刺激反抗，人们从强制下争得自由，自由就成为合法的财富。而时代的流逝又使正面的自由变为束缚，束缚刺激新的反抗力量，从而使人们追求新的自由。完善的理想的自由在现实中根本没有，一切时代最可宝贵的东西是现实中的不完善的自由。而法律的指导只能出于必然，不能出于有用。这样才能做到最大程度地尊重个人的独立和自由。

第二节　人文主义教育哲学

从年轻时起，洪堡思考政治问题时就十分重视教育。早在1791 年他就写道：在地球上没有什么比个人的力量和个人的教育更重要。因此，真正的道德第一定律是：教育你自己。只有以此为基础才有第二定律：通过你是什么去影响他人。[1]

洪堡关心教育，是从他对人，特别是作为个人的人的关心出发的。他认为，不应该把人看成装配在社会机器上的随时可以由他人替换的零件。因为，这样人就失去了他做人的尊严。像人一样的生活，就意味着人有自己的个性。教育正是为了发展人的个性而设。教育要唤醒个体的力量，让个人在觉醒的过程中壮大自己，整理自身。[2]

洪堡认为，人格、人的素质的养成主要是通过教育。他用比喻的说法，把教育的目的说成是把人塑造成一件"艺术品"。他所谓"艺术品"的意思是：使个人天赋得到充分的发展；人的各个方面十分和谐；同世界处于积极的关系之中；个人拥有充分的特殊性，也就是个性；他认为希腊人就是这种全面发展的人的典范。在他那个时代，这类人的代表就是歌德。歌德是诗人、作家、政治活动家、自然科学家、世俗生活的执着的追求者。

洪堡作为政治活动家的最著名的成就，是他领导普鲁士教育

---

① W. Moog, *Geschichte der Pädagogik*, Band 3, s. 306.

② *W. von Humboldt Werke*, Band IV, s. 188.

机构期间进行的教育改革。他的教育思想主要表现在他在职期间起草的大量文件中，特别是 1810 年左右起草的残篇《柏林高等中学的内部和外部组织》一文，集中体现了他的教育哲学思想。

上面已经指出，洪堡看到了理论与现实的矛盾：理论要求自由和生活多样化，而现实却是强制和束缚。所以，政治的任务，就是创造最大的机会，使个人得以受到教育和自我教育，削弱强制和束缚对个人的压制。为了完成这个任务，就需要通过立法，使各种国家组织机构和它们所做的所有这一切都服从于一个目的：为个人的教育创造更大的自由空间。[1]具体的教育内容则应该因人因时因地而异，不用政治家去干涉。当然，政治家如何为个人创造自由空间，也因人因时因地而异。总之，顺应自然，因时因势因地而利导之。

洪堡接手普鲁士教育机构领导时，他面对的普鲁士教育可以说一团糟：既无师资教育，也无完整的教育秩序的构想和计划。学校完全受地方有权有势的人左右，而他们则只以有用无用来决定学校的教学。洪堡教育改革的第一步是建立统一的公民教育体制。这个体制应该对个人有尽可能大的吸引力。他取消了学校的教育直接为现实有用性和职业服务的原则，同时取消了贵族阶层受教育的特权，他提出，原则上任何儿童和青年都应有受教育的机会。在国家考试委员会面前人人平等。通过这一措施的实施，在普鲁士渐渐形成了社会阶层的流动性：下层儿童通过教育可以跻身上层社会。[2]他提倡的人文主义中学就是为学生提供全面发展环境和机会，学生可以根据兴趣和爱好选择课程。因为，一个全

---

[1] *W. von Humboldt Werke*, Band IV, s. 4.
[2] *W. von Humboldt Werke*, Band IV, s. 168.

面发展的人，绝不是一个只在某个狭窄领域中精准工作的机器，也不仅是掌握了丰富的知识的人。一个全面的人应该对文学、艺术、科学、政治、体育、娱乐等各种事物有敏感和兴趣，在文化上和生活中全方位开放。每个人在不同的方面得到发展的程度是不尽相同的，这样就形成了个人的个性。所以，洪堡特别强调，教育要适应学生的个性，鼓励学生去发展自己的个性。这就是发展人性。他持亚里士多德主义的立场，认为一般的、普遍的人性是不存在的。人性只能体现在具体个人身上。

洪堡在建立统一的教育制度的同时，也看到，统一的教育制度也会随着时间的推移，变成为一种新的强制；物质上的平等不仅不可行，而且也不是人们所希望的，所以受教育不应该是被迫的、强制的。每个公民的家庭情况、出身、财产情况都不相同，个人所面临的处境也就千差万别。国家的责任只是为个人提供受教育的可能，至于个人选择什么样的教育，国家不应该进行干涉。

洪堡力主普及教育(Allgemeinbildung)。普及教育是针对职业和实用教育而言的。教育不应把鞋匠的儿子培育为鞋匠，把医生的儿子培养为医生，而应该是把人类之子培养成人。正是出于这一基本原则，按洪堡思想原则建立起来的学校被称为humanistisch（中译为"人道"，也有译为"人文"的）。humanistisch实际上是说，这样的学校不是会计学校、律师学校、厨师学校，它应该是育人的学校。这种教育之所以被称之为 allgemein （普及、普通），也有两层含义：对一切人开放，一切人都有权利在其中受到教育，但并没有义务去其中学习，也就是说，在受教育的问题上，个人可自由选择，不受强制。另外，它还意味着，它同专业教育不同，是培养人的，我们今天也可以称之为"通才"教育，这是相对于职业学校而言的。

　　洪堡提倡并建立的教育体制的特征是，按人的自然成长，将学校分为三级：第一级，初级教育，只是传授思想，掌握基本内容。洪堡强调，这类学校不应受到歧视。第二级被他称为"学校教育"(Schulunterricht)。它的主要目的是训练与培养人的能力，同时也要去努力学习知识，以便有科学的洞见和从事艺术的能力。他主张，在这个阶段，要培养学生自学的能力。学生既要学习文科，也要学习理科。他特别强调，学生应该学习古典语言，尽可能多地接触外国语言。他认为，学习、掌握一种语言的形式，就等于掌握了用这种语言看世界的方式，因为语言是民族精神的直接体现。个人要体现欧洲民族文化精神，就应该掌欧洲的古代语言。这当然与他的语言哲学观有直接联系。[①]

　　第三级是全面性的综合教育(Universitätsunterricht，也可以译为"大学教育")。初级教育中教师是必不可少的；学校教育中，教师已渐渐成为可有可无的；大学教育的教师已不再是教师，学习者也不再是学生，学生自己研究，教授给他们的研究以指导和支持。因为大学的教育旨在对科学进行统一的把握，而建立这种统一性，要求创造性的力量。所以大学的教育并不会使学生接近科学整体的终点。"一个已经清楚掌握了学校知识的学习者到底是否需要口头指导，如果需要的话，需要多少时间的，以及需要什么方式的口头的指导呢？这完全取决于个人。某人是否附属于学院的团体只是一个偶然事件。本质性的必然性只是，年

---

　　① 关于他的语言哲学，详见本章第五节"二、洪堡关于语言的哲学思考"。

轻人在离开中学与正式进入生活之间，还需要拿出几年的时间，在那个把许多人——包括教师和学习者——组织在一起的地方，全身心地献身于科学的思考。"①也就是说，在大学里，学生不是消极被动地学习知识，接受训练，而是主动献身于研究。大学教学内容、教学方法制定、教科书编写、教席的任免，均由领衔教授组成的教授委员会（wissenschaftliche Deputation）决定。

洪堡这套教育方针不仅是书面理论，还是他教育实践的纲领。在他的领导下，普鲁士的大学教育得到重大变革。他提出的教育方针和组织原则今天仍然是所有的德国大学和大多数美国大学的操作原则。蔡元培先生依德国柏林大学的模式改造国立北京大学而建立的教育体制，尽管经过"文化大革命"的劫洗破坏，其核心内容一直延续至今。

洪堡教育改革的另外一大功绩就是建立了独立的科学研究体制。在西方，从中世纪开始直至近代，大学中各系之间等级分明：高级学科只有神学、法学和医学，其他科系均属于二等学科。高级学科的教育都是职业教育，神学系培养牧师，法学系培养律师，医学系培养医师。而隶属于哲学名下的各系，如物理、数学、化学，它们都不与固定的社会职业挂钩。它们是服务于神学的非职业的，因而叫"自由的"科系，所以哲学也被称之为自由的艺术。从费希特开始一直到洪堡，他们都通过各种方式坚持不懈地宣传提倡哲学名下的自然科学和人文科学各系科的独立地位。他们反对把它们看作服务于高级科系的二等"公民"。它们应是和神、法、医平起平坐的独立学科。

---

① *W. von Humboldt Werke*, Band IV, s. 170.

洪堡提出，国立中级学校的教师都必须通过大学的考试，中学教师都必须有大学毕业文凭，这使得当时隶属于哲学名下的科学系科的教育同社会职业（中学教师）建立了直接联系。它们不再是有闲者的研究，不再是其他科学的装饰品。这样在社会现实中，哲学名下的各系科便成了培养、训练中学教师的基地。所以很长一段时期内，哲学名下各系科的建设均与师范教育的需要紧密相关。

在洪堡看来，无实用目的的自由研究同职业师范教育二者并不矛盾。因为师资的培养本身就是以科学自身为目的的。这并不是外在的实用目的，而是为了培养人而培养人，而科学研究本身就是人的培养，就是人生自由活动本身。

所以在洪堡看来，科学的自由就是研究的自由与建立理论学说的自由，就是反对任何对学派学说的理论强制的自由，就是维护自己负责的科研活动的标新立异(Einsamkeit)的自由。从长远看，这种无实用目的、只对自己负责的自由研究，将来对国家和人类必有大用：在更高层次上服务于整个国家和人类。为此洪堡主张，国家应尽量避免对这种科学研究进行干涉。国家的任务就是应尽量努力为这种自由研究提供更可靠的保障和更好的条件。[①]尽管洪堡教育哲学也曾受到许多人的批评，但他的思想对今天仍有指导意义。[②]

---

① *W. von Humboldt Werke*, Band IV, ss. 255 – 256.

② 关于对洪堡教育思想的批评，详见 Irmgard Kawohl, *Wilhelm von Humboldt in der Kritik des 20. Jahrhunderts*, Henn, 1969。

第三节　哲学的人类学化

德国唯心主义从康德的先验认识主体出发，走到绝对自我 (absolutes Ich) 和绝对先天性 (absolute Apriori)。这是当时的一种时尚。正如 Manfred Riedel 所指出的，[①] 尽管洪堡也受康德影响，但他则坚持个人个体意识的原则，他把个人意识的三个经验领域 (经验世界、语言和行为) 作为他自己研究和工作领域。洪堡认为，"人的真正的先天性成分 (wahre Apriori) 是存在于个人本身中的能动力 (Kraft)。这种力可以使人不断再生。这当然不是人的肉体的再生，而是人的精神的再生。洪堡将人的认识的能动力进行分析综合，分为三个阶段：(1) 观察事物收集材料阶段：这是经验 (Empirie) 的阶段，它涉及的是感性经验。(2) 理论阶段：在这个层次上，人们把观察收集到的材料加以比较分析，形成"概念""观念"(Ideen)。(3) 对观念加以应用，加以适应，对其进行吸收。人们同化到这些观念概念中去 (sich assimilieren)，这个适应同化的过程是人的欲望、感情和思想的统一的、相互作用的过程，所谓知、情、意的统一过程。

这里所讲的观念 (Ideen)，不是黑格尔等德国古典唯心主义者的观念，不是演绎性的关系和功能。它们就是能动力，或者叫创造力，它本身就有组建性、构造性。它可以构建新的认识对象。它可以构建一种新的"生活"现象。比如构建艺术品，创建山水情趣，组建一种组织，如成立一个现象学协会，组建一个民

---

① Manfred Riedel Hrsg., *Geschichte der Philosophie in Text und Darstellung*, Band VII, Reclam, 1981, s. 29.

族的国家,创建一种民族语言,甚至组建一个民族;"土耳其"人、"突厥"人、越人、楚人,等等。洪堡认为,观念(如"北大人")是一种超感性的基础性的东西,托底的东西(Substrat)。这里洪堡的观点同马克思主义不同。马克思主义认为观念是上层建筑,是浮在上面的东西,是浮在表面的东西(Superstrat)。换句话说,洪堡认为,人的生活、生命,即人生,具有一种神秘的力量,它可以从大量物质材料中提取出一种思想的形式,把自然物表现为思想物。这种物的思想的形式就是观念,或者叫理念(Ideen)。它的功能就是使材料成为思想对象,成为一种相对于思想的、显现于思想之前的现实性(Realität),成为思想上的现实性(Realität),比如女性的"贞节"、男性的"勇敢"就是这种现实性。个人由生至死的生命过程(Leben),以及国家、社会组织、艺术品、文化团体、语言,都是上述超感性的基质(übersinnliches Substrat)的表现或体现(Darstellung)。抽象,构造出观念,并坚持维护这个观念性现实性,这就是"生命"的过程。在物理世界中,这种物质的思想性形式,即形式和规律,表现为组织(Organisation)。我想,洪堡用这个词,是要表示这种关系的"无人情味"。组织总是一种无感性色彩的存在方式。相反,在人的理智和道德世界中,理念观念表现为性格、气质(Charater)。实际上,这是把世界区分为两个不同的领域:"无情"的自然物质世界,"有情"的人生文化世界。洪堡认为,人既属于自然界,又属于人生文化界。而且不仅如此。他认为,人本身恰恰体现了这两个世界的统一。在人身上,"性格"与"组织"统一在了一起。

借助于观念、理念(Ideen)这种媒介,思想性实现的品格与物质自然组织的形式建立了一种统一性、合一性。但是,像中国古代名医的经验如何传下去是一个问题一样,如何使这种统一性获得再生 (Repruduktion),得以再传,是一个严重问题。在洪堡看来,这个问题的解决便是哲学和艺术的最高任务。洪堡认为,这种统一性生成于哲学艺术之前,但是它们只是以个别的样本的形式出现和存在的,如何使它们普遍地在民族文化中发扬下去,离开哲学与艺术是不可能做到的。

对物质自然组织进行描述的是自然科学,对艺术作品进行描述的是美学,对历史现实的性格 (Charater) 进行描述的是社会学和历史学。所有这一切都可以叫做哲学。洪堡并不认为,哲学是形而上学,也就是说,哲学不是关于原则和概念的科学,它的工作不是从最高的原则或概念出发,通过逻辑的方法推导出一系列新原则和新概念,然后进一步加以推广。在他看来,哲学是研究经验条件的科学。经验的条件并不仅仅限于直观与概念的综合,而且是观念综合 (Ideen Synthesis)。这里所谓观念综合,不是逻辑或文学的抽象,而是从个体的个别性的特征这个方面,对经验中给定的东西,即已有的东西加以把握。所以,哲学不应只服从逻辑分析的规则或概念分析的规则,哲学应该将自己的视野放到更广阔的天地中,对人的"各种能力"(Kräfte) 进行所谓全面测定 (Ausmessung),并以此为基础来对知识进行规定,并努力去发现人的认识能力的活动的一般规则。这种对哲学的理解要求哲学对人进行全方位的考察,努力将哲学人类学化。

按上述规定,哲学的研究领域就扩大到人的整个活动领域,进入了人类学领域。这里所讲的人类学,当时还主要是指文化科学、历史科学领域。哲学不只是对逻辑、数学、自然科学的对象进行反思性考察,而且还应对人的历史、人的文化活动进行考

察。因此就导致哲学工作的重心转变到对在世之人生进行阐释
(Deutung)，对人生的意义加以说明，进行品评 (Interpretation)。世
界不再是形而上学中的、由认识对象构成的世界，哲学也不仅是
对世界的认识了。世界是我生于其中、人生在世之世了。哲学是
对人生在世的人世的诠释理解。

　　所以在洪堡看来，哲学在实质上就是解释、理解、体会、领会
的哲学，进行理解的哲学 (verstehende Philosophie)。它不是各种
科学方法论的总和，而是对人的"言语能力"的方法论上的反
思。它与艺术一样，特别是和诗的艺术一样，是人的一种不间断
的、自我理解的尝试。①人通过这种方式所产生的结果是自我觉
悟 (Selbstbesinnung)。这种自我觉悟是一切艺术、文化和科学都
不可或缺的先决条件，是它们得以存在的准备，是整个人类－教
育精神 (Bildungsgesinnung) 的基础。所以，哲学与"人生在世"的
基本问题紧密相关。只有通过哲学活动，通过对人生在世之领会、
解说，人生才得以建立同其自身的关系，才得以使人与万有世
界，与天地宇宙达到最后的统一和谐。②

　　洪堡还进一步对科学与艺术做了区别。洪堡提出，科学的繁
荣与艺术的繁荣，科学精神的传播发展与真正的艺术精神传播与
发展，这二者的条件是大不相同的，但这一点常常被人们忽视。科
学的工作精神常常出于偶然、外在的原因，科学的进步常常受惠
于先行者的工作。科学精神的发生、发展，不用预先做太多准

---

　　① 1800 年 9 月给席勒的信，见 Manfred Riedel Hrsg., *Geschichte der
Philosophie in Text und Darstellung*, Band VII, ss. 31 - 32。

　　②《关于科学与艺术繁荣的条件》(1814),见 Manfred Riedel Hrsg.,
Geschichte der Philosophie in Text und Darstellung, Band VII, ss. 35 - 36。

备，可以偶然有所发现，做好了准备后，刻意去发明发现反而不行。艺术，只能在充分准备之后，才得以产生。艺术家需要长期的艰辛的培养。自然科学精神，对大多数天才来说是陌生的。而在艺术中只有天才才能成功。科学顶多从材料出发，指明它的未来的加工过程；艺术则通过其本身传播着光明、冷暖和力量。可是人们常常将其混为一谈。洪堡认为，他的研究就是要对这两种精神进行审查，以便使科学的无生命的、死的字符重新获得生命。

　　洪堡强调艺术、历史与自然科学的区别，并不等于是反对自然科学，而是对科学采取实事求是的肯定和分析态度。洪堡认为，在经验领域中，科学把世界处理成与形而上学相对的对象，对它加以说明（erklären），并不断扩大说明的领域，这是完全合理的，无可谴责。应该受到批判的是那种想将自然科学工作扩展到经验范围之外去的野心。如果一个民族被这种精神统治，就不得不放弃科学本身的纯粹性和深刻性，这样就会有许多伪科学。如果放弃民族其他方面的文化传统的构建，有的只是在生活中的各种应用，民族精神便成了片面的精神，民族本身也就成了片面的民族，民族文化就成了平面性的单调的文化了。因为人不仅有认识能力，在人生经验中人还有人的情绪感情，还有人的行为。这是对科学认识必要的补充，它恰恰是构成生活的本质部分。如果哲学仅仅停留于概念的逻辑发展之中，那么这种补充部分便消失不见了。哲学便不可能深入到人生的本质性的基础中去，所以这种哲学的思考很快便会发现自己是无根无基础的，不会有任何新的发现。这种哲学的工作方式造成了哲学的贫乏和哲学的不育症。在这种哲学中，人对自己生活于其中的那个"语言本身"持不公平态度。它只会将语言拱手让与对语言进行形式性处理的其他科学。这种哲学对生活根本没有任何干预。这是洪堡对传统哲学，特别是对绝对唯心主义哲学的批判，对思辨哲学的批判。取代这种死板哲学的，应该是解释－批判－哲学。它应该是非思辨的，又不是纯经验的。为寻求这种新的哲学，洪堡在人类学、教育学、艺术理论和语文学中做了多方面尝试。[①]

第四节　历史哲学*

在一般人看来，历史学家，无非是把已发生的事实、事件再一次用文字重现出来，记述越准确，成绩便越大。但仔细看看，并非如此。按洪堡的看法，传统的所谓历史，都是史学家按一定的理念、一定的原则从散乱的、偶然的历史事实中整理出来的。它们是按必然性的原则对历史材料作粗暴处理的结果。洪堡当然知道，历史不可能是全面的，它总是从一定观点出发，按一定原则整理出的东西。这里的关键在于，整理历史所依据的原则是否适合于历史性。另外在哲学史中，史学家把人类当成理智的、纯文化的存在。这样，人在哲学史中就被理智化了；它们忽视了人与土地、与大自然和周围世界的关系。[②]洪堡认为，应该按照历史的自然本性来整理历史。所谓历史的自然本性就是反对把历史看

---

① Manfred Riedel Hrsg., *Geschichte der Philosophie in Text und Darstellung*, Band VII, ss. 32－37.

＊ 本节内容依据 Manfred Riedel Hrsg., *Geschichte der Philosophie in Text und Darstellung*, Band VII 所选洪堡的文章 Über die Bedingungen unter denen Wissenschaft und Kunst in einem Volke gedeihen 以及 Über die Aufgabe des Geschichtsschreibers 写成。

② *W. von Humboldt Werke*, Band IV, s. 576.

成一个有目的的过程；不应该到历史中去寻找抽象的规律和一般的原则。洪堡批评当时的历史哲学，外在地为史学规定一个目标，比如证明阶级斗争的普遍存在，然后去求证它发生的原因，从人性或人的实践中去推导出这一结论。这实际上是对历史中真正的动力的伪装，这样的历史根本不能达到世界命运中的活生生的真理。洪堡认为，应从历史所在的时代的角度去观察历史。整体总是体现在个体身上。人类历史作为整体总是表现为个人的历史活动和事件，所以，洪堡提倡对个别民族和个别历史人物的研究。他认为，在历史的研究中应该追寻人的现实关系以及这种关系在各个方面的踪迹：既要考虑自然环境，物质条件，又要考虑人的自由，还要考虑各种偶然因素的作用。[①]

他认为历史上发生的大部分事情，是不可以感知的。只有一部分可以感知，其他不可在感性世界中看到的部分，对我们的直接经验而言是封闭的、不可及的东西。因此，对人们来说，历史事件中可感的东西便成了支离破碎的、分散的、个别的单个事件。如何将它们重新构成一个统一体，这是观察所不能胜任的。特别是历史事件的内在的联系本身，它们的内部真理本身是人们看不到的，观察不到的。在这种情况下，稍不小心，我们拟定的表达方式便把历史事实弄得面目全非。因此，通过对赤裸裸的历史事实的描写，连历史事实本身的构架也得不到。在历史书上经常看到互不相关的单个事实的陈述，只是历史的出发点，但这绝不是历史本身。所以，洪堡指出，历史的真理往往是以根本无法直接看到的那部分历史事实为基础的。而这部分历史事实是要历史

---

① *W. von Humboldt Werke*, Band IV, s. 579.

学家自己补充进去的，是由历史学家加上去的东西。从这个角度看，历史学家的工作是创造性的：他靠了自己的内部的力量构成了他所看不到的东西。这样，他的工作的性质与诗人的工作类似，他们都是努力把分离的个别事实加工成一个整体。历史学家的任务当然是对历史上发生的事件进行描述，但历史学家所面临的问题恰恰是如何达到真正的历史事实。洪堡认为，史学家必须从看到的东西出发去"感觉、揭示、揣测"，到底发生了什么。真正发生的是看到的东西的"内在的因果联系"。在工作中，历史学家也和诗人一样靠了想象（Phantasie）。当然二者在形式上完全不同。

　　具体讲，洪堡把这种研究称之为"历史的物理学"①。这就是说，他认为历史研究同物理学一样，是寻求时间中的因果联系。但是，洪堡这里所讲的因果联系，却和物理学中的因果联系完全不同，它们不是现成的现实关系，这类因果联系是不可以用经验和实验来证实或证伪的。在历史的研究中，原因是指主动生成中的原因。历史中所能看到的事实，都是这种变动运动中的原因影响的结果。人类历史中，一切都在生成，没有现成存在的东西，只有我们的思想可以将其固定下来（feststellen）。在洪堡看来，不断变动中的原因有三类：一是个人和民族的创造力，二是它的培养教育过程，三是惯性。②其中个人的创造和民族的创造，甚至一个观念的创造，都是无中生有的过程，而且是没有造物主的创造过程。也就是说，历史中人们只看到结果，看不到原

---

　　① 《对世界史中的动因的观察》，见 *W. von Humboldt Werke*, Band I, s. 578。

　　② *W. von Humboldt Werke*, Band IV, s. 573.

因。但是不能因此而无视历史事实的成因，而是应该在历史中恰如其分地评估不可把握的历史事实的成因。[①]也就是说，历史材料是史学研究的出发点；从史学工作的这一特征出发，洪堡认为史学工作和诗人的工作相近：(1) 它们必须对不完善的、零散的可观察的事实加以整理、连接、补充。这只有在想象 (Phantasie) 中才得以实现。这方面史学工作和吟诗相似。(2) 史学工作和吟诗一样，都是对自然的"摹仿"，二者的基础都是要对真正的结构进行认识，发现必然，去除偶然。(3) 艺术家在其作品中要显示出美的形式和意义。历史学家则要表现出现实的形式和意义。(4) 诗人寻求的是形态的真理，史学家追求的是给定事实的真理。二者都是在某种理念或叫理想形式的引导下工作的。[②]洪堡对历史学的看法和他的同代人施莱尔马赫、叔本华异曲同工，在结论上相去不远，他们都是 20 世纪解释学的先驱。[③]在历史学家这里，想象不是作为纯粹的想象 (Phantasie) 而起作用，而是作为限制能力 (Ahndungsvermögen，直译为惩罚能力) 和联系的天赋 (Vernüpfungsgabe) 而起作用。历史学家让想象 (Phantasie) 服从于实际经验。这就是历史学家的工作同诗人的诗歌创作的不同之处。

　　洪堡还进一步指出，历史学家不能满足于把历史事件置于某

---

① *W. von Humboldt Werke*, Band IV, s. 574.

② *W. von Humboldt Werke*, Band IV, ss. 586 – 587.

③ Hans – Josef Wagner 在《洪堡的结构教育理论的现实主义》一书中第五章的题目就是"解释学，或者洪堡的科学方法"，专门介绍评论洪堡的解释学。见该书 1995 年版，第 73 – 82 页。该书第六章第 5 节又回到这一题目"人类学 – 解释学 – 教育学"。

种必然性的形式联系中。在历史的思想中一定包含理念或者概念(Idee)。理念或者概念是从经验和对历史材料的研究中比较而得到的，也就是从"生活中"得到。获得概念是哲学理论工作的任务。历史学家的任务是将理念或概念运用于他的历史工作。只有在这些观念的指导下，才可能发现历史的整体的现实性。历史学家要把各种事实收集在一起，把各种概念或观念的痕迹收在一起，为此，历史学家必须多方面多角度来追踪人的精神的足迹，其中包括思辨、经验、诗歌等。它们都是统一的人类精神不同闪光、不同辐射，而不是相互对立的东西。从方法上讲，历史学家必须两种方法并用：一方面对历史事实批判地分析、辨析，另一方面又必须将研究的对象联系在一起。而且对那些用分析、辨析方法无法处理的内容进行处置时，两种方法缺一不可。只用辨析批判方法就会让个别事件掩埋了真理、整体，失去全局。历史研究必须让个体描述中透出整体性来。第二种方法的运用也不是简单地把事实联系在一起。人的精神应该将历史实际的事实的形式化为己有(eignen)，使得材料更容易理解，以便从材料中学到更多的东西。所以，关键在于研究能力(Kraft)与被研究的对象之间的同化程度(Assimilation)。这完全取决于历史学家个人的气质：历史学家通过个人的天才和研究工作对人性把握的愈深，或者说，通过自然和社会研究环境陶冶，历史学家所具有的人性愈多，愈富有人性(menschlicher)，他便愈珍惜他自己的人性，那么他便能更好地解释上述问题，即将生活概念（观念、生活规则）同史料更好地同化到一起。正是从这种观点出发，洪堡认为，一个神话、童话，完全可以隐含着最纯真的历史真理。这个发掘工作就是历史学家的任务。

　　洪堡还认为，历史事实如此浩瀚，一切历史事情的发生均来自于人之自然本性、民族特性和个人性格。有些事情发生得莫名其妙，好像黑暗中有什么神秘力的作用，鬼使神差，促使了它的发生。所有这一切，绝不可能都归纳到一个形式中去。正是这个原因，历史永远刺激人们的求知欲，去追求对它的描述，通过它去探求人类命运的真实真理，寻找生活的生动性、丰富性和纯净的明晰性。而这一切都是受到发自人之内心的无限深沉之处的永恒观念的控制 (durch walten)，通过这些观念，历史才得以变成可见的东西。历史事实并不是历史上遗留下来的原始材料。历史学家的任务不能只去简单计数历史材料。如果只满足于历史材料的计数，那么"真正的、内在的，以因果联系为基础的真理就成了牺牲品"。发生的事情的真理恰恰是在上述事实的看不见的部分之中，它必须由历史学家来加以补充。[①]因为在可感世界中我们只能看到这种因果联系的一小部分，所以，确定历史上到底发生了什么，就是从可见的东西过渡到真实发生的东西。史学中所讲的历史事实，总是对历史材料分析整理的结果。

　　由于个人受到历史环节的制约，因此，历史与活生生的人生是紧密相关的。它不仅给生活提供正反两方面的教训。它的真正的作用在于：历史可以赋现实性的人生活动以意义。也就是说，现实生活具有意义恰恰在于它同历史的联系。历史使现实生活的意义复苏，富有生气 (beleben)；历史对生活实际的意义加以提纯，净化 (läutern)，但又不是漂浮于纯粹的观念概念之上，而是

---

　　①《论历史学家的任务》，见 *W. von Humboldt Werke*, Band IV, ss. 585 – 586。

让观念、概念在情绪气质中起支配的作用 (regieren)。洪堡认为，不管涉及的是个人、个别事件，还是一个历史时代，历史作品都应该维护历史同生活的这种内部关系。这种关系是历史事实中真正起作用的力量，但它并不直接表现在史料中，这也只有通过史学家的幸运的眼光才能看到它们。只有这样，历史学家才能如同艺术家一样，享受这种创作的幸福和快乐 (glücklich sein)。历史学家的工作同艺术家的工作一样，不是对自然的一板一眼的认识，而是对自然的模仿 (Nachmachung)。它不仅要认识自然，而且要通过自己的心，让材料本身自己显出内在的精神来，将自然的内在真理展示出来 (offenbaren)。

洪堡在历史哲学的讨论中还涉及解释方法：前边我们已经指出，洪堡认为，史学家本人应和艺术家一样具有创造力。他的活动是使人生世界历史的事实印入他的情绪之中，以便带给这些史实以形式 (die Form mitzubrigen)，使其内在的真正的联系显示出来，以便从这些史实中抽出这些形式 (Form von ihnen selbst abzuziehen)。这里讲的就是所谓解释的循环：我给予史料以形式，以便从史料中抽出这些形式。一般人看来这是矛盾，这是循环反复。但是洪堡认为，认真考虑一下史学家的实际工作环境，这个矛盾便不存在。

洪堡指出，把握任何事物的过程中，把握活动 (Begreifen)与最终被把握的东西之间都已经存在着一种类比统一性、对称性 (Analogon)，这是把握任何事物的前提。这种类比统一性、对称性就是主体和客体之间的先在的、原初的一致性 (Übereinstimmung)。两个完全分离的东西之间是架不起桥的，它们的内在统一性原先在本质上是相通的东西，是架桥的前提，河两岸本是相通的（土地）。如果一岸是土地，一岸是数字，根本不可能架桥。如果一岸是岩石，一岸是空气，也很难建桥。把握既不是从主体出发的独创过程，也不是从客体出发的接收过程，而是二者之间同时并行的过程。因为它是将在这之前的已有的一般性运用于新的特殊对象。

那么，历史学家和历史实际本身之间的同一性是什么？先在的统一的基础是什么？洪堡的答案是：世界历史中起作用的东西，就是在个人内部运动着的东西。这是历史学家可以进行创造性活动的基础。所以，每个个人对本民族的情绪体验越深，越细腻，越全面，越精纯，那么这个民族就越能够通过历史学家将自己的真实现状付于言表，也就是说，这个民族也就越有能力产生史学家。个人对民族的精神体会是十分深入细腻的。历史学家所带给史料的形式，本身就是对民族精神的体验，就是民族精神的形式。他的研究成果，得出的历史的形式，就是对民族精神的体验的进一步的发展、升华、扩大。历史学家带来形式，又抽出形式，一切都是自然而然发生的。个人创造力与历史的原动力自然而然合在一起。

人的情绪是受环境调节的，受人出生以前已经生成的环境、甚至民族正式生成的环境的调节的。比如德语对德国的影响是在德意志民族生成之前。历史学不但应注意历史事实的外在关系、机械性因果联系，而且更得注意人与历史的内在动力的决定性作用。个人、民族、人类以及个别的部落人种都是这种力量的证据。它们与文化、艺术、习俗、社会组织都具有被创造的特性，有各自的发展过程，它们之间有相互统一的规则。其中有些是明显的因果关系，有些则根本不可能用因果性加以解释。

洪堡一方面十分强调个人的作用、个性的特征，同时又强调民族性和普通人性的作用。但是最终他还是认为，人类的个性是一种表现在现象中的一般的观念（Idee）。从个性中总是闪烁出观念的光辉（当然也离不开个人）。同时他把具体的民族也看成个体：各民族的特性中表现出相同的英雄形式。这里也是个性（民族个性）中体现出一般的观念。史学家的任务就是去发现这些个性特征的观念形式。洪堡还看到，还有一些不是直接体现于具体个人身上的，只是间接与个人有关的观念形式，这就是语言。任何民族的精神都体现在语言中。它就是民族精神，就是人类历史的基础。它是观念的生产者和传播者。

在洪堡看来，理解（verstehen）、个性形式（Individuslität）、观念理念（Idee）和力（Kraft）都是构成历史知识的对象的基础。为什么对历史必须进行理解，什么是观念理念（Idee）和形式，为什么必须强调历史各民族个性、人类的个性？一切均以洪堡的语言哲学观为基础。

第五节　语言哲学

一、西方语言哲学史简述*

今天提起语言哲学，人们马上会想到英美语言分析哲学。其实早在英美语言分析哲学诞生之前，欧洲大陆的语言哲学已经有

---

* 以下内容根据 Willi Ölmüller（hrsg.）的 *Diskurs: Sprache*（Schöningh, 1991）一书导论，和 Edmund Braun（hrsg.）的 *Der Paradigmenwechsel in der Sprachphilosophie*（Wissenschaftliche Buchgesellschaft, 1996）编写而成。

了一段历史传统。

西方哲学从一开始诞生就同对语言的反思结下不解之缘：在传统神话受到怀疑情况下，希腊人便尝试用 logos（语言、理性）解释世界，于是哲学便诞生了。在希腊语中没有"语言"这个概念，但是希腊人用一个含义比"语言"更宽泛的词来标识言谈话语、数数、计算、思考这个广泛的领域，这个词这就是 logos（它的动词形式是 legein）。logos 包括了人的谈话、思想、计数和研究等行为。这些行为的结果就是数量关系、诗词文章、理论学说等，于是它们也统统被称为 logos；而且进一步推广，把构成思想、语言、行为的共同基础、共同秩序和标准，即所谓"太一"，也称为 logos。logos 一词的语义统一性表明，在希腊人的潜意识中，他们对人的行为、思想以及语言之间的深刻的内在联系有一种领悟。

在古希腊，第一个把 logos（逻各斯）当作核心概念引入哲学的是赫拉克利特。在遗留的残篇中，赫拉克利特指出，"这个 logos 虽然万古长存，可是人们在听到它之前，以及刚刚听到它的时候，却对它理解不了。一切都遵循着这个 logos，然而人们试图像我告诉他们的那样，对某些语言和行为按本性一一加以分析，说出它们与 logos 的关系时，却立刻显得毫无经验。另外还有一些人则完全不知道自己醒时所做的事情，就像忘了梦中所做的事情一样。"[1]在这之后，logos 就成了希腊哲学的传统"标志"。

logos 的第一个对立物是神话故事（mythos）传统，这个传统

---

[1] 北京大学哲学系外国哲学史教研室编译：《西方哲学原著选读》（上卷），商务印书馆，1985 年，第 22 页。

始于荷马的神话史诗、赫西奥德的神谱，后来在希腊悲剧作家手里进一步得到发展。logos 的第二个对立物是个人意见和想法 (doxa)，第三个对立物是人的感性感知 (aisthesis)。战争与和平、生与死、日与夜、荣与辱等各种对立无不以 logos 为基础。神话故事传统当中，语词与现实是无区别的，说道的内容就是事实。而 logos 则把语词同事实区别开，把人同其他事物区别开。它的出现是对神话故事传统中的世界观的摧毁性的打击。人与物的区别就在于人对 logos 有知，其表现就是人会说话；希腊人就说，人有 logos，有 logos 的动物就是人。如果人们能够从神话、悲剧的众神迷信中摆脱出来，他们就可以通过自己的 logos（语言）认知万物的 logos（秩序）。所以，logos 在功能上、内容上同我们今天所讲的理性是相同的。后来，罗马人在拉丁语中的确把 logos 翻译为 ratio，作为拉丁语的一种方言的法语将其译成了 raison，到了英语里变成了 reason。现代汉语中的"理性"一词就是日本人对 reason 一词的意译，后来植入汉语之中。[①]

在柏拉图的哲学思考中，一个重要的工作就是对 logos（理性、语言）的积极功能以及局限性进行分析考察。柏拉图的哲学是日常语言批判工作的开端。希腊哲学家的前身、伴随城邦民主制而出现的教师、律师和政治家（也就是智者们）认为，城邦政治的成败，取决于演说的优劣。柏拉图则把智者的演说术看成礼崩乐坏的原因。他提出了以追求事物真理本身为己任的哲学王与智者运动抗衡。智者的演说术可以把法庭上的被告说成原告，把

---

① 《后汉书·党锢传序》有"圣人导人理性"。见刘正埮、高名凯等主编：《汉语外来词词典》，上海辞书出版社，1984 年，第 207 页，"理性"条。

有罪说成无罪；在政治集会上，通过演说术可以博得多数公民的支持，进而掌握政权，因此深受民主制下政治家们的青睐。但是在柏拉图看来，这一切只不过是城邦生活的虚假映像。当医生的知道，什么药材对身体的什么方面有什么好处，而演说家根本不了解他使用的语言的本性，也不知道他处理的事物的本性。所以，柏拉图认为，智者们的演说术根本就算不上是一门技艺。

柏拉图在他创作的对话《克拉底鲁篇》（*Kratylos*）中专门讨论了语言问题。柏拉图向人们指出，从个别的语言使用来看，赫拉克利特学派的观点——事物的本性决定事物有什么样的名字——是错误的，约定论的观点似乎更有道理：怎样称呼一个事物，完全是讲话人的约定、协商的结果。但是柏拉图又指出，如果进一步深究，人们在通过自觉不自觉的约定中"制定"语言规则的时候，真的没有遵循任何规则吗？真是完全任意的吗？在讨论语言、语词有没有正确性问题的时候，如果我们以事实的本性为出发点，那么，首先就遇到一个问题：什么是事实？如果事实像赫拉克利特学派认为的那样，万物皆流，无所谓存在不存在，那么，就更谈不上什么正确的称谓、正确的知识。如果事实如苏格拉底所坚持的那样，所有的美与善本身才是坚实的事实，那么，人的理性（logos）最终可以认识正确的知识，知道什么是正确的称谓。在《克拉底鲁篇》的结尾，柏拉图通过苏格拉底的口说，对这个问题还没有最终答案，应该平心静气地加以研究，以便找到其中的 logos。

柏拉图笔下的智者派认为：言谈、句子由名词和动词构成；言谈的正确与否完全取决于约定，与存在的本性是否一致无关。他们的这种观点在欧洲对包括亚里士多德在内的后人产生了深远的影响，引起了人们的反复讨论。这个过程中有不少人反驳这种看法，并试图去发现语言的内部规则，并由此形成了西方最早的语法学；亚里士多德等人则去寻找思维的形式规律，在这个过程中创立了形式逻辑（formal logic）；而他们在讨论思想、言语同事实、存在是否有统一性的讨论中建立了形而上学和本体论（或存在论，ontology）等。柏拉图在对话中还提出对思维的看法：思维就是心灵在内部自己对自己的谈话，自问自答，是无声的内部对话。柏拉图提出的这个观点仍然是今天人工智能研究、思维心理学研究的课题之一。

柏拉图在"第七封信"中提出，知识的最高境界是独立于语言和文字，是在长期的努力之后突然闪现出来的。这类似于中国佛教禅宗的顿悟的说法。今天，在西方，这个思想不仅仍然是神秘主义传统的核心思想，而且是思考语言文字同思想的独立性的理论来源。

柏拉图的学生亚里士多德从不同的角度对 logos，即思想和语言进行了研究。在《修辞学》中，他讨论了如何在政治活动中和法庭上运用语言技巧达到预期的目的；在《诗学》中，他讨论了诗的语言特征是什么；在《逻辑学》中，他归纳出构成真命题的规则；在《政治学》中，他指出人同其他动物的区别就在于人有语言：人是有 logos 的动物。

亚里士多德同他的老师柏拉图对语言的看法有很大区别：柏拉图从理念论出发，认为，智者的演说修辞术只是欺骗公民、获取政治权力的卑劣手段；在亚里士多德看来，演说修辞术是实际的伦理生活和政治生活中不可或缺的手段。柏拉图认为，应该把诗人作为不讲真理者从城邦中永远驱除；亚里士多德则认为，诗歌是教育的重要的组成部分。柏拉图认为，理性平时被禁锢在肉体的牢狱内，只有通过长期的练习，它才可能有朝一日突然认识到语言和文字彼岸的真正的事实，即理念；在亚里士多德看来，有语言是人的天赋，人们可以用语言表达并交流他们的七情六欲。人们通过语言知善、知恶、知好、知坏，并且通过语言而在家庭中和国家城邦中结合成社会共同体。所以会说话的本性与社会性都是人的本性。人有语言与人的社会性有内在的本质联系。不管海德格尔对"生活世界"的论述和胡塞尔对"主观际间性"（intersubjectivity）的考察之间的区别有多大，他们的工作都离不开一个共同的前提，即亚里士多德语言哲学基本立场：重视语言的社会性功能。

基督教文化的形成和传播一直同希腊文化传统紧密联系在一起。所以，在基督教文化中语言问题的哲学考察一直占有极为重要的地位。《约翰福音》开宗明义就宣称："太初有 logos，logos 与神同在，logos 就是神。这 logos 从一开始就与神同在。万物都是凭借着 logos 而造的。生命在 logos 里头。这生命就是人的光。"耶稣就是人体化的 logos。这里的 logos 就是上帝创世的logos。只有相信 logos 的人，才能获得救赎。对基督教徒来说，logos 只出现于本质上处于世界彼岸的耶稣的神迹和话语中。希腊的 logos 普遍存在于世俗世界之内；基督教的 logos 则是超越于世俗世界的；希腊的 logos 是人的理性可以把握的，基督教的 logos 只有通过虔信才能把握。

奥古斯丁、亚略奥巴吉提的伪迪奥尼修(Pseudo – Dionysios the Areopagite)和威廉·奥康等基督教的思想家考察语词和语言问题时所关注的核心问题是：达到终极真理的途径是什么？在基督教信仰中，这不仅仅是认识问题，它还是涉及人的行为、善恶、生死的大问题。在寻求救赎的过程中，语言的作用是不是必要的？人们如何谈论这些问题？奥古斯丁从新柏拉图主义立场出发，公开主张，语言在这个过程中只有服务性、过渡性功能：只有在我们实际上已经了解的东西的帮助下，我们才学会了使用这些符号，而不是相反。人真正的老师是耶稣，他在我们之内，他教导我们，向我们显示真理；这并不依赖（不必通过）语言和语词。离开语言和文本（《圣经》），人也可以找到通达耶稣之路，其根据就是我们心中的耶稣、神的 logos 和真理。

在亚略奥巴吉提的伪迪奥尼修名下的著作可能是公元 5 世纪的信奉基督教的新柏拉图主义者的作品。这些著作讨论的问题是：用什么样的语言来谈论上帝才是合适的。按照作者的观点，关于神性，我们所能说的只是：关于它我们一无所知、也无法用言语表达。神性不可说、不可知，处于我们的认识和感觉的彼岸。我们只可以用我们生活的隐喻，间接地谈论神性的秘密，比如用"光"和"照耀"，用 logos、智慧(Sophia)、美等来标示那无以名状的神性。最后的目的就是要进入一种如痴似醉的狂迷境界(ekstasis)，以便同纯粹的精神合为一体。作为基督教官方正统神学，奥古斯丁和伪迪奥尼修曾在中世纪欧洲产生了重大影响。

奥古斯丁后一千年，中世纪晚期著名唯名论哲学家威廉·奥康公开挑战这种传统，他提出，我们只能认知命题的意义，我们不可能认知具体事物背后或者具体事物之外的一般性普遍性。一般性、普遍性只存在于我们的思想和语言中，所以，他们并不是事实性的存在。中世纪占统治地位的形而上学，坚持思想概念最实在的实在论哲学，都是把概念同事实混为一谈。他们使用抽象概念和语词时，错误地以为，这些抽象概念和语词指称着某种事实。为了克服传统哲学和神学中的这种语言使用上的混乱，他提出了著名的"奥康剃刀"，即思维经济原则：如无必要，勿设实体。能够用一句话说清楚的，绝不使用两句话。奥康是霍布斯、洛克、休谟语言批判工作以及后来分析哲学的先驱。

进入近代以后，西方语言哲学研究的总背景发生了根本性的变化。简要地说，在中世纪，科学与宗教是合一的，理性与神话是合一的。这无论对基督教还是犹太教传统都是如此。历史总是上帝创世的历史，人类犯罪和获救的历史。自然的发展过程、人类的过去、现在和将来，统统囊括在这个上帝创世、人类犯罪和获救的历史之中。但是到了近代，自然科学冲破了这种世界观的包围，为人类指导自己的认知和生活提供了非神性的知识。时至今日，这种世界观不仅逐渐统治了全欧洲人的生活，而且已经或者正在变成全人类共同的世界观。这种世界观上的革命，使得人类的生活显示出多样性、多层次性。与此相应，此前的语言哲学也分化为形式逻辑、语用学、语义学、符号学以及其他各种语言学分支，还加上英语世界的各种语言分析哲学。

在近代语言哲学发展的过程中，有两种基本倾向：一种是唯名论的符号论传统，也就是科学主义传统，它对日常语言持批判态度。其主要代表是威廉·奥康、培根、霍布斯、洛克、贝克莱、休谟。今天的英美语言分析哲学就是这个传统的进一步发展。Ölmüller 在为他编的 *Diskurs: Sprache* 一书写的导论中，把近代科学主义的语言观作了三点概括：

　　a. 不再坚持语言的神学来源。（浪漫主义者哈曼等人则企图回到语言神创论的老路上。）

b. 名词的正确性和命题的真理性不再取决于是否与个别感性事物背后的一般理念和原则相一致。其原因是，他们都坚持，知识始于感觉。

c. 寻求对语言起源的科学解答：人创造语言是为了生存和交流的需要；或者语言是人们生活中约定俗成的结果。[①]

另外一种继承了古希腊神话的基本倾向，认为语言有"神性"，我们可以暂时把它称作"语言至上论"传统，也可以称作语言思辨传统。人们后来也称其为语言哲学中的欧陆传统。近现代欧洲大陆语言哲学始于与康德（1724－1804）同时代的哈曼（J. G. Hamman, 1730－1788）与赫尔德（Johann Gottfried Herder, 1744－1803）。赫尔德是哈曼的学生。他们是康德的哲学上的对手，但又深受康德思想的影响。但一般认为，大陆传统语言哲学的奠基人是赫尔德，赫尔德是德国大诗人歌德的老师。德国著名语言哲学史家 Liebruck 曾说，赫尔德的获奖论文《论语言的起源》的发表，标志着语言哲学时代的开始。这个传统在 20 世纪的最大代表是海德格尔。赫尔德的语言哲学思想，主要体现在他的获奖论文《论语言的起源》一书中，该书于 1772 年问世；康德的《纯粹理性批判》发表于 1781 年。赫尔德的论文早康德 11年。当时这篇论文并没有在哲学界引起太大的反响。但今天，越来越引起人们的重视。

康德以前的哲学总是问：世界和物质是什么样子的？事物的现实性的条件是什么？康德提出了完全不同的问题：哲学不再问

---

① Willi Ölmüller hrsg., *Diskurs: Sprache*, s. 23.

现实是什么样子的，或如何才能成为现实性。康德的问题关注的是事物之可能的条件，知识之可能的条件。由追问事物的现实性条件转变为对事物可能性的条件的追问，就意味着由对世界、事物的考察转变为对主体意识——自我——的考察。赫尔德与康德立场既相同，又不同。他们的相同之处在于，赫尔德提问题的着眼点，也不是事物现实性的条件，而是事物可能性的条件。他同康德的不同之处是：他不是转向主体、意识、自我、我思。他们的哲学立场的不同在于，康德认为，我的一切思想、表象活动总是伴随着"我思（Ich denke）"。赫尔德则认为，语言才是我的一切表象与思想的必不可少的伴随条件。语言不像"我思"那样仅仅是用以构造认识对象的综合（Synthesis）活动，语言本身也是对象，但它是一种特殊的对象，一种"非对象性的对象"。语言是个体（是历史性的，自然的，肉体的人）与一般（语言性，Sprachlichkeit der Menschen）的统一。

我们可以把赫尔德的语言哲学观点归纳为以下六个方面：

1. "人尚是动物时已经有了语言"。赫尔德认为，人的语言起源于人在动物时期的抒情时的吼叫、受伤时的哀鸣，等等。这些都是动物心情感受的表达。这一观点本身包含着一个矛盾：当人是动物时，人就有了语言，那么，人与动物区别安在？动物是否也有自己的语言？赫尔德认为，有了语言才有所谓人。人的语言是人与动物的根本区别。这样在关于语言起源的问题上，赫尔德的观点陷入了恶性循环：地球站在大象身上，大象又站在地球的身上。

2. 人是自由地进行思想和行为的存在物。他本身的能力驱使他在不断工作，不断前进，永远继续下去，为此，创造了语言，人是语言的创造者。他是语言动物。人的本性决定人要有语言。

3. 人命里注定是社会动物，是群体动物，所以，人的语言不断发展是一种自然的、符合人的本质性（即社会性）的、因此是有必然性的事件。

4. 因为，人类不可能只构成一个群体，所以，人类不可能被限制在一种语言之内。结果就产生了许多种的民族语言。

5. 最大的可能是：人类的经济、语言以及所有的文化都是发自同一源泉，而且是不断发展进步的整体。

6. 语言不是工具，即不是思想的工具，而是人之所以为人的条件（可能性），即人生之所以可能的条件。人就是语言的存在，康德说，没有范畴就不可能有对象。赫尔德则强调，没有语言就没有人的世界。语言是人的本质。

赫尔德在他的名著《关于人类历史的哲学观念》一书中提出，他在"语言中看到了教育培养人类的非常好的途径"。他在批判理性主义时明确指出，"离开语言的纯粹理性实际上是乌托邦"，因为，"语言恰恰是理性的特征。只有通过语言，理性才有可能获得自己的形式，才可能将自己的形式延续下去"。"言语使人成为人"。[①]

洪堡关于语言的哲学思考是赫尔德思想的发展。

二、洪堡关于语言的哲学思考*

洪堡的语言哲学也被称为 Hermeneutics，即解释学，既是语言哲学又是历史哲学。它是语言哲学与历史哲学在研究人之哲学

---

① 赫尔德：《关于人类历史的哲学观念》，德文 1966 年版，第 231 页。

问题上的同一。因为，解释总是对历史的解释，对人生的解释。历史人生总是解释的过程，而解释总是语言的过程。语言就是解释活动。

　　洪堡 1799－1801 年去西班牙的比利牛斯山区考察少数民族巴斯克人的语言。后来又从事古希腊诗歌的翻译，并提出了自己的翻译理论。他还努力学习美洲语言，古印度的梵文，中国的汉语和马来语方言。这里提到的只不过是他掌握的多种语言中的最重要的几种。在对语言作经验研究的基础上，他渐渐发展出了自己的语言理论。他关于语言的哲学思考是赫尔德语言理论的发展。语言作为形式化的材料，属于历史和经验的领域：写出来的字，说出来的声音，是过去的，又是可感的；而语言作为材料性的形式——语法、语义、思维方式——它属于思辨思想和哲学的领域。所以，对语言的研究既是经验的，又是思辨的。洪堡用经验的方法对语言进行了大量研究工作，赢得了他在比较语言学中的一席之地。针对语言同思想的内在关系，洪堡用思辨方法对语言进行深入的思考，又使他成为普通语言学奠基人和重要的语言哲学家。

　　洪堡认为，传统语言研究的最大缺陷是，只把语言作为传播媒介、相互理解的手段来看待。[①]他从一开始就认为，语言是我们人的精神活动的一切。语言是民族精神的直接体现。个人要体现民族文化精神，就应该掌握民族的语言，特别是古代语言。他自己并没有把他的语言研究称为哲学，因为按传统的看法，哲学所追求的是非时间性的理念，无形体的思想，无条件的真理。而

---

① Wilhelm von Humboldt, *Schriften zur Sprache*, s. 34.

语言恰恰总是有条件的，以杂多的形式存在，总是处于变动不居的状态中。语言总是有死亡有缺陷的人的语言，是历史的个人的语言。我们可以从几个方面来概括洪堡对语言的一般看法：

1. 语言的两重性

在洪堡看来，语言存在于人的行为的两重性中：一方面人的行为是将现象界的物质材料（Materie）浇铸到思想的形式之内[1]，这是从现象世界到思想的过程；另一方面，人的行为又是一种从思想到现象界的行为。思想活动本身是一种精神活动，而思想根本离不开语言。[2]恰恰通过思想活动，人产生了对语言的需求和依赖。思想本身也是一种躯体行为的发动、起动、驱动活动，是支配外在的肉体活动的行为，是驱动的行为。语言同这种双向驱动活动密切相关。所以，人的语言和精神行为一样，一方面是从外向内的，另一方面又是从内向外的。[3]

洪堡指出，语言活动又是一种不断向前发展的过程，它是一种纯粹的语言的内部运动，但在这种内部运动中，任何东西都在流逝，不会停留，没有固定静止的可能；[4]但同时它又是一种从

---

① 参见 *Wihlelm von Humboldt's Gesammelte Werke*, Band III, s. 255。并见 Albert Leitzmann hrsg., *Wilhelm von Homboldts Werke*, B. Behr's Verlag, 1905, Band IV, s. 17。

② 威廉·冯·洪堡特：《论人类语言结构的差异及其对人类精神发展的影响》，姚小平译，第 65、68、71－72 等页。

③ Albert Leitzmann hrsg., *Wilhelm von Homboldts Werke*, Band VI, B. Behr's Verlag, 1907, s. 154.

④ 威廉·冯·洪堡特：《论人类语言结构的差异及其对人类精神发展的影响》，姚小平译，第 56－57 页。

黑暗走向光明的渴望（Sehnsuch），一种由有限到无限的思慕。思想和语言是人的行为活动的双重本质，这二者融合在一起，就致使思想在本质上是外向的。而且通过语言，人们发现，不可见的、非肉体的精神与感性的东西、感性材料是相适应的。一切感性的东西，以及它的元素，可以在"虚空"中，自然而然地自由自在地运动起来，使人进入了一个无限的世界，不受感性、可见性的限制的世界。①

洪堡指出，在语言中生成的运动，在功能上，从材料走向形式，又从形式返回材料。从存在的方式看，语言既是形式化了的材料，又是材料性的形式。语言一方面是人讲话和理解的活动，但在这种活动中又产生了语言，它既是语言过程，又是生产语言的过程。语言从来不曾外在于"人类"，同时，从一开始语言就是外在于个别人的现成存在。语言从来不是死的材料，不像你的衣物、代步工具，是外在于你的死材料。语言是从属于你的但又外在于你的材料。②

2. 语言是媒介现象

洪堡看到，语言是一种广义的"媒介现象"（Vermitterin，女媒人）。它是一种媒介性存在。语言的媒介作用无所不在：它首先是自然界与人之间的媒介，然后是具体个体与他人之间的媒介。③

洪堡还指出，对我们和我们的表象来说，现成给定的东西材

---

① 参见 Wilhelm von Humboldt, *Schriften zur Sprache*, s. 8. 特别是 Albert Leitzmann hrsg., *Wilhelm von Homboldts Werke*, Band VI, ss. 154 - 155。

② Albert Leitzmann hrsg., *Wilhelm von Homboldts Werke*, Band V, s. 399.

③ Wilhelm von Humboldt, *Schriften zur Sprache*, ss. 8, 20.

料，完全是支离的东西，只有把它们统一起来才能把握到它的本质。语言就是执行这个统一的使命。语言活动使个体之间的统一(Vereinigung)成为可能，而语言也是在这个统一中出现的。语言从来不曾将自己的本质置于个别个体之中，这种本质必须总是从他者那里被猜测或感觉到（erraten，erahnt）。但无论是某个个体，还是他者，还是双方，都无法对语言的本质作出说明，它是一种独特的不可捉摸的（unbegreifliches）东西。语言在对个体进行"统一"的过程中，本身也进行混合，变形变音，发声。它具有从主体性到客体性，从有限的个体性到无限的包罗万象的存在。①

3. 语言双重样态

洪堡看到，语言是一身二任，有双重的样态：如果从客观性出发观察语言，语言就是遗传型的，语言不断将自身的特征在变异中遗传下来。②语言在本质上是连续的、不断向前发展的事物。

如果我们强调，语言是从主体出发的，语言就是表现型、表达型的；语言表现型样态体现为具体的说话、讲话。它是主体在思想中构成对象的活动。比如哲学就是这样一种活动。学习哲学首先要学会哲学的语言。洪堡认为，人不可能离开语言来获得纯粹的感性直观，来观察一个手头的对象。感官的活动一定是伴随着精神的内在行为，而这种精神的内在行为就是语言活动。二者一定是联系在一起的。如一张纸的两面，根本分不开。

---

① Albert Leitzmann hrsg., *Wilhelm von Homboldts Werke*, Band III, s. 296.

② Wilhelm von Humboldt, *Schriften zur Sprache*, s. 33.

4. 语言与表象的分离过程

在这个过程中，表象努力将自己从这种同步联系中分离出去，异化出去，使表象自己与主观的能力相对立，成为客体（内容），同时又作为一种新的表象（以新的感觉为基础）返回到这个直观与精神活动（语言）的联系之中。恰恰是语言完成了这一奇迹般的过程，精神驱使，喉唇相交，说出话去，（对象化、外化了）又通过耳朵回到精神中来。这就是从主体中分离出去，又回到言语中来[①]；语言的进程是从精神走出去然后又回到精神中来的过程。[②]

当然，洪堡还看到，讲话（sprechen，言语行为）远不只是媒介或符号、命题表达式，语言还是主体性的活动、行为的客体化、客观化。因此，语言是一切个人的思想思维活动的必要条件，是一切人内心深处的思想活动的必要条件。你思考某事物时，也就使你的思想成为你的思考对象。语言使这种从主体到客体的活动得以实现；离开语言，这是不可能的。

5. 语言存在于过程中

语言不是产品（ergon），而是活动（energeia），[③]这是洪堡的

---

① 没说出的话，独白，是说话的特例。

② Albert Leitzmann hrsg., *Wilhelm von Homboldts Werke*, Band VI, s. 151; Wilhelm von Humboldt, *Schriften zur Sprache*, s. 25; 威廉·冯·洪堡特：《论人类语言结构的差异及其对人类精神发展的影响》，姚小平译，第67、144 页。

③ Wilhelm von Humboldt, *Schriften zur Sprache*, s. 36; 威廉·冯·洪堡特：《论人类语言结构的差异及其对人类精神发展的影响》，姚小平译，第21 页。

名言。这对概念借自于亚里士多德。[①]要想理解洪堡是什么意思，需要回忆一下，什么是亚里士多德的 ergon 和 energeia。ergon 与英文的 work 是同源字，意思是，是一件完整的作品，所有的东西都包含在里头了。energeia 意思就是，处于没有结束的工作过程中，还处在过程中。在《尼各马可伦理学》中，亚里士多德将人的行为分为两类，一类是 praxis（实践），一类是 poiesis（创作，生产）。praxis 这种行为的目的和意义在其自身之中（下棋、沉思），这种行为就"结果"叫 energeia；而 poiesis 的目的和意义在于它生产的产品，英文叫 work，希腊文叫 ergon。洪堡把语言称为 energeia，就是强调，语言不是人的行为产品，不是生产性活动的结果。语言活动就是语言行为的目的本身。语言就存在于语言行为之中。它的作品包含于行为自身之中。活动自身就是作品本身。洪堡还用更通俗的德语把语言的这种特征称为"永恒重复的精神的工作"[②]，语言就是言语。

6. 语言交互性是人类社会性的表现

人类的思想在本质上与人类是社会性的存在是密不可分的。人在肉体关系，在感觉的关系中，也需要有一个"你"，撇开这一点不谈的话，即使纯粹为了进行思考，人也需要一个与"我"（Ich）相应的"你"（Du）。孤立个人的思想根本上不能满足于、停止于从思想中把表象分离为对象。在洪堡看来，此时，思想过程并没有真正完成。只有当表象活动将思想想象为外在于自身的思想物中，即在一个他人中，在一个与自己有同样表象活动、

---

① 参见亚里士多德：《尼各马可伦理学》1098b33。

② Wilhelm von Humboldt, *Schriften zur Sprache*, s. 36.

思想活动的实体中，实现这个内容也是可能的，只有在这时，思想过程的客体化、对象化过程才算完成了。思想能力与思想能力之间的这种交换互置过程、我与他人的交互置换过程，正是语言过程本身。①所以，上面所说的语言本身的二元性（"我""你"）就是社会性。人的社会性依靠语言的交互性（Dualismus）建立起来。一切言谈都以搭话（Anreden）和回话（Erwiderung）为基础。一方面，言词不是对象，而是与对象相对立的主体性的东西。但另一方面，在精神活动中，言词又的确是对象，是精神创造的对立体，它是能产生反影响的对象。只有在交互性的对话中，通过对他人谈话的倾听与反驳，才能使语言中的对象与梦中的图像相区别，与虚假对象相区别。洪堡甚至认为，人只有通过向他人讲述，才能得知自己的语词是否是可理解的。②

交互性（Dualismus）是语言的原型（Urtypus），语言其他的环节和概念均是以这一点为基础衍化出来的。③

7. 思想与语言的统一性

前面已经谈到，言谈过程是主体的、主观性的、内在的活动，同时又是把自己的话当作外在的对象重新被接纳来的活动。语言参与并传递思想的内在本质，不是间断的从主体到客体的互相过渡过程。所以，语言与思想在最深刻的深层结构上是一体的。④

---

① Wilhelm von Humboldt, *Schriften zur Sprache*, ss. 24 − 25.

② Wilhelm von Humboldt, *Schriften zur Sprache*, ss. 25 − 26.

③ Wilhelm von Humboldt, *Schriften zur Sprache*, s. 24.

④ Albert Leitzmann hrsg., *Wilhelm von Homboldts Werke*, Band VI, ss. 151 − 152.

洪堡坚持赫尔德对语言的看法，认为语言是人的本质，是个人与人类的统一本身。如果人的知性中没有语言的话，人就根本不会思维，也不会有思想。通过语言，人才成为人，但只有人成为了人，才可能有语言。[1]洪堡认为，那些相信先发明语言符号，然后人的发展与语言才是并行的人，实际上是完全没有看到人的意识与人的语言是一体化的，人的理解活动的本质（Natur）要求对语言的把握（begreifen）以及对整个语言的把握。洪堡是看到了这个一体性，但如何将它说清楚，如何表达这种一体化关系，却不是一件容易事。特别是不要说过头，十分困难，稍说过头，就是荒谬。[2]洪堡作了多次尝试：语言是思想的补充（Komplement des Denkens）[3]；语言是构成思想的器官[4]；精神与语言是同一的[5]；思想与言谈是同一的；凡人们能想到的，他就能够说出来[6]；语言是精神不由自主的流射（Emanation）[7]；语言是全部思维和感知活动的认识方式（Auffassungsweise，也可译为"聚集

---

① 威廉·冯·洪堡特：《论人类语言结构的差异及其对人类精神发展的影响》，姚小平译，第 47 页。

② 将这种看法推向荒谬的例子，见 *Language, Thought, and Reality: Selected Writings of Benjamin Lee Whorf*, by Benjamin Lee Whorf（1897 – 1941), edited by John B. Carroll, 1956。

③ Wilhelm von Humboldt, *Schriften zur Sprache*, s. 8.

④ Wilhelm von Humboldt, *Schriften zur Sprache*, s. 45.

⑤ Wilhelm von Humboldt, *Schriften zur Sprache*, s. 33.

⑥ Albert Leitzmann hrsg., *Wilhelm von Homboldts Werke*, Band V, s. 433.

⑦ 威廉·冯·洪堡特：《论人类语言结构的差异及其对人类精神发展的影响》，姚小平译，第 21 页。

方式")①；等等。但是，具体地讲：（1）语言如何决定思维，如果是这样，其机制如何？（2）语言影响思维是肯定的，但能否说起到决定思维的作用？（3）在多大程度上语言影响到思维？（4）不同语言、语族之间是否存在共同的机制？这些都是没有解决的问题，没有完成的、有待进一步研究的课题。这需要对各种语言和思想比较研究、统计和分析，等等。

8. 语言与世界观（Weltansicht）

洪堡从上述语言与思想的一体，推导出语言与世界观的一致。他认为，思想不仅对一般语言有直接的依赖性，而且依赖于个别的具体的语言。②这样的话，语言哲学便不仅是关于语言的哲学研究，哲学成了关于语言的哲学。语言便被置于哲学思考的中心。这里，真理不再是语言之外的纯思想过程之中的存在，语言也不再只是对已经发现的真理的再现、表达的工具而已。洪堡认为，真理恰恰于存在于语言中，并且通过语言揭示、显示自己。语言不仅仅是发现真理的工具，语言就是对过去未发现的东西的揭示。语言、言语（logos）是理解与言谈的统一。笛卡尔、培根的错误就在于，将语言看成与思想对立的、纯粹的符号系统，因此导致了一个无世界的主体，因此，世界的存在才成为需证明的问题。③洪堡为了表达语言与思想的统一，提出了他著名

---

① 威廉·冯·洪堡特：《论人类语言结构的差异及其对人类精神发展的影响》，姚小平译，第45页。

② Wilhelm von Humboldt, *Schriften zur Sprache*, ss. 53 – 54.

③ 康德在《纯粹理性批判》中，也要证明世界的存在。他说，长期以来，人类不能证明外在世界的存在，是一大耻辱。海德格尔认为，世界的存在需要证明才是一大耻辱。

的假设：有什么样的语言就有什么样的世界观。因为任何一个民族的世界观所用的词汇都是存在于这个民族文化长期发展中形成的语言体系之中。各个民族生活的每一时代的思想总是与那个时代的语言是一致的。语言包含了可能出现的世界观的组成成分和可能的组合形式。[①]每种语言都包含着一种特殊的世界观。[②]这就是哲学中著名的语言决定论。

这种观点包含有一定的真理性，但将此观点绝对化，则会得出十分荒谬的看法。从这一点出发，会发展出三种危险的看法：（1）经过对语言的分类，语言演进发展的研究，就会推导出语言民族主义的荒谬结论：语言发达的民族就是先进的民族。（2）语言的特征完全决定民族、思想的特征。（3）思想的相对主义。语言成了意识形态的不可超越的桎梏。后来，德国极端民族主义者的确利用这种思想，鼓吹民族主义，为贬低东方文化和其他文化的价值做论证，为国家社会主义所利用。当然这是在歪曲之后的利用。

但是洪堡本人并不持上述极端语言决定论的看法，相反，他认为，由于语言决定了世界观，这样世界观本身便处于不断变动之中。因为，在洪堡的理论中，语言是在交互对话式（dialogisch）的过程中存在；既然语言决定世界观，世界观也只在这种交互对话的过程中存在，即不断变化中存在了。它在不同的事件、不同的场合、不同对话中不断发生变化。每一种新的谈话都会引起现

---

① 参见威廉·冯·洪堡特：《论人类语言结构的差异及其对人类精神发展的影响》，姚小平译，第 25、49 页；Albert Leitzmann hrsg., *Wilhelm von Homboldts Werke*, Band V, s. 433。

② 参见威廉·冯·洪堡特：《论人类语言结构的差异及其对人类精神发展的影响》，姚小平译，第 72 页。

存的世界观发生变化。比如德语的世界观，从价值上看，在希特勒讲话前和讲话后就不一样了。所以，语言世界观并不意味着，将思想还原为使用某种语言为工具的民族性，也不能够得出结论，说通过一种语言和民族性，确定某种世界观。洪堡从他自己的语言理论推出的结论是：没有一个民族有某种稳定的世界观；而且，两次谈话报告中不可能具有完全相同的世界观；这也是由语言的交互对话式的（dialogisch）性质决定的。洪堡认为，人们只可能把真理看作外在的已存的东西；人的整个精神活动就是围绕着这个真理而进行的苦斗（Anringen）：人们努力用最强有力的工具来接近真理，不断测量与它之间的距离，在这个斗争中人们团结统一为一个社会群体，并使语言具有决定性，这样语言才成为思想的产生必不可少的第一条件，成为思想不断构成、不断更新的第一条件。

　　语言是以某种共同性为前提的。[①]只有人们会说这种共同的语言时，才会理解语词，才能懂得语词，知道、领会语言的意义，才能理解这种语言的各种具体表现。这种共性在每个变动着的个别世界观中都存在，不管这个世界观是私人的，还是语言群体的，或者是一个民族的，都是如此。这里涉及了两个方面的问题，一方面是语言变化引起的世界观不断变化，另一方面，语言外在客观性又使世界观相对稳定。这两个方面缺一不可。从洪堡思想的这两个方面去看洪堡思想中的变化问题，就可以避免片面、极端结

---

　　① Wilhelm von Humboldt, *Schriften zur Sprache*, s. 7;威廉·冯·洪堡特:《论人类语言结构的差异及其对人类精神发展的影响》，姚小平译，第45－46页。

论了：每一种语言的世界观都以自己的特殊方式对自己提出问题，都以克服自己为前提；在语言中，通过语言去寻求真理，无非就是不断地对在语言中表达出来的活生生的不同的世界观进行比较和检验过程。

和康德一样，洪堡也认为，人类可认识的任何东西都是经过人类加工过的内容。洪堡和康德不同在于，洪堡强调，所有内容都处于各种不同言语的中间地区。它是独立于各种言语的地域。人类只有通过认识和感受，即通过主观的途径来接近它，接近这个纯粹的客观区域。他把康德的自在之物（Ding an sich）语言化了。处于各种言语之间可知的可认识的东西，正是学习本族语言的目的所在、动机所在。各种言语都在为自己编织着一张网，编织着一张围绕着本民族的网，一张富有弹性的变动之中的网，这个网就构成了本民族的世界观。要想超出这个网的桎梏，只有一个办法，就是学习其他民族语言。这样做一方面可以跳出自己本民族语言的小圈子，另一方面可以进入他人的语言圈。所以，学习异族语言的正确的目的，是为了争取到新世界观，开拓人生视野，为自己的世界观加以新的立场、内容。所有语言中，概念和表象形式都是整个人类精神的一部分，所以学习外语不但扩大了自己的世界观的范围，而且使不同民族的人们相互接近。[①]而且人们在学习外语的过程中，在各种语言"网格"中，在语言之镜中接近真理整体，即接近了那个总体的观念，实际上也是接近了人性的整体，也就更接近了"人性"。学习者会变得更加人性。人

[①] 参见威廉·冯·洪堡特：《论人类语言结构的差异及其对人类精神发展的影响》，姚小平译，第 72－73 页。

性在你身上体现的就更全面、更丰满。外语学习是陶冶个人素质的重要手段。

9. 语言类型学及语言类型评价

洪堡看到，语言也是随人类的历史发展而发展，所以语言和人类历史一样，也有一个由低级到高级的变化过程。他认为，越是接近人性的整体观念的语言，越是高级的语言。前面讲过，洪堡认为，语言的本质就是把现象界的材料浇铸到思想的形式中去。从这个角度看，语言的工作是形式性的，因为语词在这里代替对象而出现。这样现象与语词的对立就成了材料与形式相对立。同时，语词成了对象之后，又作为材料，与语言形式对立。语词被置于语法形式的控制之下。对于"把现象界的材料浇铸到思想的形式中去"这项任务中，各种语言的胜任程度是不同的，或叫成熟程度不同。面对这一系列成熟程度不同的语言，洪堡在他的早期语言研究中设想有两种极端的语言类型：一种是纯材料性的语言，另一种是纯形式性的语言。纯材料的语言，只是为了满足现实需要；它总是东西、物体的直接符号。而纯形式的语言只涉及纯形式、纯思想。处于两个极端之间的语言是中间状态的语言。洪堡在他的早期研究工作中认为，汉语属于第一类语言。他的理由是，汉语最少形式成分，没有屈折变化，所以是初级状态的语言。纯形式的语言是屈折变化较多的古希腊语和屈折变化更复杂的梵语。处于中间状的语言是各种闪米特语（阿拉伯语、希伯来语）和粘着语（agglutinierende Sprache）等。[①]

[①]　参见威廉·冯·洪堡特：《论人类语言结构的差异及其对人类精神发展的影响》，姚小平译，第314－318页，以及姚小平编译《洪堡特语言

但是洪堡在研究中面临一个难题：他一方面反对把语言文化分为三六九等，认为一切语言都是人性的一部分，都是围绕着真理，接近真理的过程。但另一方面，又认为，屈折语最高级，相应的文化也应最发达。这就出现一个问题，以无屈折、最少语法形式变化的汉语为基础而形成的文化，为什么发展出如此高级的文化和哲学呢？洪堡本人十分重视并尊重汉文化，对其评价很高。洪堡无法用他的语言分类理论解释这种现象。汉语（英语则从另外的侧面）证明，语言成熟程度与思想文化的发展程度是不一致的。语言的发展与文化的发展可以是背道而驰。[①]我们怎么能说，语言的完善与发展是在不断接近人性整体呢？

正是由于这种情况，浪漫主义哲学对语言文化的发展持悲观主义态度，认为，语言越发展越低级，文化也越落后；他们推崇古代语言，崇拜古朴的民间语言、古朴民风，搞复古主义。洪堡

哲学文集》（湖南教育出版社，2001 年）中的《论语法形式的产生及其对观念发展的影响》《论与语言发展的不同时期有关的比较语言研究》（原文见 Albert Leitzmann hrsg., *Wilhelm von Homboldts Werke*, Band IV, ss. 1 – 34）。对原文第 32 页倒数第六行至倒数第三行的译文，笔者有不同理解，笔者译为：各个民族"自己的世界观取决于(liegen in)已经相当发达的语言，那么，不仅世界观之间一定存在某一种关系，而且它们与所有可以想见的世界观之共同整体之间一定也存在某一种关系"。这里洪堡是想推出，存在着各种语言之整体和各种世界观之整体，而且这两种整体之间存在着对应关系。

① 《论人类语言结构的差异》，见姚小平编译：《洪堡特语言哲学文集》，第 256 页以下（原文见 Albert Leitzmann hrsg., *Wilhelm von Homboldts Werke*, Band VI,第 141 页以下）。英语的发展似乎显示，文化越发展，语言越平易清晰，屈折越少。有外国研究者认为，汉语言本身也有一个从有屈折向无屈折发展的过程。

没有因为这个矛盾而简单放弃自己的乐观立场，走向悲观主义，同时也没有放弃他的思想—语言统一论。为了解决这个理论困难，他开始跟当时著名的汉学家学习汉语，经过进一步研究，修改了他的语言分类模型。他早期提出的从材料到形式的语言发展模式是直线发展模式，后来经修改变为有上升下降的曲线模式。经过这样修改之后，"形式"所指的不再是纯语法形式；纯语词材料也并非是与形式对立的东西。他看到，形式本身也是材料，形式是材料（事物的符号）和形式（纯思想）的统一。修改后的语言发展线索如下：

第一阶段，人面对材料堆积的世界，试图用语词将其加以整理、排序，建立统一性，于是历史上产生了以纯粹的指物词汇和词序表达的语言形态。

第二阶段，产生出使材料获得统一性和概观，材料达到完善。精神也达到了屈折的语言形式。这里语言本身接近了他的最原初型式。

第三阶段，思想获得了安全，完全可以自由处理语言材料，屈折开始退化瓦解。[①]

语言的发展可如下图示：

---

①《论语法形式的通性以及汉语的特性》，见姚小平编译：《洪堡特语言哲学文集》，第 122－177 页（原文见 Albert Leitzmann hrsg., *Wilhelm von Homboldts Werke*, Band IV, ss. 1－34）。

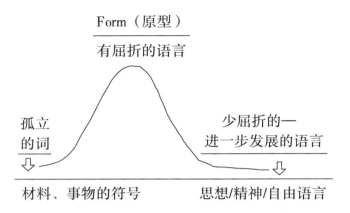

Form（原型）

有屈折的语言

孤立
的词
⇓

少屈折的——
进一步发展的语言
⇓

材料、事物的符号　　　　思想/精神/自由语言

　　实际上洪堡在这里作的是一种理想化的描述,是对语言的思辨。洪堡当时提出这种模式的时机并不成熟。语言的发展进化观本身能否成立还是问题。关于一般人类语言的发展图式,应该通过对具体语言学、语言哲学、语言心理学、语言社会学、语言人类学研究,在大量的具体研究成果的基础上,进行更深入的全面的哲学考察。

　　地球上的人类,在数万年的言语活动中创造出了数以千计的语言,它们以其丰富言辞、繁复语法规则驾驭人类去认识世界。在有文字记载的历史过程中,通过民族文化的形成,语言成了一种独立的神奇力量。这时,语言成了一种异在的对象（fremdes Objekt）。人们在民族语言文化中生活,在精神活动中,又使独立化的语言,由客观性回到主体性,回到主体中来了,成为个体的精神。但是,另一方面,语言与精神从来没有自己安定的住所。在书面语中也是一样,精神并不可能安静地居住在书面语中。作为语言,它必须活在永不熄灭的思想之火中,在主体活动的不断的流逝中而存在。语言是过程性存在,语言存在于语言的生产过程、创造活动中。正是在这个永不停息的语言创造中，语言才得以作为客体而存在。而这个过程只能是个人与个人的语言交流、思想交流过程。过程的存在就是个体的存在的延续。所以，语言的过程性正是个人在历史中产生影响的根据。但个人对语言的影响又离不开语言的影响。语言属于我个人，因为我正将它带出来、显现出来、创造出来（hervorbringen）。但是语言又不属于我个人。因为我不可能按其他的方式创造它。当我创造它时，我不由自主地按它的已是的样子在创造它。语言的基础在哪儿呢？它的基础恰恰在人类中，在民族中，在人类的诸种言语中，在各民族已讲过的话，以及正讲的话之中。所以，我（每个个人）正是在它的限制中（Einschränkung）、控制中创造着语言。

洪堡的思想听起来很辩证，但这里不是黑格尔式的辩证法。在语言中，主体—客体的矛盾并没有被扬弃，主体—客体也没有综合为合题，它们的对立一直存在着。语言活动不起辩证扬弃的作用，不是对立面的前进中的扬弃。所以，这里不是辩证的扬弃中的前进过程（dialektisch，dialectic），而是交互对话式过程（dialogisch，dialogic）。

语言是主体外化，是主体委身于客体世界的过程，又是客体世界的内在化和主体化过程。这个过程就是人的精神的永不休止的工作，它就是语言的存在。当然，需要指出，这里的语言所达及的客体可以是自然界这个材料性的世界，可以是与主体对立的、作为语言媒介的语音，可以是语言的整体，还可以是讲出的语言（故事、历史），可以是言语所指向的、同"我"－主体对立的"你"－主体，语言可表达的现象界都是语言所能达到的客体。所以，语言所及之范围比思维活动所及的范围要更广泛。"我"的精神活动达不到"你"本身，但是"我"的言语可以做到这一点。因此，不少现当代西方思想家认为，语言活动与精神活动特别是思维活动的领域，并不完全重合。

洪堡的语言哲学思想到了20世纪哲学家那里,在克罗齐（B. Croce）、海德格尔（M. Heidegger）、伽达默尔（H.‑G. Gadamer）处，才得以全面发展起来。我在原则上赞同洪堡的语言哲学立场。他对语言的本质及语言同思想关系的分析的确入木三分。他关于外语教育是人性教育的思想十分有启发性。语言的确在相当的程度上影响着一个民族的民族文化、民族精神的形成，特别是这个民族文化还在其初创时期。民族生活环境越封闭，本民族母语对民族精神的影响便越大。在中国书不同文、话不同语的春秋战国时期，中国文化何等活跃。书同文、话同语之后，成了清一色的儒教天下，这种情况一直到了魏晋时期始有改观。佛教及梵语、巴利语文化的传入，可以说是一次冲击。国人开始注重逻辑、强调反切，渐渐形成风气，并影响到汉语世界的思想形态。明清之后西来文化的入侵，对西方语言的学习使用，又一次使国人的思想文化形态发生剧变。我们可以大胆地推测，中国在晚清之前，没有发展出以形式逻辑、语法形式为基础的，以概念分析为主要形态的纯哲学，这不能不说，与中国语言的形态有直接关系。这当然是以后中国现象学家的研究课题。

第二章
施莱尔马赫的解释学方法论

在我国，一提到施莱尔马赫的名字，人们首先想到，他是解释学家。实际上，他在欧洲文化史上的影响远不止如此。他还是德国著名的新教神学家，古希腊语文学家，柏拉图翻译家。

施莱尔马赫比威廉·洪堡小一岁，比黑格尔大两岁，生于1768年一个基督教新教牧师家庭，在基督教兄弟会的教育下长大，并且学习神学。但是由于他对基督教兄弟会基本教条持怀疑态度，于1787年退出兄弟会，开始自己的独立的宗教研究，并开始从事希腊文献的德文翻译工作。他首先翻译的是亚里士多德的《尼各马可伦理学》。神学系毕业后，曾做过多年家庭教师。1794年后任牧师。此后他与德国知识分子阶层交往甚广，他们是施莱尔马赫思想的重要来源。1797年他结识浪漫主义者弗·施雷格尔，并渐渐成为浪漫派成员。1802年，由于和 Eleonore Grunow 夫人的关系过于密切，他被教会调往小地方 Stolpe 做牧师，并在那里开始了《柏拉图全集》的翻译工作。1804年应聘去哈勒大学神学系任副教授，1806年任正教授。1807年普法战争，哈勒大学关闭。他到柏林继续从事《柏拉图全集》的翻译和希腊哲学史研究工作。1809 年他作为著名布道牧师从事布道，提倡爱国主义。1810 年柏林大学建成开学，他是该大学的创建者之一，并任神学系正教授，直到 1834 年去世。1817 年任路德教和其他新教会宗教联席会议的主持人，但同与会的具有原教旨倾向的新教领袖发生冲突。

施莱尔马赫的工作主要有三个领域：神学、哲学和古典文化研究。他的工作在当时德国和欧美各国文化界影响极大。狄尔泰专门写了多卷本《施莱尔马赫生平》，这是狄尔泰举世闻名的主要著作。19 世纪，施莱尔马赫以神学家、德国浪漫主义哲学家、古希腊语文学专家、教会政治活动家而著称。他的解释学工作只被看作他从事神学和语文学工作的一个具体方法，在一般施莱尔马赫的介绍中很少提及。可是到了今天，他的浪漫主义哲学已渐渐被人们遗忘，他在教会的生动讲演的影响只限于新教神学界。当初并不被人强调的他的解释学方法，而今却成为世界各国哲学和文学评论界的常识。

第一节　理性神学

与同时代的思想家黑格尔、费希特、谢林一样，施莱尔马赫的研究工作的出发点也是康德哲学。但是和德国唯心主义不同的是，他并未取消康德认识论中认识的外部刺激物的存在，而是进一步把认识的内部形式外推到对象自身：时间与空间不仅是认识主体的形式，也不仅是认识对象的形式，而且是与人的认识主体对立的、刺激人的认识能力的外部实在的形式。他的这一倾向当然与他的虔诚基督教信仰有直接关系,他要重建信仰与理性知识的同一,把宗教的感情同理性思辨结合在一起。

施莱尔马赫认为,神学就是对宗教生活的思考;宗教生活同理性思考活动应该结合在一起;信仰和对教会的批判考察正是生动的宗教生活本身。他自己正是致力于这种对教会进行理性考察工作。他从根本上反对黑格尔、谢林的思辨哲学,认为,关于宗教信仰的真实性不可能通过形而上学的思辨来证明和辩护。宗教信仰"是一种情绪状态 (Gemütszustände)"。[①]基督教真理直接满足人的自我意识,这是基督教真理的基础。神学就是要研究这个事实。他按这一基本精神拟定了神学研究的大纲,把经验科学精神引入了神学。他把神学分为三大部分:历史研究、哲学研究和实践研究。历史研究中又包括圣经注释学、教会史学、对教会学说作现象描述的教义学。历史研究(历史神学)构成了神学的主体,是其他两类神学工作的基础。哲学研究(哲学神学)则考察、认识宗教现有事实的过程有什么特征,基本规范是什么。这种哲学带有信仰方法论的性质。他认为,通过对宗教认识活动的批判分析可以使人们达到最真诚的信仰,他企图用他的宗教理性考察来取代以"忠诚""老实""服从"为标志的传统的信仰方式。

第二节　语言解释学

在德国浪漫主义哲学家中,许多人都有解释学倾向。但是19 世纪德国浪漫主义解释学的真正建立者是施莱尔马赫。施莱尔马赫生前并没有公开发表他关于解释学的文章和著作。我们现

---

① 《施莱尔马赫全集》第七卷第一分册,1980 年,第 14 页。

在看到的他关于解释学的著作，都是根据他身后遗留下来的讲课提纲和笔记整理而成。真正使世人注意到施莱尔马赫的解释学的是狄尔泰 1900 年的文章《解释学的诞生》。

按人们过去的传统看法，解释学只不过是把收集的材料整理在一起而已。施莱尔马赫从一开始便认为，解释学作为一门语文学的分支，它要对文本进行有机的整体的理解，它绝不仅仅是为了解决理解过程中的困难而偶尔用一下的辅助性手段。后来他又进一步指出，《圣经》解释不应具有神秘特性。对一般文本的解释原则同样适用于《圣经》。解释学应该是一门通用学科。不同领域的具体解释学只不过是这个学科的普遍原则的运用。它的特殊性只在于处理的语言不同、内容各异而已。具体地讲，对希腊古典文献的解释阐发所遵循的原则应该同用于《圣经》文本的解释原则是一致的。它们共同的前提是：从文本所在时代的特殊关系去理解语言及其内容。这样，解释学就不再局限于讨论如何理解具体对象和语言的问题。施莱尔马赫把解释学投射到不同时代的理解活动本身，使理解活动本身成了关注的中心，使解释学具有了哲学意义。

施莱尔马赫的解释学思想是在 1811－1833 年间逐步发展成熟的。

在早期，施莱尔马赫把解释学看作是语言文献学（Philologie）的一个分支，是一门解释的艺术。这时期，他认为，理解的过程同被理解的事物无关，是独立于被理解的历史内容的。在这里，必要的历史知识是解释工作的前提，但是这同解释过程本身无关。此时他还没有看到，关于历史关系的知识以及这种知识的获得恰恰属于理解过程本身，而且是进入清晰理解的关键步骤。所以，此时他强调的是，只有把历史知识的获取过程从理解过程中分离出来，才可能总结出一般性解释规则。对历史关系的把握和对这种关系理解、判断是两个层次的问题：解释学提供的方法不是如何去把握历史关系，而是如何使读者把握这些材料关系，使他们"从自己的思想环境走出去，进入被解释的作者的思想环境"①。也就是说，解释学是消除读者、评论者同作者的历史距离的方法。

从具体内容看，施莱尔马赫前期解释学思想强调的是语言。"在解释学中最重要的前提是语言，所有要寻求的主观和客观的前提都属于语言，它们都必须出现于语言之中。"②甚至更具体地讲，"解释学的全部任务的对象就是句子的环节（构成部分，Glied eines Satzes)"③。这里所说句子的环节就是构成句子的材料与形式，但是并不是指字典学意义上的句子的发音与意义，即通常认为的，一个句子（如"It is a book.")所具有的独立的普遍性意义。这种语言教科书中所教授的一个句子的普遍性意义，在实际使用语言中是根本不存在的。构成句子的字词也是一样。尽管每个词总是属于一定的语义领域，所以才有它相对稳定的字典意义，但这种字典意义上的词义，从来没有在活生生的言语行为中出现过。④语词句子的真正意义是在具体语言使用中出现的。同一个词的每次使用，其意义多少有所不同，所以，语词

---

① 施莱尔马赫：《解释学》，由 Heinz Kimmerle 依据手稿整理出版，1974年海德堡第二版，第 32 页。

② 施莱尔马赫：《解释学》，第 38 页。

③ 施莱尔马赫：《解释学》，第 64 页。

④ 施莱尔马赫：《解释学》，第 61 页。

在语言实践中的意义具有无穷多的不同色彩,即它们的意义有无穷多的细微差别,所以,人们根本不可能抽象地把握这种使用中出现的全部意义。但这千变万化的意义又有它内在的统一性,它们又和一个一般性意义相关。对这种统一性的把握不是靠抽象思维,不是靠抽象的规则,而只能靠感觉。[1]施莱尔马赫强调,要想把握语词的意义的内在统一性,就应该放弃追求全部完善地把握意义,而是追求对语词的感觉:用感觉去取代完善性。这里施莱尔马赫已经涉及后来维特根斯坦在后期所提出的"语言游戏"问题。

施莱尔马赫强调,任何一种解释都有"先入之见",任何一种解释都会以过去对人的了解和以前对对象、事物的了解为基础;对具体细节、个别词句的理解又总是以"对整体的理解"为基础的。[2]而一个人如果要了解一个对象,必须从一般性的意义出发。而这里所谓一般性、整体性,在实际上又是从"生活中发展出来的"。[3]而对整体的感觉,又是通过对语词的不同的、具体个别的使用的比较而获得的。只有通过对众多个别东西之间的联系与比较,人们才能达到意义的内在统一性。

对整体的把握来源于对个别使用的比较和联系,而对个别东西的把握又必须从对整体的理解出发;从部分理解整体,又要从整体理解部分。这显然是一种循环。但这种循环不是逻辑上的循环。在语言解释的实践过程中,它并不是循环,而是一个不断递

---

[1] 施莱尔马赫:《解释学》,第 61 页。

[2] 施莱尔马赫:《解释学》,第 46 页。

[3] 施莱尔马赫:《解释学》,第 47 页。

进上升的过程。施莱尔马赫认为，在理解一个词的时候，先把这个词从它的联系（句子）中提取出来，把它的意义孤立出来，然后把它与已经熟知的一般性的各种用法加以比较，以确定它的形式。这就是对一个词的预先把握。这是真正的解释学工作的出发点。从这种理解出发，再去解释在具体语言文本中、语境中这个词的意义的特殊性。这个过程是一个有意识地进行的、在语词具体使用中完成的个性语义的构建过程。

施莱尔马赫认为，任何一个孩子掌握语言都是遵循着解释学途径而实现的。[①]只不过他们对这一过程毫无自知。孩子的语言学习的过程是一种活生生的构建过程。解释学则要求在历史文本解释中，有意识地从事这种个性语义的构建活动：既参照过去获得的对一般意义的感觉，又把精力集中于构建新文本中这个词的意义的新的特殊性。用我们的话说，就是要品出这个词在这个具体文本中的特殊味道来。对于有丰富柏拉图文献翻译和《圣经》诠解经验的施莱尔马赫来说，凡是他不能在意义上构建出特殊性的文本，他就说，"我根本就不能理解"。在不同上下文中同一个词可以有无穷的意义多样性，它组成了一个真正的无声的语言世界，这个无声的语言世界正是人类思想的内在符号。它表现了人的理性从个别到一般，又从一般到个别的相互交融、渗透的操作性进程。我们可以在外在的语言（有声的口语，有形的文字）中来感觉这种内在的符号。

上述语言同理性的关系问题讨论，主要见于他的早期伦理学

---

① 施莱尔马赫：《解释学》，第 40 页。

著作《伦理学草稿》(*Brouillon zur Ethik*)。[1]这个草稿中不仅涉及施莱尔马赫对伦理学的基本看法,还包含了他自己的认识论的大纲。我们这里只引证几段与解释学相关的认识原则。

认识从感觉出发。"只有当在外在的杂多(原文 Fluxion,通常译为'流')中和主体中都出现统一,感觉中才会出现我们称为认识的客观性"。"这两个统一性都是在理性中给出的","同类认同类","在理性中到处都是一般东西与个别东西的同一性,整体性与个体性的同一","这种同一性向我们证明,在主体中的同一性与客体中的同一性是同一个同一性","理性给个别的东西(整个没有规定的,不可规定的,作为杂多[Masse]的东西……)带来了同一性"。这就形成了认识。[2]

但"离开语言根本不可能有认识,而离开认识也不可能有语言"。"语言是一个标示体系"。从最广泛的意义讲,"语言是对感觉中发生的世界的事件(Akt)的有机的反应(organische Reaction)"。[3]语言的有声表达是杂多,语言中"所有的对立,甚至包括辅音与元音的对立,在不被关注的情况下,相互向对方流动,而且每个辅音也从不同方面与其他众多辅音相互流动","这正好是与联接、建立重要的同一性有关。言谈的全部行为正好代表了(repräsentiert wird)认知的全部活动。"[4]"就像在最简单的认识

---

[1] *Schleiermachers Werke: Auswahl in vier Bänden*, Band II, Leipzig, 1967, ss. 75－241.

[2] *Schleiermachers Werke: Auswahl in vier Bänden*, Band II, ss. 159－160.

[3] *Schleiermachers Werke: Auswahl in vier Bänden*, Band II, s. 162.

[4] *Schleiermachers Werke: Auswahl in vier Bänden*, Band II, s. 162.

活动中已存在组合一样，我们在语言的自然因素中也多处看到这类形式"，"每个语言基本元素只有通过组合才获得它自己的确定内容"。①也就是说，语言理解过程是在个别与一般之间建立统一性的过程，它恰恰与理性思想从个别到一般交融渗透过程相一致，是后者的表现。

关于施莱尔马赫解释学的认识论背景我们就简单地介绍到这儿为止。

从方法出发，施莱尔马赫认为，解释学应分为两个部分，即语法的解释与所谓的"艺术性"（技术性，technische）解释。语法解释是以现存语言事实为基础，研究语言的规则，表达的基本可能性，所以它只是为具体、积极的构建性的解释提供边界，规定范围。所谓"艺术性"的解释则是去寻求一个具体字词在特殊文本中的个性特征。它是对该词个性特征的正面把握。这种特征恰恰是说话者个人的语言能力和言谈方式的表现。在实际语言使用中，两个方面是同步、重叠的。而创造性的精神总是语惊四座，使人始料不及。但个人这种语出惊人的创造性的语言使用并没有破坏语法的形式规定，相反它构成了语法形式的典范。所以，讲话者同语言规范互为条件，相辅相成。真正的全面理解文本，应该是语法解释与艺术解释两种方法的反复相互"振荡"的结果。这是施莱尔马赫十分爱用的说法。②当然这两个方面不可能总是像太极图一样配合得天衣无缝，"因为这要求对语言的完

---

① *Schleiermachers Werke: Auswahl in vier Bänden*, Band II, s. 163.

② 施莱尔马赫：《解释学》，第 56 页。还见 F. Meiner 编的哲学文库中的《伦理学 1812 / 1813》，第 50、78 等页。

全正确的认识和完全正确的使用"[①]，当然这实际上是不可能的，所以，解释家高超之处"只在于懂得，在最合适的地方去牺牲最适于被牺牲的东西"[②]。

语法解释确定语词的语义界限，"艺术"解释则借助于对作家语言风格的认识，协助语法解释来解决语法无力解决的问题，这是"艺术"解释的一个方面。与此同时，"艺术"解释还要学习领会整个文本的谈话的思想走向。这当然不是到语言之外或语言之后去寻求文本的本质，而是认为，思想同语言是一致的。所以，一切思想都是内部的言谈，而所有的内在言谈都趋向于外在表达。我们是通过语词来感受（vernehmen）思想的。[③]二者是一致的，不需要到语言后面去寻找。艺术性解释就是对作者的思想走向，语言风格的主观重建。它是在语言规则之内的个体风格的重建。通过介绍我们就不难理解，为什么施莱尔马赫把他的解释学即诠解技术（Auslegungskunst）称为语言文献学的一个分支了。[④]

第三节　理解的艺术

1819 年施莱尔马赫在重新整理他的解释学思想时，把解释

---

① 施莱尔马赫：《解释学》，第 32 页。

② 施莱尔马赫：《解释学》，第 56 页。还见 F. Meiner 编的哲学文库中的《伦理学 1812/1813》，第 32 页。

③ *Schleiermachers Werke: Auswahl in vier Bänden*, Band II, s. 97.

④ 施莱尔马赫：《神学研究的简介》，H. Scholz 编，Leipzig,1910 年，第 54 页，脚注 3.

学的重点由文本解释即语法把握，与作家风格特征的把握即"艺术把握"，以及二者相互"共振"，转移到"理解的艺术"，并且把它提高为哲学方法，在 1819 年第三稿中，他特别指出，解释学是"哲学性"的："一般解释学和批判研究以及语法学共属一体"。"这三者都和 Dialektik 联系在一起"。[①]Dialektik 在哲学中一般译为论证法。在施莱尔马赫这里十分明确，它是关于哲学方法和原则的理论。它的任务是把逻辑学同形而上学结合在一起，形而上学涉及的是上帝存在问题，逻辑涉及的是认识论问题。论证法（Dialektik）就是要解决关于上帝的知识和认识如何可能的问题。所以论证法就是中世纪意义上的哲学。而解释学同解决如何能够认识上帝的问题密切相关。

　　从具体内容看，施莱尔马赫前后期思想的最重要的区别在于，在后期他放弃了以前"语言与思想的同一"的看法，所以，也不再去寻找具体的使一般语言形式得以具体化的特殊方式（风格）。此时，他认为，思想是内在的符号，语言不再是内在符号的直接表现。思想同语言的差别，与理念同现象的差别相关，而解释学活动的目的就是通过语言去寻求语言的思想基础。他把内在的思想称为内在的 Rede（言谈），把思想的外在表达叫做 Sprache（语言），[②]这里完全和海德格尔《存在与时间》里的说

---

①　施莱尔马赫：《解释学》，第 76 页。

②　"Reden(言谈)也是向个别人传播思想的工具，而思想是通过内在的 Rede(言谈)完成的，所以在这个意义上可以说，言谈是完成了思想本身。当思想者觉得有必要将所思想的内容固化下来，这时便出现了言谈的艺术。""每个言谈都有一种双向关系：与创作者语言整体的关系和思想整体的关系。""所以，一切领悟都由两个环节组成：1. 对言谈的理解就是［讲思

法相同。正因为思想与语言之间存在反差，于是就有误解。在施莱尔马赫看来，解释学的任务，就是克服误解。具体地讲，是为了杜绝对《新约圣经》的误解。语言使思想固化，因而个体化了。时代愈久，外在化为具体语言的文本愈成为解释学的对象，即这种文本只有通过解释，才得以使思想从经验上可把握的语言形式中走出来。语言的解释活动本身就有了创造性。正是在此基础上，施莱尔马赫才提出了他的解释学名言："我们比作者自己理解的更好，因为在作者的理解中许多东西是无意识的，而（我们为了理解）必须使之变为有意识的东西。一般来讲，这种情况一部分在（对文本的）第一印象中已经发生，一部分则发生在具体的个别解读遇到困难时。"[①]

也就是说，理解就由两部分组成，一是针对思想的表达，即语言，他称之为语法解释。二是针对语言使思想发生的外化，为了找到作者内部言谈（Rede），就有了所谓"心理"解释任务。语法解释是对历史语言的重建。重要的是从"语法"解释到"心理"解释的变化，这里强调的是，如何通过语言，进入成为历史的作者主观生活环境，进而从细节上了解作者的思想。这就是所谓对内在言谈，即对作者内部思想的历史的主观与客观重建工作（Nachkonstruieren）。[②]这种工作已同孩子学习语言，掌握词语的过程完全不同了。

1829 年，施莱尔马赫进一步认识到，理解文本的过程不仅

想]，就是从语言出来；2. 对言谈的理解就是思想过程中的事实。"施莱尔马赫：《解释学》，第 76 页。

① 施莱尔马赫：《解释学》，第 87 页。

② 施莱尔马赫：《解释学》，第 83 页。

是对作者内部思想的重建，而且每本著作都与作者的行为，即与作者整个生活的其他行为有着紧密的联系。所以，对作品的正确理解必须联系作者的整个人生过程。这样，他的视野更宽了：理解的任务已经是去找出作品的思想如何从作者的人生过程中生成的那个过程。①

尽管施莱尔马赫是《柏拉图全集》德文本的权威译者（至今仍在不断再版），但他在思想上却更接近亚里士多德。因为他坚持认为，只有具体个别的东西是最实在的，一般只体现于个别之中。正是基于这种基本立场，他在解释学原则的建立中突出强调作家个人语言风格的重要性，或者强调个人生活以及作家生活于其中的具体社会团体的情况，对理解具体文本的重要性。在神学上表现为反对教权的一般权威，主张个人与圣经文本直接对话，与神的直接交往。尽管他和黑格尔一样，反对的对立面都是德国代表封建保守传统的教条主义，但他却是走着同黑格尔完全相反的道路。黑格尔特别强调一般；施莱尔马赫和洪堡一样，一直关注个体，强调一般在个别中的具体体现的重要性、实在性和不可还原性。

第四节　狄尔泰对施莱尔马赫解释学的总结

下面再介绍一下狄尔泰对施莱尔马赫解释学的总结。狄尔泰1900年发表的《解释学诞生》一文原文只有15页，真正谈到施莱尔马赫工作的第四节只有四页半，但这四页半却确定了施莱尔马赫作为解释学奠基人的历史地位，使鲜为人知的存在于研究手

---

① 施莱尔马赫：《解释学》，第131页。

稿中的施莱尔马赫解释学成为显学。

我们介绍狄尔泰的总结,实际上是对施莱尔马赫后期解释学思想的介绍:通过解释学通达"在意识中给出的东西背后的创造性能力,通达那共同发生影响,而(作者自身)对其无知的东西,在此基础上重建世界的整体形式"[①]。

狄尔泰在介绍中指出,解释学作为一种方法,又分为语法解释、历史解释、美学解释和事物解释等各个层面。这些原则的发现与掌握非一日之功,而是长期的历史积累过程。施莱尔马赫的工作在于"到这些解释原则后面去追求对领会(Verstehen)的分析,即追求对这种有目的的行为本身的知识","并从对这种有目的的行为的认识(Erkenntnis)中推导出普遍使用的解释的可能性……它的界限和规则"[②]。从古希腊以来,解释工作总是在逻辑思想和修辞思想的指导下进行的:解释工作要寻求的是"逻辑联系、逻辑秩序"。施莱尔马赫重构解释学理论,放弃了传统的逻辑、修辞范畴,使用了一套"全新的概念"来理解文献。这就是作家的"同一的有创造性影响的能力"。作家对此无知,在这里,作家的接受与创造有机地融为一体,个人的特征在作品中无所不在,直到每一个字上。但这样创作的作品"还需要通过他人的直观来进一步补充该作品的个性特征"[③]。按狄尔泰的介绍,施莱尔马赫已经看到,解释学的过程发生在生活的各个方面,只不过在伟大作品的解释中才达到它的高峰。"在生活本身里,理解和解

---

① 《狄尔泰全集》第五卷,第 327 页。

② 《狄尔泰全集》第五卷,第 327 页。

③ 《狄尔泰全集》第五卷,第 328 页。

释总是十分活跃，总在进行中。它们在有生命力的作品以它同原初占有者的精神的联系的技艺高超的领悟与解释中达到最终的完善。"①

狄尔泰还指出，施莱尔马赫的另一贡献，是他把同代人的心理－历史世界观（Anschauung）改造成了解释学的文献研究技法。他提到了席勒、洪堡、浪漫主义者施雷格尔兄弟、历史学家Ranke 以及今天已鲜为人知的德国学者 Böcke, Dissen, Welcker, Savigny。狄尔泰对施莱尔马赫解释学作了如下总结。

> 所有文字作品的解释都只是理解过程的艺术性构建的结果。这一理解过程贯穿于整个人生，囊括了所有的谈话形式和文字形式。据此，对理解的分析就构成了制定解释规则的基础。而对理解过程的分析又只可能联系对作家作品的创作过程的分析，才有可能实施。也只有在理解与创作的关系中，才能建立起规定着解释手段和界限诸规则之间的联系。

> 具有普效性的解释的可能性只能从领悟理解的自然属性中导出。在这里，解释者的个人风格（Individualität）同作者的个人风格不是作为两个不可比较的事实面面对：这两个个人风格都是建立在人类的普遍的自然本性的基础之上的，并由此使人们之间的谈话和理解的公共性（Gemeinschaftlichkeit）成为可能。……所有个人间的差异都不是由相互人格上质的（qualitativ）差异所决定，而只是以灵魂工作过程在程度上的差异为条件的。那么当解释者

---

① 《狄尔泰全集》第五卷，第 328 页。

拿自己的活生生的生命到历史的生活环境去尝试时，他便能够由此出发，一时强调灵魂工作某一些过程，对其进行加强，而使另一些灵魂工作过程（Seelenvorgänge，也可以译为"生命过程"）退到后面，由此而导致在自身内对陌生人的生活的复制（Nachbildung）。

如果人们注意到这个过程的逻辑方面的话，那么由这个过程出发，在只是相对得到确定的个别符号身上，他们会认识到一种关联性，这种关联性始终处在现存的语法知识、逻辑知识、历史知识不间断影响之下。用我们的逻辑上的术语来说，就是：理解领会的逻辑方面是由归纳、一般真理在具体情况下的运用，以及比较的过程构成的。接下来的任务应该是，确定这里所说的逻辑操作和它们之间的联系所接受的特殊形式。

这里恰恰是所有解释艺术的中心困难所在：一方面要从个别词汇以及它们的联系中理解作品的整体，但同时个别词汇的全面理解又以作品的整体的全面理解为前提。这个循环在单个具体作品与作品的原初所有者的精神的类型和发展的关系中不断重复。在这个循环又出现于具体作品同文学类型的关系之中。这个困难施莱尔马赫在柏拉图《国家篇》导论中解决得最好。……[他从整理结构纲要开始，与草率阅读进行比较，他在摸索中把握了整个联系。使困难之处变得明了，在思考中，停留于可以洞见到进行创作（Komposition）的地方，然后他才开始自己的解释。]在理论上我们已经走到一切解释的边界：解释总是仅能在一定的程度上履行着它的使命。因此所有的解释都只能是相对的，并且从来不会有终结。Individuum est ineffabile（拉丁语，个体总是不完善的）。

施莱尔马赫对在他之前的解释过程的分类，即分为语法解释、历史解释、美学解释、事务解释，进行了批评。这种有区别总是指出了，在开始进行解释时，语法认知，历史认知，事物认知和美学认知是必不可少的，每一解释过程都包括上述各个方面的。但解释过程本身只能分为两个方面，它们都保存在以语言符号方式存留下来的精神创造的知识里面。在文本中，语法解释从一个联系过渡到另一个联系，直至作品整体这一最高联系为止。而心理的解释则从设身于创作的内在过程出发，不断前进，走向作品的外在形式与内在形式，并由此进一步在原作者的精神类型和发展之中走向对作品的统一性的把握。

在这里，我们达到了施莱尔马赫发展起来的解释艺术的出色原则的出发点。他的学说中最基本的是，关于内在形式和外在形式的思想，其中特别深刻的是通向（广义）文学作品创作过程的一般理论。它构成了广义文学史的工具论。

解释学工作的最终目的在于，达到比作者本人更好地理解作者。这句话是"无意识创作活动"这一理论的必然结论。[1]

---

[1]《狄尔泰全集》第五卷，第 329 – 331 页。

第三章
被遗忘的现象学的先驱：弗雷斯[*]

新康德主义先驱李普曼（Liebmann）在 1865 年指出，19 世纪构建哲学体系的思想家有 6 个，费希特、谢林、黑格尔、赫尔巴特、叔本华和弗雷斯。下面我们来介绍最后这位思想家的思想。

弗雷斯（Jakob Friedrich Fries）这位至今仍被遗忘的 19 世纪重要的哲学家，是谢林、黑格尔思辨哲学的两大敌人之一。[①]他于 1773 年生于易北河边的 Barby。小时候被送到基督教兄弟会接受教育。儿时的教育对他后来的思想产生了很大影响。读大学

---

[*] 在德国 Bochum 大学的科学哲学家 Gert König 和 Düsseldorf 大学的哲学家 Lutz Geldsetzer 的共同努力下，《弗雷斯全集》从 1982 年开始出版。第 1 – 8 卷为纯哲学著作，第 9 – 17 卷为应用哲学著作，第 18 – 20 卷为哲学史著作，第 21 – 23 卷为通俗哲学著作，第 24 – 30 卷为书信。到 2000 年已经出了第 1 – 23 卷，书信已出版了第 24、25、27、28 卷。全集每一卷开头都有主编者撰写的长篇序言，介绍该卷内容及其在哲学和科学上的贡献。本章写作时参考了《弗雷斯全集》各卷的序言，吸收了主编者对弗雷斯思想的研究成果。

① 另一位是叔本华。

时，他是费希特的学生，后在海德堡和耶拿大学执教。由于他思想上的自由主义的民主倾向，1819 年普鲁士当局勒令大学解除了他的教授职务（黑格尔却在一年前被普鲁士政府聘为柏林大学教授）。在与黑格尔同时代的德国的思想家中，他是极少数企图用自然科学思想改造哲学的人之一。尽管如此，就其工作的范围和风格而论，他仍是百科知识性的学院式学者。他的工作范围除了哲学之外，还包括数学、天文学、物理学、化学、美学、生理学、心理学、理论医学、政治学、人类学等。这些具体的研究工作对他的哲学理论都有直接影响。从这个角度看，他的工作可以被称为自然科学研究工作。

和黑格尔相反，弗雷斯的哲学语言平易流畅，"即便初学者，没有受过哲学训练的普通人，也能了解其中的最困难的内容"；但是同时他的理论又不乏深刻性。[①]施莱尔马赫的神学思想受到弗雷斯宗教哲学思想的很大影响。

第一节　科学哲学的先驱

在"科学哲学史丛书"（History of the Philosophy of Science）中，1988 年出版了一本关于弗雷斯及其学生的书。该书的导论中称弗雷斯为"哲学史家、物理学家及数学家"，称早期弗雷斯学派的代表 Apelt（1812 – 1859）为"哲学家和科学史家"，称他的另一位学生 Schleiden（1804 – 1881）为"植物细胞理论的奠基人之一，园艺学改革家"。[②]弗雷斯庞大的研究计划不仅包括了许

----

① 《弗雷斯全集》第一卷，编者导论，第 18 页。

② Thomas Glasmacher, *Fries –Apelt –Schleiden*, Dinter Verlag, 1988, s.

多新数学分支的建立，如高等代数，微积分学，也包括了数理逻辑，或者元数学理论，他的独立的数学方法论思想为后来 C. G. J. Jacobi 的思想的提出创造了条件，在此基础上 Jacobi 公开宣布，数学为"科学之王"。只是由于费雷斯的理论中包含的思想今天已化为数学界人人皆知的常识，所以他的这些贡献渐渐被人遗忘了。①

《弗雷斯全集》出版者在前言中说，弗雷斯及其学派一共有三代传承，但是直到石里克组织了维也纳小组，弗雷斯的理论倾向才有了真正的继承人。卡尔·波普的早期著作《认识论的两大类问题》的第五章的题目就是"康德与弗雷斯"。物理学家、哲学家恩斯特·马赫在他的名著《知识与谬误》一书的前言里讨论了科学研究方法论，当论及通过具体科学研究对方法论作出贡献的典范时，他列举了哥白尼、开普勒、伽利略、牛顿、麦克斯韦等科学家；当谈到对科学方法本身进行"相当宏伟可观的研究"的"功绩卓著的"思想家时，他只提到两个人，一个是弗雷斯，一个是阿佩尔特，而阿佩尔特是弗雷斯的学生，是弗雷斯学派最重要的代表。②当然马赫也明确指出，弗雷斯还没有完全从以前的哲学的桎梏中解脱出来。

弗雷斯在浪漫主义盛行的德国哲学界独辟蹊径，开始用英法自然科学精神改造哲学，所以他无愧早期科学主义思想家的称号。1841 年在给他的学生 Schleiden 的《科学园艺大纲》手稿的

vii.

① 《弗雷斯全集》第一卷，编者导论，第 17 页。

② 马赫：《知识与谬误》，莱比锡 1926 年德文第五版，1991 年重印，前言第 6 页，以及正文第 281 页。

批注中，弗雷斯写道："一般来说，我们在经验科学中借助于感官的帮助，在理性科学中借助于纯粹洞见（Einsicht）的帮助。这种纯粹的洞见，一部分是带有纯直观协助的数学洞见，一部分则是哲学的洞见。我们只可借助于概念来认识（Bewusst werden）这种哲学洞见。在经验科学中，心理学科学借助于内感觉，自然科学则借助于外感觉。"在谈到植物学细胞学工作时，他写道"我认为，这项工作的生理物理把握的尝试，只能停留在不可靠的幻想的水平上。只是通过彻底的显微镜观察（以前根本不可想象显微镜观察的意义）才能在这里建立了稳固的科学基础"。①这些批注充分表明，弗雷斯对科学持肯定态度，对科学研究方法有高度自觉。

此外，弗雷斯在他的物理学和自然科学哲学研究中，一直强调自然科学理论的假说性质：纯理论并没有为我们规定揭示某些现象的基础，它是我们的探求的引导，它指导我们，在什么时候可以在某个领域中获得一种简明的说明。他认为，康德同他思想的区别在于，他从来不认为，一个物理学上的道理是先验地被规定了的某种永恒的自然规律。他清楚地看到，实现康德的理想，要求穷尽无穷多的可能性，"这是不可想象的"。②也就是说，自然科学的真理不是绝对的，而只是相对的，它们仅仅是寻求对自然现象揭示的引导和手段而已。这已经十分接近卡尔·波普对自然科学真理的看法，所以波普重视弗雷斯就不难理解了。而且拉卡

---

① Matthias Jakob Schleiden, *Wissenschaftslische Schriften*（《科学哲学文集》），Ulrich Charpa hrsg., Dinter Verlag, 1989, ss. 311 – 312.

② 《弗雷斯全集》第十三卷，第 400－402 页。

托斯（I. Lakatos）在《科学研究计划中的证伪与方法论》中写道：一个观察命题（或语句）的真理性是不可能百分之百地获得证明。任何一个关于事实的命题都不可能靠实验来证明，这个逻辑学的基本观点至今没有受到人们的足够重视和理解。"而哲学家中第一个强调这一点的似乎是弗雷斯，那是在 1837 年。"而且据波普自己承认，他的观点更接近弗雷斯，而不是实证主义者，因为，弗雷斯强调"证明的偏见性"，指出，"命题之间的关系完全不同于命题与经验的关系，而实证主义总是企图取消这一对立"。[①]而且弗雷斯和布尔察诺是 19 世纪哲学中仅有的两个关注证明论问题的人。莱辛巴赫认为，弗雷斯第一个看到了，一个命题称"一个推理形式是逻辑必然的，这个事实是一个经验判断"[②]。

第二节　德意志民主运动的牺牲者

德意志神圣罗马帝国原本就不是一个统一的政治实体，而是由 2000 多个独立小王国组成的松散的政治联邦。在法国大革命影响下，封建专制势力的代表——德意志神圣罗马帝国——在欧洲错综复杂的政治动荡中于 1806 年 8 月 1 日正式解体。原来帝国治下的小王国重新组合，普鲁士等较强大的王国则尽力扩张自己的势力。德国问题成了当时欧洲政治问题中的重要问题。德国开始走向形成自己真正统一民族、统一国家的艰险之路。在这个过程中，在政治上，法国大革命自由平等思想的影响，以及拿破

---

① I. Lakatos, A. Musgrave hrsg., *Kritik und Erkenntnisfortschitt*, s. 97, Fußnote 22.

② Hans Reichenbach, *Elements of Symbolic Logic*, Free Press, 1966, p. 188, footnote.

仑扩张主义的压迫，从正反两个方面激发了第一次德国爱国主义民主运动，这就是以 1815 年 Wartburg（瓦尔特堡）集会闻名的学生运动。这个运动的精神领袖之一就是弗雷斯。原帝国境内各大学学生云集耶拿附近的瓦尔特堡，纪念路德宗教改革 300 周年，同时纪念德国在莱比锡战胜拿破仑。集会上学生领袖发表情绪激昂的演说，号召青年们献身于国家和民族的统一事业。

弗雷斯为人文静，不谙世故，但和学生的关系十分融洽。弗雷斯作为著名教授一直和学生政治团体有密切的联系。一些学生运动的领袖就是他的弟子。他自己并没有直接参加学生的集会，但是在集会几天之前，他就拟好了书面讲话，并复制了 200 份，在学生中散发。他在书面讲话中，号召德国各地的学生组织统一为一个友好团体，以作为德国民族精神统一的先驱。而学生运动的统一的目的是为了建立一种健康的爱国主义，即以学生团体中体现出来的友爱为基础的统一。"德意志的青年们，你们脚下是德意志最自由的土地……让你们重新觉醒吧，让你们声称：你们是在德意志人民自由、德意志思想自由的国土上，在这里解放了的人民和公侯的意志决定着（wirken）一切。在这里可以自由谈论任何公共事务。……这里没有军警的威胁。切莫小看这个小国给你指出的目标！因为所有的德意志公侯都许下了同样的诺言。"[1]

他激烈地批判诸侯国的专制主义，提倡公民自由，要求废除警察暴力。他公开声称："我憎恨贵族、王公的公主们对农奴和奴隶制的偏好"，"我憎恨官邸中对下人服务的享乐"，"我憎恨公

---

[1] G. Steiger：《学生社团和瓦尔特堡集会》，第 79 页。

共生活中的欺诈","我憎恨现存统治者和以官员面目出现的骄横跋扈的二流子阶层对人们的压迫","我憎恨把军务同公民事务截然分开的制度。只有人民才是军队和统治者"。①尽管他言辞激烈，被普鲁士专制当局视为危险的革命鼓动者，但他并不是革命家，他认为德国民族还没有成熟到建立自己独立共和国的程度。他主张建立各公侯国联邦制的制宪帝国。就像学生社团一样，这样的联邦应建立在友谊之上。德国应成为"友爱、真理和正义的精神"。②"我告诉你们，国家的形式是无关紧要的，起决定作用的只有精神。不要去伤害国家的现有形式，以便使精神得以统治。……要改变，但不是用暴力去改变。"③所以，弗雷斯是一个温和的民主改良主义者。但是，他也预感到，学生不会按他的温和想法去行动，专制政府也不会将他同激进的学生作什么区别。在瓦尔特堡集会的前一年，他在其政治哲学著作的前言的结束语中写道："啊，我的祖国，如果你还要求新的牺牲的话，那就请把我也拿去好了。"④他在《致德国学生的公开谈话》中公开号召"为思想自由和公民的平等而斗争"。⑤他公开以荷兰和新独立的并发表了《独立宣言》的美国为榜样，号召学生们"坚持真理与正义"，为"思想解放""公民权力平等"而努力。

　　弗雷斯和学生们的活动马上受到诸侯国侯爵的反对。他们把

---

① G. Steiger:《学生社团和瓦尔特堡集会》，第 80 页。
② G. Steiger:《学生社团和瓦尔特堡集会》，第 80 页。
③ G. Steiger:《学生社团和瓦尔特堡集会》，第 80 页。
④《弗雷斯全集》第九卷，新编页码第 226 页。
⑤ G. Steiger:《学生社团和瓦尔特堡集会》，第 130 页。

学生运动看成是"对诸侯主权的最大威胁"[1]，称弗雷斯"是一个狂热的最危险的人物"[2]。普鲁士专制政府把其整个统治所及的德国置于警察的监督之下，为此政治家洪堡公开与普鲁士专制政府决裂，愤然辞去政府中的任职，昂首而去；学者施莱尔马赫也对政府提出公开抗议。弗雷斯首当其冲受到迫害。只有黑格尔是乘风快婿，在1818年兴冲冲来到普鲁士首都就任官方教授。著名黑格尔传记作家 Haym 形象地说，黑格尔"以他哲学独裁者（Philosophischer Diktator）的身份"来到柏林，把这看成"他追求的最终目标"的实现。[3]正是这个被黑格尔看成"最理想的"普鲁士国家，开始利用警察和暗探对进步学生和教授进行追捕、审讯和迫害。黑格尔在《法哲学批判导言》中公开为这个警察国家申辩，指名道姓，公开谴责正在受到警方迫害的弗雷斯为"四处蔓延的浅薄大军的统帅"，"任意性的讼棍"。而且十分庆幸地说，"政府终于开始注意这类哲学活动"，指责弗雷斯之流"不仅破坏了内在的道德性和公正的良知，而且还导致社会秩序和国家法律的破坏"，他觉得不能容忍弗雷斯这样一个"官方普鲁士官员（在普鲁士各地，大学教授同时就是国家职员，——笔者注），一个受普鲁士政府资助的报纸受到怀疑的玷污"，公开声称，过多新闻自由是危险的，公然要求政府文化部采取果断措施。[4]果然，（尽管不是直接应黑格尔之请求）1819年弗雷斯被

---

① G. Steiger:《学生社团和瓦尔特堡集会》，第 146 页。

② G. Steiger:《学生社团和瓦尔特堡集会》，第 147 页。

③ Rudolf Haym:《黑格尔和他的时代》，1962 年重印本，第 357 页。

④《黑格尔全集》二十卷本，Honnann Glockner 主编，第七卷，1964年，第 27-37 页。

解除公职，逐出大学，禁止他在公开场合演讲。尽管黑格尔哲学十分深刻，黑格尔对德国民主自由运动的落井下石的态度仍是十分令人憎恶的。

黑格尔对民主运动的态度，从根本上是由黑格尔体系的整体主义决定的。当然这是黑格尔哲学研究中的问题，我们不去深究。但是黑格尔反对弗雷斯还有个人恩怨的原因。弗雷斯先黑格尔出名。弗雷斯受聘耶拿大学任正教授，黑格尔作为弗雷斯的后继者任海德堡大学正教授。当柏林大学寻找费希特教席的后继人时，弗雷斯与黑格尔同时被提名。最后，由于弗雷斯于1817年支持学生爱国主义运动而受到政府的怀疑，黑格尔才得以作为普鲁士政府的宠儿而受聘柏林大学，这是黑格尔对弗雷斯的最终胜利。尽管黑格尔反对弗雷斯的这种态度不应仅归因于他对弗雷斯的嫉妒，只用弗雷斯曾先于他而名声显赫，他总是拾弗雷斯撇下的位子来解释，但是这也是原因之一。

但在迫害学生和知识分子运动中走马上任的普鲁士警察总监（后又任教育文化部总监和司法部长），后来遭人唾弃的卡姆普茨（Kamptz，1769－1849）在他的"名著"《关于公开焚烧印刷出版物的公正讨论》中指责弗雷斯等人，"反对公共秩序，反对国家的罪恶"，说这些教授"很愿意"用他们摇摇欲坠的讲台去换取政治改革者的地位，用他们的博士帽去换取雅各宾派小帽。[1]他点名咒骂弗雷斯"精神错乱"，是"滑稽小丑"，污蔑弗雷斯的哲学"玷污了如此著名的耶拿大学的讲席"。[2]1817年11

---

① G. Steiger：《学生社团和瓦尔特堡集会》，第157页。
② G. Steiger：《学生社团和瓦尔特堡集会》，第157页。

月 24 日，弗雷斯等三名亲学生运动教授受到传讯，弗雷斯被莫须有地加上"亵渎君主"的罪名。后来因查无实据，只好作罢。弗雷斯以"公开诬蔑"为由，公开起诉警察总监卡姆普茨，但警察总监拒绝出庭。这场弗雷斯与警察总监的官司几经周折，打了两年。正处于胜利兴奋中的黑格尔对正在受迫害的弗雷斯进行指名攻击。① 当然，这对弗雷斯学术生涯有百害而无一利。警察总监步步高升，弗雷斯则最终丢掉了饭碗（1819 年 4 月），准备流亡到美国，只是由于开明的魏玛公爵的挽留才未成行。

　　弗雷斯等教授受迫害的事情震动了很多热血青年，激起了他们对保守派的仇恨。最极端的表现是弗雷斯的学生卡尔·路德维希·桑德于 1819 年 3 月 23 日行刺普鲁士政府御用文人科策布（Kotzebue）成功。后桑德被警方逮捕。此事在全德引起极大反响。全德国从农民到知识界都站在桑德一边。学生运动和其他政治不满情绪日益高涨。但这个运动的精神领袖弗雷斯则被迫退出了学界、政界，从德国文化发展中消失了，弗雷斯哲学也被人遗忘。黑格尔哲学在普鲁士政治复辟中成了占统治地位的哲学，当然主要是由于他的思想的深刻，但也与他投靠专制政府有直接关系。而弗雷斯被彻底遗忘，好像哲学界不曾有过名噪一时的、敢与黑格尔一争雌雄的哲学家弗雷斯。弗雷斯本人被无限期剥夺从

---

　　① 弗雷斯与黑格尔同一年（1807）在耶拿通过大学教职论文，并同一年被聘为副教授。但弗雷斯被聘为海德堡大学正教授时，黑格尔却到纽伦堡去当报纸编辑和中学教师。对此黑格尔心怀不满，他在信中说："难道物理学自己为了遮羞还用不了整个'弗雷斯围裙'吗？难道哲学不该有自己的围裙，以便在这寒风刺骨的季节里取得一点温暖吗？"（黑格尔：《书信集》四卷本，Hoffmeister 主编，第二卷，第 42 页）

教权力,他的学生作为鼓动者而受到迫害,流亡四散。1837 年,弗雷斯重新被允许到大学讲授物理学时(当时仍明令他不准讲授哲学),他已是一个 70 岁的蹒跚老人。1841 年弗雷斯同意接受一个年轻学生的博士论文,论文作者是一个德国犹太人,论文题目是《德谟克里特与伊壁鸠鲁自然哲学的差别》。这个学生姓马克思,名卡尔。两年以后,1843 年弗雷斯闭上了他疲劳的双眼,与世长辞。

第三节　精神病学与哲学结合的先驱

精神病学对现当代哲学的发展的影响是人所共知的。雅斯贝尔斯哲学、弗洛伊德哲学和法国的拉康哲学、梅洛－庞蒂哲学等,都是典型的例子。然而现代精神病学和哲学的结合实际上始于弗雷斯。

弗雷斯写过大量精神病学的著作,他所著《心理人类学手册》和《论精神病》就是他这方面工作的代表作。弗雷斯的工作并不是外行对精神病学研究成果进行所谓总结概括。他像雅斯贝尔斯和弗洛伊德一样,是医学的内行。他的精神病理分析在心理治疗发展史上也有一席之地。马堡大学医学系曾为此授予他名誉医学博士称号。在他之前,人们在分析精神病病因时,只注意心灵本身的变化。而弗雷斯则认为,理性、道德、激情、罪恶感都是心理病变的原因。弗雷斯还提出,精神病不一定总是以天生的心理缺陷为前提的。这种病变经常是外部影响引起的心理损伤所致。如果一个人是精神脆弱者,而且恰恰在他的脆弱部分受到不幸的损伤时,病变才会发生。而且他认为,每个人都是不全面的。每个人都有自己脆弱的方面。如果处事小心，一个精神脆弱者可能终生心理健康，而一个精神强健的人则可能由于不慎和大意，或者由于意外的不幸而导致精神失常。[①]

弗雷斯还特别强调，教育对人的心理状态形成重要的影响。这里所谓教育，不仅指青少年所受的学校教育，而且还指人在成长过程中，他人对其精神发展产生影响的诸因素的总和。[②]人的天生的条件只是为他成长为人提供了胚胎。他以后真正能成为什么样子，完全取决于广义的教育。所谓广义的教育包括该民族的性格、宗教、伦理道德习惯、社会生活规范、社会习俗、家庭环境等的影响。所以，他所说的教育，很大程度上相当于汉语中的"家庭社会环境的影响"，当然也包括学校教育在内。"到底在社会生活中是奴性、怯弱还是自尊、勇敢占统治的地位，是狡诈阴险还是忠厚老实、坦率诚实占统治的地位，这里起决定作用的是，这个社会生活的方式是专制主义还是健康的社会生活的自由。……公正、博爱和自由在多大程度上占统治地位，……完全取决于他与之生活在一起的重要的社会成员的名誉欲与统治欲所设的社会生活的目的是什么。"[③]

所以他认为，"精神陶冶的最好手段存在于自由的、独立的知识界（Gelehrten – Stand）：他们只是为了真理和美的缘故而从事科学与艺术的工作"，"学校应是全民的，它应是出于全体公民的纯粹人性的利益而对青少年及人民进行教育。人民的教师应该知

---

① 《弗雷斯全集》第二卷，第 9 页。

② 《弗雷斯全集》第二卷，第 229 页。

③ 《弗雷斯全集》第二卷，第 240 页。

道如何赢得学生的全面的信赖"。[1]正是基于弗雷斯心理学研究中得出的教育心理学结论，人们可以认为，他是当代教育心理学的开山之人。

弗雷斯认为，人的精神的培育分三个层次：一是兴奋的激发，二是低级的思维过程，三是高级的思维过程。他认为，一个健康的精神生活的条件就是高级思维过程对低级思维过程的控制，这就是平时所谓的"自制"。"自制"使随意联想不致干扰高级思维，梦幻不致干扰理性的过程，低级欲求不致损坏高级的理性行为。人的高级思维活动的中断，思想的引导能力过弱，甚至完全丧失，以致低级思维占了主导地位，甚至统治了高级思维活动，于是精神病就发作了。低级思维就是人的随意联想；高级思维就是我们的思想过程。弗雷斯关于精神病医学的这些思想是1821年提出的，早于著名的精神病学家 Spielmann 20 多年，早于 Griesinger 40 多年。他在分析当时著名精神病治疗家的成果时，特别强调精神病的肉体病源基础，他已经将其同器质性精神损害作出了区别，并力图对精神病症状作基本症状和副症状的区别。当然，他的这种分析在细节上有很多错误，但他的方法和原则的正确实在令人吃惊。

另外，他还在心理学文章中引入了气质（Disposition）这一概念：在实际生活中，同样的不幸，发生在这个人的身上能马上引起病变，但发生在另一个人身上并不引起病变。所以，面对这类致病外因，弗雷斯得出结论，发病者本身还应有气质性缺陷在起作用。致病的外因正是通过这种气质缺陷才在该人身上起作

---

[1]《弗雷斯全集》第二卷，第 240 页。

用。由此可见，气质应该在神经系统中有它的位置。所以我们才可以说，精神病总是与神经生活的病态有关。当时心理学还是哲学的分支，但弗雷斯已主张将心理学归入医学。他和康德不同，他不同意康德关于心理学只是理论科学的看法。弗雷斯认为心理学研究中，最为关键的是对生活的观察，用清醒的头脑对人的长期的痛苦和苦闷进行有同情心的观察，做出正确的分析和判断，才是最重要的。而且他还反对当时的流行的偏见：把精神病看作一种过错、缺陷，而认为精神病是个人的不幸。

弗雷斯在他的精神病和心理学著作中还指出，语言不应该仅被看作是传递思想的工具，而应被看作是思维的内在物；它不仅是工具，而且是思想的重要组成部分。他这方面的观点已经接近了赫尔德和洪堡的思想。

第四节　对康德哲学的改造

像当时的绝大部分哲学家一样，弗雷斯的哲学也是从康德出发的。他是在基督教亨胡特兄弟会的神学院接受的中学教育。在学院中，他对哲学十分感兴趣。当时学院的哲学教师讲授康德哲学的宣传者 Reinhold 表象理论。弗雷斯当时已经读过欧几里得几何学，有相当的数学修养，因此，他觉得老师教授的东西，没有一处推论和结论没有问题。他认为，这种理论只能导向玄学思辨，对实践没有任何意义。他自己想追求更接近实践的哲学，但没有什么结果。后来老师讲授康德的《未来形而上学导论》。他对康德这本书里的思想十分信服，"这是我读到的第一本没有随意的开始，没有任何模糊的推论的哲学著作。全部是清晰的真理"①。但后来老师继续讲 Reinhold，他觉得十分无聊。他已习惯了数学的严格证明，因此对哲学老师的推论方式十分不满。他十分想继续找康德的其他著作来读。但是教会学院的学监不允许他接触这类著作。后来他终于找到康德的《未来形而上学导论》原著，他发现，"这是完全不同的哲学思考"，"这里可以找到数学中清楚明晰的真理"。②为了寻找康德其他著作，他和同学偷偷跑到别的城市，买到康德的"三大批判"。但是学院的医生发现了他们的行径，将此事报告了学监，并按规定，将康德的三大批判没收。当然，后来他还是取回了这些书。在反复研究了三大批判之后，他发现，康德的纯粹理性和实践理性批判的共同基础，即人类认识能力的基础，还没有得到真正的研究。他当时把研究人类精神活动的基础的学科称之为"普通心理学"，这也就是他后来提出的"哲学人类学"。他希望能在康德的《判断力批判》中找到关于这一基础的研究。但他只在该书的导论中找到一些触及这个问题的看法，但远远不能满足弗雷斯理论上的需要。所以，他给自己提出了一个任务——继承康德未竟的事业。

也就是说，从青年时起弗雷斯就在寻求一种有数学那样严格性的、清晰的、真理性的、科学的哲学。他在康德的哲学中找到这种哲学真理。但他认为，康德哲学的这种真理还缺乏基础。弗雷斯要追问的是：数学靠着对清晰明确性的体验进行归纳，达到真正的自然科学知识，康德哲学是靠什么达到他"纯粹理性批判"中先验知识的呢？包括数学、物理学、康德的哲学在内的所有科学

---

① 《弗雷斯全集》第二卷，第 29 页。
② 《弗雷斯全集》第二卷，第 29 页。

中的认识活动是如何进行的？我们是如何认识这些先验知识的？弗雷斯认为，要解决这些问题，就要对人的认识活动的内在过程进行科学的描述。这种思路，在方向上同后来胡塞尔的现象学是一致的。

弗雷斯认为，康德的认识论研究了判断的形式，推理的规则，并且将感觉（Sinn）、意识（Bewusstsein）、统觉（Apperzeption）、想象力（Einbildungskraft）和知性（Verstehen）等作为认识论研究的基本范畴引入认识论，这是康德的功绩。但是由于整个《纯粹理性批判》都是在逻辑层次上进行的，康德要解决的是逻辑本身的客观性问题，而对人的真正的认识活动本身没有进行认真具体的科学考察。这种对整个认识活动本身的具体过程的考察就是心理学，或者哲学人类学的工作。

另外他认为，康德忽视了他自己工作的真正性质：康德只是证明了人类的理性需要把诸如因果性之类的规则预设为前提、预设为真理，否则理性便无法对经验进行有序的整理和判断。康德并没有证明，在自然中，每一物体的稳定性，以及它的稳定状态的改变都是有原因的。所以，康德的工作不具有本体论性质，而只具有心理学、人类学性质：只是证明了人需要怎么做、做什么，而没有证明客观自然是什么。康德考察的是人的认识能力，他的工作是对人的理性的自我认识。但康德没看到，这种自我认识，即对人的认识能力的考察，实际上是通过内在的直观进行的。在弗雷斯看来，这个内在直观对理性的特性进行的考察活动只能是心理活动，它本身也是经验活动，是在内心活动的经验中考察理性的特征，所以这种考察活动是经验心理学的研究工作。

第五节　弗雷斯并非心理主义者

正因为弗雷斯认为，康德哲学需要他的经验心理学来补充，他的经验心理学应该成为康德哲学的基础，所以 Überweg 哲学史称他为哲学中的"自然科学思维方向"，是"心理主义"的主要代表。[①]其实这种说法是不对的。

在弗雷斯看来，康德所谓的先验（transzendental），不是关于对象的知识，而是研究"我们关于对象的认知"的知识。也就是说，它不是先验知识本身（如数学、逻辑），而是关于先验知识（如数学、逻辑）的认知。这种知识不是先验获得的，而是经验地获得的。这里涉及的是对认知主体活动的考察。对先验知识（数学、逻辑）的认知过程进行考察，用他的话说，是"对理性本身进行描述"[②]，他称之为"先验心理学"。"对理性本身进行描述"正是弗雷斯给自己提出的任务。他所开辟的领域和后来胡塞尔现象学活动的领域也是相同的。他同胡塞尔所追求的目标也是一致的：对主体的认知过程本身作真正的客观考察。他和胡塞尔一样，也是在这一领域追求数学的严格性、明晰性，也同样强调这是内在的经验。胡塞尔的《逻辑研究》第一卷也的确把他的工作称之为"描述心理学"，尽管他在第一卷里对心理主义作了致命的批判，而且胡塞尔的确曾被人们指责，在他的具体研究中"向心理主义的倒退"。弗雷斯也被世人称为心理主义者。弗雷斯和一般心理主义者有什么不同呢？胡塞尔在他的《逻辑研究》第

---

① Friedrich Überweg：《哲学史》第 13 版第四卷，第 147、187 页。

②《弗雷斯全集》第四卷，第 101 页。

一卷中所批判的心理主义的主要代表人物中，有与弗雷斯同时代的赫尔巴特和贝内克，但唯独没有在当时比这二位名气大得多的弗雷斯，这难道是偶然的吗？

弗雷斯并不是一个心理主义者。典型的心理主义者总是力图把逻辑和数学真理还原为心理事实。比如 Lipps 曾声称，"逻辑学是一门心理学学科"[①]。而弗雷斯则认为，理性活动所涉及的内容——典型的例子是数学的真理——并不能被还原为心理学的内容。

在《弗雷斯全集》第十九卷中弗雷斯写的一个长注十分有意思。注中体现了他同胡塞尔、海德格尔哲学立场的相似性。第一，他强调威廉·奥康的思想：具体事物的开端（principium haecceitātis）是直观的认知（cognitio intuitiva）。他批评当时的哲学家没有注意到，如果那些理论不以个别的事物和实际的东西的直接的直观知识为基础的话，他们的形而上学文字游戏根本不能提供任何知识。没有前者，这些文字便不配有判断的名号。首先，这里包含了现象学反对抽象思辨，主张回到事物本身、对具体事物作具体分析的基本精神，也就是亚里士多德的工作精神。第二，这里包含了现象学提倡对事物进行直观的基本立场。胡塞尔的范畴直观，海德格尔的形式直观，都与弗雷斯所提倡的思想直观是一致的。第三，在批判贝内克对康德先天知识论的误解时，弗雷斯指出："康德所说的纯粹先天知识，并不是在经验之前有效，也不是在经验之后有效；它只是在经验中有效，但不是通过感觉和观察而有效。必然性的知识根本就不是在时间上先于

---

① Theoder Lipps:《逻辑学的基本特征》，1902 年重印本，第 1 页。

人的精神中产生和出现的，它的有效性总与意识同行（sie gelten mit Bewusstsein überhaupt），并且原本就是以人的认知能力为基础的。康德的先天（a priori）一词表达的意思根本不是我们主观表象的开端，而是用来指称一种知识形式，这种形式使对象的规定得以被认识，而不用事先对它进行任何观察。比如，几何学的定理就是纯粹先天有效的，它不仅在我们的星球上，而且在一切天体上都是如此。不仅今天或者明天有效，而且总是有效，与时间的流逝过程无关……我们的认知能力这类原初财富就是先天的直观，并因此自身只有与意识一起才规定了知识。"在这里他与胡塞尔的观点完全一致。按弗雷斯的说法，这种真理性"不仅在地球上，而且在一切天体上"均为真，"不仅今天或明天为真，而且永远"为真，"根本与时间过程无关"。他认为，对于思想活动的规则的研究是经验人类学的工作，"逻辑学是形式哲学"，"只是分析性判断的体系"，这完全是胡塞尔的语言。①

弗雷斯认为，要获得一般性规律必须通过抽象，而抽象又分两类，一类是从不完善的经验中，借助于归纳，抽象出一般规律；另一类则是通过对我们思想内容进行分析、分解，从中发现，每个人在从事判断时都必须作为前提的、一般性的、必然的那类真理。②这种关于我们人类的意识的一般性必然知识应该像几何学的定理一样，对每个人的意识都有效，对古往今来的所有人的意识都有效。③也就是说，弗雷斯和胡塞尔一样，在描述意

---

① 《弗雷斯全集》第十九卷，第 512－514 页，注释。
② 《弗雷斯全集》第十三卷，第 399 页，注释。
③ 《弗雷斯全集》第二卷正文，第二版导论，第 XI－XII 页。

识活动时,都强调这种工作所关注的不是经过归纳获得的关于心理活动的经验事实,而是在这种经验事实的基础上表现出来的非经验的结构或规律,这是以英国经验论为基础的经验论的心理主义同弗雷斯的哲学人类学以及胡塞尔的描述心理学的根本区别。所以从本质上讲,弗雷斯的工作与胡塞尔的现象学在同一水平上。胡塞尔和弗雷斯的工作都是致力于为数学及数学化的自然科学提供哲学基础,所以,他们的工作都具有今天现象学的性质。后来胡塞尔不把弗雷斯视作心理主义者也就毫不奇怪了。

第六节　思维过程与思想对象的区分

正如卡尔·波普指出的,在方法上,弗雷斯坚决反对康德的先验演绎方法:他认为这种方法根本不能为先验综合判断的有效性提供证明。弗雷斯认为,并不是一切原则都必须通过逻辑证明之后才成为有效的、才能获得承认。这个要求本身就是一个矛盾,因为任何这类证明都是有前提的。但是如果放弃这种要求,那么人们就会将任何未加证明的原则作为前提,这就会为任意性教条主义大开门户。弗雷斯要寻求的正是中间道路:一方面要承认不可证明的前提的合理性,同时又要为这种承认提供理由、提供合理性的证据 (Rechts Nachweis)。这种合理性的证据并不一定是逻辑的证明 (logische Beweis)。比如"出月亮了!"这个感性判断提供的也是一种证明,但是并非逻辑的证明。所以,弗雷斯认为,不应为先验综合判断的客观有效性提供逻辑证明,而应为"它的主观的认可性"提供合理性论据,找出认知的心理事实,以"证明"对这种认可的合理性。

弗雷斯认为，先天综合判断，只有通过认识的心理事实才得以"证明"它的真理的合理性。这里所谓的认知心理事实是什么呢？弗雷斯说，这是一种"心理的直接的知识"。什么叫直接的知识？它不是在感性直观中获得的经验知识，而是"理性"的直接知识。用胡塞尔的话说，这是通过理性直观（用胡塞尔的早期术语是"范畴直观"）获得的知识。这里所说的心理事实就是"理性直观"或"范畴直观"可以直接把握的事实。如果弗雷斯继续在这条道路上前进，那么他的确会走上现象学的道路。但是，正如马赫指出的，弗雷斯还没有完全摆脱传统的束缚——他认为理性不是一种直观。所以理性直接把握的这种直接知识本身并不是明晰的，只有通过反思才能使其明晰起来。为了获得关于理性的直接知识的明晰性，就需要"人类学的理性批判"，需要一种认知理性活动的自我分析。而这又说明，他并没有离开现象学的工作领域——内在意识活动的自我分析与描述。只不过胡塞尔强调这种分析活动的非经验属性，而弗雷斯则强调这种分析所具有的一种特殊的经验性。

这里涉及三个层次：（1）先验原则；（2）直接性知识，即确定的知识性的物理事实；（3）理性的人类学批判；前两个层次构成了数学、物理学的基本对象和基本事实。直接性知识为先验原则提供有效性，理性人类学的批判工作则是对关于这一事实的理论进行的经验分析。而哲学活动则是对先验原则的直接把握所进行的经验分析。正是在这个意义上，他提出："哲学的工作无非是对内心（Gemüte）中存在的先验知识的内在的感觉（Wahrnehmen）和观察。"哲学家的天赋正在于他对内部经验有敏锐的观察能力。[①]弗雷斯强调的是感觉（直觉）同概念把握的统一性。"概念把握和感觉（直觉）是同属于我们精神的，是同一个思想能力和判断能力"。[②]哲学恰恰是对内在经验、内部观察、内在表象进行分解（zergliedern），它是一个敏锐的内在眼睛。[③]

　　这里涉及一个基本问题：在这种观察中，感觉（Gefühl）到底起了多大作用？弗雷斯认为，这种哲学活动，不仅需要敏锐的观察，而且需要有正确的感觉，才能达到正确结论。也就是说，在观察中，对内在经验已经有了感觉性的把握，对它的特征已经有感觉。他把这种感觉称为"真理感"（Wahrheitsgefühl）。在他看来，这种对真理的感觉所把握的东西，构成一切推理和论证的初始前提。[④]比如，我觉得你说得有道理，但是我并不清楚，究竟在什么地方有道理。中国一度流行的所谓"跟着感觉走"这句话，实际上触及了弗雷斯所说的真理感的问题。中国人所谓的"凭直觉"，也是这个意思。弗雷斯认为，数学和其他自然科学知识体系都是以这种"真理感"（理论直觉）为出发点的。弗雷斯就致力于对这种"真理感觉"的描述分析。弗雷斯的这种观点受到黑格尔的嘲讽，被斥为浅薄，因为弗雷斯把康德的想象力还原为真理感这种内在经验。黑格尔强调的是，康德把认知过程的规则同认知对象的规则统一在一起，他认为这是康德的伟大功绩。恰好相反，弗雷斯则认为康德把认知活动的特性同认知对象的特征混为一谈，这是康德的最大错误！弗雷斯把思维过程与思想对象

---

①《弗雷斯全集》第四卷，第 274 页。

②《弗雷斯全集》第一卷，第 56 页。

③《弗雷斯全集》第八卷，第 105 页。

④《弗雷斯全集》第一卷，第 56 页。

作了明确的区分，在这一点上，弗雷斯的工作同后来胡塞尔的工作也是一致的。

第四章
贝内克和布尔察诺

第一节　贝内克：哲学心理主义

　　贝内克（Friedrich Eduard Beneke）也是一位被遗忘的哲学家。贝内克的著作现在已十分罕见，后人既没有为他出过全集，也未出过全面的选集。1968 年再版了他的教育学著作《教育学与教学理论》，共 173 页。1986 年又出版了他的《心理学与教育学著作选》一书，共 246 页。关于贝内克的研究专著更是凤毛麟角。最新的著作也是 1909 年海德堡的博士生写的博士论文《贝内克道德学说中的心理主义》，以及莱比锡大学的博士生的论文《贝内克的教育学同他的道德哲学的关系》。在国内根本找不到贝内克的作品和关于他的研究著作。

　　同弗雷斯的情况类似，贝内克的被遗忘"得益于"在专制政府中黑格尔权威的影响。他 1798 年 2 月 17 日生于柏林，1854年去世。贝内克出生不久，他的父亲便辞世而去。他是在其舅父 Friedrich Philipp Wilmsen 的家里长大。这位舅父是一位教区牧师，对教育有浓厚的兴趣；他自己亲自编辑过一系列学校教科书和教师指导手册，指导教师如何与孩子交往。这个环境对贝内克影响很大。1815 年在柏林中学毕业后，贝内克自愿参加了抵抗拿破仑入侵德国的战斗。1816 年在哈勒学习神学，并有两篇文章获奖，哈勒大学建议他在哈勒学习，但由于经济拮据，不得不回柏林。1817 年回到柏林，跟施莱尔马赫学习神学。后改学哲学。1820 年毕业，获大学讲课资格 (Habilitiert)。他的博士论文题目为《论哲学的真正基础》。毕业不久，贝内克便开始在柏林大学哲学系执教，任私人讲师。

他和叔本华情况不同，在与黑格尔的"讲课战"中贝内克并没有失败。针对黑格尔的思辨哲学，他专门讲授经验论、实在论哲学，并获成功。但普鲁士教育部对这位初生之犊的反黑格尔的胜利十分不满，1822 年夏季学期，贝内克的课被从课表中划掉。而他的书《道德物理学基础——康德〈道德形而上学基础〉的对立物》的出版，更引起了信仰黑格尔哲学的反动当局的不满。贝内克拒绝了朋友让他改从黑格尔哲学以解决生存之忧的建议，后来又拒绝了别人让他到谢林课上去"露面"的规劝，公开与当局和黑格尔作对。而时任普鲁士文化部长、黑格尔的同乡和朋友 Altenstein 公开声称，贝内克的观点还没有成熟到教哲学的程度："一种不是从'绝对'中推导出一切的哲学，一个不是把一切同'绝对'联系到一起的哲学，根本不是哲学，也不能容忍它为哲学。"[①]

1822 年，Altenstein 在没有提出任何理由的情况下，剥夺了

---

① 贝内克：《教育学与教学理论》1968 年再版跋，《贝内克的生平、著作和评价》，见该书第 166 页。

贝内克的讲课资格，只说免职与他发表的著作《道德物理学基础》有关。现在我们知道，其实在 1820 年贝内克发表文章《在〈圣经〉中获取护教理论的新尝试》时，就已经引起了文化部的注意。专制政府怀疑他有什么政治动机，因为文章中表明了他对基督教教义的新理解。当时政府已经把他置于警察监护之下。而他在 1821 年发表的《道德物理学基础》一书中又宣布，他要办一个哲学刊物，试图通过它，将哲学从"死亡一般的沉睡中惊醒"①。在柏林大学这块黑格尔城堡里说这番话，无异于是对普鲁士官方哲学的反动，即对黑格尔哲学的反动。官方新闻审查机关认为，他的《道德物理学基础》含有唯物主义思想成分，有害于学生的身心健康。Altenstein 在回复贝内克的质询信中说，"鉴于你……书中……观点可能对学生发生消极影响……故不能再信任您在哲学上继续任教"②。他后来又进一步谴责贝内克，说他主张有罪与无罪、道德与不道德不是绝对的，人们道德还是不道德，往往是受环境影响的结果。他认为，贝内克的这种观点削弱了人们的道德观念；这是从基督教建立的人性向低级本能的倒退；等等。"恰恰因为他（贝内克）具有表达思想的才能"，因此不能让他在大学教书。最后贝内克被政府列入"煽动者"的黑名单。由于贝内克这个政治上的"污点"，他在学术界失去了从事科学研究和哲学教学活动的机会。狄尔泰在分析黑格尔的柏林政治活动时，清楚地指出："十分遗憾，更令人难堪的是，他（黑格尔）没有与当时他可能运用来处理当时发生的事件的那些工具

---

① 贝内克：《心理学和教育学论文集》，1986 年，第 11 页。
② 贝内克：《心理学和教育学论文集》，第 10 页。

保持足够的距离。他让这个工具带着他走，以致迈出灾难性的一步：在他的影响下，贝内克被剥夺了讲师资格。"①

当时德国还没有最终统一，所以今天的德国各州，当时还是独立的小国家。普鲁士政府不仅不允许贝内克在普鲁士境内执教，而且企图禁止在其他邦国教书。在贝内克向耶拿大学申请教师职位时，普鲁士政府启用1819年签订的联邦条约，知会耶拿大学，按规定，在联邦范围内，凡由于政治原因被在学校解职的教员，一律不得在联邦内其他大学被录用为教师。所以，在普鲁士的干预下，他在耶拿的求职申请遭到拒绝。由于在普鲁士受到压抑，1822－1823年贝内克到更远的地方谋求出路。他在一封求职信中写道："在我的作品中占统治的是平静与节制……而不是相反。尽管如此，似乎在整个德国没有一块自由的土地供我这个真理的知音来传播这些真理！您真是幸运，生活在一片宽厚的天空之下。您那片天不似我们这一片天。在我们这片天下，人们得把嘴和下巴紧紧地绑在一起。尊敬的教授先生，是否有可能在您的影响下，能为我在您的大学开拓一小块自由飞地呢？"②他这封信是写给南方的弗赖堡大学。但他的努力如石沉大海，渺无音讯。1824年他终于获准在哥廷根大学任教，但仍没有获得教授职位。1827年他又被允许在柏林大学讲课，但仍无教授职位。贝内克写道："尽管黑格尔党用尽全身解数，以建立自己的一统天下"，"'他们会在他们的担心中认识到他们自己'，这句话

---

① 《狄尔泰全集》第四卷，第258页。

② 贝内克：《心理学教育学文集》，第11－12页。

在这个地方也渐渐失效了"。[①]1832 年黑格尔死后，贝内克才有了一点喘息的机会：他获得了副教授的薪金。1842 年他的年薪长到了 200 塔勒尔，但相对当时知识分子的收入来说，仍然少得可怜：格林兄弟在柏林任教后，年薪 3000 塔勒尔。一个教会的神职人员年薪 5000 塔勒尔。他的 200 塔勒尔年薪算是给他平反的表示。被压制 22 年后，重新步入大学，连正教授也不是的他，仍在孤军奋战。后来他又回哥廷根大学执教。1854 年 3 月 1 日，贝内克在去哥廷根大学上课的路上失踪了。两年之后，1856 年 6 月 4 日在一条河里发现了他的尸体。显然，他像中国的王国维一样投水而去。

柏林报纸 *Vossische Zeitung* 在贝内克失踪后的报道中写道：他不肯屈就当时的时髦哲学。"尽管感情柔弱，尽管他有基督教的爱心……他从来不肯偏离他奉为真理的信念，哪怕一丝一毫。他没有像比他强壮得多的许多人那样在黑格尔面前屈膝，也不为谢林的压力所动，他没有像很多人那样，去坐人们所不期望去坐的那条板凳。"[②]在黑格尔压城城欲摧的时代，贝内克孤注一掷，要建立一种完全以经验为基础、以心理学为出发点的哲学，即一种与黑格尔风马牛不相及的，甚至与之公开对立的哲学，那么这种哲学的悲惨下场似乎是合逻辑的：连唯心主义者弗雷斯和赫尔巴特也被压了半死，完全经验的哲学当然更会被彻底闷死。

贝内克哲学是真正的德国的经验论哲学。像当时的大部分哲学家一样，贝内克也自称是康德的学生，认为自己的思想是康德

---

① 贝内克：《心理学教育学文集》，第 120 页。

② 贝内克：《心理学教育学论文集》，编者导论，第 15 页。

哲学的继承和发展。在他看来，康德哲学最为核心的思想是：只依靠概念、纯思想是不可能获得关于现存事物的知识的；只有通过经验本身，我们才有可能得到关于现实的知识。但是他认为，康德并没有将自己的哲学原则坚持到底。而所有后来的思辨哲学都是完全背离了康德精神，利用了康德的失误。康德最严重的失误正是企图离开经验本身去寻求对直观形式和范畴的认识。贝内克并不否认，概念的分析、数学的推理证明是先验的。但是，在他看来，从根本上说，知识起源于经验。"只有经验——包括内在的和外在的经验——才是真正的科学的唯一的有效的基础。""应从真正科学的有效领地中把所谓哲学思辨彻底清除出去。""当然，为此在德国还需要一切艰苦卓绝的战斗，但是现在受压制的经验哲学一定能获取最终的胜利。"①

贝内克也是公开的心理主义者。他认为，心理学是一切科学的基础。这种心理学是"排除一切唯物主义和形而上学的杂质，纯粹以我们自己的自我意识为基础的心理学"，"要把这种心理学提高到整个哲学的中心地位，使之成为太阳，一切其他哲学科学都从它这里获取光辉。只有这样才有真正的统一性和秩序，只有这样，才有可能为哲学争得普遍的有效性"。②

贝内克公开把自然科学看作科学真理的典范：任何科学，包括哲学，"都不得有例外"；像自然科学一样，哲学"所追求到的东西是不可以公正地加以否认的东西。只要它还没有做到这一点，我们便根本没有什么哲学。这种哲学并不存在，它刚刚在生

---

① 贝内克：《康德和我们时代的哲学任务》，1832年，第88-89页。

② 贝内克：《康德和我们时代的哲学任务》，第89页。

成中。如果它一旦生成，只要它有一次是真理，便在永恒的将来保持为真理，而且它也将在不断的进步中，像数学和其他自然科学中的真理那样，代代相传下去"。[1]

贝内克的匿名的攻击者对他的思想作了如下总结："上帝存在未必有多大可能；原罪也没有多大意义；造反是被允许的；婚外恋也没有什么了不起。基督救世是迷信，灵魂是由物质构成的。"[2]贝内克之所以不承认自己是唯物主义，主要是因为，当时所谓唯物主义几乎都是以机械力学为基础的机械唯物主义，这种唯物主义与他的心理主义立场是相左的。

贝内克强调，心理学是一门自然科学，所以，他撰著的心理学教科书起名为《作为自然科学的心理学教科书》。他和赫尔巴特一样，力图用自然科学方法来研究心理现象，有人把他的这本书的问世（1833 年）看作自然科学心理学诞生的象征。[3]

另外，贝内克特别强调心理学的可实用性。因为真正的自然科学的特征之一就是它们的有用性。心理学既然已跻身自然科学的行列，也就应该是可应用的。为此他专门著书《应用于生活的实用心理学》。

他还强调心理学不应该是哲学的分支，而应是一门独立的科学。贝内克认为，心理学有自己的独立研究对象和自己独特的研究方法。他不仅强调对心理现象的描述，而且强调对其中规律性的追求。他提出要研究心理症状学（Symptomatologie），即要研

---

① 贝内克：《康德和我们时代的哲学任务》，第 97 页。

② 贝内克：《康德和我们时代的哲学任务》，第 18 页。

③ L. Pongratz:《心理学问题史》，1967 年，第 87、89 页。

究人的自然本性的阴暗面,提出应注意外部刺激与内部心理病变的关系的学说。他还进一步提出,心灵不是一个简单的事物,而是由诸多成分构成的;心灵不是天生而成,而是后天形成的。包括意识内容、特性和行为方式在内的心灵内容,都是后天生成的。甚至感性感受和感觉生成都是外部刺激与内部能力的联合作用的产物。所以,他的心理学中十分注意心理的发展。

新的能力的养成(Anbildung)、动态因素的传递、包括心理性的意识意向的调整和同类或类似形象的归并(Anziehung,吸引)联系,所有这四个过程都有一定的规律性。意识就是按上述四个方面的运动规律生成发展的。他认为,在上述四个过程中的任何心理变化都在人的心里留下了影响,尽管人们对它们并无知觉。贝内克把这种影响叫做"痕迹"(Spur)。这类"痕迹"对人的发展起着决定性作用。人的天生能力只不过是潜在的力量,这种后天形成的"痕迹"才构成了人的真正的现实的心理能力。它才是人随时可以"启用"的现成的心理能力。

这种"痕迹"的整体性构成了知识、能力、特性的真正基础。同时这种"痕迹"是一个动态形成过程。因此它本身不断地追求对这个过程的意识,因此它是认知过程和认知行为的动力。只有新知识的不断充实,才能使"痕迹"过程本身得到满足。

贝内克对逻辑学的看法是典型的心理主义立场,也是他思想中最令哲学家不满的部分。后来现象学批判的主要对象恰恰是逻辑学上的心理主义。贝内克的逻辑学著作像其他著作一样,从题目上一眼便看出他的基本倾向:《作为思想艺术学说的逻辑学体系》。思想是心理现象,所以是心理科学的研究对象;逻辑学,即思想的艺术或技巧,当然是以心理学为基础的二级学科了。所以他明确声称，"心理学……像对其他科学一样，也构成逻辑学的基础"。"如果我们把逻辑学看作某种意义的应用的心理学，那么对于这种应用所需要的基础是如此简单，范围如此有限，以至在其中遇到的困难十分有限。也就是说，不需要太多的专门的心理工作。""逻辑学中的心理学的特殊应用恰恰为许多人的精神力量提供最合适的训练手段。"[1]所以，他的逻辑学，主要是认识论，讨论了主体认识的发展，思想与存在的关系，知识构成基本条件，概念的生成方式和本性，与外在世界相关的思想的基本形式，以及思想与存在的关系，等等。

贝内克认为，"痕迹"在这个过程中在以无知觉的心理过程的身份同正在进行的心理过程之间建立联系（联想律，Assoziations–Gesetz）。这种联想使正在进行的心理过程和无知觉的心理过程这两个方面都得到加强，进而使"痕迹过程"成为未来心理过程的后天获得的动力（Kraft）。

"一个三岁的孩子必须经过上千次上千遍的重复"才能在灵魂里获得成人所具有的那种"随时可以发生的感觉、表象和追求等"。"经过同样痕迹的联系和混合"经过多次重复，就形成了心理结构，并不断得到加强与巩固。[2]人的兴趣倾向和反感就是这样建立起来的。对某种事物不喜欢或无所谓就是缺乏"痕迹"。

"痕迹"能否正常形成，决定了人的心理发展是否正常。心理病态正是这种"痕迹"的形成受到干扰所致。特别是"无感情"这

---

[1] 贝内克：《作为思想艺术学说的逻辑学体系》第一卷，1842年，第17－18页。

[2] 贝内克：《心理学与教育学文集》，第135页。

类"痕迹"的形成是心理疾病的重要成因。

在贝内克那里并没有对有意识和无意识作出什么明确区分,二者之间总是密切联系在一起。贝内克看到,人没有一瞬间是停留于某一状态之中的。人的意识内容在不断进入不被意识的状态。

贝内克这种痕迹理论为人们认识人的个性形成过程中,周围环境与先天心理成分两方面的相互作用的理论奠定了基础,突出了环境影响在这个过程中的决定性作用:环境决定论。同时又充分肯定了这个过程中意识本身的积极作用。他把无意识的影响视为控制性动力的想法,可以说使他成为后来深层结构心理学的先驱。心灵问题是传统西方哲学的重要内容,贝内克的工作使这方面的研究由思辨步入具体考察,所以可以说,就像他自己意识到的那样,他的工作的确开始把心理学推出哲学,使它走向成为独立科学的道路,跻入物理学所处的行列。

他对具体人的个性形成发展的研究决定了他对人的一般看法:人出生时并不具有形式或内容上的规定,而只有依个人而异的自然基础。在这个基础上个人发展,形成特殊的和动物不同的人的能力和行为方式;心灵和肉体,精神与肉身,原则上并不是对立的,二者都是"能量"(Kraft)的系统,原则上是相同的组织,所以可以相互契合、互相影响。个性发展完全服从心理发展的规律性。人是由他所处的周围环境中的所有因素决定的;所有的因素都在人身上留下了"痕迹",以千变万化的方式作为气质倾向和控制力发生着影响。各种影响拼装组合在一起就形成了个人的特殊个性。人是积极与环境交往的。人的积极活动的基础是原初的能力。这种原始能力与周围环境本来就处于张力状态。这是人的基本能力。他后来在生活中形成的心理结构对他的原初能力作了决定性补充。而这种补充获得的能力总是倾向于活动，所以总是力争重新"复苏"。这是人之所以积极与环境打交道的源动力。

贝内克的这种对人的看法和当时黑格尔以及教会对人的看法针锋相对。贝内克反对人有什么先天本性的说法，或人有先验概念的理论。人既无"原罪"，也无须拯救。人的罪恶是长期生活中，在环境影响下形成的。但他并没有关注具体社会环境对生成的影响，更没有注意工作过程对人的影响。他只注意个人个性生成中人与人之间的精神上的关系的相互影响这个不解之谜。所以，他没有步入社会心理学。他忽视了人的道德习惯规范的传播、继承作用。他只是回答"什么是人"这一问题的一个方面，尽管是十分重要的方面，所以他关于人的看法是不全面的：他只注意个人个性的形成与完善化，而忽略其他问题，因此，他也没有讨论责任与义务问题。

贝内克的心理学，特别是他的"痕迹"理论，必然导致他对教育问题的关心。但他没有像赫尔巴特那样发展出一套系统的教育学理论。他只指出了教育过程同心理过程的内在关系。他特别强调，具体教育过程与教育方法之间有着明显的因果关系。他把教育过程理解为心理学过程，所以严格地说，他的工作是教育心理学研究，但教育心理学是现代教育学中最重要的组成部分。他这种用因果关系来分析教育与学习过程的方法，可以说为教育科学建立奠定了基础。

第二节　分析哲学的先驱布尔察诺：表象自身、句子自身

布尔察诺（Bernard Bolzano，1781－1848）是这个时期德语

区反唯心论哲学家中罕见的反对康德的人。他是捷克的著名天主教改革家，是在数学史上占有一席之地的著名数学家，是著名的逻辑学家和哲学家。他也是长期以来被人遗忘，但后来又通过胡塞尔重新被发现的，今天又受到人们重视的思想家。

布尔察诺生于捷克名城布拉格。父亲是商人，祖籍意大利。母亲是德国商人家庭出身，十分慈善虔信。布尔察诺兄妹十二人，但大部分夭亡，只有哲学家布尔察诺和他的弟弟活到盛年。布尔察诺从小身体纤弱，很早便染上了肺结核。他天性十分聪慧，特别擅长数学。在虔信的母亲的影响下，他的宗教感情十分深沉。所以，他先学哲学，后改学天主教神学，视天主教改革为己任，要实现天主教与现代社会融合的宏愿。1805 年正式当上天主教牧师。他的布道享誉整个波希米亚地区。

一、数学研究与天主教改革思想的关系

布尔察诺一直希望，在一个优良的社会秩序中，通过优良的思想来培养优良的人。从这一角度出发，他认为，被称为真理的天主教的本质，就在于伦理道德上的实质影响。它教人以善，这种伦理教育作用是关键的，至于基督是否真的存在，他是否真复活了，在他看来根本无所谓。重要的是基督的形象、说的话以及他的行动影响如此之大，以致我们完全可以假定，这是真正发生过的事实，这样便可以使人为了人类的进步作出自我牺牲。1827年他在给 Athanasia 的信中说，上帝的天启问题，不是上帝"自身存在"的问题，而是"如何使对它的想象对我们有用的问题"。①

---

① Eduard Winter:《异端的命运》，第 312 页。

宗教就是"一种对一切人的节操和幸福有善良（wohltätig）或消极影响的理论或意见"[①]，而道德伦理的最高原则就是"为世界上一切人的普遍幸福而忧"。这是一种对宗教的理性的把握，而数学是对理性良好的训练；培养善良的人，是理解他的真正宗教的前提。他认为，人的健全理智只有通过更精良的逻辑才能得到更充分的表达。用更精良的逻辑造就更精良的人，是他最基本的信念。数学逻辑同理性宗教都服务于同一目的：善良人的塑造。所以，他被人称为"波希米亚的莱布尼茨"或"布拉格的智者"。这种宗教观同孔德的观点十分相近。一位天主教牧师，认为教会存在的根据只在于它是很好的教育手段，那么它的存在就同有教育意义的小人书、电影院处在同一水平上。教会当然不会容忍。而且他的改革倾向与保守的奥匈帝国的政治方向不合，为此教会把他的宗教思想视为异端；奥匈帝国皇帝剥夺了他在大学讲授神学的权力，也禁止他在教堂布道。1819 年他被解除了牧师职务。尽管如此，布尔察诺仍自信自己代表的是真正的天主教精神。因此尽管受到教会和政府的不公平待遇，他对天主教的"信仰"始终不渝，没有退出天主教。

　　此后他专注于学术研究。有人说，布尔察诺被解职是一大幸运。因为布尔察诺肺病严重，经常咳血。任牧师期间，讲演、布道，各种活动频繁。尽管布尔察诺觉得身体不支，但他的宗教改革热忱激发他全力以赴从事教会政治活动。他常常在去布道的路上咳血不止，回来又从事宗教学的写作，根本无暇也无力顾及他擅长和热爱的逻辑、数学和哲学研究工作。被免职一方面延长了

---

① Eduard Winter:《异端的命运》，第 312 页。

他的生命，另一方面，使得他得以有闲暇从事学术研究。他用十年的心血写成《知识论》，但当时没有人看他的书。如今他的《知识论》已成为近现代哲学史上的重要经典之一。今天人们研究布尔察诺哲学，主要是研究他的知识论思想。

二、知识论

布尔察诺的所谓"知识论"有广狭两种含义。狭义的"知识论"内容是指对科学知识整体进行分类，以及分门别类地以教科书方式对知识进行综述所必须遵循的规则。《知识论》一书最后一卷，即第四卷的第 392－718 节，讲的就是这方面的内容。但为了进行这项工作，他认为，起码应该清楚，如何去寻找真理，发现真理。这就是广义"知识论"中所谓"真理发现理论"(Heuristik)（《知识论》第 322－391 节）。但这两个知识论学科又以关于知识，真理的研究为前提。所以广义知识论中又有"认识论"（《知识论》第 269－321 节）作为先导。真理的具体表现是句子，这是构成真理的基本成分，所以又有"基本原理论"（《知识论》第 46－268 节）。布尔察诺认为，在此之前，首先应证明，真理存在的可能性，所以，反驳当时对真理的怀疑是第一步工作，这构成了他的"基础论"（《知识论》第 17－45 节）。这 2000 多页四大卷哲学著作中，内容最丰富，今天仍为人们讨论研究的是"基本原理论"（《知识论》第 46－268 节）中提出的关于"表象自身"(Vorstellung an sich) 和"句子自身"(Satz an sich) 的思想。这两个基本观点是构成布尔察诺整个思想体系的基础。

布尔察诺看到，人的认识判断活动首先是心理现象：它因人而异，随时变迁。但是，人们的这种心理现象之间，特别是人的表象和判断活动之间却存在着重要的共同点，以至于人们可以说，不同的人在不同时间进行的心理活动是相同的：他们进行了同样的表象和判断活动。布尔察诺认为，这是因为当时人们的不同表象和判断活动涉及的是同样的内容，它们占有或把握了同样的"材料"。布尔察诺分别称这些内容和材料为"表象自身"和"句子自身"。用通俗的表述来说，人的表象表达为语言，就是词，表象活动或概念所表达的意思、含义，就是"表象自身"。人的判断活动表达为语言就是句子，判断或句子的内容就是"句子自身"。人的每一表象，即词，都有材料，即"表象自身"。与之相应，每个判断，即句子，都有相应的材料，即"句子自身"与之相对应。同一材料（"表象自身"或"句子自身"）可以由不同的心理活动来把握。心理活动尽可不同，但材料完全可以是相同的。

布尔察诺清楚地看到，心理活动所占有或把握的材料和心理活动本身是完全不同的东西。这正是后来胡塞尔的现象学工作得以开始的基本前提。用布尔察诺的术语讲，"表象自身""句子自身"是完全独立于人的心理表象活动和人的判断活动的。布尔察诺这里所作的严格区分恰恰就是后来胡塞尔现象学中提出的意向性活动（Noesis）和意向性对象（Noema）之间的本质差别。这一区别正是后来胡塞尔击溃逻辑学中的心理主义的基本根据。布尔察诺这一观点的提出使他成为现象学的先驱之一。正是现象学奠基人胡塞尔使 20 世纪哲学界注意到布尔察诺工作的重要性。胡塞尔在 1900 年出版的《逻辑研究》一书中指出，布尔察诺"原理论"中关于逻辑哲学的论述，"把当今世界中关于逻辑体系各种设想的所有文献均远远抛在后边"。[①]

三、表象自身和句子自身

让我们用具体的例子来说明布尔察诺的看法:"Cajus 很聪明"是一个句子。而其中 "Cajus""很聪明"是句子的组成部分。和"Cajus""很聪明"相应的是"表象自身",而与整个句子相应的,是"句子自身"。

"表象自身"无所谓真假。"表象自身"又分"具体表象"和"抽象表象"。比如"动物"一词相应的表象自身,是具有动物性特征的某种具体东西的表象。而"动物性"本身的表象,是具体物的抽象表象。有些"表象自身"是有对象的,比如自然科学中的表象;另一些"表象自身"无对象与之相应,如布尔察诺指出的 "圆三角形""绿色的道德""金子山""虚无"等。如果"表象自身"只与一个单个对象相应,这类表象自身就是直观。如果找不到相应直观与之对应,或不含直观部分的表象就是抽象概念。时间与空间就是这类概念。由此可以看出,布尔察诺与康德的根本对立:布尔察诺认为时空不是直观,而是无直观与之相应的抽象概念。

在布尔察诺看来,"真理自身"不是现实性存在物。尽管他对这个问题没有最终的清晰说明,但他的思想已经接近后来分析哲学家的看法:真理问题、逻辑问题,不是现实内容问题。但在布尔察诺体系中并没有达到这个最终的结论。

---

① 胡塞尔:《逻辑研究》第一卷,Max Neimeyer Verlag,Tübingen,1980年, 第 225 页。

布尔察诺通过对多个"表象自身"能否相容的分析，推导出一系列先验命题。这方面的思想也是胡塞尔《逻辑研究》的先导。今天的研究者经常把他的这些基本看法同后来的弗雷格的看法相比较。我们也不妨列表如下，供读者参考。

弗雷格：

	与语词对应的	与句子（命题）对应的
逻辑的	句子成分的意义	句子（命题）的意义
心理的	对句子成分意义的把握	对被思想物的思想（可带也可不带肯/否定判断）
语言的	指称性句段	完整句子

布尔察诺：

	与词语对应	与句子对应
逻辑的	表象自身	句子自身
心理的	主观表象	判断
语言的	整个语言表达	

在数学上，布尔察诺除了有具体的数学贡献（布尔察诺－魏尔斯特拉斯定理）之外，在数学哲学上也远远领先于当时的哲学家。他明确提出：数学是不依赖于直观的。他认为，数学是纯粹量的理论，它可以处理任意不可直观的对象。这样在理论上，他已经接触到非标准数学的边缘。他关于"无穷"的研究以及关于数学悖论的研究都是先声夺人的工作。他的工作是后来数学家康托工作的先驱。

另外，布尔察诺的逻辑学还有一特点：他的形式化方式与传统逻辑不同。传统逻辑是从陈述句"A 是 B"这种基本形式出发的。布尔察诺则把"A 是 B"改写为"A 有 B"。因此在他的分析中，"句子自身"由三个部分组成：(1)"主词表象自身"；(2)"谓词表象自身"；(3)"有"概念。

比如，"甲是聪明的"改为"甲有聪明性"，"乙是道德的"改为"乙有道德性"，"每个人是聪明的"改为"每个人有聪明性"，"一切世俗都是暂时的"改为"一切世俗之事有暂时性"，等等。

这样在改写中，把形容词改为名词，使属性对象化，同时又把意义模糊的"Being"（存在、相等、属于、占有）从逻辑分析中删除了。布尔察诺认为，这种"规范"性表达式才直接反映了"句子自身"的结构，更便于分辨一个"句子自身"由什么成分构成。

第二编
黑格尔之后到普法战争之前
(1831 – 1870) 的德国哲学

在上一章我们已经看到，哲学中追求科学化、追求多元化、追求生活本身、追求事物本身的倾向，在19世纪前30年普遍受到压制，特别是受到黑格尔本人以及普鲁士政府的压制。1831年11月14日，黑格尔这位有普鲁士专制政府做后盾的哲学权威染霍乱身亡；4个月之后，德国文学界巨匠歌德病故，德国文化，特别是德国的哲学，揭开了新的一页。黑格尔之死好像把思辨蒙蔽下的德国自然科学家突然从梦中惊醒，他们弃黑格尔的僵尸于不顾，学习英国人的样子，全身心地投入自然科学的实验研究。此后，德国的自然科学和技术逐渐赶上了英国和法国。它取得的成果辉煌，使得德国的文化人渐渐把自然科学看作真理的典范。哲学本身的地位一落千丈。自然科学渐渐变成一种哲学世界观。机械唯物论和庸俗唯物论等学派就是自然科学渐渐变成哲学世界观的典型表现。其他不属于自然科学主义流派的哲学也多少受到自然科学这一真理楷模的影响。大家都争先恐后地努力标榜自己学说的科学性。

这种倾向一开始表现为黑格尔学派的分裂和瓦解，黑格尔左派最后发展成为以马克思为代表的辩证历史唯物主义。个别长期受到黑格尔压制的哲学家，如赫尔巴特，开始走红；同时又出现了一批杰出的年轻教授，他们反对黑格尔这种官方哲学，如新亚里士多德主义者特楞德伦堡，形而上学家洛采。几乎一生都在黑格尔的阴影之下生活的叔本华在1848年革命失败之后，暮年得志，他的悲观意志主义成了民间流传广泛的哲学。丹麦哲学家基尔凯郭尔的思想也在批判黑格尔中成熟。

关于黑格尔死后，德国唯心主义的演变、分裂，直至马克思主义的诞生，已有大量专著史出版，无需在此重复。关于黑格尔学派的发展直至马克思主义的诞生,请参阅有关马克思主义哲学史或马克思主义思想发展史。本篇集中介绍新兴的学院派哲学和叔本华以及基尔凯郭尔的思想。

第一章
特楞德伦堡

弗雷德里希·阿道尔夫·特楞德伦堡 (Friedrich Adolf Trendelenburg, 1802－1872) 是康德批判哲学的重要宣传者 Reinhold 的学生，他的另一位老师是费希特主义者冯·贝尔格 (Erich von Berger)。贝尔格主张，哲学的任务就是把各门具体科学的成果联系在一起。哲学是各门科学的共同纽带。[①]贝尔格还提出了，哲学并不是建立在对整体的把握上，而是要提供可供实用的描述方式的法则。这对特楞德伦堡显然有很大影响。新康德主义研究家科恩克把特楞德伦堡看作德国唯心论和新康德主义之间的连接人和转折点。德国现代哲学的许多重要代表人物都是他的学生或再传弟子。他的学生有胡塞尔的老师、现象学的先驱布伦塔诺，有解释学哲学家狄尔泰，有新康德主义中科学哲学的代表柯亨，有经验批判主义者、恩格斯《反杜林论》的论敌欧根·杜林，有新唯心主义者奥伊根，有哲学史家余伯威格，有丹麦哲

[①] Klaus Christian Köhnke, *Entstehung und Aufstieg des Neukantianismus*, s. 27.

学家、生存哲学的先驱基尔凯郭尔。他是新康德主义哲学的开拓
人。特楞德伦堡是黑格尔以后的在大学教书的学院哲学家的代
表。他没有什么传奇的故事，以在大学教书终其一生。他是当时
著名的亚里士多德主义者。这主要体现在两个方面：首先是他力
主亚里士多德的以生物学研究为基础的自然有机论、合目的论的
世界观，主张世界发展有合目的性。另一方面表现在他对亚里士
多德逻辑著作的研究。科恩克《新康德主义的诞生与发展》一
书的第一章的题目为"处在唯心主义时代与新康德主义时代之间
的特楞德伦堡"，可见特楞德伦堡是德国古典唯心论向 1870 年至
第一次世界大战之前在德国大学占统治地位的新康德主义过渡
的重要桥梁。

第一节　用具体研究取代哲学体系

特楞德伦堡的主要著作是两卷本的《逻辑研究们》(1840)，其
中包括了从语言分析出发对亚里士多德的范畴学说和逻辑理论
的分析。他在该书中提出的对哲学的总的看法反映了那个时代的
典型观点：只有从一定视角出发，以自然科学为取向，哲学才有
希望使自己成为真正的科学。未来的哲学无须先寻找新的原
则，从有机论的世界观出发，一切原则均已存在于柏拉图亚里士
多德著作中了。①自然科学与哲学各有分工，自然科学的进步取
决于它对具体问题的专注，而置整体问题于不顾；而哲学恰恰是
从整体着眼，对科学的研究及方法进行观察、比较，因为凡是个
别事物得到清楚观察之处，就有整体结构的明显显示。科学关注

---

① 特楞德伦堡：《逻辑研究们》第一卷，导论。

个体事物，不关注这个整体，并不是科学面对的事物中整体没有显现。哲学的任务就是要使无意识的，即未被意识的东西成为有意识的东西，从共同的起源和整体上去把握自然科学复杂纷纭的内容。但是他坚决反对黑格尔式的思辨哲学。黑格尔把自己的逻辑（单数的 Logik）称为"绝对逻辑"，即绝对真理。

特楞德伦堡的两卷本《逻辑研究们》重新开辟了从语言分析出发，对亚里士多德的范畴学说和逻辑理论进行研究解释的先例。他一反当时德国哲学家气吞山河的气派，公开肯定自然科学的研究风格，赞扬它的巨大成功：科学家把"研究的力量集中于具体的、个别的事物的研究。这样将有限的力量投入有限对象的研究上，而不是直接地去研究整体"[1]，所以它才获得了如此巨大的成功。他以科学的成功为榜样，批评了德国传统哲学家的研究风格，即他们总想一下子把握整体，而不屑于做具体的有限的研究；他们只想通过整体的把握来理解具体事物，因此哲学界体系更迭，每个新体系都是"从头开始去把握整体"，因此具体事物研究上的进步便留给了自然科学。[2]特楞德伦堡提倡的恰恰是"相反的道路"[3]：从具体的个别事物研究开始，"因为个别事物得到深入精确观察之所，就是普遍性的结构自身公开显示之处"[4]，也就是说，不是从整体研究开始去理解具体事物，而是从具体的个别的研究出发，积少成多，最后从局部上体现出整体（普遍性），达到对全局、整体的普遍性的把握。我们上面把他的

---

① 特楞德伦堡：《逻辑研究们》第一卷，第 1 页。

② 特楞德伦堡：《逻辑研究们》第一卷，第 2 页。

③ 特楞德伦堡：《逻辑研究们》第一卷，第 2 页。

④ 特楞德伦堡：《逻辑研究们》第一卷，第 2 页。

代表作"逻辑研究"译为"逻辑研究们"，一方面，德文 Logische Untersuchungen 本来就是复数，更重要的是，这本书的确是许多具体研究的汇集。书名的复数是他提倡的研究风格的具体体现：多元性、具体性。像自然科学家一样，通过扎扎实实的具体研究工作来从整体上推动哲学的发展。它是直接同黑格尔的"Logik"（单数的逻辑学，即"只此一家，别无分店"的绝对真理的科学）形成了鲜明的对立。在对待真理的根本态度上，特楞德伦堡同黑格尔直接对立，反而更接近柏拉图、亚里士多德的研究风格，即不是宣布绝对真理、最后的真理，而是从事研究，追求具体的真理。此后很少再有哲学家宣称自己的哲学著作是单数的绝对"逻辑"。以"研究们"命名的哲学著作层出不穷，其中最有名的有弗雷格的《逻辑研究们》，布伦塔诺的《哲学研究们》，胡塞尔的《逻辑研究们》，维特根斯坦的《哲学研究们》都是沿用此例，书名使用复数。而后来，马堡新康德主义对科学方法论的研究，新康德主义西南学派对人类文化形成及价值体系的研究，以及哲学史的哲学家个案研究，哲学语文学研究，直至现象学提出回到事物本身去，"把大票子换成小零钱"的方法论原则，都是这一精神的体现和发展。从他开始哲学家像科学家一样又谦虚谨慎起来了。正是在这个意义上，《新康德主义的诞生与发展》一书作者才将《逻辑研究们》一书的发表视为德国"现代知识理论与科学哲学运动的开端"。①

---

① Klaus Christian Köhnke, *Entstehung und Aufstieg des Neukantianismus*, s. 23.

第二节　用直接性取代玄想思辨

特楞德伦堡哲学的另一个重大意义，就是公开提倡直接性。现代哲学同近代哲学的区别有许多，其中最重要的特点之一，就是反对抽象的本质论，提倡直接性。本质论的最典型代表就是黑格尔。尽管黑格尔也讲直接性，这种直接性是思辨中的直接性，是概念的内在运动的整体性。但这种经过思辨解释的直接性，实际上是现象背后和深层次上的本质。它并不是现象本身，所以它是最大的非直接性、最大的间接性。特楞德伦堡直接援引亚里士多德的思想，认为直接性就是"不是从其他东西中推导出来的"。而黑格尔的辩证运动，"是一连串的媒介"[①]的结果。特楞德伦堡主张思想与存在的直接联系，思想对存在的直接把握。但是怎样才能使思想同存在直接见面、直接统一在一起呢？处理这一问题正是现代德国哲学所面临的基本任务。关于特楞德伦堡对黑格尔的批判是否正确，现在哲学界仍有争议，[②]这是哲学史上的一个研究专题，我们暂不去深究。即使他对黑格尔的批评是对黑格尔的误解，但这并无碍于特楞德伦堡这一思想对当时青年哲学家的影响。此后，特楞德伦堡提倡的直接性毕竟成了与思辨对立的新哲学的重要追求目标。现象学实践了他的这一哲学方法论的光辉思想。

---

① 特楞德伦堡：《逻辑研究们》第一卷，第 68 页。

② 见 Walter Jaeschke 编：《三月革命前的哲学与文学》第四卷，第 211 － 214 页；Josef Schmidt：《黑格尔的逻辑科学》。

第三节 特楞德伦堡与费舍关于康德哲学的争论

特楞德伦堡与费舍关于康德哲学的争论是现代西方哲学史上的重要争论之一。依据科恩克在《新康德主义的诞生与发展》一书中的总结：这场争论的论题是，谁的康德解释是正确的。特楞德伦堡在他的《逻辑研究们》一书中提出了"存在与思想形式的平行论"的思想。他从这一立场出发批评康德时空理论，认为康德只注意从主体出发解决时间空间问题，并强烈反对时空客体化的解决方案。但是按照特楞德伦堡的看法，康德忘记了第三种可能性，时空同时既是主体的，又是客体的。康德的哲学工作起码没有证明"时空同时既是主体的，又是客体的"是不可能的。特楞德伦堡认为自己提出的构造运动论（construktive Bewegung）证明了，时空既是主体中的有效形式，又是客体中的有效形式。所以，他的构造运动论已经克服并取代康德哲学。

1865 年费舍在他的《逻辑与形而上学体系》的第二版中公开反对特楞德伦堡所说康德理论有若干漏洞的看法。1867 年特楞德伦堡又著文，1869 年费舍反击，同一年特楞德伦堡以《费舍与他的康德》为题公开答辩，1870 年费舍出小册子《驳特楞德伦堡》。在争论期间，许多哲学家参与其中。

这场争论涉及的问题包括，如何评价康德的感觉论，它是唯心主义经验学说还是实在论的经验学说。特楞德伦堡挑起这场争论的功绩在于，通过对康德的批评为哲学指出了一条新路：把理念的东西还原到现实中去。他的思想为他的学生、新康德主义的主将柯亨的工作开辟了道路。[①]

无论是特楞德伦堡、柯亨还是他们的对手费舍、朗格，他们在反对唯物主义这一点上是完全一致的。他们不承认，物质存在的形式可以为思想的形式提供基础。但是，在如何解决主体客体关系的问题上，费舍走向先验唯心论，朗格则走向怀疑论，放弃对世界存在的论证，而特楞德伦堡则走向实在论。

关于康德的争论的性质，特楞德伦堡自己有清醒的认识：如果认为"康德关于'时间、空间的唯一的特性是主体性'的论证是严格的，那么就会走向（先验）唯心主义之路。如果认为他并未能证明这一点，在他的证明之外还留有另外的可能，即时间和空间的表象对于外在于我们的事物也具有效性的话，那么便为把理念的东西固化在现实之中的道路打开了方便之门"[②]。

[①] Klaus Christian Köhnke, *Entstehung und Aufstieg des Neukantianismus*, ss. 257－272.

[②] Klaus Christian Köhnke, *Entstehung und Aufstieg des Neukantianismus*, s. 260.

第二章
科学唯物论

在黑格尔死后的 30 多年内，直接把科学的成果哲学化，用自然科学改造哲学的倾向流行一时。其中最典型的代表是科学唯物论。就其唯物论形态而言，我国哲学界称他们为庸俗唯物论也不为过。科学唯物论有三个主要代表人物：福格特（Vogt）、摩莱萧特（Moleschott）和毕希纳（Büchner）。福格特和摩莱萧特是生理学家，毕希纳是医学博士，三人都是人体科学的研究者①。这三位马克思的同代人都公然声称，自然科学是唯物主义的基础。他们的共同主张可以归纳为以下四点：(1) 承认独立于人的客观世界的存在；(2) 人和自然中的其他存在物一样是物质实体；(3) 人的精神或灵魂不可能独立于人的肉体而存在；(4) 不存在非物质的实体，不存在上帝。

---

① F. Gregory：《19 世纪的德国科学唯物论》，前言。

第一节 福格特

福格特（Karl Vogt）是动物学教授，生于 1817 年，就读于保守的文科中学，所有课程均用拉丁语和希腊语，只在毕业班的时候才让学生接触自然科学知识和历史知识。1833 年到基森大学师从化学家利比希学习实验化学。利比希是德国第一位实验化学家，他在基森建立了德国第一个（欧洲第二个）化学实验室。后因福格特对参加资产阶级革命运动的同学进行救助，登上黑名单，最后不得不逃离德国，到瑞士避难。他在那里体验到了什么是民主、自由：看门人不是警察，人们可以无需官方批准自由旅行，大学居然没有审讯室！

因为在瑞士没有化学实验室，福格特只好中断化学学习，改学生理化学、生理学、解剖学和动物学。1839 年获医学博士学位，后曾作瑞士生理学家 Agassiz 的助手。1842 年发表了《在山脉与冰川上》一书。该书是地理探险考察的总结，在年轻人中引起很好的反响。后 Agassiz 去美国哈佛大学任教，福格特去巴黎。他在旅馆中受一位俄国人之请，去为一位得了"霍乱"的俄国人看病，福格特诊断他为消化不良。此人就是无政府主义者巴枯宁，后来二人成了好朋友。福格特在巴黎主要是以科学记者工作为生，为德文报纸《总汇报》写科学报道。1845－1847 年出版了《生理学书简》，1848 年出版了《大洋与地中海》。《生理学书简》成了他的代表作。实际上他对哲学并无兴趣。据传，有一天晚上，他的朋友赫尔岑和巴枯宁正在讨论黑格尔哲学，福格特自己先离他们而去。第二天早上，当福格特回到朋友那里时，他们仍然在讨论。福格特大惑不解。《生理学书简》实际上是一部生理科普著作，并不是刻意宣传唯物主义的书。但在当时，这种努力以客观的态度进行科普宣传本身就被看作是唯物主义，因为这种宣传没有臣服于宗教的教条与偏见。

1847 年，他接到基森大学的聘请，回去任动物学教授。

在 1852 年他出版了另外一部书《动物生活印象》。书中他通过对鱿鱼的生活习惯的描述指出，所谓"创造"就是物质的重新组合，公开反对当时在落后的德国仍很流行的关于上帝"无中生有"的创世理论。他的这种科学无神论观点引起了大学哲学教授们的不满，同他展开了争论。争论实际上促进了关于科学与宗教关系问题的讨论。

在这之后，1859 年，福格特同马克思又发生了一场纠纷。马克思《福格特先生》一书就是为此而作。1848 年革命失败后，欧洲政局复杂，各国相互利用，勾心斗角。1859 年《总汇报》发表文章称，伦敦有消息说，福格特接受了拿破仑王子的钱，受雇而去说服普鲁士政府反奥地利，以达到帮助法国的目的。福格特为此向法院起诉，控告《总汇报》有公开诽谤罪。

福格特的确极力反对普鲁士与奥地利结盟，但主要是出于对奥地利天主教国家的反感。而马克思对福格特的不满也由来已久。在政治上，福格特是自由主义者，主张通过对公众进行科学教育、文化教育，然后再让他们参与民主政治运动。福格特认为，马克思主张不惜一切代价建立无产阶级专政，缺乏宽容精神。马克思则出于无产阶级政党的纯洁性的需要，从一开始便反对同这位资产阶级自由主义者结盟。福格特在《三月联盟》上给马克思的《新莱茵报》以很高评价，推荐读者订购该报时，马克思不但没有为之感到高兴，反而于 1849 年发表文章，揭露《三月联盟》。马克思认为，这是坚持原则，与只说空话的资产阶级议员划清界限。[1]

1860 年之后，福格特回到日内瓦，又重新进行自然科学研究：古生物学和人类学。1863 年出版了他的《关于人的讲义》，它是最早在德国宣传达尔文主义的专著。

政治上福格特反对普鲁士军事扩张，反对大德国，主张建立小德国。这种立场使他成为不受德国人和政府欢迎的人，也使他成了真正的德国自由主义者和人道主义者的代表。在临终前两年，他又回到他早年的动物生理研究，进行鱼类的研究。1895 年 5 月 5 日去世。福格特的一生可以说是始于科学、终于科学。

福格特在《大洋与地中海》一书中强调自然科学的伟大，认为它为未来提供了最坚实的基础。他认为，无论是研究有机物还是研究无机物的科学，它们都有一个共同特点：他们研究的对象是物质和它的联系和转化的规律。他坚信自然科学的进步："在商业、工业和农业中的任何新的收获都与精神的进步有关，都是自然科学的自由精神的不断增长的完善化的结果。"[2]他还提出，不论在有机界还是无机界，革命的原则都是普遍适用的。

严格地讲，福格特的唯物主义基本上与哲学上的唯物主义理论的构建无直接关系。但是正如他自己说的，生理学本身里的唯物主义是如此深厚，以致每个从事生理学研究的人都"不可能只

---

① 《马克思全集》德文版，第三十卷第 508 页，第六卷第 959 页，第十四卷第 462－463 页。

② F. Gregory：《十九世纪的德国科学唯物论》。

接受前者而不接受后者"。他的唯物主义并不是一种唯物主义的逻辑或概念体系，而是他生理科学研究的产物。

在 1848 年革命时期，福格特天真地认为，有可能将自然科学中获得的这种思想成果，直接用于社会政治事件。他相信，自然科学本身和它的概念可以用来支持政治革命。1848 年欧洲革命爆发。学生找到福格特，让他召集并主持会议。福格特成了市民团的首领。法兰克福国会召开，他作为议员出席会议。革命失利后，福格特再次逃往国外，流亡到瑞士的伯尔尼，在那里潜心研究生物学。在这期间他出版了《动物国家研究》。书中说，当生理学研究获得的知识已渐渐成为一切阶级的人的共同财富的时候，大学里的教授们居然仍以上帝和教会的名义对其大加谴责，这简直是不可思议。他认为，生理学在物理学的帮助之下，可以使人从教会思想的束缚下解放出来。生理学是关于物质存在规律的物理学在人体上的运用。他认为营养学也是这方面的典型例子。

后来他又发表了《动物学书简》（是 1359 页的长卷）对动物分类、繁殖、地理与本能特征的关系作了全面的论述。他有意识地把比较解剖学、比较生理学、自然史、古生物学、动物地理学综合为一体。同当时的自然哲学相反，他拒斥思辨，他的全部工作都是以对动物的具体观察为基础的。他是真正意义上的科学唯物主义者：一位从事科学研究的唯物主义者，一位由科学研究本身而达到唯物主义的科学工作者。

第二节　摩莱萧特

摩莱萧特（Jacob Moleschott）小福格特 5 岁，1822 年生于荷兰的博尔杜克，出身于医生世家。父亲是自由主义知识分子，母亲则是传统主义者。他从小受母亲影响，热爱音乐，爱好文学。中学受到很好的教育，并且对哲学，特别是黑格尔哲学感兴趣。但他善于独立思想。在中学的某个期末的宗教考试时，他决心只写自己所坚信的东西，于是他发誓，他不能再相信基督教的基本教义。1842 年摩莱萧特去海德堡学习医学心理学。尽管他对哲学一直感兴趣，但在学习自然科学的过程中达到同福格特一样的结论：自然科学为哲学提供了真正的基础。

1844 年当他还是学生时候，他便发表文章对当时的著名化学家利比希的植物营养学进行了评论，指出哪些观点有事实的支持，哪些缺乏事实根据。并指出，利比希的理论并非全部建立于实验基础之上。1845 年他以肺的研究获博士学位。毕业后回荷兰从事生理化学实验研究工作，并进一步认识到，事实比反思更有力，并决心用无机化学来解释生命现象。1845 至 1848 年间，他和朋友、医生 Donders 和 Van Deen 出版了一个杂志《解剖和生理科学荷兰文集》（共出了 3 期）。他一方面从事实验研究，一方面将其他国家的科学文献译为荷兰文，同时广泛阅读文学著作。1847 年，他离开荷兰去德国海德堡，当生理化学讲师。

摩莱萧特也没有躲过资产阶级革命的洗礼：在革命过程中他成了德国的自由主义者。革命后，他又回到书斋，潜心研究与著述。1850 年发表了《营养生理学》一书。后来又发表了《营养学：献给人民》。他在书中提出，人和所有的动物、植物没有本质差别：只是由于环境不同，改变了我们人本身的力量和物质材料。[①]他认为，尽管我们还不能直接证明，力量的不同只是由于物质的区别之间的关系，但大量事实表明，这是真理。力量是同肉体不可分的。他公开指出，精神活动不需要物质消耗的看法是不正确的。

他知道影响人的生活的因素很多，但他只谈营养饮食对人们生活的影响。他用生理学来解释穷人的酗酒现象：酒精可以使食品更充分地消化吸收，所以穷人嗜酒。他建议穷人多食豆类，因为它可以提供人体必需的营养。书中还告知人们如何合理烹调，临产妇女应忌食什么食品。他说，过多的香料和佐料可以引起人亢奋和妒忌。他甚至认为，如果香料没有被引入欧洲的话，欧洲历史上就不会有那些血腥的篇章。饥饿可以引起革命：食物缺乏使人阴郁，夸张生活的压力。

他把自己的书寄给他的中学时期的老师费尔巴哈，要求同他讨论此书同道德的关系问题等。他自认为，作为生理学家，他的看法冲破了用物质因素解释生活的障碍。费尔巴哈真的写文章对他的书作了详细转述和评价，并把摩莱萧特的观点推向极端："饮食变成血，血变成心与脑，最后变成思想与思维材料"，"人的食品就是人的教育与思维的基础"，"人就是他之所食（人吃什么就是什么）"，"谁只享用蔬菜，他就只能是菜蔬实体，就没有运动力量"，所以他说，谁想提高改善人民的质量，就请让人民吃

---

① F. Gregory：《十九世纪的德国科学唯物论》，第 88 页。

好。"饮食是智慧与道德的基础。"[1]

1852 年，摩莱萧特又发表了《生命的循环》一书。书中强调，"元素的运动，它们的组合、分解、同化、异化，这是地球上一切运动的本质。当一个物体能够保持它的形式和它的一般组织方式，尽管构成它的那些最小的物质组成部分在不断变化中，这种活动就被称之为生命"。[2]他还进一步用生化理论解释了生物同自然进行物质交流的过程：植物把无机物变为蛋白，而动物消耗蛋白，形成动物细胞组织。但是个体的循环并不能永恒继续，它们处在更大的循环之中，即个体的生与死的转化循环。组织停止工作，生命体又恢复为它的结构元素，并进入其他的循环之中。"死亡本身无非是循环的永恒存在而已。"[3]

摩莱萧特晚年厌恶争论。海德堡使他不得安宁，瑞士也没有给他故乡之感。最后他在意大利找到了自己的归宿。晚年习意大利语，并移居都灵。1866 年入意大利籍，10 年后成为维克多·伊曼努爱尔国王的议会议员。1879 年去罗马，1893 年在罗马去世。摩莱萧特在 19 世纪 50 年代初如日中天，名气甚大，后来潜心于科学研究与教学。去世时是著名人道主义者和科学家。

第三节　路德维希·毕希纳

路德维希·毕希纳 (Ludwig Büchner，1824－1899) 也出身于医生家庭。英年早逝的政治活动家、作家格奥尔格·毕希纳

---

① 《费尔巴哈全集》德文第十卷，第 22－23 页。
② F. Gregory:《十九世纪的德国科学唯物论》，第 93 页。
③ F. Gregory:《十九世纪的德国科学唯物论》，第 94 页。

(1813－1837) 是他的哥哥。他哥哥格奥尔格令人心碎的生命旅程给毕希纳留下深刻印象。毕希纳于 1852 年任 Tübingen 大学医学助教，工作顺利，但心情郁闷。在母亲和另一哥哥的关照下才有好转，1853 年图宾根召开德国自然科学与医学工作者协会大会。会议使他直接接触到摩莱萧特的著作《生命的循环》。在家人影响下，他把自己的想法写了下来。他哥哥曾描述毕希纳《力与物质》一书的成书过程：像我姐姐一样，他总试图写点什么。我们期望路德维希向家人表现出他是美学家。但他把自己关起来，像座坟墓。有一天早上，他腋下夹着一大包纸，走进我的房间，告诉我，他也试图在纸上涂抹几笔。"是吗？"我说，"你也染上家族病了⋯⋯你腋下夹的是什么废纸？是亚历山大·仲马或欧仁·苏的历史小说吗？还是充满血腥味的戏剧，就像维克多·雨果的作品似的？"我想，除了在这方面显示他的文学天才之外，我想不出别的可能。"都不是"，他说，"这是对自然科学的研究。"他带着宣读教义的语调接着说："这是今天这个时代最需要的东西。当下对民族的期望，对自由的期望已经落空，以至公众对它们完全丧失了信心，转而关注自然科学强劲的发展。他们在其中看到了阻止复辟胜利的新方法。你看福格特、罗斯麦斯勒尔和摩莱萧特，他们都博得了公众的欢迎。我想请你读一下这些手稿，然后告诉我，能否为它们找到一家出版商。我想也许有一线成功的希望。""什么题目？"他回答说："力与物质。"我大叫一声，跳了起来，"这个题目本身就价值千金。每个出版商都会接受这本书的，并且他们连看都不看，马上付你稿酬⋯⋯""你总是太乐观"，他严肃地回答说，"先读一遍，然后把你的意见告诉我。"①

毕希纳的《力与物质》一书和福格特和摩莱萧特不同，不是宣传一门具体科学，如生物学或营养学或生理学的科学研究成果。这本书是有目的地把各种科学成果加以综合的哲学著作。这本书写得通俗易懂，出版后不久便被誉为"唯物主义圣经"。该书 17 年内再版了 12 次，被译为英、法、意、波、匈、瑞典、西班牙、荷兰、希腊、俄、丹麦、阿美尼亚、罗马尼亚、捷克、阿拉伯、保加利亚、立陶宛等 17 种语言。遗憾的是不曾出过中译本。

在该书中他公开提出，不是按我们想象，而是按事物的自己原来的样子去接受事物。具体地讲，他向人们指出，力量、能量从来不可能离开物质质料而单独存在。但能量、力量并不等同于物质质料。在中国，学过列宁《唯物论与经验批判论》的人都知道他的名言：思想是大脑物质的结构性特征（其实说"功能性特征"更合适。——笔者注）：就如同胃可以消化食物一样，大脑可以进行思维。他一方面想肯定物质与力、大脑物质同思维活动的不可分的联系，另一方面又想避免将物质与力、大脑物质同思维活动看成完全无差别的同一回事。他没有像后来的哲学家那样，明确指出功能与物质基础的层次区别。他没有为这种区别找到合宜的表达方式，也可以说，对这种区别还缺乏具体深入的了解。所以他讲："我们把力定义为物质的属性，我们已看到，二者是不可分的；但是从观念上看，它们相去甚远，在某种意义

---

① 此段叙述应该是笔者从一本毕希纳传记中摘下来的，但未能找到原书，所以出处只好暂缺。

上，它们是相互否定的。"①

毕希纳反对传统基督教上帝造人的观念，他公开主张，人是自然力的创造物。他相信人的观念源于经验。所有的思想都是通过对周围世界经验而获得，所以只能是这个世界和自然本身的产物。在他看来，科学就在于发现真理，不管它是美好的还是丑恶的，不论它是安慰性的，还是破坏性、干扰性的。当时科学研究结果引起了人们的一些信念和宗教信仰发生动摇，因而陷入极度痛苦之中。他的这些议论就是针对那些人而发的。②实际上，他自己就陷入了这种精神痛苦之中，在他的唯物主义世界观中，人生失去了它原来的神圣的意义："我们就如同套在磨道上的驴。生活的炽热的铁棒鞭策着我们，使我们不停地奔跑，没有目标，直至疲劳过度，死在我们为自己做好的坟墓之内。"③

自然科学唯物主义给毕希纳带来的精神上的痛苦，更准确地讲，给他带来的人生观上的危机，正是那个时代的痛苦和危机的表现。革命失败了，自由、平等、博爱的人生理想破灭了，但科学飞跃前进。科学以及以此为基础的科学唯物主义并不能填补人们失去宗教之后在心灵和社会精神中留下的空白。人类的心灵开始呻吟。

第四节　施蒂纳的唯物主义

马克斯·施蒂纳（原名约翰·卡斯帕尔·施米特，施蒂纳是

---

① F. Gregory:《十九世纪的德国科学唯物论》，第 238－239 页。

② F. Gregory:《十九世纪的德国科学唯物论》，第 113 页。

③ F. Gregory:《十九世纪的德国科学唯物论》，第 114 页。

他的笔名）并不是一位被彻底遗忘的哲学家。Hans G. Helms 于
1966 年出版了 600 多页的专著《匿名社会的意识形态：马克斯·
施蒂纳的"唯一者"与三月革命前至联邦德国期间民主意识的进
步》；1979 年 Bernd Kast 出版了《在施蒂纳哲学中的"本己"问
题：他对人类学问题的彻底化的贡献》，该书也有 500 页之
长；1991 年出版了 Peter Suren 的《马克斯·施蒂纳论真理的用
处与损害》，也是一本 530 页的大书。1995 年发表了 Filadelfo
Linares 的小书《马克斯·施蒂纳的范例转变》（81 页）。1994
年在施蒂纳的代表作《唯一者及其所有物》出版 150 周年之际
（该书 1844 年出版），《施蒂纳研究》问世。该丛书第一集题为
《秘密的流行曲》，记述了施蒂纳的代表作《唯一者及其所有物》
出版史。1996 年出版了第二集《施蒂纳研究》，题目是《持续
的叛教者》，记述了该书的影响史。第三集《空白的幻影》应该
总结当时对该书的评价。《唯一者及其所有物》被不同的出版社
多次再版，并收入了 Reclam 出版社在德国十分畅销的简装丛书
之内。他的其他著作也被收集整理发表。施蒂纳的"唯一者"并
没有消失，他还游荡在我们之中。

施蒂纳是一位做木笛的艺人的儿子，于 1806 年 10 月 25 日
生于拜罗伊特。1826－1828 年间在柏林大学学习哲学、古典文献
学和神学，是黑格尔、施莱尔马赫的学生。大学毕业后在中学教
书。1842 年参加民主运动，因写文章批判当局受到秘密警察的
审查；他曾为马克思主编的《莱茵报》写新闻报道。1844 年离
开教书的中学，当年 10 月《唯一者及其所有物》一书出版。该
书问世后曾一度受到当局的禁止，后又解禁。1845－1847 年从
事翻译英国经济学家著作的工作，1833－1854 年两次被监禁。后

做图书批发商的工作。距 50 岁生日还有 4 个月，即 1856 年 6 月 25 日，施蒂纳在柏林去世。

施蒂纳的思想都体现于《唯一者及其所有物》中，我们这里集中介绍其中的思想。《唯一者及其所有物》一书分为两大部分。第一部分叫"人"，第二部分叫"我"。第一部分实际上是对个体的历史形成过程的批判描述。他持一种个人自我进化论的观点：个人是从一般之中演化而来，自我是从非人格的非我中演变发展而来的。按他的看法，在古代和近代，人类先是把个人、个性奉献给了诸神，后来奉献给了精神，最后是奉献给社会。他认为无论是宗教的世界图像，还是黑格尔的概念宗教构建的世界图像都不过是在装神弄鬼中演出的精神王国的木偶戏而已。包括康德在内的所有唯心论都表现为迷信的精神的幽灵。康德和唯心主义现象世界都是幽灵迷信，或叫对鬼的迷信。他把这类追求本质的哲学活动称之为装神弄鬼，但是充满神秘的装神弄鬼。给这个鬼戏找根据、对它加以领会把握，发现其中的现实性（如证明上帝的实存性），这就是几千年来人类高尚的精神活动史。

施蒂纳说，"你见过鬼吗？""没有，我没见过，但是我奶奶见过。"[1]关于有鬼的故事，人们就是这样一代一代地传下来。关于精神的故事也是如此。"你的头脑里在闹鬼，你已经精神失常了！你虚构出许多东西，描绘了整个神的世界，它对你是存在的，对你来说是一个精神的王国，你可以随时呼唤它。它是向你招手的理想，你有一个固定偏执的理念。"[2]这种偏执的理念引导

---

[1] 施蒂纳：《唯一者及其所有物》，Reclam，第 36 页

[2] 施蒂纳：《唯一者及其所有物》，第 46 页。

着人的行为：它们有的叫上帝，有的叫正义，有的叫自由。"我们经常碰到的不是魔鬼附体者，就是被相反的东西缠住而走火入魔者：被善，被道德，被正派的品行，被法律，或者被什么'原则'缠住而走火入魔者。"[1]我们常常碰到的是后者。我们生活在一个装神弄鬼的世界中，我们自己则是走火入魔者。启蒙运动只不过是用资产阶级的魔鬼取代了封建魔鬼而已。在资产阶级国家"所有的人都一样，不应该追随任何特殊的利益。应该遵循一切人的一般利益。国家应该是自由的平等的共同体。每个人都应该为了'整体的福利'而牺牲自己，献身于国家，把国家作为自己的目标和理想。到处都喊着：国家！国家！"[2]于是，人们必须放弃自己，只为国家而生活。这样，国家、社会就成了我们新的奴隶主，是新的装神弄鬼者。这是一种新的"最高实体"，它享受着我们的服务和义务。在施蒂纳看来，无论是自由主义还是社会主义，无论是共产主义还是民主主义，都是在装神弄鬼。过去教会说，"敬畏上帝"，今天的社会说，"敬畏人"，没有什么区别。

在全书的开场白中施蒂纳说："有什么东西不是我的呢？属于我的首先是善的东西，然后是神圣的事。然后是人类之事，然后是真理、自由、人道、正义。此外还有我的人民之事，我的侯爵之事、我的祖国之事，最后还有精神之事以及千千万万的其他事物。唯独我的事从来不应该是我的。'呸！该死的个人主义者，你只想自己'。"这就是他揭示的人生在世的现实状态。我们读到这些话时，不得不想到 1927 年海德格尔在《存在与时间》中的批

---

① 施蒂纳：《唯一者及其所有物》，第 47 页。

② 施蒂纳：《唯一者及其所有物》，第 108 页。

判：常人的人云亦云，是其所不是的非本真状态。

但是出路何在？施蒂纳的回答是：

> 神和人类把它们的事置于虚无（Nichts）之上，无非
> （nichts als）是置于自身之上。我则把自我置于我自己
> （mich）之上，这个自我像上帝一样。它不是（nichts）任何
> 别的东西，这个自我是我的一切，这个自我是我唯一之
> 所是。

> 我不是在空无意义上的无（Nichts），而是创造性的
> 无，从这个"无"里面我自身作为创造者创造着一切。

> 那些完全并非我之事的一切，都滚到一边去吧！你们
> 认为，我之事起码应该是"善情"。什么善，什么恶！我自
> 己就是我之事。我既不是善也不是恶，两者对我均无意义。

> 神圣之事为神所有，人类之事为人所有。我之事既非
> 神的，也非人类的，既非真的，也非善的，既非合理的，也
> 非自由的，也非其他什么东西的。我之事只是我自己的。它
> 不是普遍的东西，它是唯一者，就如我是唯一者一样。我
> 决不把任何东西看得高于我！①

施蒂纳从自我出发对道德的习俗、社会文明的批判，可以说
是开了尼采思想的先河，是海德格尔个人人生"虚无"论的先行
者。但是这种批判在施蒂纳那里表现出来的绝对性，实际上是一
种不彻底性。他没有真正的回到"我之事"本身，没有对"我之
事"做出具体研究。他的批判是外在的、形式的。由于不切"我
之事"本身的实情，因而是偏激的，并进而陷入自相矛盾。如果

---

① 施蒂纳：《唯一者及其所有物》，第 5 页。

自我之事真的是绝对排他的，没有为他的结构，他为什么将他的思想诉诸德语这一共同性的存在形式呢？为什么他要将他的思想写出来告诉别人呢？这不恰恰说明，我的真正的生存、这个创造性的虚无正是为了他人他事而从事创造活动的吗？海德格尔《存在与时间》中把"我之事"规定为"在世界中与他人他物共在"，归结为"对他人他物的筹措操心"，正是对施蒂纳貌似彻底实为片面性的反对"为他"之人生立场的克服。《唯一者及其所有物》也在装神弄鬼，施蒂纳也已走火入魔，入了与世界隔绝的自我之魔。但他的走火入魔给我们上了很好的一课：不要对事物本身有丝毫的偏离。因为片面的事实是会闹鬼的！

《唯一者及其所有物》发表以后受到马克思、恩格斯、布鲁诺·鲍威尔、费尔巴哈、卢格、贝蒂娜·冯·阿尼姆，库诺·费舍，罗森坎茨等当时各家著名学者的纷纷批判评述。但施蒂纳的思想对俄国的流亡革命家产生了极大影响：巴枯宁、别林斯基、屠格涅夫、陀斯妥耶夫斯基一时都成了他的信徒。这一代人之后，施蒂纳便被忘却了。19、20 世纪之交，"唯一者"又受人青睐。奥地利社会民主党人马克斯·阿德勒发表小册子《马克斯·施蒂纳与现代社会主义》，他认为，施蒂纳是马克思和费尔巴哈之外的另一位冲破资产阶级意识形态的禁锢、解放人们思想的大思想家。[1]但另一方面，墨索里尼和希特勒的意识形态的专家狄特里希·埃卡德也十分重视施蒂纳。无政府主义者也把施蒂纳看成自己的理论家。进入 20 世纪 60 年代，西德的左派激进分子也

---

[1] 阿德勒:《马克斯·施蒂纳与现代社会主义》，Monte Veria 出版社，维也纳 1992 年重印本，第 2 页。

把《唯一者及其所有物》作为精神指导，并使他们走向恐怖主义和绝对无政府主义，反对一切权威（左派恐怖组织"红军派"就是一例）。由此可见，施蒂纳的偏激理论对人们的影响，完全取决于读者当时所处的政治环境和政治情绪。在不同的政治环境和政治情绪下，人们可以读到完全不同的施蒂纳。这种情况在尼采哲学影响史中表现的同样明显。

第三章
悲观主义哲学家：叔本华

　　叔本华是谢林、黑格尔同时代的人，然而他的影响却比黑格尔晚一个时期，主要是在1845年欧洲资产阶级革命失败之后，一直延续到今天。他是德国古典唯心主义的直接反对者，他的思想直接批判发展了康德哲学，所以，可以说他是新康德主义的先驱。他又是生命哲学、直觉主义的先驱。在人们处在革命狂热、陶醉于科学进步、理性的权威的时候，叔本华已经预见到了理性的悲剧性结局。不过当时人们雄心勃勃，没人听得进这位在大学失意的自由作家的嘟嘟囔囔。仅当人民在革命中碰得头破血流、理性的权威已经被严酷的事实批判得体无完肤之时，人们又重新发现了叔本华，请他出来当自己的代言人。叔本华思想的复苏标志了德国哲学的根本性转折。他的哲学是意志主义（volunta-rism）、悲观主义（pessimism）、唯心主义（idealism）、非理性主义（irrationalism），全都不假，无可争议。但我们的兴趣却不止于指出他是唯心主义。他自己声称自己为唯心主义，我们再骂他是唯心主义还有什么意义呢？我们的兴趣是指出，这种唯心主义的内在逻辑，并介绍他的那些今天仍然给人以启发的思想观点。

第一节 戏剧性的生平

叔本华不像黑格尔、康德那样，是大学书斋中的哲学家，他是商人兼学者；他不仅像其他哲学家那样，读到了关于世界的书，而且还亲眼看到了世界；他的哲学是从他的生活经历沉淀出来，是他的生活体验的结晶。他体验到潜藏在上升的资本主义社会中的另外一种真理。

叔本华（Arthur Schopenhauer）于法国大革命爆发的前一年，即 1788 年 2 月 22 日出生在东普鲁士的但泽市①一个富商家庭，比黑格尔小 18 岁。父亲是虔信派（Pietismus）教徒、银行家。母亲是当时曾小有名气的女作家。叔本华 5 岁时，但泽市划归普鲁士统治。当时德国封建落后，他父亲属于少数进步的激进分子，是亲法国的革命派，有浓厚民主思想。由于不堪普鲁士政府的压制，叔本华的父亲不惜商业上的巨大损失，于 1793 年携眷离开但泽市，毅然转迁德国的最大港口、自由城市汉堡定居。在这里，少年叔本华受到很好的自由主义教育。在这个意义上，叔本华是自由商业城市汉堡的儿子。按着银行家父亲的愿望，叔本华应该继承他的事业，成为工商巨头。为此，不等叔本华念完中学，父亲便将他送往欧洲各大城市去旅行，开拓他的眼界。1803－1804 年叔本华被送往荷兰、英国、法国等发达国家学习。也就是说，叔本华在十五六岁时就游历了欧洲主要商业文化都市：德国

---

① 但泽 （Danzig),第二次世界大战之后划归波兰，是今天波兰第一大港口城市格坦斯克。

的布拉格（现属捷克），荷兰的阿姆斯特丹，英国的伦敦，法国的巴黎，奥地利的维也纳，瑞士的日内瓦。后来他又在英国学了一口地道的商人语言——英语（他希腊文、拉丁文本来很好，今天我们读他的原著会常常遇到他的希腊、拉丁引文，而且没有翻译）。所到之处，风景宜人，但同时大工业造成的贫困和邪恶同如画如诗的风景形成令人注目的反差，深深刺痛了少年叔本华的心。30 年之后他回忆道："在我 17 岁那年……我被生命的痛苦所侵袭，就像佛祖年轻时看到疾病、衰老、痛苦和死亡时的感受一样。"[①]1807 年（19 岁）他在给母亲的信中说："天上的种子是怎样在我们这贫瘠坚硬的土地上去寻找它们的空间的？在这里必须为任何一块小地方的缺乏而争斗。我们被原始精神流放，不允许再上升到他那里。通过贫困人种向人宣布出来的是需求的冷酷的审判。这一判决使这个人种为了匮乏和生命急需要的东西耗尽了他的最后一点精力，阻止了他的任何更高的追求。只有当他们得到完全的满足时，精神才被允许……向前展望。不要谴责那些爬在尘埃中挖寻着快乐的贫穷的人们吧。噢，上帝，你必须原谅他们，如果他们去行罪恶之事的话，那是因为天空向他们关闭了，只有罕见的微光穿透黑暗落到他们身上。"[②]这就是我们在叔本华的遗稿中看到的一个刚刚 17 岁的少年的痛苦的心声。在同胞们向往步英国的后尘，向往科学与工业的昌明给德意志带来幸福的时候，叔本华通过他在英国的经验，已经看透了这狂热的正剧的悲剧结局。他信中引用 Tielk 的话："我们坚持着，呻吟着

---

① 叔本华：《遗稿》第四卷，第 96 页。

② 叔本华：《通信集》，1987 年第二版，第 2 页。

问那苍天，天下还有谁比我们更不幸吗？在我们背后站着那讥讽的未来，它嘲笑着人类过去经历的痛苦。"正如他当时说的："人的本质的特点是如此罕见，如果人们没有亲眼见到的话，他是不会相信的。"叔本华在没到英国之前并不相信他读到的 Tielk 话，去了英国之后他说："一切在时间之流中化为乌有……日常生活这恐惧的怪物把一切追求向上的东西压了下去……在生活中没有严肃的东西，因为尘埃是毫无价值的。"[①]

1805 年，他父亲溘然去世，那时他仅 17 岁。他母亲这位名噪一时的女作家，从来不曾是一个忠诚的妻子和合格的母亲。叔本华对他母亲很有看法，母子不合，常常冲突。1806 年母亲离开汉堡，一去不返。18 岁的叔本华留在汉堡管理商业。经商的义务与对精神创造的向往，在他的生活中发生尖锐的矛盾。他父亲去世后，叔本华顽强地改变了父亲为他安排的生活道路：1807－1809 年叔本华在通信中与其母发生了激烈的纠纷，互相攻击（他母亲此时属于魏玛的歌德文人圈子）。这次纠纷闹到母子对簿公堂，最终导致叔本华与其母亲分家。叔本华得到了他应得的一份遗产。靠这份遗产，他得以放弃了经商，将企业委托给他人经营，自己又进入中学学习，重修文科中学的全部课程，并在获得大学入学资格后，就读于哥廷根大学，后又转到柏林。1807－1808 年叔本华学习自然科学，1810 年改学哲学。

1811 年拜访了 78 岁的著名诗人 Wieland。Wieland 反对他学哲学。叔本华反驳说，生活是已经被搞得一团糟的东西，所以他打算通过对生活的思考来度过一生。诗人十分赞赏年轻人的反

① 叔本华：《通信集》，第 1 页。

驳。[①]当年他写下了他的第一个哲学的手稿，这里已可以看到他后来的成熟思想的雏形。1811 年到柏林学习，听了施莱尔马赫和费希特的课，后来在施莱尔马赫的影响下，进一步认清了理性主义（叫唯理性主义更确切）的局限性——它无视一个基本事实：理性与感情相互不可分割地交织在一起。26 岁时（1814年）他完成了博士论文：《论充足理由律的四重根》。歌德读了这本书之后，十分欣赏他的才华和思想。博士论文答辩后，他移居魏玛。在那里，在他母亲介绍下他认识了歌德。他对歌德的自然哲学，尤其是歌德的颜色理论十分感兴趣，同时开始研究印度古典文献《吠陀》，特别是《奥义书》。他常常与歌德会面，讨论学术问题，歌德当时研究色彩问题兴致正浓。1815 年叔本华写成了《论感知与色彩》，为歌德的理论作论证，1816 年发表。这本书意在支持歌德色彩色调理论，但这并没有博得歌德的欢心。书中他对歌德的理论提出了一些善意的修正。但歌德这位当时不可一世的权威，不能容忍别人对他的理论的修改。歌德认为叔本华歪曲了他的理论。[②]

1818 年叔本华完成了代表作《作为意志和表象的世界》。这是一本把康德思想与印度教、佛教思想结合在一起的东西合璧之作。该书于 1819 年印刷出版。他对自己这本书抱很大希望，料想能一鸣惊人。他在发稿时写给出版商的信中说，这不是旧思想的改头换面，而是结构严密而连贯的独创的新思想，"晓畅而易解，有力且优美"，"这本书将成为今后数百年之源泉与根据"。[③]

---

① 参见 Karl Pisa：《叔本华：精神与感性》，第 219 页。

② 从今天物理学的观点看，歌德的色彩理论已没有什么价值。

③ Walther Schneider, *Schopenhauer: Eine Biographie*, Verlag Werner

但此书生不逢时，根本无人购买。革命正在酝酿中，人们正在趾高气扬走向胜利，充满乐观向上的精神。叔本华的东方悲观主义精神根本找不到任何市场。出版商为此多次写信抱怨，说他与叔本华做了一桩赔本买卖。

1820 年他获得在柏林大学讲学资格。但他对于自己的理论过于自信，特意把自己的讲课和如日中天的黑格尔排在同一时间。结果自己的课堂空空如也，不得不离开大学，结束了教书的生涯。此后，靠父亲的遗产作为自由作家度过了一生。①

1831 年柏林霍乱流行，黑格尔因霍乱而死。叔本华逃离柏林，住到法兰克福，一直到 1860 年去世。1836 年出版了自然哲学著作《论自然中的意志》；1833 年《论人类意志的自由》一文获挪威皇家科学院大奖；1841 年出版《伦理学两个基本问

Dausien, 1937, s. 180.

① 在这期间，还发生了一件事。他在柏林租了一家私人的房子为公寓。按双方的租赁合同，前厅也为他租用，但其他客人可做过道用，但不应作为长期居留之地。有一天晚上，住在隔壁的房主老妇人将其子友邀来在前厅共叙家常，唠唠叨叨说个没完。叔本华实在忍耐不住，走出来宣布，老妇人为不受欢迎的人，让她马上停止这种非法活动。妇人不听，叔本华动手驱除之；老妇人以死相拼，酿成使新闻界大哗的丑闻。后来诉之法庭，经 5 年之久的多级复审，叔本华败诉。他被判赔付了老妇的医疗费、疗养费，并要给老妇以终身养老金。叔本华共支付这笔费用有 20 年之久。老妇死后，叔本华写道：Obit anus,abit onus(来时老妇去时尸，或译为：活着进来，挺着出去。《作为意志和表象的世界》的译者译为"老妇死，重负释")。此时，他母亲也死了。经过与母亲的无数的大小纠纷，以及与老妇的较量，使他觉得妇人凶残险恶，失去对她们的好感。尽管他有情妇，但终身不娶。在他的书和文章中，一有机会便去揭露妇人的凶恶。这当然是偏见。

题》；1843 年他完成了《作为意志和表象的世界》一书中的第二部分，即第一部的补充与扩充。这样他的主要著作便以最后的形式完成了。但他找不到出版商为他出版此书的第二版。因为此书的第一版的绝大部分仍然堆在书店的仓库中，卖不出去。为了使他的著作得以问世，他放弃了稿酬占有权。他在给出版商的信中写道："我可以用我的信念担保，您会通过接受我的完整的著作做一笔好生意。总会有一天，您会因今日您为此书的印刷费担心迟疑而开开大笑的。"但他这一次又错了。1844 年出版了《作为表象和意志的世界》的第二卷。当时他已经 55 岁。他二十五年心血凝聚成的成果在社会上没有引起任何反响。书一点销路也没有。书共印了五百本，据说他自己买了一百五十本，但剩下的三百五十本仍无去处。但这点他也不是完全没有思想准备的，他在该书第二版前言中写道："本书不是为同时代的人，或是为本国同胞写的；我是向人类交出我完整的著作。"[1]1848 年法国革命失败，叔本华才开始走红。叔本华已 60 岁时，即在他的巨著初版的 33 年之后，1851 年出版了两卷本论文集 *Parerga und Paralipomena*[2]。这次仍然是以放弃稿费换来出版的机会。但是出乎叔本华的意料，此书十分畅销。而且由此使这位闲居老人名声大噪。大学里，报刊上，到处谈论叔本华。第二年便有人将其译为英文出版。人们在读了这本书之后，又回过头来问，他整个哲学体系是什么。于是纷纷找他的巨著《作为意志和表象的世

---

① 叔本华：《作为意志和表象的世界》，石冲白译，商务印书馆 1986 年版，第 9 页。

② 这是一个十分古怪的书名，就像我用中文写一本书叫《爱尔根冲》一样，书名是希腊文的拉丁转写，意思是《附录和补遗》。

界》来读，30 多年没卖掉的书于 1858 年脱销了。于是又出了第三版，印了 2250 册。年过花甲的闲居老人终于等来了人类对他的声音的反应。两年后，1860 年 9 月 9 日他死于肺炎，享年 72 岁。

第二节　作为表象的世界

叔本华曾经指出，要想了解他的哲学思想，《论充足理由律的四重根》(*Über die vierfache Wurzel des Satzes vom zureichenden Grunde*) 是理解他哲学思想的前提，是他的代表作《作为意志和表象的世界》的导论。《作为意志和表象的世界》第一卷 (1818) 由四篇组成，第一篇从认识论上论述世界是人的表象；第二篇是从本体论上论证世界的本质是意志；第三篇说明审美与美的本质，是对意志的超越；第四篇试图指出彻底超越意志脱离苦海的出路。认识论－本体论－美学－伦理学，这是他的著作的结构，也是叔本华哲学体系的构架。《作为意志和表象的世界》第二卷 (1844) 则是对第一卷中提出的思想补充以及后来作的进一步阐发。

一、表象的主观性

叔本华明确指出，阅读他《作为意志和表象的世界》的条件之一是必须彻底理解康德哲学。[①]康德的著名的哲学之谜是物自身 (Ding an sich) 问题。直到今天物自身仍是西方康德哲学研究的重要课题。按康德的看法，物自身是一切现象的基础；它是

---

① 叔本华：《作为意志和表象的世界》，第 5－6 页。

不可认识的，但同时又是肯定存在着的。但问题是，既然不可认识，你怎么知道它存在呢？这是康德哲学留给近代哲学的一个课题。叔本华企图解决的就是这个问题。他认为，要解决这个问题，或发现解决这一问题的道路，必须研究充足理由律的意义、来源和种类。

到底什么是充足理由律(principium rationis sufficientis)呢？叔本华引用了莱布尼茨的经典表述："事实上，根据充足理由律，我们了解到一个事物为什么只能如此而不能是别的什么，如果没有充足理由律，那么任何一个陈述都可能是真实的。"①这就是说，任何事物、事实，都有它出现的原因；正是根据了充足理由律，尽管物自身(Ding an sich)是不可知的，康德仍然假设了物自身的存在，并把它看作是自己哲学思想中不可缺少的前提，否则，经验世界就没有根据，没有原因。但是，叔本华指出，当人们说，任何事物出现必须有一定的原因，即一事物出现之前一定有其他事物的存在的时候，人们对充足理由律的理解却存在着严重的混淆：人们在充足理由律的使用中，把认知该事物为什么存在、如何存在的理由，同事物存在的原因混为一谈。为此，叔本华首先对充足理由律使用中的四重含义作了具体分析。

叔本华首先接受了康德的基本思想：世界是我的表象。所有的认识对象，亦即现象，都以我们的表象(Vorstellung)为前提，都是通过我们的表象能力(Vorstellungsvermögen)建立起来

---

① 叔本华：《充足理由律的四重根》，陈晓希译，商务印书馆1996年版，第19页。关于充足理由律的其他说法："没有任何东西是没有原因，至少没有任何东西是没有理由而出现的。""不存在这样的事实：它没有'之所以如此'而变成了另外的样子。"

的。是对象，是客体（Objekt sein，being object），就意味着被表象和被建立；我的表象有多少类，多少形态，被表象的事物（对象，Objekt）也就有多少类型和形态，与此相应，原因也就有多少种类。充足理由律是与表象能力的特征和活动（Tätigkeit）重合在一起的。所以，叔本华认为，就认知而言，贝克莱的"存在就是被感知"是有道理的，因为所谓"是客体""是对象"，就是对我主观来说是对象，对我－主体来说是客体。主体和客体，这二者总是处于相互对应关系中，不能有我没它，有此无彼。我们的表象能力是一切事物原因之基础，也就是充足理由律的基础。"我们所有的表象都是主体的对象，而主体的所有对象都是我们的表象。我们的全部表象都在一种有规则的联系中相互依赖，这种有规则的联系可以被确定为先验的，并且正因为是这样，任何彼此对立的存在物，任何单个的或孤立的东西，都不能成为我们的对象。"[①]这是叔本华哲学的根本前提。因此，表象世界，用理性把握的世界，均是现象，所以，有意识有理性的生活无异于一个漫长的大梦。日常生活中人们清醒和梦境的区别仅在于，在清醒的感知中，事物之间有相关性，服从充足理由律；在睡眠的梦境中，事物之间无联系，不服从充足理由律。[②]但实际上，感知与睡梦中的内容是相同的，体验到的都是表象的内容，都是人的意识内部的现象。所以哲学家想靠把握事物的本质，摆脱梦境，走出现象，完全是幻想。这是叔本华从现象主义出发推出的否定的本体论结论，以便为他的肯定的积极的意志主义本体论

---

① 叔本华：《充足理由律的四重根》，第 29 页。

② 叔本华：《作为意志和表象的世界》，第五章。

做准备。

但是，这里我们必须指出，"'是客体''是对象'，就是对我主观的来说是对象，对我－主体来说，是客体"，从这一思想出发，并不能得出"存在就是被感知""相应的原因同表象能力的特征和活动是重合的"这类结论。胡塞尔的现象学认识论的研究非常有说服力地指出，尽管对我主观的来说是对象，对我－主体来说是客体，这二者总是处于相互对应关系中，不能有我没它，有此无彼，但是，表象的现实活动、表象活动的超现实功能，表象（被表象的内容，即对象）本身、表象的生动显现，是三种不同性质的东西。所以我们可以十分肯定地指出，叔本华所坚持的认识论上的贝克莱主义已经被现象学的具体的认识论研究工作克服了。

按叔本华的看法，我的表象能力有四种形态：（1）思想、思考；（2）观察、静观；（3）感知；（4）自我意识。与此相应，我们的表象对象也有四种：（1）概念；（2）纯直觉（复数）；（3）感性直觉；（4）作为自我意识之对象的主体。主体也有四类形态：（1）知性；（2）内在感性；（3）外在感性；（4）理性。

叔本华写道："我们的进行认识的意识，作为内在的感性和外在的感性，作为知性（Verstehen）和理性而出现。它自身分裂为主体和客体，舍此，它不含有其他任何东西。相对于主体的是客体，与是表象是一回事（客体的存在与表象的存在是一回事）。我们所有的表象都是主体的客体，所有主体的客体都是表象。但现在我们发现，我们的所有表象都处于一种有规律的、相互依赖的、可以先验的规定的联系中。但并不因为这种联系，客体便成为相对我们而自立的和独立的东西，也不能成为个别的和被割裂的东西。这种联系恰恰是充足理由律的体现。"①

叔本华将理由（根据）也分为四类。A. 说明为什么这样判断而不是那样判断；这是判断的根据，叔本华也称其为认识的根据。B. 说明为什么某东西是这个样，或表现为这样，而不是别的；这是存在的根据（Grund des seins），叔本华也称其为事物的根据。事物的根据又分为存在的根据和出现、发生的根据（des Geschehen）。出现的根据又分为两部分，一部分在材料（Materien）的变化、改变中构成，另一部分由行为（人的活动中［动物－人的行为］）构成，于是出现的理由（根据）就分为：C. 物理的根据（原因）；D. 运动的根据（原因、动机）。这样，叔本华便得到四类理由／原因：

A.认识根据（Erkenntinsgrund）：概念、判断、推理，逻辑学②

B.存在根据（Seinsgrund）：时间、空间，数学③

C.物质的根据（原因）（Grund des materiellen Wirkens）或感性根据：材料（material）物理学④

D.自我意识行为根据或运动根据（动机）（Grund des Handelns oder Bewegungsgrund [Motiv]）：伦理学⑤

---

① 叔本华：《充足理由律的四重根》，第三章第 16 节，第 28 - 29 页。

② 叔本华：《充足理由律的四重根》，第五章。

③ 叔本华：《充足理由律的四重根》，第六章。

④ 叔本华：《充足理由律的四重根》，第四章。

⑤ 叔本华：《充足理由律的四重根》，第七章。关于这四根的秩序，叔本华也有一定讲究：从教育学考虑，为了便于理解，他先讲物理因，然后逻辑因，最后伦理因（动机）。按照系统则应该是数学因，物理因，逻辑因，伦理因（动机），后一种次序从一般到个别，前者从熟悉到陌生。

二、关于物质根据或因果性的分析

叔本华认为，感性世界、物理材料的世界是由感性印象构成的三维世界，它的形式是时间、空间和因果性。他接受康德思想，认为时空是我们感知活动的形式，因果性则是表象的必然形式。因此在我们感性世界中并不含有任何不属于表象的东西；无论时空、因果性或物质的经验的具体知识都如此。叔本华自己公开声称，感性世界就是表象，就是现象世界；他要将康德这一唯心主义原则贯彻到底。

没有空间便没有任何固体的东西，没有时间便没有任何发展变化。空间就是一个挨一个的并列关系（Nebeneinandern），时间是前后相续（Nacheinandern）。在这种形式中物质保持存在的状态。这种状态以其先前状态为条件，而此时的状态是先前状态的后续和成果。麦片是以磨石的磨动与填充的燕麦为条件的结果（成果）。引起变化的条件是原因，其结果是它的影响。因果联系将物质的各种状态联系在一起，事物的因果链条在时间和空间中无限持续下去，无穷无尽，根本不存在第一个原因（causa prima）。因此，企图靠因果性证明上帝存在是不可能的。

本质上，因果性没有静止状态，它是运动的，一直向前发展的。物质的根据与认识的根据的区别在于，前者是由别的状态发展而来的结果。而认识的根据则是一些句子之间的转换变化。现象状态的转换组成一个无穷的系列，但这种转换必然有一共同的基础，使它们在转换中仍有些不变的东西，作为承担者的东西保留下来。这种东西就是物质实体，也叫本质，这便是唯一的本质与实质。（这里批判黑格尔的绝对实质，上帝。）但这种物质实体并不可以离开表象而独立存在。物质的构成不可增多，不可减少，这就是物质的守恒定律。变化有三种形态：无机的（即狭义原因，机械的、物理的、化学的）；有机的（刺激性）；人的动物行为（动机）。在认识论上，叔本华的思想停留在康德的水平上，即坚持着牛顿物理学的三大定律，并视其为唯一的物理规律。令我非常吃惊的是，叔本华关于现象界的这些具体论述所用的语言同中学辩证唯物主义原理中所使用的语言如出一辙，十分雷同。可见，我们的原理教科书使用的语言在 1814 年就已经形成了，比马克思还早诞生了 4 年。这也是我们较为详细地介绍叔本华思想的原因之一。

三、感觉 (Empfindung) 和感知 (Wahrnehmung)

叔本华认为，哲学史上的一个最大的错误，就是大多数哲学家（叔本华认为康德除外，我想也不应该包括黑格尔）都对感觉和感知不加区别，即错误认为，感觉的对象与感知的对象是一回事。叔本华认为，感觉是我们敏感的肉体通过神经末梢的感受作用而获得的感性印象，比如光、声、味的感觉等。神经的这种兴奋状态都是区域性的，受到各种感觉器官的局限，因而它们是主观的，不包含任何主观之外的自在物的性质。它不属于客体本身。感觉成为感知，这是由于知性加工影响的结果。

叔本华以视觉为例，说明感觉与感知 (Empfindung und Wahrnehmung)、印象与对象 (Eindruck und Objekt) 的关系：我们眼睛里对对象的感受是倒置的（就像相机中的成相一样），但感知到的对象却是正的；我们用两只眼看东西，也就是说，感受成相是两个，但我们看到是一个图像；我们感受的是平面，感知的却是立体。感受是在视网膜上，感知到的对象却是在远处。这都是由于知性（Verstand）的作用的结果。月亮在初升时并不比在中天时大，这是人人皆知的了。即使如此，初升的月亮看上去仍然大于中天的月亮。这种错误的感知（falsche Wahrnehmung）可能引导人们得出初升月大于中天月的错误结论，所以叔本华称它为假象（Schein），它是与现实（Realität）相对立的。叔本华认为，这种现象不仅发生在人类中，而是存在于从珊瑚到人类的整个动物界的普遍现象。珊瑚与人之间存在着无数的级别，人只是在这方面最精致罢了。这一思想叔本华多次重复过。[①]

叔本华将感知（感性感受）的形式与物质的几种形态相对应。物体有固体（土）、流体（水）、稀薄态（蒸汽）、持续而有弹性的体（空气），与此相应的感觉有触觉、味觉、嗅觉、听觉。还有一种不可测的物质以太（Aether），相应的感觉是视觉和整体感受。这种归纳显然受到当时自然科学、医学、心理学等发展的影响。叔本华认为，嗅、味是低级的，因为它们是为各种生命形式服务，它们本身只能唤起生命意识的反应，很少提供知识。触觉可以使我们学得一些知识：外形、形态、软硬、干湿、纹理、牢固性、重量和温度等。视觉和听觉则是更高级的官能，它们主要为认识和观察服务。

按照叔本华的观点，直观是知性的活动，词语作为概念的符

---

① 叔本华：《作为意志和表象的世界》第一卷第 6 节，德文版第二卷，第 160 页以下。*Über das Sehen und Farben*《叔本华全集》第一卷，第 17－18 页。

号是理性的作品。但是，语言概念的把握离不开视觉和听觉，所以他认为，视觉是知性的官能，与直观相关，听觉是理性的官能，同语言相关，而嗅觉只是记忆的官能。耳、目还是审美的官能，耳是音乐的官能，目是绘画雕塑的官能，而嗅与味只是刺激人的生命本能，即生命意志（Wille）。

叔本华还认为，眼睛是一种积极主动的官能，而听觉能力（耳）是一种消极被动的官能。视觉只是视网膜上的活动，它活动时可以不干扰大脑中枢的活动。所以他说，视觉给大脑以自由。而听力则不同，它的工作深深地触及大脑的内部，形成对大脑活动的干扰，迫使其他大脑活动停止下来。所以，叔本华把听力活动叫被动的，因为它不能相对独立于大脑而自己活动。散步的情况便就是一个证明。在散步中，浏览周围风景并不影响你自己的思考，不一定破坏沉思。喧闹嘈杂则会扰乱你的沉思（叔本华恐怕也正是因此而与同住的老太太大打出手）。思维着的精神永远与眼睛和平相处，与耳朵却有着不解之仇。盲人见光明而狂喜，聋子闻声而惊恐。任何一声巨响都会吓我们一跳，但并非任何一道光都能产生这样的效应。这也是音乐之所以能深深触动人心的原因。当然，听觉和视觉也为生命利益服务，如，豹的嗅觉，猫的视觉和嗅觉，便主要是服务于生命需要。但是叔本华认为，人的这些官能主要不是为生命利益服务。

这些感性印象是人形成建立感性世界的唯一的素材或材料。但这个世界的建造者是知性（Verstand）。它的形式便是时间、空间和因果性。这一点已经在前面指出过，叔本华与康德的不同在于，康德把时空关系看作感性直观的形式，把因果作为知性的形式，叔本华则把时空、因果合为一类，都叫知性。它们的功能都是对感性素材的加工，所以他都称之为知性。知性用时间将印象、材料前后相续地排列，在空间中确定其位置；二者联系的细节是通过因果性来实现的。知性加工的对象是自己的肉体的感受，即将感受整理为某种时空中的影像，便是感官之外的空间中存在的东西，或填充空间的存在，我们将它们表象成形体（Körper als Körper vorstellt werden müssen）。这样客观的形体空间－连续时间中的物体世界便从我们纯粹的原始的感性印象之中诞生了。

此处可以看到，叔本华的理论基础是经验，同时又吸收了康德的认识论的原则：感性世界是知性（Verstand）依据时空因果律用纯主观的感性材料创造出来的，这种创造不是任意的，而是"直觉地"（intuitiv）按着一定规则构成的。直觉活动不是通过感性（Sinne）而是通过知性（Verstand）完成的；直觉不是感官性（sensual）而是心智的、理性的（intellectual）。

如果我们把现象界中的物质成分忽略不看，那么剩下的只是纯时间和空间的量，即数和形（数量和图形）。我们不可能感知时空本身的纯形态，必须通过物质来感知它们，所以，叔本华将物质叫做时空的可感性质，或者叫作客观化、对象化了的因果性。时间是由无限多相同的次序构成，空间是无限多相同的位置构成。时间中的每瞬间都以前一瞬间为条件，空间中的一切形体都是由它与其他形体相对的位置和界限所规定的。在时空中包含的关系首先不是与时间共消长，而是滞留的，是其所是，亘古不变。所以，数学的真理既非生成，又非消失，而是不变的。叔本华将数学的关系，数学的理由、根据，叫做 Grund des Seins，即存在的根据。因为它是永恒存在之间的关系；时间的秩序被表述为数列关系，在这基础上建立了代数。空间关系研究就是几何学了。

叔本华的时空观无论从科学的角度看还是从哲学的角度看都已经落后了。今天的物理学揭示出的自然秘密早已经推翻了叔本华的牛顿物理学的哲学演绎。在哲学上，胡塞尔和海德格尔的时间观在结构描述上超过了叔本华陈旧的亚里士多德式时间形象。

四、对认识根据（理由）的分析

叔本华像康德一样区别两类认识能力，即感性的认识能力和思维的理性的认识能力。但康德将感性直观同理性和知性区别开。知性是正确地应用于经验领域的思维，理性是超出经验的思维。叔本华则认为，知性与感性直观基本上是一回事。所以他把感性直观也称为知性（Verstand）。[1]

前面已经指出，叔本华认为，知性是大脑的功能，它的功能形式就是时间、空间和因果性（Kausalität）。大脑通过这些形式使我们感性的材料转变为感性现象（客体），或叫直观的表象性，从而使我们能够认识感性世界。知性是与大脑有关的，是大脑的功能；感性认识是人的五官的功能。但是人的视野（Horizont，地平线）不局限于当下的印象，也不只局限于直观对象。我们还可以将不同的表象加以比较，将它们的共性从中分离出来，这种共同的东西（共相）也是一种表象，只不过是抽象的表象，是对表象进一步地表象，是表象的表象。这种表象便构成了概念。这种

---

[1] 叔本华：《作为意志和表象的世界》第一卷第 4 节。

表象可以是十分苍白、十分抽象的。在这个抽象的过程中，表象离直观越来越远，不再具有形象的直观性。这里可看出叔本华思想中的英国经验论的影响：概念是对直观的蒸馏、简化和抽象化。对感性表象进行比较，将感性表象一般化，扩大化，构成概念，这个过程就是思考。这里，叔本华对康德的关于"纯粹理性"思想提出批判。他认为，理性不像康德认为的那样，是超经验的，脱离经验的思维，理性是离不开经验的。

但是，这种抽象概念必须固定下来。如果它们不能稳定下来，便不可能对它们进行使用。对抽象表象的这种固定化和凝固化，是通过语词来实现的。因此概念的制作过程与语言构成过程是一致的；思考的过程与说话的过程也是一致的。运用语词（概念）以及概念之间的关系来概括、把握表象的能力便是理性。知性进行感知，理性进行思考。知性运用概念对感性印象进行整理，形成感性客体，并对其加以辨析、廓清，所以知性是感知性的。理性运用概念和语言，构成自己的判断，进而识别尚不认识或未意识到的东西。

在叔本华看来，动物也具有知性[1]，但是动物没有理性，这不是因为它们缺乏什么生理的冲动，而是它们缺少逻辑概念，缺乏抽象和反思的能力。因此动物不能从感性对象的杂多之中得到清楚明白的表象。我们人则能运用表象能力和理性，从大量的丰富多彩、不可把握的直观中超脱出来，进入对种和类的认识，从而认识这个世界的等级。这样我们人便从现在、当下之中超脱出来，得以回顾过去和展望未来，进而具有了把握历史的能力，人

---

① 叔本华：《充足理由律的四重根》，第 78 页。

们也得以在考虑过去的同时照顾到将来的根源,于是,有了计划、法律、国家等。所以，理性是过去、将来的创造者，是一般的创造者，也就是历史的创造者。[①]

　　总之，叔本华认为的知性是进行感知和进行直观的，而理性是运用概念，进行反思和判断的。我们的判断或者是基于概念的联系，或者是基于经验的直观，前者是逻辑真理，后者是经验或物质性真理。前者的建立是通过三段论，后者则通过直接经验感知。它们都离不开表象，离不开经验。所以，他认为，把理性看作是完全独立于经验的、超感性认识的特殊能力的观点是错误的。叔本华认为，康德开辟了这种错误的先河，费希特、谢林、黑格尔皆步康德之后尘，因此，叔本华一直反对黑格尔的哲学理论，始终与之抗衡。叔本华始终反对追求第一因 (Causa prima als causa sui 或 das Absolute)，反对在认识论中证明上帝存在的任何尝试，也就是反对黑格尔的哲学体系。

　　我们已经看到，人有两种思维能力，即知性和理性：知性进行直观与感知[②]；理性进行思考与反思；知性产生对象、客体，而理性产生表象的表象，即概念。我们前面已经指出，叔本华把感受作为认识世界的出发点。经过时、空、因果三形式才使感受变为感知，因而成为最初的认识。时、空、因果的作用，实质上是人的理智的功能。因果性是一种理智能力，感知却是理智的产物，所以，原因的概念不能在感受中找到根据。在这个意义上，因果性是先验的，不是后验的。

---

① 叔本华:《充足理由律的四重根》, 第 104 页。

② 叔本华:《充足理由律的四重根》, 第 81 页。

人的简单的理智（Intellekt）只能表象感知和感受。这与其他动物别无二致，尽管人比动物在广度上和质上都高级得多。[1]但人还有第二理智，这种理智可以对表象进行再表象。直观的表象是原图（Urbild），反思的表象是折射、反射、再观、复本（Reflexe，Wiederschein，Nachbild）。这种反思折射得越远，它便越不直观，越抽象和一般化，抽象是与反思紧密相连的。抽象的表象将许多表象的共同特征（gemeinsame Merkmale）集中在一起，统一在一起，这便是概念。所以，概念越直观，便越具体，越一般越普遍，便越抽象。直观性概念是反思大厦的低层，抽象概念是这个大厦的高层。每个概念都在一定范围内是普遍适用的，因此，为了与直观（殊相，Einzelvorstellung）相区别，可以把概念称为共相（Universalien）。整个概念世界是由直观性概念到共相概念组成的一个多层次的"社会"。下层具体概念，是通过实在的具体类表象出来；越是上层概念越抽象，越具有符号性、虚名性（nominaler）。因此越不能通过具体对象进行说明。它们只能通过词、符号、名字表现出来。在谈到唯名论与实在论之争（Universalienstreit）时，叔本华认为，在涉及具体概念的看法时，实在论有理，具体概念比感性感受实在。但涉及抽象概念方面，唯名论有理，抽象概念不如具体概念实在。但用传统的标准来衡量，叔本华有更浓厚的唯名论倾向。[2]

叔本华认为，我们应用概念和反思进行思考，将我们的直观表象一般化和分类、排队、记录、保存。概念世界是感性世界的袖

---

① 叔本华：《充足理由律的四重根》，第78－79页。

② 叔本华：《作为意志和表象的世界》第一卷附录，第647－652页。

珍形式，是感性世界的纲要。直观的存在处于当前的感受之中，来之即逝，在概念中它们却以固态保存下来，这才使得反思成为可能，使记录、回忆成为可能。概念使我们离开了当前，离开了现在，为我们打开了通向过去与将来的大门。人类的精神总是对过去回想，对将来预想和展望。[①]

反思扩大了我们的意识能力，使人把视觉的范围扩大到在整个生命。因此唤醒了对将来的操心，对生活目的思考与安排，引起了对活动的根据的检查和思虑。于是产生了有计划的行动方式。这正是社会组织、文明和国家产生的基础：为了生命（生活目的需要），人们联合起来为同一目标而行动。

叔本华认为，反思能力是人区别于动物的关键之点。动物不会运用概念，不会预言，不会运筹帷幄，没有隐蔽的动机与目的，所以它们不会搞阴谋、设圈套，也不会后悔与有目的地伪装。动物是天真的、直率的，意图很公开，毫不隐晦（所以，儿童喜欢动物神话，成人喜欢《基督山复仇记》《高老头》《三国演义》）。人则十分复杂。叔本华把动物特性比作透明的纯玻璃，把人的心地比作铁板。人生活在情绪和幻想的苦难中，动物生活在一瞬间的当时的物理痛苦中。假如人从过去与将来的表象中解脱，他便不再为痛苦的回忆所累，也没有了良心的谴责与对死亡的恐惧。知性的唯一功能就是直观的构造，理性的唯一功能就是概念的构造。概念的表达便是语言，动物不需要语言，因而也没有语言。通过对概念的比较便有了判断。通过判断的论证与组合，便出现了科学，它通过记忆、运用语言与文字使过去获得的

---

① 叔本华：《充足理由律的四重根》，第104页。

知识储存起来，这便开始了人的认识的发展。语言、文明、科学三者使人最后脱离动物界，造就了人类本身。叔本华对思想具体过程也作了描述，这里我略去不谈了。有兴趣的同志可以读《作为意志和表象的世界》第2卷第14章和第15章。

与感知和知性两种认识能力相应，叔本华将认识论分为关于感知能力的理论和关于理性思维能力的理论。关于所谓能力的理论又分为：思维的技术，即逻辑学；科学探讨（wissenschaftliche Unterredung）的技术，即辩论法；描绘表象性演讲（darstellende Rede）的技术，即修辞学。

叔本华在修辞学的讨论中，特别推崇古希腊口语修辞学，也推崇古希腊的语言。他认为，古代语言在说话艺术中不断得到提高锤炼。古代文章的讲究实质上是说话的讲究。直接地生动地讲话是人的本能，因此古希腊语是更为人性的语言。所以，他和洪堡一样认为，学习古希腊语是培养人的基础，是使人成长为人的必要条件。中世纪的拉丁语把人变成了非人，文艺复兴，即古希腊语学习研究的复兴，重新把人解放出来，成为人。[1]他认为，为了使儿童摆脱现代文化对人的压迫，摆脱中世纪传统造成的这个世界的非人性现状，学生应该学习古希腊语，以便继承古希腊人的自由精神。叔本华还认为，现代欧洲各种方言中德语和斯堪的纳维亚语最接近古代语言，所以德语是德国文化中唯一优于其他欧洲民族之处。但是他同时又指出，德语中所保留的古典语言的精神在当时已经为人们的低质量的使用所损坏：在写作中人们使用不必要的长句子，有时又任意加以简约，置句子的清楚准确、

---

① 叔本华:《作为意志和表象的世界》第二卷，第12章。

语法和音韵于不顾，以求制造所谓表达的丰富多彩的假象。其原因之一就是人们古典语言文化修养的降低，致使德语发生退化。

叔本华还对笑和可笑作了解释。我们关于理性的知识和严肃的生活直观是建立在概念同直观的一致性上的，如果二者出现不一致和对立，就产生了各类可笑的现象。在一般情况下，笑话的前半部分是一般性的句子，它应具有不可置疑的普遍有效性，后半部分应该是一些具体的个别的直观判断，它们同前面的一般性判断应有一种假一致、真对立的联系。另外，笑话的后半部分可以是一个直观的句子，也可以是一个动作行为，前者是笑话，后者是滑稽。叔本华没有讨论建立在谐音和歧义基础上的笑话。

如果在严肃议论的面具下隐藏着可笑便是讽刺（Ironie），在可笑的面具下表现出严肃的东西便是幽默（Humor）。幽默又有两类：在直观世界同观念世界的对立中，现实的直观世界取得胜利，使观念成为可耻可笑的东西，这就是堂·吉诃德式的幽默。如果看透了世界的真相，揭穿了世界的动机之可笑、鄙贱的地位，这便具有了悲观主义的深意，这就是哈姆雷特的幽默。

抽象的概念把过去和将来包含于自身，因此也将对过去和将来的操心和忧虑（Sorge）包含于自身。因此，直观战胜抽象并使其可笑，人就会发自心底地大笑，对当下的享受战胜了抽象的过去和将来的操心。叔本华认为，笑可以将真理呼唤出来，使世界的真相大白。但是随着生活的经历的增长，人们笑得越来越少，所以越需要更多的笑话，使他们看到真理。相反，孩子和无文化少教养的人常常是爱笑的。当然这是由于无知，不理解事物之间的任何联系，因此在他们看来，它们都是可笑的。所以德国人讲：遇事就笑，定是傻瓜（Am vielen Lachen erkennt man den Narren）。[①]

第三节　世界的本质是意志

如果我们从认识出发，依靠我们的感性和知性了解世界，那么世界除了我们的表象之外什么都没有了。这就是现象主义的结论。[②]世界除了表象之外，真的一无所剩了吗？显然不是。叔本华认为，哲学家之所以走到现象主义，就是他们总是通过认知从外部来寻找事物的本质。任何表象都是基于感性材料，而感性材料，即各感官反应总是以外在某物的刺激为前提，这个主动的刺激者便是自在之物。它应该是表象者背后的本质。世界中一般对象，我们只能作为表象来把握。它背后的，内在的本质是不能直接把握的。但有一个表象，一个客体是例外，即人的肉体。我们自己的肉体，也是自然之物，当然也是表象，但它是认识者的直接承担者。如果把人看成单纯的认识主体，那么人的身体也是表象。但是，叔本华正确地指出，人不仅仅是从事认识的主体，人的"根子就栽在这样一个世界里，他在这个世界里是作为个体的人而存在"[③]。因此，从内部来看，我们有可能直接窥到我们自己肉体这一表象的内在本质。这个内在的本质就是人的生命意志。叔本华说，人的"整个身体不是别的，而是客观化了的……意志"[④]。意志的德文是 Wille，它的动名词形式是 Wollen，孩

---

① 叔本华：《作为意志和表象的世界》第一卷，第 13 章。

② 叔本华：《作为意志和表象的世界》第一卷，第 149 页。

③ 叔本华：《作为意志和表象的世界》第一卷，第 150 页

④ 叔本华：《作为意志和表象的世界》第一卷，第 151 页。

子说"我要听故事"，大人说"我要工作了"中的"要"德文便用 Wollen 这个词。意志就是人的意愿、希望、想望、爱与好、贪与悭，总之就是人的一切欲望。它是人的一切认知活动的根源，一切表象的基础。意志就是真正的自在之物。[1]更重要的是，在这里，意志活动和肉体活动是"一而二，二而一"的，是同一事物在完全不同的方式下的给予而已：意志活动是直接的给予，肉体活动是意志活动在直观中为知性而给出自身的。[2]即便是我们的知性认识我们的肉体时，也同对其他对象的认识不同，在这里，主体与客体落到一处，合二为一了。

　　上述观点是叔本华意志主义本体论的基本出发点。从这里，叔本华借助类比法，将我个人对人的内部的体悟推及到其他的人的肉体，得出其他人的本质也应是意志，进而推广到动物、一般生物的本质也应是意志。尽管我们不可能直接把握它，但通过我的情况可以推及到，有机界也是如此，无机界也不例外。无机界中也该和人一样，在内部有一种意志，这就是无机界各种物质形体中的力。通过这种简单类比，叔本华便从人对自己的欲望的内省体察中，得出了一种普遍的宇宙本体论。从日月星辰到鱼虫花鸟，其共同的本质均为意志。使石子落地的力就本质而言也是意志。[3]这种推理是十分素朴的，也许很符合人们日常的认识习惯，所以听起来很自然，但是在理论上是十分牵强的，并不是严格的理论说明。

---

① 叔本华：《作为意志和表象的世界》第一卷，第 223 页。

② 叔本华：《作为意志和表象的世界》第一卷，第 151 页。

③ 叔本华：《作为意志和表象的世界》第一卷，第 158－159 页。

　　叔本华坚持认为，世界中的一切都是意志的客体化。《作为意志和表象的世界》第一卷第二篇专门讨论"意志的客观化"(Objektivikation des Willens)。其实，意志进入直观就是它的客观化，或者意志在直观中为知性而给出自身就是客观化。[①]但是意志的客观化是分等级的。意志进入低级的次要的表象形式，它就客观化为具体的个别事物。个别事物并不是意志的恰如其分的客观化，它被表象的在直观中的其他认知形式给弄模糊了。

　　当意志进入了表象的根本形式，即主体是客体的相对关系，不再落入认识的其他形式的时候，它就表现为柏拉图所说的理念。也就是说，在意志（自在之物）和其他感性事物之间还存在着柏拉图式的理念，"唯有理念是意志或自在之物尽可能的恰如其分的客体，甚至可以说，它就是整个自在之物，只不过是在表象的形式之下罢了"[②]。可见叔本华哲学中吸收了柏拉图理念论的成分。

　　意志的第一个特点是它不受因果律的支配，不在时空中存在。第二个特点就是它是趋向于生命、生存，所以也叫它生命意志。意志为什么如此，这并不明确，所以它是一种盲目的冲动，一种永远也不知安宁的动力或冲动。叔本华对意志在世界各领域表现有详尽的说明，比如生物、植物、有机微生物、无机物、日月星辰等，我们略去不谈，只谈人的意志。我们人的意志状态是变化不居的。但它只是在两极中变化，即满意与不满意之中变化。满

---

　　① 叔本华:《作为意志和表象的世界》第一卷，第 151 页。
　　② 叔本华:《作为意志和表象的世界》第一卷，第 245 页。

意状态只是假象，因为一种实际上的满足总带来一种新的不满足、新的欲望。不过这种不满意、不高兴、不痛快的状态又是意志本身所要摆脱的状态。所以意志便处于一种持续无尽的痛苦和折磨之中。"欲求的主体就好像永远躺在伊克希翁的风火轮上，好比是以娜伊德的穿衣桶在汲水，好比是水深齐肩而永远喝不到一滴水的坦达努斯。"幸福就像是"丢给乞丐的施舍一样，今天维系了乞丐的生命，以便在明天延长他的痛苦"。因此人的生命、生活、就是无边的苦海。这是他对人生的根本看法。这些观点源于他的发展中的自由资本主义给当时社会和人们带来的痛苦与罪恶的经验，其表述则直接受到印度教以及佛教文献的影响。

第四节　静观美学

一、审美是对生命意志暂时的超越

叔本华认为，如果人有意无意地将生命意志从我们意识中驱除出去，让纯粹客观的认识、冷静的观察来代替它的位置，就可以出现一个痛苦消失的状态。这样无痛苦的状态便是一种幸福的时刻，一种愉快和欢乐。这种心境便是美的享受。

一般情况下，认识本来是为生命意志服务的。但在审美中，认识挣脱了意志对它的控制，不再处于为意志服务的关系中，于是，它便成为一种沉浸于眼前对象的亲切观审，因而超然于该对象和任何其他对象的关系之外。这种认识状态是自发地突然发生的，这是一种灵感。这种认识将抽象思维、理性的概念从意识中驱除，将意识带到一种全力以赴的直观中，忘情于直观，并使全部意识充满了对自然对象的宁静观察，"人们自失于对象中了"，甚至一个为情欲、贫困、忧虑所折磨的人，只要敞开襟怀面对大自然，一览众山，也会感到重新获得了力量，挺直了脊背。这便是瞬间的自失。这时人们忘记了他的个体，忘记了他的意志，他仅仅是作为一般化的绝对的整体、作为客体的镜子而存在，好像只有对象存在而没有知觉这个对象的人了。"个体的人已自失于这种直观中了"[①]，成了"纯粹的、无意志的、无痛苦的、无时间的主体"。[②]这种静观的认识便是审美，这是艺术形成的主观方面。

一般人都具有这种静观认识能力，这是人们之所以能理解艺术的前提。但常人为物欲所累，不得安静。最突出的是人的性欲和食欲，常为所谓美色佳肴诱惑。因此，为性欲所执的男人，很难在静观中认识裸女之美。人类中有极少数具有特别强烈的静观能力，能较持久地超脱生命意志之引诱的人。这些人就是"天才"。叔本华所谓"天才"与我们今天的理解不同。今日所谓天才是智商高的人，思维敏捷，有创造力和惊人记忆、联想与洞察能力，是理性知性方面的优越者。但是叔本华认为，数学家、物理学家不能算是天才，因为他们仍沉溺于具体事物之中，为了生活的利益而做着苦工。这仍是大众的认识方式。只有文学家、艺术家才能成为超脱意志束缚的天才。他们可以有超乎寻常的能力，完全不计利害地进行观察，那就是真正的静观。常人所以不是天才、艺术家，是因为他们为生命欲望所累，他们对一切事物，对于艺术品，对美的自然景物以及生活的每一幕中本来随处

---

① 叔本华：《作为意志和表象的世界》第一卷，第 253 页。
② 叔本华：《作为意志和表象的世界》第一卷，第 250 页。

有意味的情景，都走马看花浏览一下仓促了事。而艺术家却于此流连忘返。艺术家的行为是反常的，常常受眼前印象辖制，不加思索地陷入激动和情欲的深渊。所以在常人看来，艺术家都有轻微疯癫，"一个天才，半个疯子"。①叔本华的看法也不无道理。不少艺术家、文学家或作曲家都有点反常。莫扎特、舒曼和肖邦是如此，基尔凯郭尔、尼采和荷尔德林是如此，梵高、罗丹也是如此。中国古代文人由于儒、释、道思想的影响，灭六欲出三界，所以难得半疯，只有借酒才能达到半疯及自失。

由于各种认知的规定削弱意志客观化的程度，所以个别事总有不完善之处。而艺术家以静观的认识方式把这些不完善的事物提升为事物的典型，成为完美的东西，符合理念的东西。也就是说，艺术家独具慧眼，能认识事物的典型性、完美性，这是"先天的"，是"天才的禀赋"。"但是他还能够把这种天赋借给我们一用，把他的眼睛套在我的头上，这却是后天获得的，是艺术中的技巧方面。"②艺术家首先是自失于对象，忘记个体的我，二是有慧眼，能在静观中剥去偶然，把握形象的理念，这便是叔本华审美活动的全部内容。

在生命意志的推动下的一般认识，总是认识个别事物。但如果人们从生命意志中挣脱出，那么便可以认识理念典型，这便是作为静观的那个美。审美的对象是美理念。如前所述，一切物体都是力现象，也就是意志现象，而世界又是客观化了的意志，或说由意志的客体化所构成。这些客体种类繁多,但又分类分型,构

---

① 叔本华:《作为意志和表象的世界》第一卷，第 258 - 268 页。
② 叔本华:《作为意志和表象的世界》第一卷，第 272 页。

成层次。叔本华对世界分层次结构有十分具体的构想和论证，我们这里不去谈它。这些类和型，就是柏拉图所说的理念。它们是事物的常驻形式。个别事物是意志的间接的客观化。为了直接地认识意志的客观化的纯粹形式，还必须有一种媒介，这个媒介就是理念。理念是意识直接的客观化，它是意志客观化的引导（Stufenleiter）。所以理念在叔本华那里就是典型化了的具体事物，或具体事物的典型。这种事物的典型当然也是意志的体现。艺术品便是经过艺术天才复制出来的理念，即诸种个别事物的典型的复制，或典型化了的具体事物的复制。艺术品通过艺术天才的慧眼（主观）和神手（技巧）排除了起干扰作用的偶然性，把理念从现实中剥离出来，以直观的形式复制出来（技巧），使一般人也容易看到理念。所以艺术从内容上是理念的直接反映。这是我们所以能欣赏艺术品和自然美，引起审美愉悦的"客观根据"。

按叔本华的看法，美的基本形式有三类：优美、壮美、媚美。

从客观方面讲，美在于它的理念。合乎理念者就是美，这是柏拉图主义。有些自然对象，个别事物，他们的形态十分容易代表它们的理念，很契合它们的典型，因此这些事物便十分迎合人的纯直观。自然风景，比如杭州西湖、武汉东湖，便具有这种特性。即使是感觉迟钝的人，身临其境，也要悠然而生快意。有些植物甚至挑逗人的美感对它进行欣赏，"好像硬赖着要你欣赏似的"。这种送上来的，邀请下产生的美感便是优美。这时的客体的美使认识很容易使人们克服生命意志的奴役。这就是优美的特点。

假如我们进入一个地区，寂寞无人，一望无际，只看到赤裸裸的大地，险峻陡峭的山岩，比如美国的西部山区，中国的罗布泊地区，完全缺乏生命所需要的有机物，所谓穷山恶水。对常人来说，荒山野岭造成了一种可怕的气氛。面对它，生命意志感到一种直接威胁。但纯粹的认识努力挣脱生命意志所关心的利害，忘记环境对生命的威胁，或沉醉于静观的状态之中，那么我们便欣赏到壮美。如果俗人入此境，关切到个体的安危，焦虑不知所措，陷入恐惧痛苦，战战兢兢，恐惧战栗还怕来不及呢，便根本顾不上去对美进行欣赏。壮美是纯认识经过奋斗，挣脱了意志的奴役，努力忘怀对象对生命意志的威胁而获得的美感。壮美感就存在于这种恐怖的环境和宁静的心境两者之间的鲜明对比中。对象对生命、对意志造成威胁越大，纯认识在心内的宁静中感到的美感亦越强烈。大瀑布的壮美也是如此。

媚美是壮美的反面。它不是排斥或挣脱意志的奴役，不避利害，献身于静观，陶醉于美的对象。媚美的对象是主动向生命意志去献媚，去迎合生命意志的利害要求，如画食品、水果、烤鸭，酷似真物，直接刺激人的食欲，一望而唾液满口；画裸体人身，淫态毕露，半遮半掩，处理手法意在刺激人的性欲。这种作品使观赏者的"纯粹审美的观赏立即消失了，而作者创造这些东西也违反了艺术的目的。"叔本华认为，这是艺术园地中应避免和可以避免的。至今西方有艺术作品和非艺术的消遣作品之分，完全符合叔本华对美的这种区分。

二、不同艺术形式的美学分析

叔本华在《作为意志和表象的世界》的第三篇中专门对不同的艺术形式作了具体分析，下面我们分别加以介绍。

1. 建筑艺术美

　　叔本华认为，在讨论建筑艺术时，必须对美的建筑与有用的建筑加以区别。几乎所有的建筑都是为满足生命意志的需求而建的，很少有纯粹为审美而建的建筑。因为建筑的美是体现在对生命生活有用之上，所以它体现出的世界理念是最低级的，它体现的美也是最低级的美，这种艺术也是最低级的艺术。这种美只是在材料的重量、稳固、流动性中以及材料与光的关系中展现世界的基本力量（不要忘记，叔本华认为，客观世界的基础是意志，即是力量，这种力量就是意志）。这种力是大自然的基本通奏低音。按叔本华的看法，建筑审美中的唯一题材就是重力与固体性、负荷与支撑之间的斗争。通过各种方式使这斗争完善地、明晰地表现出来，就是建筑艺术的课题。建筑中的柱子便是支撑力（也就是材料的固体性）的最好的表现，而大梁则是负荷（材料的重力）的体现。因此，柱与梁之间的对立便是建筑艺术的主要表现手法。

　　为了使支撑力自由地强烈地表现出来，就不应该使梁对柱子的压迫过重，而显得压抑了柱子。柱子应该轻松自如地负担着梁的压力，这主要通过立柱靠底部三分之一段的突出的粗壮来体现。为了表现它的支撑力，柱与梁不应该像辫子一样直接接在梁上，而应该通过一个大的柱顶来衔接。为了体现建筑美，在柱的长与粗之间，建筑的高与宽之间，柱高与柱子序列的长短之间（即柱子的数目）和间距之间都有固定关系。所以，叔本华认为，将建筑各部分的对称，或图案的规则性和成比例看成建筑物的美是不对的。各部分之间的几何关系是由材料的物理性质物理力所决定的。只有这种力才是世界意志的体现，因而力才是建筑美本身。几何形状是艺术体现美的手段，不是美的目的本身。

光线是一切直观的主要条件，当然也是一切视觉美的必要条件，建筑艺术也不例外。建筑艺术的美与天光、自然光有着最直接的关系。如在蓝天烈日下的建筑之美与满天阴霾下的建筑之美大不相同。日月交相辉映，使美的建筑物显出完全不同的美的魅力。根据上述理论，叔本华认为哥特式的建筑是建筑艺术的典型。

2. 雕塑艺术

就直观所及，人体美是意志客观化的最高表现。它使关于人的理念完美地表现在直观可以看得到的形式中，理念（典型）在空间上表现为身体的协调的形态中。在时间上表现在意志行为的完全合理，即情节安排的完全合理、动作的完美契合中。雕塑的空间中形态的美才是真正意义上的美，而动作的协调美是优雅（Grazie）。这二者的结合便是雕塑艺术的基本题材。在雕塑艺术中，叔本华像一般欧洲人一样，最推崇古希腊人的不朽之作，认为那是雕塑艺术的顶峰，后人只可模仿，却不再也不可能超过它们了。

叔本华认为，人体的美不可能来源于经验，即不是因为艺术家看到了一个人，将她作为美的化身、标本，根据他（她）创作艺术品。叔本华认为，在经验中根本不存在理想美。理想美不是不同个体中的美的部分的集合。因为这样的集合绝不是直观中的理念本身（人的典型本身）。有的人各个部分都长得不错，但合起来并不好看。人体的美是客观化在人身上的人类生命意志的表现。所以人的美不是在经验中获得，而是艺术家早已预感到的。艺术家对于美所具有先验的预期，鉴赏家对于美所具有的后验的欣赏,这都是因为艺术家和鉴赏家他们自己就是大自然的自在之物本身,他们自己就是客观化的意志。艺术家对美的这种预期的认识,不仅是造型艺术的先决条件,也是文艺创作的先决条件。

在动物界中,个体特性与类(理念、典型)的特征合二为一,所以个体就是类的标本,往往也就是这种类的美的标本或典型。美的狮子就在于它的每一部分都是这个品种的理念(典型)的最清楚最直接表现,因此在雕刻和绘画动物时越逼真越好。

在人类世界中则相反。人的类理念都表现在人的形态的多样性和丰富性中,每个人都有其特征,以独具的方式体现了一个理念。但是任何个体都不是典型,所以人的美要求丰富的、个体化的和多种形式的表现方式,否则作品便流于抽象、呆板、模式化。出于同样的理由,即为了清楚明晰地表现人的理念(典型)本身,人体雕塑艺术都是裸体艺术。它把整个躯体,它的位置和运动完美地直观地表现出来。有些雕塑形象披着大氅,是为了描绘它的皱褶,以表现形体的运动的姿势,而不在于遮掩什么。裸体是雕塑造型艺术的风格和艺术对象。叔本华认为,在古代,裸体表现手法不仅限于造型艺术,而是一切表达形式的特点。古代的诗人和作家也运用"裸体"的表达方式。裸体表达,即是说,朴质清楚,毫无遮掩地摹描对象,不用造作的艺术表现手法,不用雕琢与装饰。少穿衣服或完全不穿衣服最有利于欣赏美的身段。所以一个很美的人,如果他又有审美的趣味,按趣味而行事的话,那么他就会最喜欢少穿衣服,最好是几乎是全裸着身子过日子,或者和希腊人一样仅仅着那么一点衣服——与此同时,每一个心灵优美而思想丰富的人,都争取把自己的思想传达于别人,以便由此而减轻他在尘世中感到的寂寞。他们通常也只用最自然的、最不兜圈子的、最简单的方式来表达自己的思想。反过来，思想贫乏，心智混乱，怪僻成性的人，就会拿些牵强附会的词句，晦涩难懂的成语来装饰自己，以便用艰难而华丽的词藻为他自己细微渺小、庸碌俗贱的思想藏拙。有些作者，在人们强迫他改写他写得那么堂皇而晦涩的著作以符合书中渺小、一览无余的内容时，就会和一个人在要他光着身子走路时一样的难为情。

叔本华认为，雕塑将不美和丑排斥于自己的表达之外，这一点根本不符合现代雕塑艺术的情况，只适用于古典造型艺术。它的题材比绘画狭窄。它和绘画一样，又是无声艺术，所以它不能胜任表达人的许多感情，比如痛苦中的嘶叫。

3. 绘画

叔本华指出，绘画题材比雕塑广泛，它不仅能表达人的美和优雅，而且可以表现风景优美和自然界的绚丽风姿。以人为主题的画中还能表达雕塑所不能表达的情绪和各种面部的表情，以及人类生活中的重要场景：认识与意志的交互作用。绘画又分为风景画、肖像画，历史故事画等，历史故事画被叔本华叫做风俗画。

叔本华主要评论了以人物为主题的绘画艺术。他指出，绘画艺术除了要表现美和优雅之外，还要表现人物的性格。叔本华认为，人物画旨在表现人类本身的理念，即典雅，至于绘画取材于伟大事件还是生活小节，取材于伟大的历史人物还是取材于一般市民，与绘画的艺术本身无关。为什么？人的理念存在于一切个别人的行为中，所以没有一种行为是毫无意义的，没有一种生活可以被排斥在绘画之外，所以叔本华批评了 15、16 世纪的意大利画家那种只以圣经故事为绘画题材的错误倾向。当时美学界只承认荷兰风俗画的艺术技巧，而对它所表现的内容，即市民生活琐事，没有予以肯定。叔本华认为这是极不公允的。

为了评价绘画的题材与作为艺术对象的美的关系，叔本华对人的行为的内在意义和外在意义作了区分。他认为，所谓现象界的内在意义，即一个行为对现实生活影响，是从它对现实世界产生的后果来评定的。内在意义则是我们对人的理念的体会。即通过体会，使个性明确地展现其特性，因而显露出人的理念（典型）之不常见方面。在艺术中，只有这种内在的意义有地位，而外在意义只在历史中有地位。在历史中极为重大的行为，可以在内在意义上非常平庸，而日常生活的一幕，如人的作为，洗衣做饭，男孩子光屁股撒尿，人的欲求，直到最隐蔽的细微末节，都能够在这一幕中使人的理念毫发毕露。因而具有很大意义。把这种日常生活中在个别的、能代表全体的事态中表现出的千变万化的世界，固定在经久不变的画面上，叔本华认为，便是绘画的艺术。

另一方面，绘画是直观艺术，而重大事件的历史意义、世界意义恰好不能有直观表现，所以必须以表象、认识、逻辑来补充。因为外在的意义，只有用概念才能把握。所以将具有外在意义的重大历史事件作绘画主题，便使艺术流于符号，使它类于象形文字。用绘画来引起人们概念思维，正是违反绘画艺术的本质，所以叔本华认为，以重大历史课题或伟大人物为题材并不会为绘画艺术带来什么益处。叔本华也不完全排斥历史题材的绘画，只有不是按艺术的目的，而是按其他的目的选定艺术的表现范围时，这类题材就肯定是不利于艺术的，肯定产生失败的作品。叔本华举了犹太人的宗教画、东方佛教的画，基督教宗教画等为例。叔本华还指出，拉斐尔（Raffaello Santi，1483－1520）和柯雷乔（Antonio Correggio，1494－1534）的作品之伟大不在于其宗教的题材，而在于这些作品对宗教题材的升华。从绘画艺术不应表达外在意义这一立场出发，叔本华不承认寓意画、讽刺画的艺术价值。因为这类作品通过绘画，暗示了概念之间的关系，使艺术变成符号，它们的价值与艺术是不相干的。

4. 诗

叔本华的代表作成于 19 世纪初，当时的欧洲，特别是德国文坛上还是以诗和戏剧为主要文学形式的。所以他的文艺美学主要是诗和戏剧美学。叔本华认为，雕刻、绘画等艺术表现的是可直观到的东西。文学艺术则相反，文学提出来的是概念，然后通过概念过渡到直观的东西。作品的读者自己必须承担表现这种直观的事物的任务。在文艺作品中，比如一篇诗文中，可以有一些概念和抽象思想，这些概念与抽象思想自身不可能被直观到，要通过概念之下的例子使它们被直观到。隐喻、直喻、比兴和寓言中常常遇到这种情况。文学作品中的概念可以唤起人们对事物的直观，这样作品的目的便达到了。诗的主要手段是转喻、隐喻、比兴和寓言。这就是所谓形象语言（Bildsprache），比如塞万提斯描写睡眠："它是一件大衣，把整个人类掩盖起来。"以此表示睡眠使人类脱离了一切精神和肉体的痛苦。克莱斯特写哲学家给人类以启发："这些人啊，它们是夜间的灯，照明了整个地球。"荷马写带来灾难的阿德："她有着纤弱的两足，因为她不踏在坚硬的地面上，而只是在人们的头上盘旋。"[①]哲学家的启示，睡眠给

---

① 叔本华：《作为意志和表象的世界》第一卷，第 333－334 页。

人的超脱，这都是抽象的概念，而艺术家用形象生动的比喻和寓言，将它形象直观地表达出来了。

叔本华认为，诗文为了通过概念直观地表现理念，就必须使这些概念的含义如此交错，以至于没有一个概念还能留在它的抽象的一般性之中，进而使一种直观性的代替物出现于直观之前，然后诗人再用文字来进一步规定这些代替物。化学家用两种透明的液体混合起来便获得一种固体沉淀物，诗人用组合起来的概念来获得个体的直观的表现。诗里的许多修饰语便是为此目的服务的。通过这类修饰，圈小概念的范围，使其一缩再缩，直至达到明确的直观性为止。

叔本华认为，节奏和音律则是诗文的特殊辅助工具。我们的表象是存在于时间中的，因而人们内心便追求有规律重复出现的声音，使心与声引起了共鸣。这是节奏与音律效果的基础。因此，诗歌朗诵时节奏、音律能吸引我们的注意力，这是一种不依靠任何理性的说服力的，在未作判断前便引起读者或听者共鸣的东西。

叔本华认为，文学这种艺术方式与前述其他艺术方式相比，创作题材要广泛得多。它可以表现这个自然界中从低级到高级的一切级别上的理念（典型）。它通过描写、叙述、甚至通过戏剧的直接表演，以多种表现方式来适应不同理念（典型）的不同要求。在表现自然界较低级别的理念，比如动物时，因为理念要通过体态表情表现出来，所以文学便不如其他艺术形式来的那么得心应手。相反，表现人，不仅要通过动作表情，更重要的是通过一连串的行为以及与之相随的思想感情，在这方面没有任何其他艺术可与文学艺术相媲美。文学艺术有能力演变，这是造型艺术做不到的。因而，人是文艺的重要题材。在人的一系列挣扎和行为的环环相扣的系列中表现出人，即在最高级别上表现出意志的客体性，便是文艺的重大课题。

　　叔本华认为，文学之不同于经验与历史，就在于它不是像历史学家那样，按充足理由律考察人，不是努力通过把握人的外在关系来理解人的理念。文学是用内在关系来理解对象，让理念自身在情节中展开，所以，"在文学里要比在历史里正确得多、清楚得多。所以尽管听起来是如此矛盾，我们仍应承认，在诗歌里比历史里有着更多的、道地的内在真实性。历史努力严格按生活来追述情节……可是他又不能占有这里必要的一切材料，不可能洞察一切，调查一切，他所描写的人物与情节的本来面目随时都在躲避他，或者是他不知不觉地以假乱真，而这种情况是如此屡见不鲜，以致我认为，可以断定在任何历史中，虚假总是多于真实。人则与此相反，他从某一特定的、正待表达的方面把握了人的理念，在这理念中对于他是客观化了的东西就是他本人自己的本质。""在他的心目中典型是稳定的，明确的，通明透亮的，不可能离开他。因此诗人在他那有如明镜的精神中使我们的纯洁地、明晰地看到理念，而他的描写，直至个别的细节，都和生活本身一样的真实。"①当然，这里指的是真正伟大的诗人，不朽的诗作。那些歌功颂德、粉饰太平之作不在此例。文学按人的本性去补充历史的空白，甚至不顾所谓史料而造成真的人，所以文学作品中的伟人比历史中的伟人更真实。

　　叔本华按文学表达理念的情况将其分成等级，其由低到高的

---

① 叔本华：《作为意志和表象的世界》第一卷，第 340 页。

次序如下：抒情诗、歌咏诗、传奇民歌、田园诗、长篇小说、正规史诗、戏剧。抒情诗主观成分最重，所以是最低级的文艺形式。它是人的个别的灵魂的反映，这里描写者与被描写者是同一的。民歌中描写与被描写者分开了，它整个格调和风格，使作者进入幕后，因而多了客观成分。中长篇小说的个人主观成分更少。在正规史诗中，个人主观成分几乎消失殆尽。在戏剧中，一点主观成分也没有了。所以，叔本华认为，抒情诗是主观成分最多、最容易驾驭的一种文学形式。一个不很杰出的人，只要有了外来激动，又有这一瞬间的生动的直观，也能写出一首优美的诗来。戏剧是最客观、最完美的、同时也是最困难的一种文学体裁。

在叔本华看来，文学的真正目的在于，通过描写有意义的人物的性格和想出一些有深刻意义的情节，使人物在其中得以发展，使这些特性在环境中充分发挥，以明晰、鲜明的轮廓表现出来。这就是关键性情景。这种情景在生活中稀有而偶然，并且孤立无援，常为大量的无关紧要的情景所淹没。而这些情景在客观文体中（史诗、戏剧）有着直贯全局的关键性，人物与情景之间的严格的真实性是史诗、戏剧发生艺术效果不可缺少的条件。叔本华十分推崇悲剧，认为无论从创造难度和效果看，它都是文艺的最高峰。所以我们这里专辟一节，来作介绍。

5. 悲剧

按叔本华的理论，戏剧应该是世界本质的反映；世界的本质是生命意志，意志为了生存而斗争，它是无息止的没完没了的好奇，永无满足，没有一时可以平静，永远陷于不可救药的自我矛盾中。这是自然界中的普遍现象，但生命意志的这种斗争在人类社会中表现得最为典型。所以，人生是骇人听闻、知而生畏的，这也是人生世界的本质，是人类不可避免的命运。用直观的形式将人生世界这个本质表现出来、揭露出来，这便是戏剧的最高任务。肩负着这任务的戏剧就是悲剧。悲剧是世界本质的反映，是表现人类的生活实质的最高艺术。

悲剧在我们面前演出人类难以形容的痛苦、悲伤，演出邪恶的胜利，嘲笑人们受偶然性的统治，演出正直、无辜的不可挽救的失败，显示宇宙与人生的本来特性，暗示脱离苦海的出路。在悲剧里，那些高尚的人物在长期斗争和痛苦之后，最后放弃了他们目前的追求，放弃人生的享乐。这类悲剧人物例子有：《浮士德》中玛格利特，《哈姆雷特》中哈姆雷特。[①]这些悲剧人物都是经过苦难净化而死，他们的生命意志业已消逝，肉体死亡。悲剧告知人们，"这是暴君的世界，你活下去吧！"叔本华从悲观主义出发，驳斥了谴责悲剧没有伸张正义的看法，认为这种要求完全违背了悲剧的本质，也是错认了世界的本质。悲剧的真正意义是它深刻地认识到悲剧主角所赎的不是他个人所特有的罪，而是"原罪"，亦即生存本身之罪。"人的最大罪恶，就是：他诞生了。"[②]

叔本华对悲剧的这种厌世主义的解释当然是十分片面，这是他的美学理论受制于他的悲观主义的最明显的表现之一。但他关于悲剧与正义的看法是对的，悲剧中不是没有伸张正义，尽管悲剧没有直接在台词中歌颂正义，仍然将正义的声音深深地种在人

[①] 叔本华：《作为意志和表象的世界》第一卷，第 351 页。哈姆雷特的朋友霍内觉自愿追随他，他却教霍内觉留在这人欲横流的痛苦世界中，以便澄清他生命的往事。

[②] 叔本华：《作为意志和表象的世界》第一卷，第 352 页。

的心中。正义是悲剧的灵魂。悲惨的情节是悲剧的骨肉，食了骨肉，也就把悲剧的内在成分吸收了，尽管外表上看不见。正如服下的是一煎苦汤，而功用是清肺解毒。悲剧的功用正是在于唤醒人们的正义感。

叔本华将悲剧分为三类，第一类悲剧中，导致不幸的原因是一两个人物，他们以异乎寻常的狠毒，造成了幸福的破灭。《奥塞罗》中的雅葛是这类人，《威尼斯商人》中的夏洛克也是这类人。第二类悲剧中，造成不幸的是盲目的命运，是偶然和错误。大多数古典悲剧属于这一类，近代悲剧中的《罗密欧与朱丽叶》属此类。第三类悲剧中，不幸的原因是剧中人物地位不同，由于他们关系不同造成。这类角色无需犯可怕的错误，无需发生闻所未闻的意外事故，无需恶毒成癖的狠毒人物的活动。他们只需将道德上平平常常的人们安排在经常发生的场景之下，显示出其对立地位，为地位所迫，明明看到为对方造成不幸和灾祸，却不能说哪一方不对。这种悲剧是，从人的行为中和性格中产生的东西，几乎是人的本质上要产生的东西。这种不幸和我们接近到可怕的程度。前两种悲剧的可怕命运和骇人听闻的恶人，是离开我们老远老远的威慑力，是可以避免的。后者破坏生命和幸福的不经意间发生的悲剧力量却随时光临贵舍。我们看到的最大痛苦正是我们的自己的处境，这种悲剧事件是人的行为不经意间产生出来的，因此使我们不寒而栗，觉得自己来到地狱中。因此，叔本华认为，这是悲剧中最可怕的一类。这类作品叔本华举了《克拉维葛》,《哈姆雷特》中哈姆雷特与勒尼尔特斯和莫菲莉亚的

关系也是此类，《浮士德》也是这类悲剧。^①

6. 音乐

　　到此为止，叔本华所考察的一切艺术都是意志客观化的体现和摹写。艺术由低级到高级，就是不断将一般因果律之外的表象，即显现为杂多的意志逐步清晰地"表现"出来。但叔本华认为音乐却不属于这个由低级到高级的艺术系列。音乐不是世界中任何理念的摹制或副本。它是一种绝对普遍的，在清晰度上超过直观世界的语言。

　　那么，在叔本华看来，音乐的本质是什么？一切艺术都是表现意志的客体化，所以艺术所表现的理念也是表象，只不过是一种超乎一般因果律之外的表象，是显现为杂多的意志。但是音乐超越了理念，完全不依赖于现象世界，无视现象界，以致即使这个世界不复存，音乐将仍然存在下去。音乐不再是意志客体化的副本、摹写。音乐是意志直接客体化本身。音乐与世界、与理念是站在一个等级上的。音乐不是理念的摹本，而是意志自身的写照^②。其他艺术是意志的影子，而音乐却是意志的直接体现；同一个意志将自己客观化于理念和音乐中，音乐和理念是意志直接客观化的不同形式，这是对音乐的一种近乎神秘主义的解释。这是叔本华音乐美学的核心思想。

　　叔本华看到，音乐有一种不可言说的感人作用，音乐像一个

---

　　① 我认为中国的《红楼梦》《雷雨》《祥林嫂》《林家铺子》《林则徐》也是这类悲剧。这类悲剧是正义的呼声，是社会本质的最好的揭露。《武训传》中的阿桃也是这类悲剧人物。

　　② 叔本华：《作为意志和表象的世界》第一卷，第 356 – 357 页。

亲切可见，而又永远遥远的乐园，从我们面前一掠而过。音乐使我们那么容易充分领会而又那么难以理解，这是由于音乐反映了我们一切内在状态，而将所有可笑的东西排除在外，这是音乐的另一特性，因此音乐是最严肃的艺术。音乐的语言内容丰富，意义充沛，所以重复演奏是必要的，也是这种内容充实的证明。如果在文学中经常出现重复，读者是难以忍受的，而音乐的重奏却使人感到舒适。

叔本华将通奏低音比附于自然中的无机界，将高音来源于低音音阶差这一事实，类比于无机向有机发展的整个自然界。将低音听觉的有限性，类比于物质形体可知觉的有限性。叔本华把音乐中的全部音阶和它的高低，看成理念的全部级别；曲调变化无穷多，与个人的相貌、身世上的变化无穷相当。叔本华的音乐理论中充满了这种类比、比附，这不能不说是叔本华美学中最失败的一章。他对美本身的评价，完全为它的意志所作为的形而上学破坏了。

叔本华还把音乐抬高到哲学的高度。他说：假定我们能进行充分、全面、详尽的说明，把音乐中表述的内容用概念详尽地复述成功了，那么世界便得到了充分的复述与说明，这种对音乐充分理解和说明不啻为真正的哲学①。

7. 叔本华艺术论的局限

由于意志自身就是不息的痛苦，既可悲，又可怕。把人生的大苦大难在直观中复制出来，便是戏剧。人生这一幕幕的活剧吸引住艺术家，使他逗留于其中，忘我地观察，不知疲倦地用艺术

---

① 叔本华：《作为意志和表象的世界》第一卷，第366页。

反映它。但同时艺术家又必须负担这个剧本的工本费：他自己常住于苦难，挣扎于苦海。他认识了世界的本质，但又不能永远留在艺术里静观。一旦他由于欣赏而身心疲劳，无力静观这苦难的悲剧时，便又回到现实的生活中来。他找不出根本解脱的出路,艺术于他不是脱离生命的道路，而是对苦难充斥的生命的一种安慰。艺术家从美得到享受，使他们暂时忘怀了人生的劳苦。这种热情是艺术家的天才。可这种热情加强了他们在现实生活中的痛苦。所以，艺术不是根本解脱的出路。这是叔本华的哲学体系加在艺术头上的局限性。因此西方的一些理论家批评叔本华的美学不是纯美学，而是一种服务于意识形态的静观美学。这恰是叔本华美学，即艺术理论的局限性。

对叔本华美学起干扰作用的意识形态有三个方面：一是他的意志主义，他使音乐去臣服宇宙意志论的意识形态。只有当他的艺术评论摆脱那死板的意志主义教条时，他的美学理论才显得十分精彩。而以意志主义为准绳来评议艺术本质的最明显的败笔，便是他把音乐牵强地抬高为真正哲学的看法。第二点与第一点相关，是他的理念主义，尽管他总的倾向是将理念理解成典型，但总还是坚持了一种直观化、形象化的柏拉图的理念主义：不反映理念、不合理念的艺术便被叔本华大肆贬低，正是这种理念论导致他的艺术评论有时有失公允。第三是他的意志主义、悲观主义使得他不可能透视文艺作品的社会意义，即从社会学观点上来透视艺术的可能性被阻塞了。这就使得他的许多评论显得十分片面，缺乏深度，有些沦为荒谬。比如对艺术局限性问题，艺术家生活局限性问题的种种看法就是明证。

叔本华的悲观主义美学思想，特别是他关于文艺的思想，对他同代与稍后的作家有较大影响。除了尼采和瓦格纳之外，还有剧作家 Grillparzer、诗人 Hebbel 及小说家 Raabe，都受过叔本华的影响，当代西方新文学的悲观主义情调，直接、间接地来源于叔本华。

第五节　厌世主义伦理学

一、伦理学并非道德说教

叔本华认为，一切哲学都应该是纯理论，它本质上要求以纯静观的态度去对待所研究的对象，哲学的任务在于去解释和说明现成的事物，而不是去规定指导行为的什么规则戒律，所以叔本华反对传统伦理学的形态，即总是要教导人们去做什么，企图去改变人的气质。因为在叔本华看来，人生有无价值，人的气质、禀性如何，这是人自身最内在的本质，是教不会的。想让道德理论教出高尚的圣人，就如同企望用美学来培养音乐家、雕刻家、诗人一样，是不可思议的。伦理学与哲学的任务一样，只是去解释说明现成的东西，而不是去改造世界。这些在叔本华看来都是陈旧过时的要求。这种形态的伦理学只对孩子有用，对未开化的初民有用。伦理学的任务就是一个，指出道德的起源和实际生活的本质。叔本华认为，一切哲学都应该是纯理论，伦理学更是如此。

通过以上几章的介绍，我们得知，人的日常实践活动是在现象界进行的。现象界的事件都是有原因，由必然性决定的。所以人们的活动没有自由。与此相应，人的活动中也没有罪恶，因为我的行为不是我自由选择的结果，当然我也不对其负责。因为责任总是与自由相联系而存在，互为前提。专政之下的人沉默，不是罪恶。按叔本华的看法，现象界人的一切行为都是基于我们无力控制的原因，生物性的刺激，总之，都为必然性所规定，我们对此不负责任。因此也不可能有什么对人的行为制定规则、改变人的素质的专门理论。

通过静观，人们才能看到，人作为意志的客观化是一种向往生活、生命的意志。在它的所有行为都无外乎对生存与安逸的追求。所以人就像一切其他的生物一样，都是自私的、利己的。但道德行为却是通过非自私的、非我的动机而出现的。按照叔本华的逻辑，这类道德行为本应是不可能的。尽管如此，叔本华还是承认了道德行为的现实性。这类道德行为如何解释呢？叔本华提出，这是源于同情（Mitleid）：己所不欲，勿施于人。这是法兰克福学派伦理思想的来源之一。

二、死亡问题

在伦理学中，叔本华集中表述了他的悲观主义。他以浓重的笔墨指出，人生是苦难这一事实。叔本华认为，意志的本性只是一种盲目冲动。这在自然界处处可见。自然界中的一切都是意志盲目冲动的表现。世界万物都是意志的一面镜子，而意志总是趋向于生命。一切生命均是有意志的生命，意志就是生命的表现。所以世界万物一切都是生命的表现。因为万物都是生命，我们自己的一切都是生命，所以不必为死亡担心。你个体的人死了，但这只是个体这个现象消灭了，人的本质，生命没有消亡，而是转化了。人死了化为有机物，这并不是转入生命的反面，而是进入了意志的客观化的另一状态，它仍是一种生命。将来意志仍会返回来，客观化为生物、人，这就是自然的轮回。

生命是由生死组成的。诞生和死亡是生命的两极。大自然关心的不是个体的生存，而是种、类的生存。所以它不惜用大数额的种子和巨大力量的繁殖来对族类加以照顾。用个体的死亡来保持种族的存在。所以，个体原本就是要死亡的。在个体为种族尽了应尽之力的瞬间，自然便将死亡递给它。如果一个人看到大自然的不死的生命，便自然而然为他的朋友和自己的死而感到欣慰。[①]

一般情况下，人总是想长生不老，因此对生命的肯定就是一种个人主义的对无限制的生存欲望的肯定，这意味着对肉体的肯定，对个体的自我保存，对个体的繁殖以及种的繁衍的肯定。这是对生活的苦难与不幸的肯定，是对不满、不知足，对生活的无聊空洞、生活中克服阻力的苦斗和苦役的肯定。这种肯定的最突出的表现就是性欲。这种肯定是不合规律的，因而是非法的。相反，对这种无限的生命的欲望的控制、防御则是合法的。实际上，人生每时每刻都在生和死的过程中。营养、再生只是生殖的继续，而排泄也是一种低程度的死亡。我们应该像对拉屎拉尿一样对待死亡。谁会把自己的粪便密封保存起来？[②]怕死绝不是由于死亡中有痛苦，我们常常是为躲避痛苦而奔向死亡。死亡是无

---

① 叔本华：《作为意志和表象的世界》第一卷，第378－379页。
② 叔本华：《作为意志和表象的世界》第一卷，第380页。

痛苦的。^①让别的个体来代替我们，像吃饭拉屎一样自然合理；想长生不老，保留个体，无异于珍藏自己所有的粪便。叔本华认为，最重要的人生是现在。过去和将来是无意义的。关于过去将来的存在都是幻想。它认为，想用理性来把握自己，我们只会战栗恐惧，除了一个没有实体的幽灵之外，什么也拿不到手。^②

三、人生世界：苦海无边

　　叔本华认为，生存是痛苦的，植物、动物和人无一例外，这是因为第一意志总是向前挣扎，这种向前挣扎是生命意志的唯一本质。所以，无论如何，没有一个终止的目标。挣扎不能达到最后的满足。只有遇到阻碍，这种挣扎向前才被遏制。就本质来讲，它是走向无穷的。自然现象中力的惯性也是如此，运动中的物体没有遇到阻力就将一直向前运动。可是向前的挣扎受到阻碍就叫痛苦。达到了目的那个瞬间就称为幸福。从本质上，幸福总是暂时的，痛苦（受阻）是常在的。具体地讲，向前向上的挣扎，就是由于对自己的状态不满。一天得不到满足就要痛苦一天，而满足没有一次是持久的。每次满足都是新的不满的起点，新的追求的开始。

　　意志愈臻于完善，痛苦便愈显著。植物无痛感，低级动物的痛苦很弱。智力越发达，痛苦也增加了。一个人的智力越高，越痛苦。知识分子最痛苦，知识增加了，痛苦也增加了。人具有的

---

　　① 鲁迅显然受到这种进化论思想的影响，所以他认为人死了应该庆祝，孩子越早离开父母越好。

　　② 叔本华：《作为意志和表象的世界》第一卷，第 381－383 页。

深思熟虑的能力，使人沉入最深的痛苦之中。人的最大的痛苦不是感性的痛苦，也不是直接存在的当前的事物，人往往为抽象的概念而痛苦。所以对于人，眼前一时的痛苦不可怕，可怕的是有意识的痛苦。眼前的痛苦，一次即失；有意识的痛苦可以重复千万次。这种思虑引起的痛苦才是最难受的。肉体痛苦和它相比微不足道。精神痛苦常常使我们忘却肉体的痛苦。我们在精神痛苦时，还常常有意制造肉体痛苦以此将精神的难以忍受的痛苦转移到肉体上来。我们看到，人在痛苦之极时，常常有揪发打头，捶胸抓脸的现象。所以忧虑、伤感这类思想上的忧虑比肉体痛苦更能伤人，更能损害身体。孩子哭，往往不是因为痛，而是为了引起人们的怜爱。这就是人和动物的差别。①

使人烦恼的不是事物本身，而是人们对这些事物的信念和意见（如酒糟鼻子、麻脸、癫痫头等引起的痛苦）。所以，人生的痛苦比植物、动物的痛苦多得多。生命意志本质是不能安宁。它总是为自己的本性驱动，需要对物体进行加工。这种生命意志就是财富的源泉。

四、摆脱痛苦之路

叔本华认为，欲求、奋斗是人的全部本质。欲求的基本形态是需求和缺乏，因而是痛苦。但是一旦人的欲求非常容易就得到满足，缺少了欲求的对象，意志并不因此而得到满足，而是遭到可怕的空虚和无聊的袭击。所以，人生好像一只钟摆一样，摇摆于痛苦与无聊之间。痛苦与无聊是人生的最后的两种成分。人把

---

① 叔本华:《作为意志和表象的世界》第一卷，第 411 页。

地狱看成痛苦的折磨，却把无聊留给了天堂。①匮乏是平民的日常灾难，无聊是上层社会的日常灾难。所以，结婚不幸福，不结婚还是不幸福。一个人独处不愉快，与人群同居共处也不愉快。人像挤在一起取暖的豪猪，挨得太近了不舒服，分开了又嫌太冷。人是私己的，人与人之间充满战争。一切族类之间，个体与个体之间，必然是一场不间断的战争，非正义、暴力、欺诈、阴谋皆产生于此。②

　这种痛苦并不因为死而结束，正如我们已经指出的，叔本华认为，生死是生命的组成部分。人死了，转化为有机质，这并不是由生命转入无生命、非生命的状态，而是从一种生命状态转入了另一种生命状态。其他生物、植物通过一定的途径反过来又不断地转化为人的部分。这种大自然之间的物质交换，就是对生命的肯定。人、动物的交配、繁殖，都是对生命的肯定，因此性爱就是对生活的苦难和不幸的肯定。你死了，被狗吃了，狗又去交配、混游，你仍然处于生命的痛苦之中。死亡只能使你的个体转为其他的生命方式，仍处于苦难中。由于上述理由，个体死亡、种群保存，这是合理合法的。个体对自己生命的无限的向往，是个人主义的，是不合法的，是不合乎自然规律的。延长个体生命是非法的。个体控制自己对长生不老的欲望才是合法的。但对他人生命的意志的否定，是不合法的，因为其他个体的自然存在是种群保存的前提。所以，杀人、食人、虐待人都是违反自然法的。

　在实践中，在合法、非法的矛盾中，非法却是实际生活的正

---

① 这种理论好像解释了《天仙配》的根源。

② 叔本华：《作为意志和表象的世界》第一卷，第 444－455 页。

极，因为实践中可达到的只是个体的生存。实际生活中，本质上非法表现为合法、合理。而本质上合法的死亡，对个体生命的控制，却是不可及的。这种控制在实际生活中表现为失去了什么，是被动的（死是被动的），也是不可及的（人不可能经历死亡本身）。所以合法性的东西却成了实际生活中的负极。在日常生活中，本质上的合法性不能得以实现。实际生活中合法与非法是对生命意志肯定的结果。所以在现实生活中，根本不可能超脱人生这一苦海。

人生的出路何在？叔本华认为，当我们认识到，人生是地狱，我们的意志便会产生一种新的行为，这就是自我放弃生命。但这种拒绝不应是自杀，因为自杀是肉体的灭亡，生命欲望并没有消失，它会重新进入有机界，转化为其他形式的物质。这种放弃生命，实质上是一种信仰。这是通过变换认识方式而获得的无欲，即首先是自愿地公道，然后是仁爱，进而使利己主义完全消失，达到最后的清心寡欲的意志否定的境界中，世界在你面前只剩下一个"无"。[1]我们先看到，"无"是悬在一切美德和神圣性后面的最后的鹄的，我们就会像圣人一样，进入高于一切理性的心境和平。我们就能平静地承认，"在彻底取消意志之后剩下来的，对于那通身还是意志的人们当然就是无。不过反过来看，对于那些意志已倒戈而否定了它自己的人们，则我们这个如此真实的世界，包括所有的恒星和银河系在内，也就是——无"。[2]这就是叔本华伦理学给人们指出的最高境界。这无非是引导人们走向

---

① 叔本华：《作为意志和表象的世界》第一卷，第 563 - 564 页。

② 叔本华：《作为意志和表象的世界》第一卷，第 564 页。

佛教和印度教。对生命意志的否定，放弃生命的根本出路在于苦行禁欲（Askese），这正是人的生命欲望最不愿意做的事。经过修行，我们便由此生命意志转为一种寂灭的安静。生命意志便熄灭了。因此，叔本华的伦理学也被西方称为寂灭伦理学（Quietive Ethik）。

第六节 叔本华哲学的局限性

追求形而上学的理性真理的系统性是中世纪经院哲学的传统。所以，追求哲学理论的系统，是经院哲学形态的发展。针对中世纪哲学的这个传统，真正有革命性意义的哲学是英国经验主义的诞生。它们不再要求系统性成体系的真理，而要求将被中世纪以来的哲学家视为偶性、假象的事实作为唯一的真理。逻辑经验论，实证主义，都是属于这一传统的哲学。这个形态一直发展到今天。马克思本人思想原处形态也属于此类。从这角度看，叔本华并没有为我们提供什么新鲜东西。真正创造性革命性的理论创造，是经验论者洛克、休谟、孔德、洪堡和马克思等人。反系统性已是今日西方哲学的基本形态。

中世纪传统那种包罗万象的体系性为以德国古典哲学为代表的近代理性主义所继承，成了它们的典型哲学形态。叔本华哲学，要求建立包罗万象的系统的哲学体系。从哲学形态的转变上看，叔本华和黑格尔一样属于中世纪哲学传统形态之列，而且他的哲学体系是众多著名哲学体系中最不严肃也最不严密的一个。比如他的哲学体系认识论、本体论、美学和伦理学这四大部分之间的联系完全建立在简单类比、牵强比附的基础上。这与他同时代的黑格尔哲学辩证转化的严密性截然不同。严格说来，叔本华的体系不是体系，而是一个松散的外部框架。形式上是传统的哲学体系，内容上是对生活和人生摆脱理性主义束缚的洞悉。简单类比的多处运用和体系内部逻辑矛盾，反映了非理性思想与体系哲学的不相容性。所以，叔本华思想形式上是传统成体系哲学，但内容从本质上说，已是新时代的哲学。叔本华哲学作为体系，在西方很少为后来者推崇。但他的具体思想，对后世的思想的影响是很大的。整个说来，叔本华思想不是学院式的哲学，而是他个人经验和博学的结晶。也可以说，他的哲学是西方科学知识及认识论与东方印度教和佛学思想的混合物。

叔本华指出，理性主义（包括经验主义和大陆唯理论）都是将认识放在第一位。只有先认识，然后才有对世界存在的知觉，才有对自我存在的知觉。它们将一切理论建立在认识的基础之上。叔本华指出，实际正好相反，意志是第一性，认识活动才是第二性的。在认识活动中才区别出主体－客体关系。在第一性的意志中，主体—客体是没有分离出来的。这一立场正是现代哲学的基本倾向。而他的"无聊"说的提出为海德格尔哲学开了先河。他在讨论意识的问题时还涉及下意识问题，这个问题的提出，对后来哈特曼（Eduard von Hartmann）和弗洛伊德的思想的形成产生了很大影响。叔本华对哲学家的具体的影响，可以有如下几家。

哈特曼从叔本华哲学出发去研究下意识哲学，并且接受了叔本华的悲观主义思想，他的体系是叔本华思想与黑格尔思想的结合体。受叔本华思想具体影响的还有德国作曲家瓦格纳（Richard Wagner，1813－1883）。瓦格纳的音乐诗剧创作（这种音乐也被

214

他称为综合艺术）的思想基础就是叔本华的音乐哲学。他的音乐诗剧是世界音乐艺术中仅见的一株奇珍异草。在叔本华影响下诞生的最富盛名的哲学家是尼采：尼采接受了叔本华的意志主义思想，但拒绝了叔本华悲观主义学说，发展出了自己独具风格的积极进取的意志主义哲学。另外一位 20 世纪统治法国思想界达数十年之久的人生哲学家伯格森（Henri Bergson，1859－1941）也深受叔本华的影响。生命意志的思想在那儿以新的形式得到进一步发展。弗洛伊德的下意识心理学也受到叔本华思想的启发。在叔本华的启发下，他看出了理性的人实际上是假象，意志的人才是真的人的本质。

叔本华的著作中，除了他的代表作《作为意志和表象的世界》以外，常常被人提到而被译为多种语言出版的是他的《附录和补遗》一书，其中的第一卷第二部分"关于人生智慧的格言"（Aphorismen zur Lebensweisheit）[1]更为人们熟知。

---

[1] 早在 1987 年，百花文艺出版社曾出版了陈晓南译的一本 200 页的小书《叔本华论文集》，译者明确交代，其中选译了《附录和补遗》第二卷中的第 11(论生存空虚说)、13(论自杀)、22(关于思考)、24(读书与书籍)、27(论女人)、30(论噪音) 等六章。其他几章选自《作为意志和表象的世界》。2000 年商务印书馆出版了一本 700 页的大书《叔本华论说文集》，扉页上写着 Schrift aus den Parerga und Paralipomena,sowie andere。很显然，该书或者是依据德国人从叔本华《附录和补遗》和其他著作中选编的一个文集翻译的，或者是译者自己编选的。假如是第一种情况，译本没有给出原选本的编者和出版社以及出版年代。如果是第二种情况，找遍全书，没有发现关于所选章节在《叔本华全集》或原文选集中所在位置的任何提示。译后记中也未见一句关于译文选编依据的版本的交代。笔者拿商务译本同《附录和补遗》题目对照，发现选本有的用了原书中分册题目，但是只选了其

自近代以来，除了个别的哲学家之外，都是从认知出发来提出和回答哲学问题，因而使得认知成为人的行为中最基本的活动。当谈及主观主体时，讲的也是进行认识的主体；讲客体，也是被认识的对象。总之哲学没有超出认知的范围，包括理性主义、经验主义、科学主义在内的整个近代哲学传统观察问题、描画世界的基本视角、基本视线。这种从认知出发的哲学发展到极端，就是黑格尔主义这种雄伟庞大的唯心主义体系。这个体系将主体、主观的作用夸大到了极端，在一定意义上可以说具有创造世界的作用。

如果要问，现代哲学与传统哲学最明显的区别是什么的话，依我的看法，现代哲学就是要超出认知的范围，冲破传统哲学的认知取景框，变哲学的单向性观察问题的习惯为多向性的。叔本华就是近代打破"认知"传统的第一人，他首开先河，开始哲学的另一个新的方向。所谓非理性主义就是将情和意、行概括于存在这一概念之下，将其作为哲学研究的出发点。叔本华第

中的部分，根据笔者查对的结果，商务版《叔本华论说集》的第一卷"人生智慧"只收了《关于人生智慧的格言》的前四章，有两章未收入。这前四章是否是全译本，笔者也无暇查对。其余各卷则打乱原书次序，重新按内容编排。第三卷收入了《附录和补遗》第二卷的第 15、24、29、26 章；第四卷收入了第 21、22、23、20(a)、20(b)章；第五卷收入了第 11、13、28、27、30、31 章。商务译本收入时使用了原书各章的题目，但是大部分为选译，并非全译。其余各卷由于时间和精力关系，我没有到《全集》中去查对，所以不知道选自何处。这种情况使研究者使用这本译文集时，想审核译文是否正确，很是不便。但不查对又不放心，所以不敢贸然引用。这样大大降低了翻译出版该书的使用价值，真是一件憾事。

一个从内容上，从基本视角、视野上超越了"认知"的束缚，成为现当代哲学的先驱。当代西方哲学家都在不同程度上受益于叔本华的工作，如存在主义者海德格尔，青年时期的维特根斯坦，法兰克福学派的创始人豪克海默，以及尼采，都是例子。

我们可以将叔本华哲学的主要错误归纳为以下几个方面：

1. 叔本华现象主义的出发点是错误的。我们认识的对象是经过人的主观认识方式改造的，我们对外界的认识受人的肉体器官的构造的局限，这是事实，但因此得出外在的世界只是现象、梦幻的结论是错误的。

2. 意志主义本体论更是一种文学似的一般的世界观，不是严格的本体论。把自然物质的本质解释为意志，只能是一种近似文学的比喻，与真理性认识相去甚远。把主观的内心体验简单推广到宇宙的类推法是不可靠的，正如他自己说的，顶多是一个猜测。

3. 在他对自然界的哲学解说中，机械论，牛顿力学中的形而上学静态世界观占了统治地位。他把宇宙中的基本事物种类看作是有定数的，不增不减，只会转化轮回。这完全不符合进化论的观点。在他的体系中没有发展衰亡，没有进化、退化。

4. 在许多问题上，他只提观点，没有论证。所以西方批判叔本华哲学不是严密的体系。

5. 美学受他意志主义世界观的影响，对音乐、悲剧等艺术形式，对艺术美学作了牵强附会的哲学解释。

6. 叔本华从观念论出发，认为美学的认识只是对观念的反映，美的艺术只是以固定的形式反映了观念。艺术家创造只是技巧问题，即掌握熟练的技巧以反映观念。这显然否定艺术家在内容上的创造和现实中的再创造活动。

7. 悲观主义、出世思想也是错误的。在社会黑暗的时候，便在哲学上否定光明的可能，以偏概全。

第四章
基尔凯郭尔（齐克果）

基尔凯郭尔[①](Søren Kierkegaard，1813－1855）生活在 19 世纪，但实际上他是一位当代的思想家。他的哲学是对个人生活的反思，也可以说，他是用个人生命来做哲学冒险，或者说，他的哲学著作就是他生命的记录。他是名副其实的生命哲学家。如同自传小说和作家生平的关系一样，他的著作同生平也是密不可分的。

第一节　生平

19 世纪初，丹麦的哥本哈根王朝追随拿破仑反对英国，结

① 现在也有依据丹麦语的发音译为"齐克果"的；浙江大学杨大春教授于 1995 年发表的《沉沦与拯救》一书中译为"克尔凯戈尔"（杨大春：《沉沦与拯救——克尔凯戈尔的精神哲学研究》，人民出版社，1995 年）。本章写作过程中对该书的研究成果多有参考。汉语中笔者见到的研究基尔凯郭尔的专著还有俄国人列夫·舍斯托夫著，方珊、李勤合译的《旷野呼告——克尔凯郭尔与存在哲学》。

果随着拿破仑的失败,哥本哈根也随之衰落,经济也全面衰退,沦为当时最贫穷的地区。但这并没有影响我们这位哲学家的生活。基尔凯郭尔的父亲出身贫寒,但靠做生意在哥本哈根发迹,后靠利息过着富裕的日子。所以,基尔凯郭尔在物质生活上十分充裕,但个人精神生活却十分压抑。

他父亲和叔本华的父亲一样,也是虔信派 (Pietismus) 教徒。虔信主义是在德国三十年战争 (1618—1648) 期间那个只有破坏没有建设的黑暗动乱时代形成的一种新教流派。叔本华专家 Hülscher 称它为德国神秘主义的最后形式。虔信主义和神秘主义一样,把基督教看成是对现世界的克服、超越;视人生世界为堕落;把基督教理解为引人超越到天国的永恒静谧之路;称人类生长的大地为"苦海";反对世间享乐,提倡严格遵守《圣经》规定的道德,实行严格自我反省,带有浓厚的道德主义倾向;主张从儿时起就应让孩子体验《圣经》规定的生活。这种禁欲主义倾向,对基尔凯郭尔产生了重要的影响。他母亲原是他家的女仆,他父亲在第一个妻子去世一年后与之成婚,四个月后便生下一女。以后又生了五个孩子,哲学家是最小的一个。他的哥哥姐姐全都夭亡。父亲对他的成长产生了决定性的影响,性格阴郁而又虔信的父亲对他施以严格的基督教教育。父亲亲手对他进行培养,从小给他灌输大量知识。他把孩子关在家里,很少让他出门,即使是获准出门,也是由父亲带着去散步,而且滔滔不绝地讲述他自己的见闻给孩子听。同父亲散步半个小时,就如同做了一天苦役,所以基尔凯郭尔自己后来说:"实际我没有真正地生活过。"①他从小就习惯于独自思考、分析自己的思想。他是自己生活的观察者："我的肉体中有一根刺：精神天赋（特别是想象力和辩证法）。"②他从未感受过生活的乐趣。从来没有依赖过任何人。他有很多经验，但那都不是忘情地生活的体验，而是把生活作为考察对象来体验。他把自己的人生作为思想反思的试验。所以他说："我从来不曾为成人，更不曾为儿童和少年。"③他一生只有精神、思想，没有具体生活。他的人生"以反思开始"，以反思结束。"实际上我从头到尾就是一个反思。"④历史让基尔凯郭尔牺牲自己的一生，换取一把明火留赠人间，以照亮人生秘密的一隅。

还有两件特别的事件对基尔凯郭尔哲学创作产生了决定性影响。1834－1835 年他得知父亲的阴郁是由于他曾亵渎上帝：他父亲年轻时贫困交急中曾诅咒过上帝，这使他父亲一直担心自己死后不能得救，所以日趋阴郁、自闭。这使以前对神十分虔诚的基尔凯郭尔思想上陷入深刻危机。于是基尔凯郭尔坚信，父亲对上帝的诅咒是全家的灾星；父亲阴郁，兄妹的夭亡，他自己的痛苦，都是上帝的惩罚。他甚至相信，他将先父亲而死去，于是他于 1837 年搬出了家门。然而，父亲还是先他而去。他父亲死于

---

① 基尔凯郭尔：《关于自己的作品》，见《基尔凯郭尔全集》德译本第三十三卷，Emanuel Hirsch 和 Hayo Gerdes 翻译，Eugen Diederichs Verlag,Düsseldorf/Köln,1951－1966 年（后文所引《基尔凯郭尔全集》，若无特殊说明，均指此德译本），第 77 页。

② 基尔凯郭尔：《关于自己的作品》，第 79 页。

③ 基尔凯郭尔：《关于自己的作品》，第 78 页。

④ 基尔凯郭尔：《关于自己的作品》，第 79 页。

1838 年，他继承了父亲的财产，得以无忧无虑地度过一生。

第二件事就是他的婚姻。1838 年他认识了一位 17 岁的女孩子蕾吉娜（Regine Olsen）。1840 年他从外地回到哥本哈根，突然决定与她订婚，女孩蕾吉娜马上应允了。但两天之后，他便开始后悔：因为，他过去的生活，神对家庭的惩罚，这一切他都必须向蕾吉娜隐瞒。但既然要隐瞒，就不能结为神圣的夫妻。而且，未婚妻天真无邪，他自己沉思、多虑、迷惑、深邃莫测，二人性格可谓格格不入。所以，他认为，婚约必须解除。这个问题整整折磨了他一年之久。使女友厌恶，不能忍受，他最后决定扮演一个流氓无赖，在公众场所，吃喝玩乐，无所不为，故意引起未婚妻对他的反感，以达到使婚约解除的目的，而且使其责任落在自己身上。1841 年 10 月 11 日婚约终于解除，而实际上他却深深地爱着蕾吉娜，他挣扎在失恋的痛苦中。1941 年 10 月 25 日去柏林大学听课，半年后便失望地离开了柏林。1842 年 3 月回到哥本哈根，1842－1846 年期间，他全力以赴从事创作，以不同的笔名发表：他 1843 年完成的作品有《非此即彼》《恐惧与战栗》《虔诚四演说》；1844 年完成的作品有《畏惧的概念》《哲学的片断》《思考之事三讲演》；1846 年发表了《对哲学片断的结束性非科学性的附录》；其后 1847 年又写完了《爱的行为》。他的主要哲学著作均在此间完成。他隐去真名，意味着他的哲学著作都是思想试验性的、带有游戏性的工作，是思维的诱惑下进行的哲学思考活动。其后大部分著作均以真名，内容均是宗教性著作。只有《致死的疾病》是例外，以笔名发表于 1849 年。

1850 年基尔凯郭尔发表了《练习入基督教》，1854 年发表文章《Myster 主教是真理的见证人吗？》，公开攻击官方教会；1855 年起出版《瞬间》丛书，继续与教会争斗，共出了 10 期。为了丛书的出版，他耗尽父亲留给他的所有财产。1855 年 10 月 2 日精神崩溃，同年 11 月 11 日，没有教会的祝福，溘然去世。

　　尽管基尔凯郭尔自己认为，从整体上看，他的全部作品从头到尾都是"宗教的"[①]，但是从生存哲学的发展角度看，基尔凯郭尔工作是从对具体个体的分析出发，从分析个人的生命、存在、幸福出发。基尔凯郭尔关心主体性的自我，但是这个自我不是理性的自我，而是基础性的带肉身的自我；不是自我意识，而是自我感知；不是我思故我在，而是我在故我思：因为我在此，生存中有理解，所以我思想，而且想到，我是在此。他看到，生存是一个不完善的存在，所以人的思想与人的存在不是同一的。思想与存在的统一绝不可能是人的特征。现在在世上的人们均是如此。在情绪中，在感情中，人从来不觉得自己是完全一致同一的，完全透明的。在生存中理解、发现生存的结构是基尔凯郭尔工作的目的之一。准确地讲，基尔凯郭尔是在自己的个人生存中理解个人，他发现，个人在生存中必须对自己的一切负责。在这个过程中，他为德国的存在主义哲学（即生存哲学）的诞生准备了描述人生的基本概念：Endlichkeit（有限性），Sprung（跳跃），Angst（畏惧），Nichts（无），Augenblick（瞬间），Durchsichtigkeit（透明），Paradox（悖论），Absurde（荒谬），Langeweie（无聊），Nivellierung（平均化，陈嘉映在海德格尔《存在与时间》中译本中译为"敉平"），等等。其中 Angst

---

　　① 基尔凯郭尔：《关于自己的作品》，第 5 页。

（畏惧），Nichts（无），Paradox（悖论），Absurde（荒谬），Langeweie（无聊），多带有否定、消极的味道，而用否定消极的概念，积极地解释人生的正面的结构特征，也是由基尔凯郭尔开的先河。为此，他经常被人们誉为存在主义哲学（Existenzphilosophie，即生存哲学）之父。[1]

2002 年出版的 Wolfgang Röd 主编的十四卷本《哲学史》的第 13 卷中，Reiner Thurnher 执笔的第一章对基尔凯郭尔的整个思想作了抽象而系统的梳理，为基尔凯郭尔的思想全貌提供了框架图。[2]他认为，基尔凯郭尔和尼采一样，其思想的发展始于对时代精神的批判。哲学上批判当时流行的黑格尔哲学的整体主义：忽略个体，无视或脱离现实人生。信仰上批判官方教会的信仰外在化倾向：生长在基督教家庭就是信基督，去教堂就是信基督。道德上批判小市民气：不敢有所作为，只看社会风气行事，不敢标新立异，人云亦云，将自己交给大众（常人）。平均化：人人是大家，无人是自己。[3]

在理论的构建上，基尔凯郭尔首先提出了和黑格尔客观真理相对立的主观真理论。他不是否认客观真理，而是把客观真理置于主观真理的基础上。在他看来，主观真理的内容是对人生特征

---

[1] Wolfgang Röd 主编的十四卷本《哲学史》第十三卷，*Geschichte der Philosophie XIII. Die Philosophie des ausgehenden 19. und des 20. Jahrhunderts 3: Lebensphilosophie und Existenzphilosophie*, C. H. Beck Verlag, München, 2002, s. 17。

[2] Wolfgang Röd:《哲学史》第十三卷，第 15－57 页。

[3] 时代批判参见基尔凯郭尔:《致死的疾病》，以及《基尔凯郭尔全集》第十七卷，第 89 页等。

的表现：生活是有瘾、有激情（Leidenschaft），生活是欲望追求（Neigung），是有偏好、有选择的；生活是要在关键的瞬间作出决断的；生存是肉体与精神的辩证综合。所有这些真理都是思想把握不了的。思想只是生活的一种形式。他还分别对以下人生具体环节提供了描述：严肃（Ernst）、死亡、畏惧（Angst）、困惑（Verzweiflung）。最后他提出人生三阶段，或者三境界：唯美（或感性）的人生、伦理的人生和信仰的人生。

基尔凯郭尔的著作的一个重要特征就是，除了宗教神学著作之外，他的大部分著作都是匿名发表的。但是，他使用假名字并不是为了真的隐姓埋名，而是另有意图：通过假名字使读者感到，书里的内容是一种间接转述，并非作者的亲历，使内容同作者之间有一种距离。这样使读者在心理上更容易贴近内容。另外，由于读者领略的不是作者的意图，容易产生困惑感，进而为读者提供自由解读的多样性。他匿名发表的著作又可以分两类：一类是完全匿名的，一类是不完全匿名的。后一类著作中，作者是假名字，但是基尔凯郭尔的名字以编者的身份出现，并对内容有直接的表态，而前一类连编者也是假名字。

下面我们来具体介绍基尔凯郭尔的基本思想。

第二节　《非此即彼》

基尔凯郭尔的主要代表作是《非此即彼》。这是一部散文诗，是形而上学反思、美学、伦理学及讽刺作品的汇集。该书起稿于他婚约解除前两个月（1841 年 8－10 月间），结稿于 1842年底。也就是说，该书是在他恋爱危机最严重的时刻孕育而成的。这本书源于他的人生痛苦，也是他的婚姻悲剧的直接反映。恰恰在对个人生活体验的反思中，基尔凯郭尔却揭示了人生结构的底蕴。

全书结构是：基尔凯郭尔让一个叫 Victor Emereta（世外人）的人偶然发现了一批手稿，将其编辑出版。手稿是两个人写成。一个唯美（或感性）主义者 A，写下一批唯美（或感性）主义人生观反思，还有一部分是由 A 发现的一个叫 Johannes 的人（外号"诱拐者"）的日记。这批稿子表达了一种唯美（或感性）主义人生观。另一个是法院顾问官，这个人被称为 B，写了一封长信，对 A 的手稿进行了批评。第二部分手稿表达的是一种道德主义的、虔信的人生观。这两个人的手稿构成该书相互对立的前后两大部分，体现了唯美（或感性）与道德的对立。全书最后并没对唯美（或感性）与道德的争论作出正面回答，到底谁是谁非仍悬而未决。所以该书题为"非此即彼"，实际是在说唯美（或感性）还是道德仍有待选择。

A 所代表的唯美（或感性）人生观典型反映在他对莫扎特的歌剧《唐璜》的分析中。唐璜从传统道德的观点看，是一个花花公子，玩弄女性成瘾。在歌剧中，被塑造成一位只听从情爱指示，只服从娱乐原则的生活方式的人。但是 A 对《唐璜》进行分析时指出，该剧主人公的表演并不是告诉人们，在现实生活中实施这一原则，而是说，这种直接的娱乐，无节制的情爱的追求，只有在艺术中，在音乐中才可能实现。它只存在于艺术即音乐的媒介过程中。A 认为，《费加罗的婚礼》中 Cherubino 的欲望是无对象的欲望，《魔笛》中 Papageno 的追求是徒劳的追求。在《唐璜》中表现出的是一种真正的、胜利的、不可抵御的欲望。唐璜是感性原则的代表，是肉欲的化身，"是来自自己精神的肉欲，是肉欲的欢乐"①。唐璜的爱不是心灵的爱，而是感性的爱。按他的看法，感性的爱不是忠诚守一，它无忠诚可言。这种爱不是爱一个人，而是爱所有的（女）人，也就是说，这感性的爱诱拐所有的（女）人。它只存在于眼下瞬间。这眼下瞬间是许多瞬间的总和，所以我们就有了这位诱拐者。②唯美（或感性）人生观的时间性结构是眼下瞬间（Augenblick）。眼下瞬间是基尔凯郭尔思想的重要范畴。后来海德格尔继承他的思想，成了他人生此在分析的中心概念之一。在基尔凯郭尔，眼下瞬间是人生感性活动的时间结构。这种结构是伦理永远达不到的。因为伦理本身就是对瞬间性的否定。这里已经隐含对伦理道德批判的前提。

因为感性生活只关注当下，所以它既没有"以前"，也没有"之后"。因此也没有可指责的所谓责任问题。唐璜的诱惑性恰在于这当下的力量：被当下完全充满、控制、征服。这正是感性力量的秘密所在：它不知有此前和此后，因此没有瞻前顾后之忧。因此在它那里，也无任何后果、教训之类的东西。"心灵之爱是在时间中的持存，感性之爱是时间中的消逝。"③在时间性上，它既是当下的，消逝的，同时又有持存性，即可重复性。由于感性的这种瞬间性，即逝性，所以唐璜并非真正意义上的诱拐者：他既无计划，也无阴谋，只是自然而然"跟着感情走"，不断有欲求，就不断去享受。他缺乏诱拐者的"事先"，即没有计划，也没有诱

---

① 基尔凯郭尔：《非此即彼》，《基尔凯郭尔全集》第一卷，第94页。

② 基尔凯郭尔：《非此即彼》，《基尔凯郭尔全集》第一卷，第100页。

③ 基尔凯郭尔：《非此即彼》，《基尔凯郭尔全集》第一卷，第102页。

拐者的"事后"，即没有对他行为的意识。他恬然无知。平时我
们把这种状态称之为"恬不知耻"。他既不用言词说服，也不设
计圈套。所以他是否可以被指为欺骗也成问题。因为没有预谋，也
无成功的回想，而是不假思索地爱，不断地爱下去。这种感性直
接性使他从义务责任中挣脱出来。所以他不仅自己幸福，而且使
女孩们也幸福快乐。[①]

但这种情爱的直接性不可能是现实生活中的事实。它只能以
音乐这种感性的直接性为媒介才能得到表达。音乐的直接性本身
就具有某种诱惑性，有某种魅力。它是任何道德和宗教的法规所
无法控制的东西。

A 发现的日记作者 Johannes，即书中虚构的诱拐者，是和唐
璜对立的典型。诱拐者在他的日记中记述了他的诱拐妇女的行
为。他有意识地追求唯美（或感性）的生活方式。他追求"诗意
的生活"，他的生活就是这种追求的尝试。[②]他一方面追求对愉悦
的享受，另一方面又对这愉悦进行诗意的美的反思。这是他对愉
悦的第二次享受。诱拐者日记是基尔凯郭尔对自己日记的加工改
造。日记中详细记述了 Johannes 如何精心按着美的原则准备他
诱拐女孩 Cordelia 的计划。由于 Cordelia 过于粗俗，缺乏优
雅，他便多方设计，使她美些优雅些。

为了诱拐成功，他费尽心机，"在我进攻之前，我必须对她
的全部精神状态了如指掌。大多数人在享受一个女孩子时，就如
同享受一瓶香槟酒。在泡沫四溅的一瞬间，哈，真美。在许多女

---

① 基尔凯郭尔：《非此即彼》，《基尔凯郭尔全集》第一卷，第 108 页。
② 基尔凯郭尔：《非此即彼》，《基尔凯郭尔全集》第一卷，第 327 页。

孩子那儿，这也是人们能使她们进入的最高境界。但在我这儿则丰富得多。……在强奸中只有幻想的享受，它就如偷来的吻一样毫无品味。"他甚至玩世不恭地谈论他的爱物，"我爱 Cordelia 吗？当然！真心吗？当然！忠诚如一吗？当然！"他的诱拐的最高目的，是使女孩相信，她自己委身于他，是她自己获得了自由。这是她自己为自由而行的使命。她的委身中充满了幸福和欢乐。这时才有真正的享受可言。

对于这种唯美（或感性）的情爱与世俗婚姻的差别，他曾有过明示："有些男人由于某个女孩成了天才，有些男人由于某个女孩成了英雄，有些男人由于某个女孩而成了诗人，有些男人由于某个女孩而成了圣人——但是，他得到的女孩并不能使他成为英雄，因为她使他成了军官。他得到的女孩也不能使他成为诗人，因为她使他成了爸爸。他所得到的女孩也不能使她成为圣人，因为她使他什么也没得到；他只想得到，他尚没得到的东西。那些成为天才，成为英雄，成为诗人的都一样，他们都是在未得到的女孩的帮助下而成功的。"[①]

Johannas 通过他的手段达到了目的，与她订了婚，然后又解除了婚约。他使她全身心地委身于他，然后便弃她于不顾。因为诱拐者知道，在达到这种境地之后，女孩便会感到无聊；唯美（或感性）的反思者知道，无聊就意味着艺术的死亡。所以他又去追求新的刺激与冒险。基尔凯郭尔让 Johannes 在一次狂欢饮宴中为自己作了如下辩护："如果一个男人活到 20 多岁了，居然不曾发现有一条绝对律令叫'享受'，那么他就是一个傻瓜。谁不知

① 《基尔凯郭尔全集》第十五卷，第 61 页。

马上动手，谁就是蠢货。"①男人受到一种力量的束缚和压迫，"这种力量就是女人"。女人创造出来就是为了诱拐男人。这是诸神设的骗局，他自己正是看穿了诸神之骗术的人。所以他是情爱者。情爱者有意识地让女人来行上帝安排的骗术。这正是女人的幸福所在。②

而日记发表者 A 对此另有一番评论。他认为，所有人均无聊（"无聊"又是海德格尔哲学的一个主题）。为了克服这种无聊，A 建议像农业上的轮作制一样，应经常交换耕作方式和种植的品种。这种轮换当然是一种艺术。掌握这一艺术的前提是，有能力自我控制，又放弃了一切希望。陷入孤独的人，可以把一只蜘蛛作为联系的对象。只有失去一切希望的人，才能升入艺术式地生活的境界。只要有一线希望尚存，就不会封闭、限制自己。这种艺术性的生活是一种集中精力于一事一物的生活，是苦行的生活。这里还需要第二种艺术，即健忘。能否健忘，取决于你以什么样的方式作回忆，而从事回忆的方式又取决于你生活的方式，你如何对现实加以体验的方式。一个充满希望的活动突然归于失败，人们是难以忘记的。对艺术的生活来说，无好奇不惊叹，是最本真的生活方式，任何生活都只有当下瞬间的意义，舍此之外，一无所是。如是人们才能健忘。同时，生活的瞬间又有多义性，这样才可以随时记忆起它。这就是健忘与回忆的辩证法。"越是可以诗意地加以回忆的东西，人们越是容易忘记。因

---

① 《基尔凯郭尔全集》第十五卷，第 76 页。
② 《基尔凯郭尔全集》第十五卷，第 82 页。

为诗意的回忆只不过是遗忘的另外一种表达方式而已。"①也就是说，艺术、诗意不是为了重新使过去的事件复活，当下化，而是使过去被遗忘。凡是出于政治和历史的原因坚守过去的历史事实，他便不可能艺术地生活。这样享乐中保存的最高级的东西便一直携于其中，人们既不能忘记，也不能回忆它。人们只能不断用回忆证实，它已经被忘记了。于是人便受到一种不由自主的回忆的折磨。如果人能在艺术中实施此种忘却，又在如此的回忆的艺术中得到完善化，那么他便有能力同整个实际存在玩传球游戏。这里的回忆不是信息的储存，而是主动的艺术活动。这是不容易做到的。他举了"思乡之苦"为例：什么是思乡之苦？它是某种记忆中的现成的东西，人们可以回忆它。通过过去了的东西的追忆，十分容易产生思乡的苦情。但这还够不上艺术的水平。思乡苦情作为艺术，应是"尽管人在家乡，仍能感到思乡之苦情。这里需要的是训练有素的想象力"②。在这里，创造性构成回忆的核心。因此好记性不等于掌握了回忆的艺术。这种回忆——遗忘的生活方式从时间上来说，就是摆脱了过去的负担和未来的义务，于是也摆脱了道德习俗和一般的人际关系的束缚。它防范个体被束缚在一种特殊的关系之中。"在友谊面前保护自己"，"绝对不缔结婚姻关系"。③

　　在《非此即彼》一书的第二部分中，基尔凯郭尔通过法院

---

　　① 基尔凯郭尔：《非此即彼》，《基尔凯郭尔全集》第一卷，第 312－313 页。

　　② 《基尔凯郭尔全集》第十五卷，第 13 页。

　　③ 基尔凯郭尔：《非此即彼》，《基尔凯郭尔全集》第一卷，第 315－316 页。

顾问 Wilhelm (B) 的反驳指出，这种艺术的生活方式必然导致绝望。B 在他的长信中想说服 A，婚姻使情爱扬弃了它的直接性，变为一种一般性。什么叫伦理的生活？什么叫唯美（或感性）的生活？基尔凯郭尔的 B 给出的回答是："一个人的唯美（或感性）生活使他是他当下之所是，而伦理生活使他是他将来之所是。"[①]也就是说，唯美（或感性）生活使他是他的现在之所是，伦理生活使他是他将来之所是。

法院顾问 B 把伦理生活看作是第一运动，是发展，是动力。但他也看到，伦理生活为人带来义务和责任。唯美（或感性）生活只服从眼下的随意性，因此陷入纯粹的主观性，因而生活于孤立之中。伦理生活力图将生活构建到共同关系中去。通过社会关系来赋予生活以意义和重要性，"唯美（或感性）的生活者，偶然碰巧是人"，而伦理地生活的人努力使自己成为普遍的人。[②]这种普遍的人并不是国家或婚姻关系。人具有理性，可以把握世界与人的普遍性。而唯美（或感性）生活的人因为不承认这种思想的普遍联系，因而必然陷入矛盾。这种感性的直接的主观性同超感性的精神的要求之间的冲突被 B 称为忧郁（Schwermut）。因为唯美（或感性）生活者不能服从日益成熟的精神的最高形式的要求，必将陷入精神绝望，因为他追求的是不可能存在的东西。伦理生活者构建的是生活的坚实现实性（Faktizität）。在 B 看来，婚姻是时间的充实。谁要不是丈夫，他不是观察者眼中的不幸人，便是自己眼中的不幸人。时间对他来说不是充实，而是一种"负

---

① 基尔凯郭尔:《非此即彼》,《基尔凯郭尔全集》第二卷，第 190 页。
② 基尔凯郭尔:《非此即彼》,《基尔凯郭尔全集》第二卷，第 273 页。

担"。B 认识到,唯美（或感性）生活是对伦理生活的一种侵袭。它们不可能相安共处。另外,他还看到,这种唯美（或感性）生活意味着对政治﹣伦理抱无所谓、漠不关心的冷淡态度。实际上,这种冷淡态度必然是对恶的纵容,对恶的肯定。恶也可以以唯美（或感性）的形式出现。在唯美（或感性）形式中排除恶的潜入,本身就是高度的伦理问题。他还意识到,这两种生活方式中是不可以作选择的,因为,唯美（或感性）生活者只重瞬间,随遇而享乐,根本无法选择。如果已经伦理式生活过的人,又去选择唯美（或感性）的生活,他便不是唯美（或感性）的生活,而是从事犯罪、为恶,因为他放弃了道德伦理的规定——唯美（或感性）生活本性是非伦理非道德的。

第三节　信仰与道德

1843 年基尔凯郭尔出版了另外一本书《恐惧与战栗》[①]。基尔凯郭尔给此书作者起名为"沉默的约翰"。"沉默的约翰"是一个西方典故:一个人泄露了上帝救世主的秘密,违犯了沉默的诺言,因而化为顽石。基尔凯郭尔想通过作者的名字告知读者,《恐惧与战栗》一书并不直言其事,只对问题进行暗示;它所暗示的问题是,如何才能摒弃道德伦理。整本书的基本内容是对《圣经》中的亚伯拉罕用儿子向上帝献祭的故事所作的哲学反思:一天上帝为了考验亚伯拉罕对他的忠诚程度,要求亚伯拉罕把身边唯一的儿子作为祭品奉献给他。基尔凯郭尔所思考的问题是:杀

---

① 《基尔凯郭尔全集》第四卷;基尔凯郭尔:《恐惧与战栗》,一谌、肖聿译,华夏出版社 1999 年版。

子、人祭，是不道德，是为恶。不杀子、不供神是不虔敬。"沉默的约翰"，小时候听过这个故事，老了仍在读这个故事。但总是没有理解它的意义：从伦理学上说，亚伯拉罕不想杀死他的儿子伊撒克；从宗教上说，他想用儿子伊撒克献祭上帝。这是一对尖锐的矛盾。亚伯拉罕充满恐惧，充满了双重恐惧。无论如何"沉默的约翰"不能理解这一行为，因为不管怎么说，也是杀人呀！只有超越理性才可能使这一行径得到辩护。亚伯拉罕相信，上帝并非一定要从他那里夺走伊撒克，但这时他已经愿意用伊撒克献祭上帝了。依据人的理性来推算估计，不可能得出"上帝不强求伊撒克"的结论。亚伯拉罕相信的是荒谬。"他相信荒诞的力量"，"强求他献祭的上帝在最后一刻放弃了对伊撒克的强求，这本身是荒诞的"。"亚伯拉罕相信的是荒诞的力量，因为此时一切人类的理性都告停止。"①基尔凯郭尔从亚伯拉罕的故事里得出了一种信仰的辩证法，把杀人神圣化，这是一个悖论，思想理性无力对它加以理解。这里正是信仰的开始。这里基尔凯郭尔通过"沉默的约翰"之口提出了他的辩证神学的基本论题：信仰是非理性的，荒诞的；既不可能用理性对信仰进行辩护，也不能通过理性获得信仰。

基尔凯郭尔进一步追问：对伦理的放弃（谋杀）是否必须与宗教信仰联系在一起。在基尔凯郭尔看来，伦理性的东西是一般的，即时时刻刻都适用的，它有自己的目的，是自足的。伦理主体的——个人的——目的在一般之中。主体的任务就是扬弃个体

---

① 《基尔凯郭尔全集》第四卷，第 34 页。基尔凯郭尔：《恐惧与战栗》，第 31 页。

性，以便成为一般性。如果个体反对一般，承认自己的个体性，这便是犯下过失（sündigten）①。因为个体想不承认一般原则，而让个人取代了普遍性的地位。个体、主体成了普遍性的绝对否定。在理性的范围内，这个对立的最后结果总是普遍性的胜利。但这个对立不论理论上还是实践上都是不可克服的。要想摆脱这种绝望的境地，就必须跳出理性的领域，走向信仰。信仰恰恰就是一种悖论。在信仰行为中，个性高于普遍性，"个性曾在一般性之中"，但是个性现在自己分离出来，成了高于一般性的特殊性。②也就是说，对立双方一会儿是普遍性统治了个性（在理性中），一会儿是个性高居于普遍性之上（在信仰中），但个性恰恰由于曾在普遍性之中才是个性，因而才可能超出普遍性之上。这种对立是绝对的对立，是不可转化的，这是基尔凯郭尔思想同黑格尔思想的最重要的差别。个别同普遍性不可转化，信仰和理性不可调和。在普遍性中，个性无从得到发展。在理性中，根本没有信仰的位置。从这里出发可以得出结论，亚伯拉罕是信仰者，就不是凶手，同时也可以得出结论，他并非悲剧英雄，悲剧英雄总是活动在两个不同的伦理原则之间（国家与个人爱情之间）。亚伯拉罕既不是为国家也不是为民族的获救而牺牲，也不是为平息神的愤怒。他的行为超出了伦理的范围，没有任何理由可以为它进行辩护。③

①《基尔凯郭尔全集》第四卷，第57页。基尔凯郭尔：《恐惧与战栗》，第48页。

②《基尔凯郭尔全集》第四卷，第59页。基尔凯郭尔：《恐惧与战栗》，第49、50页。

③基尔凯郭尔：《恐惧与战栗》，第53页。

问题是，一个超出了道德范围，放弃了伦理的人是如何生活的？他生活在同普遍性的对立之中。[①]他不是基于一般的普遍性而行为,他的凭据就是悖论。他基于个性的个别的存在而行动。亚伯拉罕放弃一般伦理原则,他的行动纯粹是他个人的行动。一般人将个人的全部生活平均化,以服从国家的理念或社会、团体的理念,这十分容易,但让一个人放弃伦理的行为是十分难以辩护的。在什么条件下才能使个人行为以个性为准则呢？只有把主体看作不可合理化、不可为之提供论证的悖论或荒诞时才能做到这一点。只有摆脱了一般性、普遍的伦理原则,摆脱了各种目的、义务、权力、责任,才可能作为个人而生存。作为个人生存是超文化、超道德规范、超习俗、超政治的。这种作为个人生存的内容是什么,是一种内在的秘密,不可言传。但是读者切不可误解,江洋大盗和小偷小摸在这里找不到任何救命稻草。强盗与现行社会各种犯罪,不是为权力就是为金钱,或者为某个小集团利益而采取行动。它们是用另一种伦理标准（义气、权力、个人私利等）对现行的伦理进行破坏。所以这是犯罪。亚伯拉罕不为任何外在目的而行。仗义疏财,杀富济贫均与他无涉。切记切记。

传统的基督教,包括天主教和路德新教,是一种政治、经济和信仰三位一体的社会团体,同军队、国家一样,是一种强大的社会力量。基尔凯郭尔一方面是虔诚的基督徒,但是又是传统教会的批判者。他的批判矛头直接指向当时哥本哈根大主教Martensen。Martensen 称其主教前任为"真理的认识者"。基尔

---

① 《基尔凯郭尔全集》第 4 卷, 第 66 页。基尔凯郭尔:《恐惧与战栗》, 第 55 页

凯郭尔称这位后继者为"呼天叫地的谬误"。他反对教会当局的目的，是要指出，信仰上帝无须通过教会当局和官员来实现。为了展开对教会的攻击，他除在报刊上发表文章之外，还自己印制传单和小册子，亲自到街上去散发。1855 年 10 月初，基尔凯郭尔在街上散发传单时突然病倒，一命归天。

基尔凯郭尔认为，希腊人总是通过回到根源，回到过去，通过回忆达到永恒。基督教是通过对未来的期待达到永恒，基督徒总是把自己抛向未来，永恒的未来。面对可能的未来人充满敬畏和畏惧，变得有罪，因而永恒地死亡。人对这种未来中的永恒性的生存过程的知觉、意识是信仰的本质。基尔凯郭尔把这种对基督教的领会，不看作一种理论，它不是对普遍适用性、普遍规律的表达。它是一种个人生活中的存在、实践。他认为，基督教的生活并不会给人带来修养，也不能为人求得幸福安定。基督教生活带给人的是不安和忧虑。这正是基督教生活（行为）的本质。教会的那些外在的宣传活动全是错误的。教会使基督教生活堕落，变成一种游戏。

教会把信仰变成镇静剂，把它变成同个人私生活无关的客观真理。基尔凯郭尔认为，基督教生活应是人生的信息，人生的倾诉，是人的行为。基督教生活也是个人自身的发展。但是这种个人发展是一个矛盾，是一种悖论，个人自身不是自己决定、自由活动。个人自己恰恰是将自己交给将它设置起来的力量。自己恰恰是有意识地交出自身。

另外，成为基督徒是一个纯粹个人的行为。我是否是基督徒，完全取决于我个人同神的关系，是神的事情，与教会当局无关，它实现于对基督追随；它存在于"殉道"中，存在于苦难中、牺牲中。这是一种个人内部的殉道，这是一种解放。这就是基尔凯郭尔对自由的规定。所以基尔凯郭尔说，只有当教会的修行受到干扰，对基督徒的迫害又重新开始时，恰恰在此时此刻，基督教才会再次出现。基督徒作为个人同神有一种绝对的关系，这是任何外在的东西、任何组织不能代替的。对殉道的领会就是对神的审判的领会。在上帝的审判面前，没有隐瞒滑头的可能，这也是对生活的领会。这也是一种对动摇的领会。亚伯拉罕受到的指示，让他杀子上供。而这是违背做父亲的职责的。不杀子，是不敬；杀子，是有罪。信神，听命于神去犯罪，这是悖论。在这个过程中，信徒才体会到，什么是信仰的过程，体会到荒谬的力量。荒谬的力量，荒谬对他的掌握，把自己交给荒谬，这就是信。从信仰出发来生活，信仰开始之处就是思维停止之处。信仰是悖论、荒谬，对这个荒谬的信仰就是宗教。

基督是神不是人。他是神，可是他又是人，就是荒谬的悖论，因为神无所不能，而人是无能的。原罪也是荒谬悖论。一方面是有罪，同时又是受到原谅的罪。这必然引起人们的畏惧。对神的信仰既不可以通过历史论证，也不可以通过理性诠解来达到。基尔凯郭尔的两种努力都只能是取消基督教。个人与神的交往，恰恰在于这个荒谬。它使你获得解放。这完全是人的决断。基督徒的生活是例外的人生，人必须决定，献身于那个与神交往的决定时刻、神圣的瞬间，还是滞留于常人世界。

第四节　生活的重复性

1843 年，尽管基尔凯郭尔用各种方式将女友拒之千里之外，最终达到了解除婚约的目的，但内心深处仍希望女孩仍爱他，并希望收回成命，重归于好。但当他满怀希望地从柏林回来后，发现女友重新订婚，对他不啻是晴天霹雳。在此情绪下，他以康斯坦丁·康斯坦休斯之名写下了《重复：实验心理学的尝试》①一书，于同一年（1843年）出版。书中记述了他自己的心理实验，生活的重复到底是怎么回事。他在精神受到致命打击的情况下，又回到柏林，住在同一个房间，去看同一个戏剧。结果发现，一切都和前一次完全不同了。重复是不可能的。

关于重复的含义，基尔凯郭尔在一篇生前未发表的残篇《什么是怀疑？》②中有较详细的说明：人的意识摇摆于理想性与现实性之间，摇摆于纯概念和感性经验之间。如果所有的东西都是直接给出的，现成的，那么经验就只是个别性的经验，那么重复就不会作为问题提出来。另外，理念中是没有重复的，因为理念是不变化的，所以谈不上重复。只有当理念同现实性相接触时，才有重复这一现象。当人看到具体的某事、某物，这时理想性的东西也加入进来，想把看到的东西解释为"重复"。这里出现的又是对立。我把一种东西同另一种完全不同的东西联系在一起，这后一种东西认为，前者和它是一回事。这显然指的是感性经验同

---

①　《基尔凯郭尔全集》第5卷。

②　中文译为《怀疑是怎么一回事？》，收在陆兴华翻译的基尔凯郭尔的《论怀疑者》，香港卓越书楼，1995年，第71－82页。翁绍军大量引证基尔凯郭尔的日记，对残片作了详尽而有价值的注释。该译文后来又收入基尔凯郭尔：《论怀疑者／哲学片断》，翁绍军、陆兴华译，生活·读书·新知三联书店1996年版，第79－85页。

柏拉图理念的冲突、对立。①

在《重复》一书中，基尔凯郭尔明确指出，重复就是希腊人所说的"回忆"。②这里当然是指柏拉图－苏格拉底的回忆说。不过"重复"同"回忆"的方向相反。回忆是向过去重复，而"重复"是事物向前进方向的回忆。因此回忆使人痛苦，重复使人幸福。

这里基尔凯郭尔指出了，人生就是重复，是活在未来中的过去。这里又使我们想起了海德格尔的人生此在时间结构的分析。希望是件从未试穿过的新衣，回忆是一件美丽但也穿不下的衣衫。重复是一件永远穿不破的合身的服装。它甚至是每天必需的饮食。但承认人生是重复，需要的是勇气。③它既不是纯粹的未来，也不是纯粹的过去，而是一种当下、瞬间：过去在未来中重复。

只有重复的存在，才有统一的主体可言。否则主体便无从说，人也不能说我是某某。仅有未来，人便化为飞灰；仅有过去，人便化为顽石；唯有在重复中，主体才是同一个主体。所以，重复是形而上学的基础。但有一点必须强调：重复不是感性生活的重复，也不是理性的重复，而是二者的矛盾，是在不可克服的冲突中才有的重复。④

---

① 《基尔凯郭尔全集》第 10 卷，第 153－159 页，特别是第 158 页。
② 《基尔凯郭尔全集》第 5－6 合卷，第 3 页。
③ 《基尔凯郭尔全集》第 5－6 合卷，第 4 页。
④ 《基尔凯郭尔全集》第 5－6 合卷，第 4 页。

第五节　畏惧

　　基尔凯郭尔在《恐惧与战栗》一书的前言中明确说，他反对一切哲学的体系，因此自己不是哲学家，当然这里是指黑格尔式的成系统、成体系，一、二、三、四、五，分章分节，井然有序的概念推演式的哲学创作者。他把自己称为"业余作家"[①]。后来的海德格尔也是不断强调其哲学的非体系性，维特根斯坦也是如此。可是1844年，基尔凯郭尔发表了一本书，名叫《畏惧的概念》。该书分章分节，井然有序，与他的其他作品截然不同，形式上与当时欧洲大陆流行的体系十分相像。[②]这是怎么回事？基

---

　　① 基尔凯郭尔：《恐惧与战栗》，Walter Lowrie 英译本，Doubleday & Company, INC.,1954年，第23－24页。

　　②《畏惧的概念》一书的目录如下：

　　第一章　作为原罪的前提的畏惧（anxiety, 德文 Angst）和作为以回溯到其根源的方式对原罪的解释的畏惧

　　1. 原罪概念的历史提示；2. 初犯之罪（first sin）的概念；3. 清白概念；4. 错误概念；5. 畏惧概念；6. 作为原罪的前提的畏惧和作为以回溯到其根源的方式对原罪的解释的畏惧

　　第二章　作为对原罪进行前进式解释的畏惧

　　1. 客观的畏惧；2. 主观的畏惧：a. 家族关系的结果；b. 历史关系的结果

　　第三章　作为这种对罪缺乏意识的罪结果的畏惧

　　1. 对无生命性（spiritlessness）的畏惧；2. 被辩证地定义为命运的畏惧；3. 被辩证地定义为过犯的畏惧

　　第四章　对罪畏惧，或者作为罪在个人身上的结果的畏惧

　　1. 对于恶的畏惧；2. 对于善的畏惧：a. 肉体和心理上对自由的丧失；

尔凯郭尔这次使用的假名为 Vigilius Haufniensis，意思是哥本哈根的观察者或卫士。可能是有意用浪漫式的方式模仿黑格尔，以对黑格尔所谓科学体系进行讽刺。

书中 Haufniensis 以基督教原罪问题为题材，对操心畏惧（anxiety，德文的 Angst）这种人生现象作了深入的心理的——实际上是现象学的——分析。他想通过这个分析，澄清人之为人的基本条件。原罪同"成为人"之间的关系是什么？在他看来，对亚当的过犯的解释就是对人类原罪的解释，因为，"人是个体，但是作为个体，他同时又是整个族类"。"整个族类都体现于个体之上。而个体又体现在族类之上"。所以，"在任何时刻，个体自身既是自己又是族类，这就是作为一种状态的人的完善性"。[①]这里，基尔凯郭尔接近了卡尔·马克思的观点：人是他的类。后来海德格尔整个的人生此在分析都是在这个方面上的进一步的工作。基尔凯郭尔同马克思的区别在于：马克思强调，人类的历史，是类的发展史；基尔凯郭尔则认为，个体与族类对立和统一构成了历史。

基尔凯郭尔举上帝创造的第一人亚当为例：他是第一个人，他同时既是个人自身又是他的族类。"他同族类无本质区别，否则族类便根本不存在；他不是族类，因为，否则族类也根本不会存在。"[②]对个体的族类的关系，基尔凯郭尔还进行了更一

---

b.灵魂上对自由的丧失

第五章　作为借助信仰而获救赎的畏惧

①《基尔凯郭尔全集》第 11－12 合卷，第 25 页；《畏惧的概念》，Reidar Thomte 英译本，Princeton University Press,1980 年，第 25－26 页。

②《基尔凯郭尔全集》第 11－12 合卷，第 26 页；基尔凯郭尔：《畏

般的说明："每个个体都对一切其他个体的历史从本质上有兴趣，就像他人个体对他自己的个体的历史感兴趣一样。""没有任何个体会对他的族类的历史无兴趣，也没有任何族类会对个体的历史无兴趣。在族类的历史不断向前继续之时，个体的存在却不断从头开始，因为他是他自己同时又是族类，因此又是族类的历史。"[①]个体的存在是不断从头开始，个体作为个体就是族类，这些思想后来成为存在主义哲学的基本原则。

从基督教会的原罪理论出发，他认为，每人都像亚当一样，通过原罪而失去自己的清白无辜，如果没有罪，他便不会失去清白，但也就无所谓清白无辜。在未有过犯之前，他不会清白无辜。为什么？清白无辜是一种无知。清白无辜中，人直接统一在自然中，此时人尚不是精神。精神在人身上沉睡，一切和平安定，没有不满，没有争议，因为没有可争议的东西。于是，什么都没有，也就是虚无。虚无的影响是什么？它使畏惧诞生。这是清白无辜的深层的秘密。清白无辜就是畏惧。当现实为虚无时，人们便处于畏惧。[②]不确定性、空洞性正是畏惧的来源：他对自己的清白无辜无知觉，但同时却对这种无知觉有预感，这就是忧心忡忡。他不知道他对什么无知，因而畏惧。畏惧是精神的一种表达形式，而精神在基尔凯郭尔术语中是肉体同灵魂的结合体。灵魂是感情的世界，肉体是本能欲望的世界，这两者结合于第三者

惧的概念》，Reidar Thomte 英译本，第 28 页。

①《基尔凯郭尔全集》第 11－12 合卷，第 26 页；基尔凯郭尔：《畏惧的概念》，Reidar Thomte 英译本，第 29 页。

②《基尔凯郭尔全集》第 11－12 合卷，第 39 页；基尔凯郭尔：《畏惧的概念》，Reidar Thomte 英译本，第 41 页。

精神的世界中。人就是灵魂与肉体结合在精神中的系统。精神既想建立肉体与灵魂的统一，同时又是灵与肉的异在力量。精神本身的规定是什么？是畏惧。人如何对待自己的精神？精神不能使自己孤立。只要他不在自己之中生活的话，他也就无力把握自己。因为，人的规定就是精神。他也无力逃避畏惧，因为他爱畏惧；但他又不爱畏惧，因为他在逃避它。上述无知作为整体的现实，正体现在畏惧之中，体现于可怕的虚无中。[①]

畏惧不是针对具体的东西的害怕，不是一种情绪，而是精神的特征——是人之为人的特征。上帝对亚当说："只有善恶之树的果子是不可以吃的。"亚当显然不理解这句话。他既然无过犯，哪知善恶的区别？并且，恰恰是上帝的禁令使亚当感到畏惧，进而唤醒了"自由的可能"。[②]这是针对"不知为何物"的自由，即从"不知为何物"中解放出来[③]之可能的畏惧。他只知道，他可能会吃禁果，他有选择的可能。但不知，何为善，何为恶，以及他吃了禁果，到底会成为什么。作为可能，他想去试探，但作为禁令，他又想逃避。神说，食禁果会受惩罚，成为有死者，但他不懂死为何物，所以他不理解神说的话。这里提出了个人的自由、死亡同对虚无之畏惧之间的关系的问题。这个问题后来成了20世纪哲学的中心课题。

逻辑上我可以轻而易举地说，可能性就是能够，我们可以让

---

① 《基尔凯郭尔全集》第 11－12 合卷，第 42 页；基尔凯郭尔：《畏惧的概念》，Reidar Thomte 英译本，第 41 页。

② 《基尔凯郭尔全集》第 11－12 合卷，第 43 页；基尔凯郭尔：《畏惧的概念》，Reidar Thomte 英译本，第 44 页。

③ 日耳曼语族中"自由"和"解放"是同一个词：free,frei。

可能转化为现实。但是在实际上并不那么简单。在可能性与现实性之间，有一个中间地带，这就是畏惧。"畏惧既不是必然性的规定，也不是自由的规定，它是被束缚的自由。自由本身并不自由，自由是被束缚的，被束缚于必然性之中，被束缚于自由本身之中。"①当意识觉悟到，可以为某事，但不必须为之，此时便产生畏惧，这正是进行行动的自由。畏惧指示了一种内容尚未决定的自由活动。如果行动了，自由变成为现实，不可收回。畏惧是唯一一种把自由作为自由来加以体验的形式。基尔凯郭尔用万丈深渊上过窄桥的体验形象说明了这种对自由本身的体验。当人眼向下看的时候，感到眩晕。眩晕产生的原因，即包括了眼睛又包括了深渊。畏惧就是对自由的眩晕。当我们一方面看到自由可能，同时有穷性又紧紧抓住我们，这时便产生自由的眩晕。②

　　与原罪的讨论相关的另一个重要内容，是两性关系问题。没有性别之差，不会有原罪，没有原罪也不会有性别之差。原罪是两性关系的开始，也是人的族类的历史的开始。个人之所以会献身于感性、性爱，是个人对消解到历史和两性关系之中的畏惧。因此，性爱中总伴有畏惧。精神意识到，献身于性爱，在某种情况下会引起反对精神的力量，将精神置于不顾。"因为在性爱的高潮中精神无力在场，因为，精神无力在性爱中表达自己。""亲爱的性爱，在此处我不能作为第三者出现，而只想隐藏自身。"因

---

　　①《基尔凯郭尔全集》第 11－12 合卷，第 48 页；基尔凯郭尔：《畏惧的概念》，Reidar Thomte 英译本，第 49 页。

　　②《基尔凯郭尔全集》第 11－12 合卷，第 60 页；基尔凯郭尔：《畏惧的概念》，Reidar Thomte 英译本，第 61 页。

此，这里有的是畏惧和羞怯。①

原罪是人之为人的开始。原罪是一种行为的可能性。它不是对善、恶的可选择性。人生活动本身就是一种可能性。原罪就是进入自由，实施某种可能，但无根无据，只是因为能如此而如此。正因为如此，原罪是亚当个人的责任，它使亚当变成了个人。谁如果克服了这种畏惧，他便超出了人的世界，进入另外一种生存方式。只要他仍为人，他就在自由的畏惧中行为，不断设置着自己的责任。

第六节　必然与人生

1844 年和 1846 年基尔凯郭尔用自己的名字编辑出版了约翰·克里马库斯（Climax）的两部著作（实际上这是他自己写的两部书）。一部是《哲学片断》，另一部书名十分冗长，即《针对〈哲学片断〉而作的结束性的非科学性的附录·模仿性的、情绪高昂的、辩证性的文章集录·生存性论文》（以下简称《非科学性的附录》），这两部著作构成基尔凯郭尔的思想的转折点：这是他最后两部用假名出版的著作，但真名已经出现在卷首，尽管是以编者身份出现的。此后的作品他均用真名。同时，这是他最后两部纯哲理性著作，其后的著作均为宗教性著作。也就是说，这两部书是思想试验性的、带有游戏性的工作的结束：在思维诱惑下的活动宣告完成。其后他公开用自己的名字开始了严肃的战斗性写作生涯，与丹麦国教展开斗争，为维护真正的个人信仰而

---

①《基尔凯郭尔全集》第 11－12 合卷，第 72 页；基尔凯郭尔：《畏惧的概念》，Reidar Thomte 英译本，第 71 页。

战斗。

约翰·克里马库斯是历史上的一个真实人物。他是公元 6、7 世纪之交西奈修道院的院长，是《通向伊甸园之梯》一书的作者。书中认为，灵魂要升入伊甸园，需要走 30 级台阶。基尔凯郭尔用此名暗示，人生是精神不断升级的过程。

从内容上看，《哲学片断》和《非科学性的附录》这两部书都是在反复说明同一问题：理性无法把握信仰，理性同信仰属于两个不同的范围。信仰本身的形式是悖论，不需要理性的证明。如果说，上帝不存在，理性根本无法想到去证明它是否存在。而如果想去证明上帝存在，这种努力又是极愚蠢的。对于不存在的东西无法证明，对已存在的东西，只能指明，它是什么，无法对它的具体的存在提供证明。[①]这使人想起了海德格尔后来反对对存在的证明，海德格尔在《存在与时间》中尖锐地批判了西方哲学中关于对存在的证明的努力；康德认为人类理性未能提供这种证明，是人类理性的耻辱，海德格尔也反对康德的立场，公开提出，哲学的耻辱恰恰在于人们今天仍企图进行这种证明。[②]

在《哲学片断》中有一段插曲，专门对黑格尔的历史哲学提出了批判。[③]他以黑格尔的变化、生成概念开始。生成是历史的基本概念：它是从可能性向现实性的过渡。而可能是尚不是存

---

① 《基尔凯郭尔全集》第十卷，第 38－43 页。

② 海德格尔：《存在与时间》，陈嘉映、王庆节译，熊伟校，生活·读书·新知三联书店 1987 年版，第 247 页。

③ 基尔凯郭尔：《哲学片断》，翁绍军译，生活·读书·新知三联书店 1996 年版，第 200－218 页；《基尔凯郭尔全集》第十卷，第 68－82、180－184 页。见编者的长注中引述的基尔凯郭尔发表删除的文字。

在的存在。现实是已是存在的存在。而必然的东西是不变的东西，它不生成，只有存在。因此，一切有生成的东西都不可能是必然的。所以，由可能到现实的变化，不是由于必然，而是来自自由。①历史中发生的一切都没有根基（Grund），只有理由（Ursache）；根基是必然性的关系，原因是生成的变化的前提，但不是必然的。人的行为的动机是生成变化的原因，但并非必然。人的行为无最终原因，即人的行为是自由的。历史发展有原因（缘由），但无必然的根据。历史中一切已成者，都是历史性的，所有发生的，都不可重演，不可改变。过去的东西不可改变，未来也是一样，无必然性。必然性同生成与自由绝对不相容。因此，根本不可能有关于历史的科学。在历史领域，不可能有知识，只能有信仰和怀疑。基尔凯郭尔认为，怀疑不是认识活动，它得不出结论，不作正面结论。信仰也不是认知活动，不是结论。信仰是一种决断，一种自由行为。所以，历史知识只能是建立在无根基的深渊之上。历史知识是一个悖论，它与信仰是一类东西。

第七节　主体性：生成中的生存、激情、感性

在《非科学性的附录》一书中基尔凯郭尔对主体性问题作了深入分析。黑格尔强调主体是理性的主体。基尔凯郭尔与黑格尔相反，他一方面指出，在主体的思想中并不排除有客观的、独立于主体本身的思想内容，但这种客观思想同主体思想之间有着清晰的界限：客观的思维有它的实在内容，但是这种思维活动本

---

① 基尔凯郭尔：《哲学片断》，翁绍军译，第 203 页；《基尔凯郭尔全集》第十卷，第 71 页。

身却是主体活动。即使一个人一生从事逻辑研究，但并不因此他就是逻辑。他自身的思维活动仍是属于另外的领域。①所以，基尔凯郭尔认为，逻辑体系的存在是可能的，但是不可能有关于人生此在的逻辑体系。所以，在逻辑体系中，不应掺入关于人生此在的内容。从主体方面看，一切逻辑的内容都是假设。②

人的生存是肉体中的生存，所以基尔凯郭尔认为，应把人的生存理解作肉体生存。人对自己的情绪、欲望、激情是有意识的。他的分析是对"肉体与心灵""自由与必然""时间与永恒""有终与无终"的辩证分析。但是，他的分析既是在个人的具体生活中对个体性的分析，同时又是对个人"自己"（Selbst）的生成的理解。他把人生理解为辩证的对立，但这是不可调和的无中介的对立和张力。这就是后来阿多诺否定辩证法的思想来源。在没有媒介的对立中，新事件通过跳跃而"出现"。人生是自由的。自由使得偶然性成为可能，而理性的抽象的思想是无力把握偶然性的；在生活中，自由并不是对必然的认识，而是人在生存中进行决断。

人生此在永远不可能客体化，因为"人的生存一直处于生成之中"③，人每天都是新生。人的"生存活动就是时间过程（zeitlich）"，而且，在这个过程中，人随时面临死亡，随时可以中断这个存在。④它使一切保证、保险发生动摇。我们常说，"一

---

① 《基尔凯郭尔全集》第 16 卷第 1 册,《非科学性的附录(1)》,第 85 页。
② 《基尔凯郭尔全集》第 16 卷第 1 册,《非科学性的附录(1)》,第 103 页。
③ 《基尔凯郭尔全集》第 16 卷第 1 册,《非科学性的附录(1)》,第 78 页。
④ 《基尔凯郭尔全集》第 16 卷第 1 册,《非科学性的附录(1)》,第 74 页。

寸光阴一寸金，寸金难买寸光阴"，为什么？死亡使之如此！越
是严肃地对待死亡，越知道时间的宝贵，死亡使时间变成无价之
宝；死亡也由此决定了人生的情趣、节奏，基本状态。这里揭示
的生存中死亡与时间性的关系，是后来海德格尔《存在与时间》
的思想的主要来源。所以人生不会有完成、完善的时候，永远不
会是一个封闭的体系。个人的生存就是不断追求。与此有关的真
理，包括宗教的真理，只能是相对于主体的真理，只能存在于人
的追求中。所以，在主体活动中"真理就是主体性"。[①]离开人生
的、客观的抽象真理，不是某种假设，就是近似的知识，不可能
是绝对的知识。基尔凯郭尔认为，真理与热情密切相关。真理是
以激情为基础的。只有当人们忘记了人是生存着的主体，激情才
隐去。但这样人就成了某种"幻想性"的东西，真理也就成了人
的认识的最佳的理想的对象。激情只存在于瞬间，人的生存也在
于眼下瞬间。真理同它的基础恰恰又构成一对悖论，真理是内在
的。[②]客观的真理以主观的激情为基础。

　　正是基于这个原因，人的内心的内容不可以用语言直接交
流，只能间接交流。所以基尔凯郭尔认为，他写的文字，只是他
的内心想法间接的表达形式。[③]

　　主体性不仅是真理，而且是现实。[④]他的思路与叔本华类
似。一切关于现实的知识都不是现实本身，都是经过媒介获得的

　　[①]《基尔凯郭尔全集》第 16 卷第 1 册，《非科学性的附录(1)》，第 179 页。

　　[②]《基尔凯郭尔全集》第 16 卷第 1 册，《非科学性的附录(1)》，第 189 页。

　　[③]《基尔凯郭尔全集》第 16 卷第 1 册，《非科学性的附录(1)》，第 234 -
235 页。

　　[④]《基尔凯郭尔全集》第 16 卷第 2 册，《非科学性的附录(2)》，第 47 页。

可能性知识。只有一种现实对人来说是真实的现实：人自己的现实，即"他存在着"这一现实。这个现实是他的绝对的兴趣和利益所在。基尔凯郭尔并不否认，有高于现实的可能性，如美的艺术的。但对于个人来说，他的利益就是生存。艺术、美的超功利性实际上是对现实性的漠视。

基尔凯郭尔认为，人们可以以三种不同的方式生活：感性的（唯美的 ästhetisch）、伦理的和宗教的。我们既可以将其理解为三个领域，也可以将其理解成三个阶段。他认为，感性生活与伦理生活之间的边缘地区是讽刺。伦理生活与宗教信仰生活之间的边缘地区是幽默。①理智属于感性生活的范围。人生有感性、伦理和宗教三阶段、三状态，但三状态之间没有进步发展关系。它们之间无连续性，只有间断，只能从一阶段跳到另一阶段。

感性生活和理智活动把现实还原为可能性，伦理生活把可能的存在看作现实性。感性生活把一切不可能存在排除在外。伦理生活谴责一切不是现实的可能性，即个人的可能性。因为伦理不重视个人。人们常常犯把感性生活同伦理生活相混淆的错误。感性生活关心对可能性的设计规划（现实），伦理生活关心现实性的可能（行为）。感性生活从事的游戏不关心自身的存在，伦理生活只关心他的生存：将自己的生存同一般、普遍协调在一起。宗教生活承受着痛苦，他的生活由他同上帝的关系而定，它是一个矛盾：一方面宗教生活中人追求同神的同一，另一方面他又同神截然不同。消除这个差别的努力是徒劳的。宗教生活所承受的痛苦是一种不可表达的内在性，是自己的死亡的直接体验。这种体

---

① 《基尔凯郭尔全集》第 16 卷第 2 册，《非科学性的附录(2)》，第 159 页。

验既不可向外传达，也不可能间接领会。但内在的痛苦的承受可通过幽默得到表现。

基尔凯郭尔对人的描述都是为了把个人带到上帝面前。为此，他采取了不同的方式，思辨的，训世的，美学的（诗歌）。他的哲学著作都是服务于这一目的。让个人认识到，个人的生存是个人的。但是如果人是单独的个人，那么如何才能用语言谈论他，如何表达他的个人的生存呢？

一切人的唯一的共性，在基尔凯郭尔看来，就是一切人都是个人，一切涉及的都是个人的存在和拯救。从大家、大众中退回到"人与神"的关系。作为生存着的思想者（人）一直在追求，而且是处在生成之中（音乐、歌曲）。生成是人的生存。所以人的生存，既是悲剧又是喜剧。个人是"自己"，但它只能在不是自己时，才是它自己。它并不是自身的同一性，不是自身的透明性。它是不同一的，不透明的，尚未完成的。生存所涉及的，恰恰是永远不可成为的，从来不会成为的东西。自身（Selbst）是自己对自己的关系，也是自己对自己的关系的关系。而且具体的个人自己，是它自己，但是不通过自己，它不可能真正成为自己，所以是不正当关系、错误关系（Misverhältnis）。如果人愿意,(1) 对他愿意是自己进行怀疑，(2) 对人不愿意成为自己进行怀疑。成为自己是不可避免地归于失败。这恰恰表明了人同自己的关系的不独立性。人通过对自己的关系，不可能找到自己的归宿、安宁或者平衡。人总是一个悖谬，这是人的生存的基本结构。这是一个阴森可怕的进程。这种"不正当关系"正是人与动物的区别。从宗教信仰角度看，可称之为"走向死亡之病"，向死而病（"Krankheit zum Tod"）。正是由于人生此病，"向死而病"，所以人优先于动物。而对此"向死而病"有知，正是基督徒优于一般人之处。这个病的痊愈，就是基督教的至福时刻，即个人同绝对的神的直接的绝对关系发生的那个时刻。

第八节　"为人"就是"走向死亡之病"

1849 年基尔凯郭尔出版了《致死的疾病》，副题为"为了使人受教益和得醒悟而做的基督教心理学解说"[①]，作者被命名为"反克里马库斯"。克里马库斯尽管也是信神的，虔诚的，但是他所做的哲学性的反思，并不是从正统基督教立场出发的研究工作。而"反克里马库斯"则放弃了哲学反思的立场，这里是从基督教立场对人的存在的反思：什么是人的存在，什么叫"为人"？从基督教立场出发，"为人"就是"走向死亡之病"。而"走向死亡之病"就是"绝望"。既然人生是"走向死亡之病"，那么死亡就是人生的最终结果，最终人生就是死亡，所以是绝望、失望、困惑（Verzweiflung）。这里，绝望是对人生存在的有穷性的体验。但是这种绝望又不同于死亡。绝望恰恰在于人死不了，这才有了绝望的痛苦。"如果死亡是最大的危险，那么人希望生活；如果人们知道有比死亡更可怕的危险，那么人们希望死亡。如果危险如此之大，使死亡成为希望的话，那么绝望就是毫无希望性，它连死也办不到。"[②]连死的希望都没有，这才是基尔凯郭尔

---

①《基尔凯郭尔全集》第 24－25 合卷；基尔凯郭尔：《致死的疾病》，张祥龙、王建军译，中国工人出版社，1997 年。

②《基尔凯郭尔全集》第 24－25 合卷，第 13－14 页；基尔凯郭尔：《致死的疾病》，张祥龙、王建军译，第 14 页。

所说的人生的绝望。它是一种矛盾：自身患病，永远在死亡过程中，但又死不了。这是对死亡过程的体验。因为绝望是死不了的，就像用剑去杀死某人的思想一样，是办不到的。所以，通过对意识的分析，必然会导致绝望。

基尔凯郭尔认为，人是精神，"但什么是精神？精神就是自己。什么是自己？自己是一种关系，是一种对自身的关系"。精神不是一种一般的关系。"它是关系对自己的关系。"[1]"人是无穷性同有穷性的合题（结合），是时间之事同永恒之事的合题（结合），是自由同必然的合题（结合）。"[2]这里处处可以看到黑格尔的影响。所以海德格尔批评基尔凯郭尔，尽管他对人的生存的现实有深刻体验，但仍受到黑格尔的束缚，未能提出生存存在论问题。也就是说，在内容上，基尔凯郭尔已经走得很远，但在理论上，在描述上，基尔凯郭尔做的还远远不够本真原初，还受到外在因素的限制。

---

[1]《基尔凯郭尔全集》第 24 - 25 合卷，第 8 页。

[2]《基尔凯郭尔全集》第 24 - 25 合卷，第 8 页。

第五章
现象学先驱：洛采

鲁道尔夫·海尔曼·洛采 (Rudolf Hermann Lotze, 1817—1881) 是另外一位常常被人忽视的 19 世纪哲学家。1817 年出生在一个军医家庭。1838 年 3 月获哲学博士学位，7 月获医学博士学位。1839 年任医学讲师，1840 年任哲学讲师。他的哲学老师是黑格尔的批判者海尔曼·魏塞，他的自然科学老师是著名的生理学家费希纳。1844 年应聘赴哥廷根作正教授。1881 年受聘柏林大学，但同年 7 月 1 日便在柏林逝世。

洛采从小受到很好的人文主义教育。传统诗歌和古希腊文学对他有深刻的熏陶。1832 年歌德去世，这位中学生十分悲痛。他自己模仿歌德的教育小说的风格，也曾草拟过一部小说提纲；还写过许多诗，并有过许多文学创作计划。后来他说："对诗歌和艺术的强烈爱好是推动我后来从事哲学的第一推动力。"他以优异成绩中学毕业后，矢志学习自然科学和哲学。[①]

1834－1838 年在莱比锡大学学医。在学习期间受到长他 5

---

① Richard Falckenberg:《H. 洛采传》，斯图加特，1901 年，第 18 页。

岁的弗雷斯的学生 Apelt 的影响，后来洛采常在通信中和他讨论算术、代数、微积分和自然哲学问题，就弗雷斯的自然科学哲学问题进行争论。他在莱比锡期间学习了生理学，在费希纳处学习物理学，还学习了比较解剖学。后来洛采与费希纳成了忘年交。在哲学上他师从黑格尔的学生、后来黑格尔的反对者魏塞，学习了康德以来的哲学史、美学、宗教哲学。当他的哲学老师魏塞让他对光、色、声、重力以辩证方式作哲学思考时，他与老师公开争论。1838 年 7 月 1 日他获得医学博士学位，秋天回家乡行医。但很快他便意识到，医生不是他的职业。1839 年又回到莱比锡大学，任私人讲师。在那里他开始草拟他的逻辑学和形而上学哲学体系的写作工作。与此同时，他还开始从事病理学的科学理论的奠基工作。1839 年 5 月他获得医学专业大学教师资格。1839 － 1840 年讲授"神经系统疾病"课程，1840 年讲授普通病理学、心理学，1840 － 1841 年讲神经系统的功能与疾病。1840 年获哲学专业大学教师资格，并于 1842 年在莱比锡任哲学副教授。但他想获得医学副教授的努力受挫。洛采在他的医学博士论文中就已经对当时医学和病理学界十分敏感的问题进行了讨论。对当时流行的概念，如两极性、组织吸引力、生命振荡等概念进行批判。洛采在文章中明确要求，把物理学的观察方法彻底引入生物学和医学领域。他致力于改变德国医学界受自然哲学影响的落后局面，力图为重新奠基医学科学作出自己的贡献。1838 年洛采公开反对在医学中使用生命力 (Lebenskraft) 这一概念，认为它可以使一切科学腐烂，为一切神秘主义的胡编乱造大开方便之门。当时生理学权威都没有从"生命力"这类概念下解放出来。在他的著作《普遍病理学和作为机械自然科学的治疗法》中公开对传统生命力概念作了全面的批判。书的题目表明了他要把整个医学置于严格的物理学基础之上的决心。当时柏林生理学派的巨头 E. H. Weber 坚持生命力概念，对洛采的思想十分反感。在 Weber 一党的反对下，洛采未能当上医学副教授。洛采 1841 年出版了《形而上学》，当时他只有 24 岁，两年后又出版了《逻辑学》。

1844 年洛采受聘哥廷根大学哲学系任教授。他在此任教近 40 年，成了当时德国最有影响的哲学教授。当布伦塔诺与天主教发生纠纷、大学教职受到威胁的情况下，洛采挺身而出，向有教授任免权的奥地利皇帝，向维也纳大学，力荐布伦塔诺。在违抗天主教的异议、任命布伦塔诺为教授的任命书中，奥地利皇帝把洛采的推荐作为主要论据："因为哥廷根的 H. 洛采教授，即德国大学哲学的首席代表，使我注意到布伦塔诺的工作得到学界的普遍的公认。"[1]

洛采的工作，不管是医学病理学、心理学方面的工作，还是哲学的研究工作，均是致力于建立哲学同自然科学之间新的关系：一方面，他在自然科学中致力于将"哲学"，即陈腐过时的黑格尔自然哲学以及类似的货色，彻底清除出去，将严格的科学的物理学实验方法、严格的因果观念引入医学；另一方面，他又致力于从哲学上对自然科学知识的领域做出明确规定，确定其性质，划清自然科学同哲学的界限，反对当时盛行的、用自然科学成果直接充当哲学的幼稚作法，致力于重新恢复哲学自己独立的研究领域。

---

[1] Eduard Winter:《异端的命运》，第 371 页。

在逻辑学中，他主张逻辑的形式化、数学化，并进行自己的尝试。他的工作直接影响到弗雷格数理逻辑的提出。[①]

在 19 世纪中叶，心理主义盛行的时代，洛采是第一个挺身而出反对心理主义逻辑理论的哲学家，他把纯逻辑同思维心理学严格加以区别。他认为，心理过程是在具体时间中，在具体人身上发生的有始有终的过程，但是在心理过程终结之后，思想的逻辑内容并不结束其存在，不管人们是否注意到它，它都继续存在下去。洛采明确提出，思维的内容同思维活动具有完全不同的存在形式。思维内容，即命题存在形式是有效性（gelten，Giltinkeit）。他甚至认为，概念本身已具有有效性的存在方式。但他还指出，概念的有效性同判断的有效性是不同的。但同时洛采又是有神论者，并且把神作为理解逻辑在现实中有效的根据。他认为，逻辑的有效性，逻辑规律是上帝工作的方式，所以逻辑是永恒。

洛采主张从整体上来把握世界，把自然科学的具体研究成果置于一个有机的体系之中，同时他又清醒的知道，这样的世界观是不可能现实存在的。它只能被看作暂时完成的体系，实际上这是一个无限的永无终结的过程。在他看来，黑格尔想达到对最后真理的把握的想法是十分幼稚可笑的。他坚持认为，现实总比思想所了解到的内容丰富得多。形而上学的任务恰恰在于，用与现实相应的逻辑形式对现实加以描述（Darstellen），而不是构建神

---

① 见 G. Gabriel 为 1989 年 Meiner 出版社的洛采《逻辑》一书所写的导论《洛采与弗格雷现代逻辑的诞生》。洛采：《逻辑》，第 1 卷第 XI – XLIII 页，第 3 卷第 IX – XXXID 页。

秘世界。黑格尔想用逻辑的方法推导出一切事实，而洛采则认为，现实是早已存在的东西。我们的任务是对它加以理解，发现它们的内在联系。

洛采把现实分为现成存在的物、物本身发生的事件、物所有的特性、物与物之间的关系。洛采不关心存在的生成问题。他认为哲学的任务只是了解这些关系相互作用的规律。但他不满足于此，他还要找出事物如此存在的目的，以及整个物质世界存在的价值。所以他认为，在了解事物机制（Mechanisimus）之外，哲学还必须对世界作目的论观察，洛采的这种看法当然是陈旧、过时了。在这种过时的想法的指导下，他却开了 20 世纪哲学的先河：他不断提问，存在是什么意思？当我们说，物存在（Sein）时，到底意味着什么？这里洛采提出的问题是布伦塔诺的问题，是胡塞尔的问题，也是海德格尔的问题。洛采认为，Sein 指的不只是被我们所感知到的具体物，也是思考的抽象物，如绝对位置等。他认为，从物的现有现实出发来看，Sein（存在）无非意味着“于某种关系之中”。正是以此为基础，我们才可能把尚不能感知的东西称为存在。

洛采区别了存在领域和有效性领域。在存在领域中，人们研究知识的事实的条件问题（Quaestio facti）。在有效性的领域中，即价值领域中，研究的是知识的有效性条件问题（Quaestio iuris），而对洛采来说，事实的知识的条件问题是最基本的，有效理论是以本体论上的实在论为基础的，事实的存在优先于一切认知，所以是一切认识内容的基础。

洛采是德国 19 世纪哲学的关键人物。他生活在 19 世纪德国科学大进军的时代。他自己是学习自然科学和医学出身。他坚决反对黑格尔、谢林那一套关于自然的胡说，反对用这种东西来顶替具体的自然科学研究。但同时他又清醒地看到，自然科学的认识并不是一切。人还有一颗感情丰富的心。人生、人心是不可以自然科学的方式加以把握的。科学知识并不是一切。为此，他提出了价值哲学。他的思想通过他的学生文德尔班直接影响了后来的新康德主义的发展：文德尔班力主发展康德的价值哲学思想，建立了以价值哲学、文化哲学、人文科学认识论为重心的新康德主义西南学派，同以科学认识论为中心的新康德主义马堡学派形成鼎立之势。而洛采的逻辑学研究对胡塞尔产生了直接影响，成了胡塞尔现象学的重要思想来源。海德格尔曾在1925年的课堂上明确指出，在自然科学研究占统治地位的19世纪，洛采用毕生精力来反对这种科学的一统天下。"他为克服这种统治做了真正的准备工作。"①因此，《从1831年到1933年的德国哲学》一书的作者Schnädelbach明确指出，洛采是"19世纪德国哲学史的关键人物"②。洛采代表了19世纪哲学的转型。1924年Fritz Bamberger在洛采哲学传记中说，那个时代的唯心主义世界观构成了洛采思想的肥沃的土地，而他自己"作为医生和自然科学家"的经历使他不断地将这份文化财富，即这个时代的唯心主义精神，"加以确定和准确地表达"，因为"他有能力不断地将这种精神同自然科学加以对照"。③Radl在《生物学史》中写

---

① 《海德格尔全集》第21卷，第63页。

② Herbert Schnädelbach, *Philosophie in Deutschland 1831－1933*, s. 206.

③ Fritz Bamberger, „Lotze", in *Untersuchungen Zur Entstehung des Wertproblems in der Philosophie des 19. Jahrhunderts*, Band I, Niemeyer

道，德国唯心论流行"30 年以后，自然哲学家被淹没在讽刺挖苦之中。化学家 J. 利比希对他们进行了不留情面的攻击。哲学家 H. 洛采埋葬了他们的一般理论。物理学家和生理学家 G. T. 费希纳在他的文章中拿自然哲学家大开玩笑"。[1]

洛采明确主张多元主义，他认为，除了自然科学揭示的现实之外，还有其他的存在领域：这就是他提出的现实、真理与价值三大领域的论断：现实关涉因果问题，是自然科学领域；真理关涉意义问题，是逻辑学领域；价值关涉有效性问题，是哲学的领域。他的学说对新康德主义西南学派的产生起了决定性影响。他的学生文德尔班就是专门致力价值哲学的研究；李凯尔特则进一步发展这一思想，提出了自然科学与人文科学的分界理论。洛采的另一个学生狄尔泰则把这一思想直接用于历史学界的方法论批判，进一步提出了历史学解释学。他的逻辑学研究直接影响了胡塞尔，建立了现象学。海德格尔也直接受到他的影响，对价值问题作了进一步的批判分析。海德格尔指出，价值问题并没有将问题揭示透彻，在价值问题的名下，实际上涉及的是人生此在的存在问题。可见 20 世纪哲学的其他主要哲学方向，即逻辑实证主义、现象学、存在主义，都可在洛采这里找到师传关系。

笔者认为，洛采的《逻辑学》的第 316 节以下各节的内容是理解 20 世纪哲学很好的导论。

Verlag, 1924, s. 3.

　① 洛采:《心理学文集》, R. Pester 的序言, Springer 出版社, 1989 年, 第 13 页。

第三编
普法战争之后的德国哲学

第一章
新康德主义的诞生

第一节　背景

　　我们前面已经指出，黑格尔主义解体之后，德国的哲学分裂为两支，一支走向自然科学的研究，它的指导思想无疑是唯物主义的。另一支是哲学唯物主义，它又分为费尔巴哈的人本主义唯物论，马克思主义的辩证唯物论，毕希纳等人的自然科学（庸俗）唯物论。总之，在哲学界，唯物主义是主要倾向。这种倾向当然会导致唯自然科学主义。这一方面是由于自然科学的成功，另一方面也是唯物主义的逻辑使然。在当时，按恩格斯的说法，哲学就剩下哲学史和逻辑学。新康德主义者李普曼（O. Liebmann）说：“当时很长一段时间内大家都认为，哲学不是完全被纳入具体自然科学之中，就是对属于过去的财富作历史编纂学的描述。”① 正是针对这种哲学江河日下，走向终结的时候，李普曼才提出“回到康德去！”的口号。当时除了对付科学的挑战

---

① 李普曼：《康德与其后继者》，1865 年，1912 年重印本，第 223 页。

之外，哲学还面临着社会政治问题。1848 年欧洲的革命失败了，复辟又是人们坚决反对的。在这种进退两难的社会困境下，哲学看到自己的一线生机。它要通过对社会问题的哲学考察为人们提供第三条道路，即改良或者改革的路。

众所周知，西方近代哲学是认识论哲学。它追问的问题是，什么是知识。理性主义认为，我们可以通过知识把握现实的本质。理性主义的代表笛卡尔认为，我们之所以能不走样地认识现实的基本结构，就是因为我们能认识有上帝的存在。上帝不可能欺骗我们，不可能让我们一方面有清楚明白的认识（如代数学、几何学和精密科学），一方面又让这些知识空无对质，无现实与之对应。精密科学与物质现实的本质结构是统一的。经验论的代表洛克则认为，经验可以还原为简单的观念，观念又分别来源于外部经验和内部经验（sensation and reflection）。知性或理解力则把二者结合为复合的经验，结构性的经验。他们分别为知识的可靠性提出了论证。但是休谟对认识论的基本前提提出质疑，认为人们根本无力对知识客观可靠性提供哲学证明。休谟认为，为解决这个问题，必须走向心理学——联想心理学，用心理学解决认识论问题，以说明我们为什么以为我们具有的知识是可靠的，具有客观真理性的。

康德本人在认识论上的工作主要是为了回答休谟对人类知识可靠性的质疑的。康德提出，认识论关心的不是知识的形成问题；认识论的任务是指明，要认识现实，必须具备哪些原则条件。因此哲学认识论只研究认识的纯形式。哲学不研究现实对象本身，她关注的是关于对象知识的种类，构成知识之基础的经验

之可能的条件。[①]哲学由关于现实性的理论转变为关于现实性的
知识的理论，是哲学走向元理论（Metatheorie）的开始。今天认
识论、知识论中讨论的哲学问题，大部分是方法论或者元理论问
题的讨论。

　　康德《纯粹理性批判》于 1781 年出版以后没有太大影
响，1787 年出第二版，他的学生 Karl Leonard Reinhold 于 1786
年出版《关于康德哲学书信》一书，产生了较大影响，康德思
想的重要性才逐渐被人们认可。但是对康德思想真正的深入研
究，始于 1870 年之后。

　　1794 年费希特在康德思想的影响下提出了知识论体系，他
的思想已经偏离了康德批判哲学的基本立场。后来谢林、黑格尔
的情况更是如此。实际上黑格尔又回到了笛卡尔的立场：哲学关
心的是现实性本身的本质的认识。黑格尔并不认为，可以在元层
次上研究知识可能的条件。康德认识论本身是元理论，但是在黑
格尔那里他的思想被读解为关于现实的理论。在黑格尔看来，只
有以绝对理念的存在为前提，才有可能讨论"什么是知识""什
么是经验"等认识论问题。绝对理念是早已经存在的东西。因
为，如果它不事先已经存在在我们这里，我们也不可以理解它。所
以，在黑格尔看来，对普遍的理性的相信，是知识可能的前提。绝
对精神表现了客观现实给定性。黑格尔把一切科学均囊括在一个
体系哲学中，理性地加以解释。黑格尔的这种哲学观早已经过时
了，但他坚持的基本思想，即认为真正意义上的科学就是对现实
性的本质的把握，通过马克思主义的影响，在我国哲学界一直还

---

　　① 康德:《纯粹理性批判》，B25。

起着指导性作用。[①]

　　新康德主义的诞生史有十分复杂的文化历史背景。这个题目是思想文化史的有意思的课题。

　　新康德主义是一个哲学学派，也是一次哲学运动，新康德主义诞生于 19 世纪下半叶，从 19 世纪末起占领了整个德国哲学界，到 20 世纪 30 年代，它前后共流行了 70 多年。它是德国哲学史上继德国古典哲学之后持续时间最长、统治德国大学哲学系最久的哲学学派。[②]它对后来德国哲学发展的影响十分深远。新

---

　　① 用概念完完全全地把握现实性的这类哲学野心可以说是已经完全过时了。但是，黑格尔发展的出来的辩证法还有影响，他关于政治、生活、社会的许多精辟表达，还吸引人们阅读他的著作，启迪着人们的思考。

　　② 以下是新康德主义先驱和主要代表在大学哲学系任教授的时间表。

新康德主义先驱和早期代表：

赫尔姆霍尔茨（Helmholtz, 1821－1894), Berlin 1871－1894；朗格（Lange, 1828－1875), Marburg 1873－1875；李普曼（Liebmann, 1840－1912), Strasbourg 1872－1882, Jena 1882－1912；福尔克特（Volkelt, 1848－1930), Jena 1879－1883, Basell 883－1889, Würzburg 1889－1894, Leipzig 1894－1921；黎耳（Riehl, 1844－1924), Graz 1873－1882, Freiburg 1882－1896, Kiel 1896－1898, Halle 1898－1905, Berlin 1905－1917；赫尼斯瓦尔德（Hönigswald, 1875－1947), Breslau 1916－1930, München 1930－1933；齐美尔（Georg Simmel, 1858－1918), Berlin 1901－1914, Strasbourg 1914－1918；科尔内里乌斯（Cornelius, 1863－1947), München 1903－1910, Frankfurt 1910－1928。

　　洛采的学生（西南学派）：

文德尔班（Windelband, 1848－1915), Freiburg 1877－1882, Strasbourg 1882－1903, Heidelberg 1903－1915；李凯尔特（Rickert, 1863－1936), Freiburg 1894－1916, Heidelberg 1916－1936；腊斯克（Lask, 1875－1915),

康德主义就是从康德的精神出发，系统地、成体系地进行哲学思维的哲学运动。属于这个运动的哲学家思想家数以百计，但主要是两大学派，六位领衔学者，即马堡学派的柯亨、那托普、卡西尔和西南学派的文德尔班、李凯尔特、腊斯克。

1865 年，李普曼的名著《康德及其后继者》一书的出版，可以视为新康德主义起始的标志（并非绝对的开端）。他在该书中的每一章的最后都写着一句话"回到康德去"，作为结论和结尾。尽管他不是最早提出这一思想的人，但他的书却吹响了新康德主义反抗当时新黑格尔主义、科学唯物主义等流行思潮的号角，使"回到康德去"成了真正的反叛口号。新康德主义并不是从李普曼开始的，李普曼也不是典型的新康德主义者。对新康德主义来说，他过于坚持康德本人的思想。这个运动的早期代表还有赫尔姆霍尔茨和朗格。他们认为，回到康德去，是使哲学摆脱唯物主义和实证主义造成的生存危机的出路。他们复活和进一步发展康德的先验论原则，企图用这一原则来揭示唯物论和实证主义所忽视了的科学本身的构成的前提条件。自然科学是如何可能的，这正是他们共同面临的问题。他们的研究涉及四个领域：(1)认识和科学的逻辑；(2)系统化问题；(3)当时的文化与社会问题；(4)宗教生活问题。

Heidelberg 1910－1915。

特楞德伦堡的学生（马堡学派）：

柯亨（Cohen，1842－1918），Marburg 1875－1912；那托普（Natorp，1854－1924），Marburg 1885－1924；福尔兰德尔（Vorländer，1860－1928），Münster 1919－1928；卡西尔（Cassirer，1874－1945），Hamburg 1919－1933；哥尔兰德（Görland，1869－1952），Hamburg 1923－1935。

在这 70 年间，属于新康德主义学派的教授、学者、作家有近百人之多，其中有名的哲学家也有十几名。最早提倡康德哲学复兴的有化学家物理学家赫尔姆霍尔茨，哲学史家策勒尔（Lange Edward Zeller）、哲学家黎尔（Alois Riehl）、李普曼；新康德主义鼎盛时期主要有两派，一为马堡学派，一为西南学派。马堡学派的代表有柯亨、那托普、卡西尔、保尔森（Friedrich Paulsen）、福尔兰德尔（K. Vorländer）、青年时期的尼古莱·哈特曼（Nigulai Hartmann）等；西南学派的代表有文德尔班、李凯尔特、腊斯克、社会主义者阿德勒、鲍赫（B. Bauch）、蔻恩（J. Cohn）、赫尼斯瓦尔德（R. Hönigswald）等。

第一次世界大战之后的 20 世纪 20 年代，新康德主义开始势微，渐渐从哲学舞台上退出。1929 年在瑞士达沃斯（Davos）哲学讨论会上的交锋是这种趋势最具代表性的事件：新康德主义代表卡西尔与海德格尔就康德解释问题展开争论。在知识界，人们把这次争论看作新康德主义思潮的结束，存在主义、辩证神学开始占了上风的标志。

新康德主义基本情绪是进步的、向上的，提倡乐观主义，追求科学与理性。尼采恰恰是科学主义、理性主义的极端怀疑者，他更合乎后来 20 世纪人们的口味。尽管直到今天康德哲学一直是最重要的哲学，但是新康德主义很少被一般哲学著作提及了。但有一点，康德之所以未被遗忘，今天仍然如此被人重视，这首先要归功于新康德主义者的工作。康德著作重新出版，《康德研究》杂志的创刊，康德代表作的注释、解说，康德思想的新内容的不断发掘，都是新康德主义为哲学文化作出的贡献。新康德主义的这一切努力使得几乎被黑格尔克服的康德思想成了一块哲学发展史上的里程碑。[①]

　　长期以来，新康德主义被德国哲学史研究者们所忽略，这与他们大多数是犹太人不无关系。这种情况到 20 世纪 70 年代以后才有变化。1977 年出版了由 Flach 和 Holzhey 主编的新康德主义者的文章选编《新康德主义的认识论与逻辑》；1986 年科恩克出版了《新康德主义的诞生与发展》，如今成了新康德主义研究的经典。1994 年出版了三部大部头著作，由 Orth 主编的回忆文集《新康德主义：观点与问题》，Holzhey 主编的《伦理社会主义：新康德主义政治哲学》，以及 Ulrich Sieg 的专著《马堡学派的发展与衰落》。

第二节　赫尔姆霍尔茨

　　赫尔姆霍尔茨（Helmholtz，1821－1894）最初在柏林学习医学生理学，获得医学博士学位，毕业后在军队中任军医。后来又从事生理组织的能量转换问题的研究。1847 年发表的关于能量守恒定律的力学证明的文章，使他在学界小有名气。后来他便致力于听觉、视觉基础的研究和心理学研究。曾分别在寇尼斯堡、波恩和海德堡大学任生理学和解剖学教授。1871 年应聘柏林大学，任实验物理学教授。1888 年晋升为帝国物理与技术组织的主席。以后他主要从事麦克斯韦电动力学研究以及热力学基本规律的研究。他自己的哲学观点直接受到两方面的影响：一方面来自他对自己科学研究工作的总结，另一方面受到康德思想的影

　　[①] 参考 Orth, *Neukantianismus: Perspektiven und Probleme*；关于西南学派，参见 Herbert Schnädelbach, *Philosophie in Deutschland 1831－1933*。

响。作为自然科学家，他坚决拒斥思辨形而上学。他认为，康德是真正哲学的榜样。在他父亲的影响下，赫尔姆霍尔茨从 17 岁时就开始研读康德著作。他认为，康德哲学并不想增加人们的知识。康德哲学的最高原则是：关于现实的一切知识都必须来源于经验。赫尔姆霍尔茨批判当时科学家只埋头自己的专门领域，根本不管其他学科的进展情况的局面。这些科学家更不关心各学科之间方法上、哲学上的联系。他指出，发生这种情况完全是黑格尔之流造成的结果。这种科学与哲学隔绝的状态在康德时代尚未发生，康德哲学"完全与自然科学站在完全相同的立场上"。康德的哲学工作恰恰在于"检验我们的认知的来源与合理性"。[1]

由于黑格尔哲学的负面影响，自然科学家纷纷谴责哲学"无意义"，当时流行的观点认为，哲学"毫无用处"，"甚至是有害的梦呓"。他们要完全从哲学的影响下解放出来。赫尔姆霍尔茨认为，这种看法不无道理。但是同时他又强调，在批判黑格尔之类的思辨哲学时，不应把哲学的合理要求、合理工作也加以否定，即不应该否定对"知识的本源"之分析的必要性，因为这种工作可以为我们精神工作提供标准。[2]在给父亲的信中他为哲学辩解时说："一个有思想的自然研究家知道的很清楚，在他不断发展的对自然过程的研究中持续获得对自然过程的不断深入的洞见。但是，他没有找到灵魂的自然本质的任何痕迹。在这一点上他与普通人并无任何差别。因此我不相信，当你把大部分有思

---

① 赫尔姆霍尔茨：《报告与讲演集》第 1 卷，Braunschweig，1903 年，第 162 页。类似的说法，还可见此书第 88 页。

② 赫尔姆霍尔茨：《报告与讲演集》第 1 卷，第 164 页。

想的自然研究家算作哲学的敌人的时候，你是对的。当然，大部分的有思想的自然研究家对哲学根本不关心了。但这个责任应归咎于黑格尔和谢林哲学的放荡不羁。这些科学家把他们当成了一切哲学的代表者。"①

他公开反对科学唯物主义的倾向。在给父亲的信里他谴责福格特和摩莱萧特用物理学的概念，如原子、力、质量等，来制造新的形而上学②。尽管赫尔姆霍尔茨重新肯定了哲学，特别是康德哲学的意义，但是在他看来，哲学仍然是建立在为自然科学研究服务的前提之下，他排斥一切对自然科学无用的思辨形而上学。他公开提出，科学的进步的目的就是建立"人类对与精神敌对的力量的统治"③，"一切科学的共同目的就是使精神对世界进行统治"。自然科学就是要把握外部世界。④

父亲是唯心主义哲学家费希特的儿子小费希特的有神论的追随者。小费希特公开主张，整个自然是有目的的，到处可以看到手段与目的的关系。哲学应回到神学的原则中去，神不应该被看作普遍性的东西，神必须被看成人格（Personlichkeit）；在科学建立真理知识的同时，形而上学应该走出个别的存在，回到最原

---

① Klaus Christian Köhnke, *Entstehung und Aufstieg des Neukantianismus*, s. 153.

② Ridhl：《赫尔姆霍尔茨与康德的关系》，《康德研究》1904 年第 9 期，第 265 页。

③ Ridhl：《赫尔姆霍尔茨与康德的关系》，《康德研究》1904 年第 9 期，第 182 页。

④ Ridhl：《赫尔姆霍尔茨与康德的关系》，《康德研究》1904 年第 9 期，第 183 页。

始的本质和原始的根据上，即回到诸神之上。父亲在给儿子赫尔姆霍尔茨的信中说，除了自然科学、经验知识之外，还有其他的先验对象，还有信仰。儿子则对这种信仰哲学持批判、怀疑态度。

赫尔姆霍尔茨是新康德主义的奠基人之一，也是早期新康德主义生理主义学派的代表。他认为，外部世界作为原因直接影响并作用于我们的感官，产生感性感受。这种感性感受既受到进行刺激的外部对象的规定，又受到接受刺激的感性器官的规定。感性感受是进行刺激的对象的符号，而不是图像。同一对象在同一条件下进行的刺激可以在我们内部产生同一的符号与之相应。不同的符号总是与不同的影响相应。正是基于这一事实，真实世界的规律性才在符号世界中重新得到反映。他的这种康德解释后来被康德主义主要代表所拒绝。但他坚持科学主义的立场，肯定自然科学前提，以自然科学为基础，在康德哲学的帮助下，建立科学哲学的工作方向，被后来的新康德主义主要代表所接受。[1]

第三节　爱德华·冯·哈特曼

哈特曼(Eduard von Hartmann，1842－1906)是军人家庭出身。1842 年 2 月生于普鲁士德国的首都柏林，是普鲁士炮兵军官的独生子。他生长于俾斯麦掌权时期，接受了当军官的父亲的严格教育。父亲的教育塑造了他充满义务感，正义诚实，酷爱真理的性格。他头脑清醒冷静，很少为情感所迷惑，并且热爱音乐、

---

① Theodor Leiber:《从机械论世界观到生命的组织自生：赫尔姆霍尔茨和布尔特曼的研究计划与它们对物理、化学、生物学及哲学的意义》，Karl Aber 出版社，2000 年，全书 830 页。

绘画。军官的儿子在军人家庭中长大，当然是向往当军人。1858
年他参军入伍，冷水浴引起关节炎导致他1861年膝盖骨受损，使
他终身致残。19岁的哈特曼当军人的梦想彻底破灭，人生道路
前途渺茫。此后，他一开始企图以绘画为生，后来又尝试作曲。他
多清醒理智，少梦幻激情的性格妨碍了他在艺术领域的发展前
途。他在《自传》中写道："1864年我开始注意到……在这些领
域中，我只能创作有品味、中上水平的作品……但创作不出最上
乘的作品。"也就是说，在技巧上他能绘画，能作曲，可是他缺
乏艺术家的气质。22岁的他感到，1858年到1864年，六年的青
年时光白白流逝了。"我在各方面都失败了，只剩下了一项还能
运转，这就是思维。"[1]于是他转入哲学的思想工作，开始反思人
生。1864年底开始了他的代表作的写作，1867年4月三卷共计
1500页的《无意识哲学》问世，到1909年再版了11次。但是
1923年之后未再版过。该书的出版引起了哲学界的重视，但也
引起了不少二流哲学家的批评，说它不够专业哲学水平。为了彻
底摆脱纠缠，他自己写了一本名为《生理学和物种起源论中的
无意识》的书，批判《无意识哲学》，匿名发表。哲学界的专家
们纷纷宣布，此书问世，爱德华·冯·哈特曼被"解决"了！1877
年该书以作者真名出了第二版，学界的专家们目瞪口呆，只有通
过沉默来和哈特曼对抗。

　　除了学界反对之外，他在家庭生活中也屡遭不幸。哈特曼
1872年与Agnes Taubert结为夫妻。Agnes是炮兵上校的女儿，是
一位赋有军人气质的妇女，一位好母亲，一位对丈夫思想有深刻

---

① E. 哈特曼：《研究与文章集录》，1876年，柏林，第29页。

理解的妻子。1875 年她发表了《悲观主义和它的反对者》一文，像战士一样公开为她丈夫的思想辩护。哈特曼认为，是她的论文将关于悲观主义争论引上了科学、学术的道路。①但是，1877 年，他的夫人便离他而去。1879 年，他的病情加重，卧床七个月之久。不久，他的第二位妻子早产，稍候早产的孩子夭折。1881 年哈特曼又一次跌倒，经过三次手术，1906 年去世。哈特曼的生活充满不幸，他的哲学也是悲观主义哲学，但据传记作者、哈特曼的朋友 Otto Braun 和 Theodor Rappstein 的记载，他为人谦和友善，家庭生活十分幸福，充满欢乐。他关心生活中的每一个细节。他的孩子都是他自己亲手教育出来的。他把整个下午和晚上献给家庭。只有上午进行工作。他清醒理智地把他一生中经历的不幸作为研究的对象，加以反思，使他成为西方哲学史上重要的悲观主义哲学的代表。

爱德华·冯·哈特曼是属于过时的哲学家，只有弗洛伊德的潜意识理论还使人们想起他的影响。哈特曼自称师宗叔本华、黑格尔和谢林。他的工作和这个时期的大多数哲学家一样，都是从康德哲学出发的。康德主张我们认识的对象是经主体的直观和思想改造，因此是变形了的现象。物自体是我们知识产生的诱因，但人们无从对它加以认识。而哈特曼则认为，尽管经过了主体的直观和思想的改造，物自身仍然能得到认识，只不过不是直接的，而是间接的认识罢了。我们的感觉内容，即现象，通过超越性的因果性同现实（Realität）发生联系。物自体是现象的原因。感性对象的区别一定同引发它们的现实的差别相对应（映射）的。物自

---

① Otto Braun, *Eduard von Hartmann*, Stuttgart, 1909, s. 19.

体既然能作为诱因发生影响，它就一定具有存在。物的存在形式同精神的思维的形式是相互一致的。哈特曼认为，这二者的和谐一致性使得人们必须假定，二者包含着统一的理性。哈特曼把现实存在形式叫作"无意识者"。在自然的合目的性中，即动物本身中，在自然的治愈力等现象中，均可看到这种"无意识者"。人们也可以在人的精神的无意识的创造性中，艺术创造活动中，在本能直觉中，在人的性爱的两性相吸中，在理智生成中，看到这个"无意识者"。它是一个不为人知的主体。这些现象都指向同一事实：有一个超经验的主体性的存在。它可以被称为"绝对自我"，斯宾诺莎称之为"实体"，但实际最适当的名称应叫"无意识者"。而意识只是"无意识者"的表现而已。

在"无意识者"的名下，哈特曼将意志和表象（包括理念、理性、精神）统一成一个不可分的整体。如果理智精神想从意志下解放出来，就生成了意识。意识同表象既对立，又相辅相成，所以构成了绝对统一体。

黑格尔相信世界的进程是有理性指导的，是善，所以他是乐观主义者。叔本华则认为，世界存在本身是恶，如果世界根本不存在，是再好不过了，所以他是悲观主义者。哈特曼则想将二者统而为一。哈特曼认为，无意识从一开始就有两种基本力量：理解与意志。意志追求生存。为什么如此？知性对此问题一筹莫展，无力提供答案。因为世界的出现是没有理性参与的。对理性来说，最好没有世界，世界只是意志的产物。但无意识不仅有意志，而且还有知性。意志创造世界，同时由于知性的原因，世界是合目性的世界。所以，理性面对世界时应该是乐观主义。但从意志的方面去看，世界是追求现实性的产物，是毫无意义的。由于无意识同时具有意志和理智,所以同时是乐观主义者和悲观主义者,尽管哈特曼想把悲观主义世界观同乐观主义世界观调和在一起,但他的哲学的主调仍是悲观主义的。他承认世界上有乐趣存在,但整体上悲惨占着主导,所以,我们若未生到这个世上反而更好。但同时他又认为, 尽管乐趣与悲惨在世界上是不平衡的, 而且悲惨占优势, 但是世界的存在仍有其意义:它是使世界尽快终结的唯一途径。这种理论引出的伦理结论是,应支持文化的不断进步。文化发展越快越全面, 整个存在的无意义性、荒谬性也暴露得越明显。上帝的盲目意志创造了世界。经过文化高度发达导致存在的停止。上帝意志又重归平静。宗教目的就是世界的毁灭。这是哈特曼理论的具体结论。

这种把意识活动看成"无意识"的表现的思想,应对弗洛伊德有启发。《弗洛伊德传》的作者 Ernest Jones 曾指出, 关于无意识、潜意识理论实际上是 19 世纪浪漫主义文学家的普遍看法。这一理论, 在哈特曼的著作中达到高潮。弗洛伊德的工作是受到这个时代思想的启发。[①]

第四节　鲁尔道夫·奥伊肯和朗格

一、鲁尔道夫·奥伊肯

鲁尔道夫·奥伊肯 (Ruldolf Euken, 1846－1926) 是洛采的学生。但他只继承了洛采的唯心主义倾向,却没有接受洛采具体、准确、认真分析, 不厌精细、仔细求证的治学风格, 而是经常大

[①] Ernest Jones:《弗洛伊德传》第 1 卷, 第 436－437 页。

胆提出各种结论。

　　他是唯自然科学主义的批判者。他认为，自然科学把人看成自然的一部分，一个环节。但实际上人是在不断超越自然的界限。人的活动在自然范围内没有任何意义。人超出世界，向自己内部发展。但是人的这种努力不可能完全实现，因为人永远是自然的一部分，而思想产物只是主观的东西。为此，奥伊肯提出，为了使人生有意义，他必须占有一个客观的世界：这个世界既是超自然的，又是超主观的。人的精神生活所展示的正是这个世界的内容。它是来自整体、走向整体的活动。人的生活就是这个新世界的创造活动。这种生活是超具体个人的，是整体精神的生活。同时，这种精神生活创造的是一种"行为世界"。这个世界，即人的精神生活世界，是处于运动、前进中的，所以它是有历史的。它在同现有世界的斗争中不断坚持着自身的存在。这个过程又分三个层次：（1）世界的构建（科学＋道德）；（2）作品构建（文化、社会生活）；（3）自身构建。这个发展过程又必须是自由的活动，等等。这一系列形而上学的论断都缺乏充分的论证。他的思想曾名噪一时，却没有留下什么深远影响。但是仔细想来，他的这些想法和海德格尔后来在《存在与时间》中对人生与世界的看法十分相近。

二、朗格

　　朗格（Friedrich Albert Lange，1828－1875）生于德国工业区鲁尔区的 Solingen 城附近的小镇 Wald，长在瑞士。后在苏黎世大学和波恩大学学习神学、古典文献学、艺术史与数学。当了三十年讲师，后又当了四年中学教师，两年商业部文书和报纸记者。1865年自己办报，1866年移居瑞士，1870年在苏黎世大学当教授。1872年赴马堡任教，三年后死于癌症，年仅47岁。朗格的影响是多方面的，是教育家、社会改革家、工会组织者、出版家、社会民主党运动先驱之一，新康德主义马堡学派的早期代表。

朗格对德国古典唯心论持批判态度。他认为黑格尔主义是向中世纪经院哲学的倒退。他认为形而上学属于应被克服的荒谬的东西，形而上学是"一种疯狂"，它只具有主观的审美价值。他自己应用的逻辑是或然逻辑；他提出的伦理学是道德统计学；他的心理学是生理逻辑学。从他的理论中我们可以看出，在思想上他有鲜明的唯科学主义倾向。他认为，在克服形而上学的道路上，康德迈出了第一步，但没有走到底。他的任务是继续康德未竟的事业。

他最著名的著作是《唯物主义史》，他在这本书中从康德的立场出发对唯物主义进行了批判。但在批判中，他只肯定了康德的理论哲学。他认为，康德的实践哲学已经过时。康德对现代哲学的贡献正在于他的哥白尼式的革命：不是我们的概念以对象为转移，而是对象以我们的概念为转移；经验对象的客观性并不是绝对的，而是相对的。他在反对唯物主义客观论的过程中，主要根据的是当时感知觉心理学的研究成果。他认为，感知觉心理学进一步证明了普罗泰戈拉的古老定理"人是万物的尺度"的正确性。因为生理学不断揭示了，我们感知觉的质的规定（即性质），完全是以我们的感官本身的结构为先决条件。这就是说，我们的感觉器官决定了我们的对象是如此这般地显现自身。如果另一类生物用另一种结构的感官来感知同一对象，它就表现为完全不同的东西。①这样，他实际上走向心理主义。同时朗格又坚持康德对理性和知性的区别。②他认为，知性是具体自然科学的器官，理性是理念知识的器官。依靠理性并不能得到令人满意的知识。理性必须从整体出发，把握它的内容，比如关于灵魂的理念，关于世界理念和上帝的理念，均是理性所追求的对象的表达。如果我们赋予它们外在于我们的客观性，那么就会犯了绝大的错误，陷入形而上学的谬误。理念并不是为了扩大知识而用的。

朗格在哲学中努力把唯物主义同科学的知识区别开，但唯心主义、唯物主义和宗教并不因此而消失。他认为，作为意识形态，唯心主义、唯物主义同宗教、艺术等一样，在文化生活中仍有它的意义。这同后来分析哲学的观点相同。在政治哲学中他反对马克思从黑格尔哲学中发展出来的革命突变思想，认为社会的革命也可以是一个缓慢的渐进发展过程的结果。在这个过程中可能有和平的过渡，也可能有小的冲突，但不一定必然采取暴力的突变形式。

---

① 朗格：《唯物主义史》，1887年，第359页。
② 朗格：《唯物主义史》，1887年，第408页。

第二章
"新康德主义"的鼎盛时期

第一节　赫尔曼·柯亨

柯亨（Hermann Cohen，1842－1918）生于 Coswig 的一个犹太家庭。在大学读书时是特楞德伦堡的学生。1873 年在马堡大学的朗格门下通过了教师资格论文，并于 1876 年在马堡获得教授资格，在此从教，直至 1912 年。《康德的经验理论》(1871) 是他的代表作，他在书中对康德哲学体系进行了重构。后来他又出版了《纯粹知识的逻辑》(1902)、《纯粹意志伦理学》(1904)、《纯粹情感的美学》(1912)。柯亨是马堡学派的主要代表。这个学派把哲学当作科学哲学来发展。他明确指出，以康德为代表的"哲学的精神就是科学的哲学的精神"①。

在康德哲学中有两种倾向，一种是生理心理主义的先验认识论，一种是逻辑的分析性的认识论。但是在康德的著作中两种倾向混合在一起，没有清晰地分离开来。柯亨看到了这一点，从康

---

① 柯亨：《康德的经验理论》第三版序，第 20 页。

德思想中分辨出这两种基本倾向，这是柯亨和他的学派的功绩。心理生理主义的康德解读，把先验哲学的任务看作是去发现具体主体的认知能力和形式，认为经验就是依据这种形式而构成的。朗格的康德解释就是生理、心理主义的。对康德哲学的逻辑性分析性的解读则认为，先验哲学关注的是理论的规范、命题的体系；主体是依据这种命题体系和理论规范把现有的数据整理为经验的统一体。柯亨对康德的解读是逻辑分析性的：他认为，康德的先验综合命题的功能是对科学的经验进行把握。柯亨坚决反对对康德思想作心理主义的解释。他认为，心理学本身就是以认识论为基础的，它使用的各种概念，如意识、物质、感受、刺激等，均未得到认识论说明；而认识论任务恰恰是要对上述各种概念做出准确说明。所以认识论不能以心理学为基础。哲学反思必须另找出路。

柯亨思想中仍然保留了康德关于知识有两个来源的看法，即知识由感性（对象）和知性构成。但是他对康德这一思想的先后顺序作了调整。他从思想的构成活动开始，在他看来，物体的实际存在，是以人的思维规则为条件的。因此，不仅关于事物的知识依赖思维，对象本身的存在也依赖主体的思维活动。而科学本身是这种主体构造的对象的监控中心。所以科学知识的客观性依赖于科学实践对由主体构造的对象的考察。科学的这种检验活动是知识客观性的保证。

康德本人的思想实际上是认为，作为经验的基础的基本原则，是具有普效性的，是必然真的。康德基本原则（Grundsätze）有不可逆转的必然性。在这一点上，康德坚持了唯理论的基本原则。但同时康德又同唯理论相反，他提出，只靠基本原则、基本命题的体系是不可能把握经验的。以柯亨为代表的新康德主义恰恰在前一点上偏离了康德。新康德主义认为，作为经验的基础的这些先验基本原则本身并不具有绝对必然的普效性，它们是开放的。哲学的任务既然是对经验的把握，而科学又是在不断进步的，所以哲学提出的、用以把握科学经验的原理也应是不断适应科学的进步而改变的。原理、范畴不再追求它的完善性。[1]

但是同时柯亨又继承近代哲学倾向，认为哲学的形态和数学最接近，数学是物理学的方法论。他自己提倡，成体系的思想系统结构是数学物理方法论在哲学中的延伸，它们在知识中居于优先地位。这等于说，数学在哲学中也居于优先地位。[2]正是基于这种思想，他认为，哲学得以新生的基础是自然科学。所以在柯亨的哲学中，自然科学占有中心的地位。他在《康德的伦理学论证》中说，康德也看到了这一点，只是对此还不坚定，所以并没有在他的著作中贯彻到底。[3]柯亨明确提出，经验存在于数学和纯粹自然科学中，数学和纯粹自然科学是使现有经验之所以可能的条件。所以，关于经验的理论研究就应该是研究数学和自然科学之可能的条件。在柯亨的理论中，数学化的自然科学并非如康德所说，是我们通过感性感受获得印象，同认知能力在感性印

---

[1] 柯亨：《纯粹知识的逻辑》，1914 年修订版，第 395－397 页，边码第 341－342 页。

[2] 这种看法实际上与康德哲学并不一致。对康德来说，数学是形式科学。数学在科学中并不会优先于经验。

[3] 柯亨：《康德伦理学论证》，1877 年，第 24－25 页；1910 年修订版，第 32－33 页。

象的作用下产生的范畴的结合，即不再是质料与形式结合①。在柯亨看来，数学化的自然科学是一种先验知识的体系。用康德的术语说，柯亨在这里把经验的形式当作经验本身。这等于否定了康德《纯粹理性批判》的先验感性论中的基本内容。②

他在《康德的经验理论》一书中指出，迄今为止对康德的评论众说纷纭，以致使人们得出结论：康德已经被克服了。柯亨认为实际情况完全相反。为了扭转对康德误解的局面，必须回到康德自己的表达中去。但对康德的历史性研究是以理论体系的建立为目标的。而在他看来建立哲学体系的中心问题是认识论的问题：我们的认识的有效性问题。也就是说，他的康德研究是对康德先验认识论的重建，是历史研究同理论的构建统一。而这二者的共同基础是关于经验问题研究。康德在《纯粹理性批判》中讲，我们的一切知识均始于经验，但是它们始于经验，并不等于一切都是经验，并非一切都源于经验。柯亨认为，在这里康德就提出了一个新的经验概念。康德的纯粹理性批判实际上是对经验的批判。康德不仅满足了经验论的怀疑主义的要求，而且也满足了纯粹理性的唯理论的要求，因而对长期以来经验论同唯理论的对立进行了调和。这二者的结合就形成了新的经验概念。③

柯亨对康德的研究是由特楞德伦堡同费舍的争论引起的。我们前面介绍过这场争论，它涉及的核心问题是：时间空间的主观性是否必然蕴涵了它们的非客观性。特楞德伦堡认为，康德的时空分析只证明了时空的主观性。但是康德没有看到，除被他驳倒

---

① 康德：《纯粹理性批判》，B1。

② F. Copleston, *A History of Philosophy*, Vol. VII, p. 362.

③ 柯亨：《康德的经验理论》，第 3 页。

的时空是客观的这种可能之外，还有第三种可能，时空兼有主观客观两方面的特征。康德没有证明这一点，所以在康德时空理论中留下了主观与客观的裂缝。特楞德伦堡认为，他的工作恰恰可以弥补康德的主观片面性，挽救客观性。特楞德伦堡的学生柯亨正是继续老师的工作，在康德的研究成果的基础上，努力证明，主观时空形式的客观性。"时空的这种纯主观性不应该意味着，时空只能且唯有在我们之中是现实的，对于外在于我们的东西不具有任何效应。如果这样就等于开辟了如下的可能性：在我们主观性之外仍有某种现实的东西，它们是客观的东西，且是不依赖于我们的主观的。"①为了克服时空纯主观化问题，柯亨提出，我们应对客观性作新的理解：客观的东西并非像经验论所讲的那样，排斥一切先验性内容。相反，客观性和先验性必须联系在一起加以思考。

柯亨明确提出，时间、空间并不是直观的形式，而是思想的形式，时间、空间也是范畴。他想用思想取代康德哲学中的纯粹直观。数学本身的存在就已经证明，科学知识不可能完全还原为感性数据。数学是先验性知识。数学知识的最终基础是什么呢？柯亨认为，是纯直观，实际上是理性直观。因为纯直观是主体的形式特征，是感性的形式。这样，感性本身就具有先验的成分。它就是知识的来源。这种知识的源泉就在我们之中，在我们感性之中。感性本身的直观形式使先验性知识成为可能，它把主观和客观结合在一起。客观性无非就是主观的感性的形式性成分（特性）。我们只认识到我们加诸于事物之上的东西。只有先验主

---

① 柯亨：《哲学与历史论文集》第一卷。

体性制造的东西是客观的。①这样柯亨把思维提高到知识唯一来源的地位，实际上抛弃了康德关于自在之物的思想，这是柯亨对康德思想作的最重要的修正。

柯亨给自己提出的任务就是要证明，知识是建立在纯粹理性中的。但要完成这个任务，最基本的困难就是关于现实性问题的解决，即知识的对象物和内容问题的解决。一门纯粹的科学如何能够成为事物性的知识、成为关于实在对象的知识？如何证明，科学中的对象是在纯粹理性中产生的？为了实现这一目标，他对康德思想做了重大修正，在柯亨看来，现实给定性不是对思想的限定，而是思想的任务、工作。在他的体系中："经验本身成为被寻找的物自身……而经验则被思想为对象。"②他认为，物自身，无条件者，这本身就是理念，它同系统的统一性是同义语，是一回事。他认为，理性批判就是对"科学中客观化了的理性的批判"。③经验等于自然的知识，也就等于作为科学的自然。自然是科学提供的自然，经验也就是自然科学知识的内容。作为科学的自然，首先存在于由牛顿奠基的数学自然科学之中。在这里，数学、形而上学及经验观察相互影响。但是最终经验是全部现代科学知识的事实与方法的表达。只有伦理学是例外，它应是哲学的任务。④现实无非就是自然科学。⑤哲学或批判方法的工作就是发现思想内容的原因与规范（Norm），去证明，意识的这

---

① 柯亨：《康德的经验理论》，第 54 页。

② 柯亨：《康德的经验理论》，第 64 页。

③ 《柯亨全集》第一卷，Geert Edel 的导论，第 23 页。

④ 《柯亨全集》第一卷，第 84 页。

⑤ 《柯亨全集》第一卷，第 740 页。

类基本成分对于完成科学事实的奠基是充分的和必要的。"这类
意识的基本成分是科学基础",是"科学的前提"。[①]

柯亨认为,哲学是思想体系。它不是由各种知识综合构成。所
有意识的构造活动的方式是彼此相关的,哲学理论就是对这种相
关联系的系统性的研究。哲学体系的统一性就在于知识的不同对
象域在形式上是统一的。意识按统一的规则造就了它们,意识感
受到这种统一性。

尽管自然科学知识同伦理知识在种类上完全不同,但它们都
是意识依据同一原则构建出来的。对意志自由的感觉与对重力的
感觉当然不可同日而语,但是就有效性这一点来说,自然规律的
有效性和关于自由的伦理认识的有效性是完全一致的。所以它们
毕竟有亲缘关系。

在政治学上柯亨和朗格一样是社会主义者,但不主张马克思
式的政治社会主义,即以阶级斗争为前提的社会主义。他主张一
种道德社会主义,即后来的社会主义的民主主义。他想从康德道
德律令出发,即"人生的目的就是行善"这一思想出发,引出社
会主义。但是康德的道德律令是以上帝为基础的,因此他认为,社
会主义是与唯物主义不相容的。社会主义也不能缺少上帝的理
念,社会主义必须以上帝为其理论基础。社会主义是对善的期
望,而善事则蕴涵在上帝的理念之中。所以,他的这种关于上帝
的思想也可以叫道德宗教。

第一次世界大战之前的三四十年中,谈到哲学人们想到的总
是成体系的理论。这首先是柯亨倡导的。柯亨认为,哲学思想本

---

① 《柯亨全集》第一卷,第 108 页。

身就是成体系的思维。哲学追根问底，所以它本身从根本上就倾向于体系性。哲学在体系化中才能达到完善；体系就是先验(transzendental)方法和先天（a priori）形式构成的整体。它是科学、伦理和艺术各个领域中的客观性和有效性的保证。在柯亨影响下，几十年间，在德国哲学界，不构造体系就算不上哲学。追求哲学体系的构建是新康德主义的特征，后来经过胡塞尔、海德格尔、雅斯贝尔斯的批判，西方哲学体系在如今只有否定性意义。苏联马列主义的哲学工作者把马克思的思想体系化的努力是否直接受到新康德主义的这种思想的直接影响，还有待进一步的研究，最起码他们在思想倾向上同马堡学派是一致的。

第二节 保罗·那托普

那托普（Paul Natorp，1854－1924）是新康德主义马堡学派的第二位代表，他于 1854 年生于杜塞尔多夫。那托普不仅是哲学家，而且是著名的教育学家。他本人出身于牧师家庭，受到十分全面的教育，学习历史、古典语言文学、音乐、数学、自然科学、哲学。他首先以历史学博士毕业。他的教职论文为《笛卡尔的认识论：对批判主义的史前史研究》，1881 年在马堡获教职学位。1883 年在柯亨的帮助下成为教授。那托普前期思想是柯亨思想的进一步发展。但那托普的工作范围更广，他的著作涉及哲学史、认识论、教育学、社会哲学等各个领域。他写作风格清爽晓畅，对自然科学的具体学科的了解也比柯亨深入。所以，他当教授不久，声誉很快超出了他的老师柯亨。许多名牌大学聘他去主持哲学教席，但是他为了支持柯亨的工作，都一一拒绝了，一直留任马堡，直至 1924 年去世。

那托普把笛卡尔看作康德批判主义的先驱。他把笛卡尔的"我思"解释为康德式的先验统觉，把被思之内容和外在存在物解释为现象背后的实体。他把古典文献的研究同哲学研究结合在一起，加之文风晓畅，博得了广大读者的欢迎。后来渐渐将工作集中于认识论研究。他曾长期担任教育系的讲座教授。他的一系列教育学著作至今仍有影响。他是德国青年运动的积极支持者，鼓励后学，乐为伯乐，得到青年学者的尊敬。海德格尔后来就任马堡，就直接得益于那托普的支持。①

他的代表作《精密科学的逻辑基础》发表于 1910 年。他清楚地提出，科学的经验并不是一个封闭的体系，而是一种开放的变化中的体系；它并不是一个一成不变的事实，而是科学的构造。他继承柯亨的立场，认为哲学的研究对象是知识，而知识又以物理学的知识为标准。知识总是思想，所有感觉都是通过思想确定下来的，离开思想，不可能通过感觉获得任何内容：数量、质量和关系均无从谈起。所以，对象只存在于思想中，也就是只存在于科学中。一切科学的思想都是数学化的思想，提供的都是严格的、有规律的世界图像。但知识是开放的，知识不能达到绝对，因此现实中，事实性总是一个有待解决的问题，是一个科学假设。所以，那托普的前期思想基本上属于唯科学主义认识论：哲学的任务就是研究科学的基本概念、基本命题、基本知识。②

那托普早期的工作完全是继续柯亨的工作，为知识提供客观

---

① 《狄尔泰年鉴》第 6 卷，1989 年，第 270 – 274 页。
② H. Holzhey:《柯亨与那托普》第 2 卷，第 6 页。

基础。这个工作具体表现为，在指向对象的内容中去查找知识的对象性的规则。在它看来，认识行为的主观性同认知内容的客观性是不可分的。没有认知活动就没有知识，而没有知识（被认知者）也就没有认知活动。

为什么一定要以认知为中心呢？因为，在认知活动之外的任何别的地方再也找不到对象。所以只有在认知领域中才可能有望为对象性提供根据。这正是康德走的道路：在科学的意识活动中为对象性寻求基础。那托普认为，人们在对表象（Vorstellung）的"内容"和"表象活动"（Vorstellen）作区分时，这已经是进行客体化活动。这种区别已经是将个别的具体的被表象者提升到可表象可思想的高度，已经具有某种程度的一般性。但这只是客体化的第一步。第二步是科学范围内进行的客体化。在第一步中，个别表象变为一般性表象。在科学领域中则是使具有普遍性的个别的事实性存在提升到规律的普遍性。他认为，科学发展史就是这一过程的证明：逐渐告别了实体性物质概念，发展到一般规律的普遍联系的概念。由此出发，他批评实证主义把实在当下的现成给定性（hier und jetzt Gegebene）当作一切知识基础的基本倾向。[1]

尽管那托普认为，研究知识的主观来源是合理的，但同时也不应忽视，在主观构建知识以前，某种未知的对象已经存在。所以，他等于又引入了康德的不可认识的自在之物。他认为，这个问题在认识论上是不可避免的。那托普《哲学》一书是他思想

---

[1] 参见《知识的客观的论证和主观论证》，载 *Philosophische Monatshefte*,第 23 卷，1887 年，第 257－286 页。

的总结。该书充分反映了新康德主义与自然科学的关系：自然科学的发展，使两千年的传统成了问题。哲学面临着的严重任务是对世界这一新的难题进行解答。为此，哲学不能停留于世界观的构造，哲学必须化到生活之中去。而为达到这一点，必须使哲学同科学建立一种紧密的同一性，也包括与新兴的心理学建立同一性。这样，知识的构建就成了哲学或者整个文化的中心任务，而这种知识的不断扩大的无穷过程，就是一种不断进步发展的过程。这种化到生活中，即化到科学中的批判哲学就是一种永恒的前进过程，是一个 Methode（道路）。基于科学对生活的全面影响，他把同化于生活等同于同化于自然科学，这充分表明了自然科学对马堡学派的决定性影响。但同时，那托普在这里提及生活，看到自然科学同生活的关系，说明新康德主义开始从单纯注意科学渐渐转入把生活也作为重要概念，纳入哲学体系之中的新倾向。①

在此书第二章"逻辑学"中，那托普提出，思想的功能是在杂多中建立统一性。思想的存在就是关系的存在，而关系就是设定与被设定的关系。在那托普看来，时空本身也是思想的形式。他还提出，科学中关于事实的规定只能是假设等思想。

这种倾向在后来卡西尔的思想中进一步得到贯彻和发展，以致最后卡西尔把哲学理解为一般的符号理论，人类的世界是由符号规定的，也就是受到文化的制约的；哲学的任务就是进一步对科学、艺术、日常生活中的符号的功能进行研究。科学的一般原理、范畴完全相对于某个文化而言而有它相对的真理性。把康德

---

① 那托普：《哲学》，第 1－3 页。

的范畴的原理、构造性原理变成方法论假设,正好与自然科学世界图景的不断变化相适应,与爱因斯坦相对论相适应。卡西尔专门著文《论爱因斯坦的相对论》①。

对新康德主义来说,康德之所以重要不在于他的哲学结论,而在于他的哲学方法。康德的哲学方法就是对科学事实的反思。这就是哲学存在的基础。这就是所谓先验方法论。

他们认为,康德的方法论实际上是分析方法,把事实复合性分析为它们的原则。先验性不是方法,而是提问的方向、性质。"经验可能之条件"这一说法中,康德并不特别突出科学的经验,而是强调科学之前的经验,一般经验。新康德主义解释的文本根据是康德的《未来形而上学导论》和《纯粹理性批判》的版序。

什么是科学的事实呢?康德认为,主体通过时间空间的直观形式和知性的形式,即因果等范畴,把给定的东西整理成经验对象。直观形式与知性形式都是以主体为基础的,所以,我们不能认识客体本身,物自身(或译为自在之物)。我们只能认识自在之物在我们时空直观形式与范畴秩序中的表现、显相。这就是所谓只能认识显相的现象主义(Phenomalism,但不是现象学 Phenomenology)。但物自身与现象到底是什么关系,康德无力给出回答。康德所谓外部刺激引起感觉,然后再整理成对象的说法,遇到最大的困难是:刺激-感觉模式恰恰是因果模式。它本身是以知性的因果范畴为前提的。而因果范畴按康德理论,只能用于整理现象,不可能用于物自身。依康德后来的想法,主体认知活动不是依据自己的主观认知能力,而是依据理论原则。这

———————————

① 卡西尔:《论物理学》。

样，上述问题根本提不出来了。物自身本身就是一个理论概念，它是所有不可以还原到可把握的经验上的形式的理论框架之中的东西。

柯亨、那托普则把自在之物解释为边界概念：自身不可被认识者，但知识却是以它为走向的。[①]他把物自身看作理念。

他于1903年出版的《柏拉图理念论》一书对柏拉图研究产生了很大推动。他在该书中对柏拉图理念提出了非形而上学、非本体论的解释。他认为，柏拉图的理念不是传统意义上的 Ding（物、东西，实存），而是一种方法（Methode)。它是通过普遍规则体现出来的统一性，所以它超出一切经验的东西。

他还致力于对物理学最新发展成果的总结工作，成为后来的分析哲学、科学哲学的先驱。一战之后，马堡学派开始走下坡路，那托普的哲学倾向也发生转向。他开始更加强调人生意志与创造活动的基础作用，放弃了以认识论为中心的新康德主义传统立场。他力图寻找原初生活的意义，在倾向上与年轻的海德格尔和雅斯贝尔斯这一代人的思想倾向是一致的。因此，他对海德格尔的"革命性"思想的生存哲学极为赞赏。他的这种转向为卡西尔所继承。

恩斯特·卡西尔（Ernst Cassirer，1874－1945）是青年一代的新康德主义哲学家，1899年在马堡获博士学位，1906年在柏林顶着反犹太主义的浪潮，作为犹太人他艰难地通过了教职学位论文的考试。但在马堡这块反犹太主义堡垒中没有获得教学职

---

① 柯亨：《康德的经验理论》，第13章"自在之物与理念"，《柯亨全集》第1卷，第639－670页。

位。直到第一次世界大战之后的 1919 年，即 13 年之后才在汉堡大学得到教职。此时他已经在学界十分知名。1933 年纳粹上台，他去英国后又去美国做了流亡学者。1945 年在美国去世。他的著作涉及哲学史、科学史、文化史、认识论和科学理论。和那托普一样，他是一位十分广博又深刻的学者，他把历史与理论有机地结合在一起，今天他的哲学著作仍然在再版。他的论莱布尼茨的专著《在其科学基础上的莱布尼茨体系》仍然是研究莱布尼茨的必读书。他还写了四卷本的《近代哲学与科学中的认识论问题》，前 3 卷分别出版于 1906、1907、1920 年，第 4 卷 1950年英文译本首先在美国问世，1957 年在德国出了德文版。1923 -1929 年出版了《符号形式的哲学》3 卷本。1929 - 1930 年曾任汉堡大学校长。这是欧洲历史上第一位犹太裔德国大学校长。1932 年出版了《启蒙哲学》（有中译本）。1944 年出版了《论人》（有中译本）。卡西尔是唯一一位在当代中国哲学文化中有着现实影响的新康德主义思想家。

第三节 文德尔班

新康德主义西南学派有三位代表人物。第一位是文德尔班（Wilhelm Windelband，1845 - 1915），他 1845 年生于波茨坦，后在斯特拉斯堡和海德堡任教，1915 年去世。他在《什么是哲学？》（1882）一文中明确将哲学规定为规范科学[1]，是价值理论，由此建立了新康德主义西南学派。第二位是李凯尔特（Heinrich

___
[1] Wilhelm Windelband, *Präludien: Aufsätze und Reden zur Philosophie und ihrer Geschichte*, Band I.

Rickert，1863－1936)，他是文德尔班的博士生，也是他理论的继承和发展者，1888 年在文德尔班处获博士学位，1896－1915年在弗赖堡任教，1916－1932 年执教海德堡，1936 年去世。第三位是在一战中阵亡的腊斯克 (Emil Lask，1875－1915)。哲学史上也称他们为海德堡学派，因海德堡地处德国西南，所以也称之为西南学派。也按其所在的州称为巴登学派。这个学派把康德的先验哲学命题看作是一种规范 (Normen)。[①]在他们手里，哲学的任务转变为关注真、善、美等价值问题，哲学的工作就在于论证真、善、美等价值的普遍有效性[②]，与他们发展出的价值体系相应，他们认为有一种超出个体意识的一般意识，即所谓规范意识 (Normalbewusstsein)，它是有效价值统一性的基础。

文德尔班是新康德主义西南学派的创建人。柯亨的哲学是对老师特楞德伦堡思想的继承和发展；文德尔班的哲学正好是对费舍以及洛采思想的继承和发展。文德尔班对哲学史的深入研究注释受益于哲学史家费舍，对康德的评价也受他的影响。文德尔班自己的哲学体系，即先验价值哲学的建立，则是直接对洛采价值哲学的继承和发展。洛采对康德、费希特和黑格尔的批判对文德尔班自己的理论构建产生了决定性的影响。他前 20 年的哲学工作主要是哲学史研究。文德尔班的问题哲学史开辟了哲学史的一个全新的书写方式和研究方式。至今他的哲学史仍是哲学史文献中的重要著作，译成多种文字。原版也在不断重印，并已移译为中文。1903 年后，他应聘赴海德堡执教，开始发展他的价值哲学。

---

① 文德尔班：《什么是哲学？》，第 43、44 页。

② 文德尔班：《什么是哲学？》，第 44 页。

　　前面我们已经指出，洛采是价值哲学的创始人。康德把人看作绝对服从义务的道德存在；人生存在世界中，就要服从道德律令。在康德那里，理性、精神同意志、情绪是分离的，分属于两个不同的领域。而洛采把精神概念加以扩展，把情绪、意志等因素也包括到精神中去。他认为，人的情绪心境有能力区别本质与非本质，有区分价值与无价值的能力。情绪在洛采这里不是心理过程，而是一种一般的主观性。它为客观性提供保证。所以，价值不仅是价值性事物的基础，而且还是对价值性事物的认知的基础条件。因此，思维、意志、感情均服从绝对"应该"的命令。这种价值唯心论是狄尔泰、晚期胡塞尔、早期海德格尔、舍勒和 N.哈特曼思想的先驱。

　　文德尔班则把洛采的思想与康德的先验主义结合在一起。文德尔班把一切理论知识看作是生活实践的关系形式。价值性的东西关涉的不是对象本身的特征，而是被评价的对象同进行评价的意识之间的关系。所有的价值总是要满足人的某种需要，或者激起人的某种快感。所以价值的客观性关涉的只是对价值的评价和判断，即是价值评价的普遍性问题。所以文德尔班把意识理解为规范性意识，价值是进行评价活动的规范意识的相关物，就像自在之物是康德的认知意识相关物一样。它们都不是绝对的对象，而是相关于意识而给出的东西。这样，文德尔班的价值学说，便把逻辑、伦理、审美均囊括于其中。逻辑是关于真－值的学说，伦理是关于善的价值的学说，美学是于美的价值的学说，批判哲学就是关于一般性的普遍有效的价值的理论。

　　这样，在文德尔班的理论中，价值概念是相关于意识的东西，他把所有的概念和事物都放在相关于意识的关系中加以考察，所以相关于意识具有了一般方法论的意义。这样，主观、客观、主体、客体均失去了绝对性，都不具绝对的对象性。在文德尔班的理论中，逻辑也不再具有绝对的中心地位，取而代之的是思维伦理学。因为逻辑的形式和规则也必须服从普遍有效性原则，因此也服从"应该"的必然性。传统的"存在与应该"的问题被变成了"存在与有效性"，以及"存在与意义"的问题。这等于把认识、逻辑、知识置于人的实践生活的基础之上，是对近代传统认识中心论的颠倒。所以，新康德主义西南学派发展的是新康德主义的历史文化哲学。它的工作比马堡学派更具有现代性、革命性。文德尔班的新康德主义，实际上是在努力克服康德认识中心论。他有一句名言："理解康德，就意味着走出了康德。"[①]

文德尔班区别了存在的领域和有效的领域。在存在的领域中，人们研究的是关于现实知识的条件问题 (Quaestio facti)。价值的领域，即有效性的领域，研究的是知识的有效性的条件问题 (Quaestio iuris)，而对文德尔班来说，Quaestio facti 是最基本的，有效性理论是以实在论本体论为基础的，实存先于一切认知，所以是一切意义内容的基础，是一切认知内容的基础。而 Quaestio facti 的任务是自然科学的工作。[②]哲学的任务只是对 Quaestio iuris 的研究。文德尔班也致力于科学分类的反思。他认为，自然科学研究一般规律，人文科学致力于描述已发生的事实，再现过

---

① Wilhelm Windelband, *Präludien: Aufsätze und Reden zur Philosophie und ihrer Geschichte*, Band I, Vorwort, s. III.

② Wilhelm Windelband, *Präludien: Aufsätze und Reden zur Philosophie und ihrer Geschichte*, Band I, ss. 30 – 37, 44 – 46; Band II, ss. 111, 142, 144, 151.

去的人生。[1]他认为，它们之间的区别不在内容，而在方法。文德尔班认为，人文科学与自然科学的区别，不取决于研究对象的不同。实验心理学的建立就已经说明了这个问题。它们之间的区别是建立在它们各自研究方法的不同，观察方式的不同。自然科学追求的关于普遍性规律的知识，个别时间只是普遍规律的一个具体的例证而已。与此相反，历史科学恰恰是把个别事件作为个别事件来处理。规律科学的内容涉及的总是稳定不变的规律性，历史人文科学涉及的是，唯一发生不可重复的东西。他把前者称为规律设定性的 (nomothetisch) 科学，后者叫个别描述性 (idiographisch) 科学。但文德尔班的理论缺乏充分的论证。这一工作被李凯尔特发展，提出了更全面的理论。

1894 年文德尔班在他著名的斯特拉斯堡校长致词中提出这一思想，后来由李凯尔特进一步发展。[2]

第四节　李凯尔特

文德尔班的学生李凯尔特依据文德尔班的原则发展出了一种文化先验哲学，用两大卷专著全面阐述了他老师的思想：《自然科学概念构建的局限》（1896）和《人文科学和自然科学》（1899）。他明确提出人文科学和自然科学的区别，明确指出这种区别主要是由于两种不同世界观造成的，由于我们的价值取向不同所致。李凯尔特后来看到，只靠价值意识还不能保证价值的普

---

① 文德尔班：《历史与自然科学》，第 223－224 页。

② 他们反对狄尔泰的区分中的心理主义倾向。见文德尔班《历史与自然科学》中对狄尔泰《人文科学导论》的论述。

遍有效性，于是他又提出，价值具有某种独立于主体的自立的意义世界。①价值具有一种准存在。虽然他们的价值哲学已经过时，但是他们提出的关于自然科学与人文科学的区分却有很现实的意义。

为了划清自然科学同人文科学的界限，李凯尔特作了大量的工作，具体分析了两种科学概念构建性的特征。李凯尔特关心的问题是，知识的本质是什么。他认为，康德引进物自体，并没有解决这一问题。李凯尔特则把现实性等同于意识的内容。但是认知又总是以某种其他什么东西的存在为前提。所以，除了现实性之外，还应该有另一个世界。而这另一个世界，就是价值领域，它作为"应该"与我们相对。所以在李凯尔特看来，有两个世界，一个是实存的世界，一个是有效性的世界。②抽象的理论主体处于这两个世界之间。李凯尔特认为，对这个问题的研究可以从主体，经过对其结构的分析，最终达到以价值为前提的知识对象。也可以从对超越之物的分析出发。前者为主观道路，后者为客观道路。

他认为，为了从主体的分析获得知识对象，必须像文德尔班所指出的，把认知活动看成道德过程。认知活动也是对某种价值采取的一定的立场，是一种表达。它并非中立性的。③判断是一种理论性评价行为，是实践活动。所以认知就是评价，是对"应

---

① Heinrich Rickert, *Grundprobleme der Philosophie: Methodologie, Ontologie, Anthropologie*, Mohr Siebeck, 1934, s. 87.

② 李凯尔特：《对象与知识》，第 1、IX 页。

③ 李凯尔特：《对象与知识》，第 5、185 页。

该"的承认。①谬误就是错误的评价，就是对无价值的承认。价值赋予了表象内容以理论的形式②,但这种判断是事实性判断,而事实性判断应被理解为对价值的承认。所以，事实判断不等同于价值判断。价值判断是鉴定（Beurteilung），比如审美判断和伦理判断就是价值判断。而对鉴定的评价本身并非价值，而是把价值同现实性联系在一起的活动。价值本身构成了一个独立的领域，它处在主体与客体的彼岸，是外在于主客体领域的。比如感性愉悦的价值并不是现实的感觉。当然没有愉悦的快感也不会有愉悦价值的有效性。③

按李凯尔特的看法，逻辑的东西不属于存在的范畴,"逻辑的东西不存在，只有效"④。逻辑的基础是外在于因果性的。它的联系是一种"应该"的必然性。必然性要求主体的承认：尽管没有现实主体承认，它们也是如此。⑤对"应该"的承认使判断行为具有了真理性。所以，真理是对"应该"加以承认的那些判断的总和，或整体。所以，真理并不是表象同现实的符合。⑥它是以原初的"应该"为走向、为左右的。它是跟着"应该"走的。通过以"应该"为基础的判断，内容才获得了现实性形式。⑦现实

---

① 李凯尔特：《对象与知识》，第 106 页。

② 李凯尔特：《对象与知识》，第 187 页。

③ 李凯尔特：《对象与知识》，第 195 页。

④ 李凯尔特：《对象与知识》，第 IX 页。

⑤ 李凯尔特：《对象与知识》，第 201 页。

⑥ 李凯尔特：《对象与知识》，第 203 页。

⑦ 李凯尔特：《对象与知识》，第 204 页。

的只是那些作为现实而被肯定或被承认的"应该"的内容。①所以，认识的对象存在于"应该"中，认知的标准不是现实存在，而是"应该"。因此，为了理解知识的客观性，必须理解"应该"的独立性。于是李凯尔特引进了一个超越的应该（das transzendeste Sollen）。②

另外李凯尔特还把文德尔班所作的自然科学同人文学科的区别做了归纳，提出为一般化和个别化，评价的和非评价的两种区分。这样便组合为四种类型的科学：

（1）非评价的从事一般化的科学：纯自然科学。

（2）非评价的从事个别化的科学：生物学进化论，地理学，即准历史科学。

（3）评价的从事一般化的科学：社会学，经济学，即准自然科学性的科学。

（4）纯评价的从事个别化的科学：历史，文学评论，即纯人文科学。

在李凯尔特的哲学中，价值和有效性是中心概念。有关内容都不是关于实体的断定，都不是超验的，所以它们不属于形而上学领域。从这里出发，他反对生存哲学，反对把现实生存同价值形式的联系当作对象性的做法。③他把价值域从经验现实领域分离出来的做法，是在自然主义、唯科学主义威胁人类文化价值的现实面前，起来维护人的特殊价值的努力。这是洛采、文德尔班

---

① 李凯尔特：《对象与知识》，第205页。

② 李凯尔特：《对象与知识》，第33、236、240、245页。

③ 李凯尔特：《生活的哲学》，第432页。

努力目标的继续。

李凯尔特的最后一部著作《哲学体系》只写出了第一部，他在该书中明确重申，科学性的哲学只有成体系才是可能的。体系是原则的统一秩序，它是超时间的。"任何真理都是非时间的，或者它根本不是真理"[1]，所有对时间的把握都是超出时间的，具有无时间的有效性。[2]这种看法是新康德主义的一般倾向：逻辑至上。科学哲学以世界整体为对象[3]，其目的是建立科学世界观。哲学使人混沌的经验的变为依据原则而建立井然有序的世界 (Kosmos)。[4]

世界作为与价值相关联的对象就是文化。世界作为与规律性相关联的对象的总和时，世界就是自然。[5]在李凯尔特看来，自然科学工作的领域是规律，文化科学[6]的工作领域是价值。价值体系的关系构成了文化和历史。尽管李凯尔特对狄尔泰的批判不无道理，而且他对这两类基本科学的分类的分析也更加系统，更加广泛，但他关于这个问题的看法远不如狄尔泰的观点影响深远。原因是，一方面他自己没有在一个重要的具体学科做出自己的工作，因此他的理论无实例。狄尔泰正相反，他在史学领域中

---

① 李凯尔特：《哲学体系》，第 11 页。

② 李凯尔特：《哲学体系》，第 38 页。

③ 李凯尔特：《哲学体系》，第 15 页。

④ 李凯尔特：《哲学体系》，第 50 页。

⑤ 李凯尔特：《自然科学概念构成的局限》1929 年第 5 版，第 181 - 187 页，即第 2 章第 3 节"自然科学与精神科学"。

⑥ 他反对狄尔泰的描述心理学为基础的人文科学概念，所以拒绝使用 Geistwissenschaft 这一概念。

做了独具一格的工作。另一方面，他的工作只停留于对两种不同科学的特征的分析描述，没有像狄尔泰那样，不断深入探讨科学的基础和来源。

第五节　腊斯克

腊斯克（Emil Lask）1875 年生于波兰的 Wadowitz，犹太人，他父亲在 Brandenburg 有工厂，他在那里度过童年。1894年开始在弗赖堡上大学，学习哲学，听过黎耳和韦伯的课。但在上大学的第一学期就成了李凯尔特的追随者。1896－1898 年在Strasbourg 跟从文德尔班学习。1901 年完成博士论文《费希特的唯心主义和历史》，1901－1904 年研究法权问题，1904 年在海德堡的文德尔班处完成教职论文《法哲学》。在海德堡期间他参加了韦伯小组的活动。他在海德堡任私人讲师直到 1913 年，1913年老师文德尔班病重，请他出任副教授，他无意接受，他更喜欢讲师的安宁生活。李凯尔特使出全部解数，才将他说动，让他接受了这一职务。腊斯克是新康德主义西南学派中很有天赋的后继者。令人遗憾的是，一战爆发，1915 年他报名参军，被俄国士兵的子弹击中头部阵亡。当时只有 40 岁。他的著作被友人整理为三卷本文集，于 1923－1924 年间出版。其主要代表作为《逻辑哲学及范畴学说》和《判断学说》。

从外在形态上看，腊斯克尚未跳出新康德主义的传统思维方式，使用的仍是西南学派价值哲学的语言。但就内容本身而言，他的哲学已经超出了新康德主义认识论框架。他哲学的出发点是他的老师李凯尔特的价值哲学中认识的形式与质料的关系问题。按李凯尔特的理论,判断是主体表象(主语)和谓词表象(谓词)的连接活动。它与"应该"完全不同:应该是对表象的图像进一步肯定或否定的前提。这个先验的"应该"在李凯尔特看来是主体所面对的东西,它要求主体对表象表态。腊斯克不同意这一看法。

腊斯克实际上持有实在论立场。他对认识的形式和材料的关系重新进行了考察。他认为认识的形式是有效性的承担者。认识的材料则是非形式的,是与有效无关的东西。所有的形式都是有效性,但材料本身则具有与之不同的特殊性,它躲避认知的视线,因此有非理性的特征,它比形式还要多些什么。它就是实存。它是指向有效性的,是指向"存在"的。这就是后来海德格尔进一步发展了的所谓存在论差异或本体论差异。这等于又把被新康德主义抛弃的自在之物引入哲学。实际上这个事实也是海德格尔哲学没有明言的前提。当然,海德格尔那里对此作了更进一步的分析。实存是以自然科学把握的"没人味"的实存,而被海德格尔称为自然本身的存在才是躲避人的认知的自在之物。

腊斯克还认为,认知形式(即海德格尔后来的"存在")是以实存为定向,认知活动导致的结果是用形式对实存的捕捉把握。这样,腊斯克便把哲学研究的重心由判断转移到范畴。他把范畴看作加到材料上的逻辑成分,这一点引起了海德格尔的重视。海德格尔在他的大学教职论文中特别强调了腊斯克这一思想。[①]而且腊斯克还认为,人的判断所面对的恰恰是对象的可认识性,这后来被海德格尔称为开放性。对象总是主体的对象,是一种狭义的材料。这种意义上的对象或狭义的材料本身就是有意

[①]《海德格尔全集》第一卷,第383页。

义的，是先于判断而已经向人展示了自身的。但在这里，腊斯克
完全把自己限制在认知领域中。海德格尔把这一思想从认知领域
中解放出来，揭示为整个人的生存的基本结构因素：实存本身的
开放性不仅是向认知主体的开放，生活本身同实存在交往中是相
互开放的。

在博士论文《费希特的唯心主义和历史》中，腊斯克就已
经关心价值同个体性关系的问题。他的问题是：一个实存总是特
殊的，它是如何同有效性、一般的普遍性价值混合在一起，构成
一种现实性的。后来，他的研究中越来越强调知识中的客观内
容，并认为，理论理性也是某种形式的行为。他在《实践理性
在逻辑中有优先性吗？》一文中对李凯尔特的论点提出了疑
问，1909 年李凯尔特著文《认识论中的两条道路》进行了回答。腊
斯克如此强调知识的客观内容，以至于几乎把主体的作用给否定
了。认知几乎成了向客体的让渡。[①]

对腊斯克来说，判断的真理性，不是判断的连接行为，它在
连接行为之外，在形式与材料的构架之中，它不是与判断的连接
相应，就是与之对立。所以，我们不能谈判断的真理或非真理，只
能谈判断是适应真理还是对抗真理。真理在材料与有效性之间的
关系之中，它是外在与判断的，所以所有真理都需要有事物的特
殊性。它不可能总是通过相同的联系行为表达自己。真理不过是
特殊的形式对特殊的材料的特殊关系的通用名称而已，它所指的
内容完全外在于行为之外。所以判断只具有服务性作用。从这个

---

① Hanspeter Sommerhäuer, „Emil Lask 1875－1915. Zum neunzigsten
Geburtstag des Denkers", *Zeitschrift für philosophische Forschung*, Band 21,
1967.

论点来看康德哲学，康德关于意识中范畴之来源的理论是不重要的。所有重要的材料都是处于形式中的。腊斯克也受亚里士多德的影响，他认为有效的多样性是不可以从一种单一有效性中推导出来的，只能来自材料的多样性。所以新康德主义不只将自己局限于形式的有效性，而实际上，客体的对象性完全是由材料规定的。

他在他的遗著《哲学体系》和《科学体系》中，重新关注主体性。但他重视的不是主体的认知行为，而是主体体验的直接性。在有效性世界与实存性世界之间有一个纽带，一种联系的原则，这就是生活体验（Erleben）。通过主体的生活体验，形式在材料中获得有效性。

第三章
与新康德主义同期的科学主义

在自然科学的影响下，欧洲哲学中的实用主义在英法盛行，在德国也有自己的代表。如唯能论者奥斯特瓦尔德，自然科学唯物者海克尔，实证主义者腊斯、阿芬那留斯和马赫，假定论者法伊英格尔，等等。

第一节　奥斯特瓦尔德和海克尔

奥斯特瓦尔德（Wilhelm Ostwald，1853－1932）是唯能论者。与海克尔的一元论不同，他的思想在哲学界受到严肃对待。奥斯特瓦尔德是孔德实用主义的信徒，主张拒斥一切形而上学的本质论。他坚持认为，只有现象的规律性是可把握的。经验科学是科学唯一的精确形式和方法。奥斯特瓦尔德将物质理解为原初物体，它们是构成世界的最后最小的具体存在物。

奥斯特瓦尔德是机械自然观的反对者，直接反对科学唯物论。他指出，机械自然观并不具有绝对有效性，它只是一种科学假设而已。这一点后来被物理学自身的发展所证明。而且也反对把物质看作属性的载体的看法，他认为这会导致二元论。他主张用"能量"概念取代"物质"概念。他认为物理上的物质都可以化解为能量（如机械能、热能、电能、化学能等）的组合形式。他把这种用数学方式计算出来的物体做功方式的量，加以独立化、实体化，这是他的一个贡献。但他想用能量概念完全把物质概念从理论上消除的努力是不成功的。为了用能量解释一切物理自然现象，他为能量规定了两个属性：张力（Intensität）和容量（Kapazität）。他认为，物理上的质量（Masse）就等于能的运动的容量。这就等于说，容量本身在运动中占有空间，充实空间时，它就是物理学上的物质的代名词。至于他把能量这一概念用于伦理学问题的解决，就更没有成功的可能了。

海克尔（Ernst Haeckel，1834－1919）是中国读者熟知的哲学家。他的代表作《宇宙之谜》早已译为中文。他是当时著名的唯物主义一元论者。他的理论以生物生理学为基础。他立场明确，认为物质与精神是统一的，不可分的。物体是感性对象，但在自然科学中又是几何的物理图形。物质是实体，是研究物体的自然科学的原则和出发点。我们感觉到的是水、土、气等质料。构成这些质料的物质本身是不可感觉的。他是一个生物学家，对物理学缺乏充分了解，所以，书中概念混淆，有许多矛盾之处。该书在一般读者中曾一度流行，但由于上述缺陷，该书在哲学界从一开始便受到批判和冷嘲，对后来哲学的发展影响也十分有限。

第二节　德国实证主义者腊斯

实证主义是自然科学的"精神"的哲学表现。它在德国哲学界与大学哲学系里，从来没有真正受到重视。当然也可以说，德国哲学家思想深邃，没有盲从英法的天真的对科学进步的迷信，特别是早期实证主义更是如此。尽管德语地区第一代实证主义者的代表马赫本是德国人，他的讲坛却在奥地利和布拉格。阿芬那留斯是德国人，也在莱比锡执教多年，但其影响在德国十分有限，后来到瑞士当教授。德语区实证主义的第二代仍不在德国，而是在奥地利，这是后话。由于实证主义是自然科学的哲学代言人，是自然科学企图转变为完善的哲学意识形态的表现，所以它最突出的特征是反对一切形而上学的立场。它的目的就是把哲学思想从虚假问题中解放出来。在实证主义看来，所谓虚假问题就是那些无经验依据的、以纯概念分析为基础提出的问题。在实证主义者看来，人类思想唯一的任务就是对已经存在的现实进行相应的描述。这种态度实际上也同后来现象学的态度和基本立场是一致的。这一点常常被人忽视。而它的经验论倾向、反形而上学倾向，当然一直为维也纳学派以及后来的分析哲学所继承，成了英语国家以及斯堪的那维亚地区国家（包括芬兰在内）大学哲学系占统治地位的哲学。

实证主义的创始人孔德（1798－1857）是法国人，但他实际上是法国大革命之后欧洲哲学精神的总代表。他学习数学、自然科学出身，1818 年之后当了社会改革家圣西门的秘书，在圣西门的影响下，开始用科学精神观察社会政治，后来自己建立了实证主义学派。

孔德并不把他的经验实证主义看成纯哲学，而是看作现代生活和思想的混合形式，因此他的著作也反映出这一特点。孔德从经验科学立场出发，根本不关心康德提出的什么"自然科学知识成为可能的条件"之类问题，而是关心科学研究的一般方法，以及这方法在社会政治研究中的应用。所以孔德也是社会学的奠基人。

他的实证哲学认为，追究第一原因或最终目的的研究是无意义的。实证的说明并不能告诉我们现象被创造的原因，实证的说明只研究现象产生的环境。①实证哲学放弃知识的最终基础的研究，不要求达到绝对真理。他们认为，知识只可能限于经验之内，提出假设，为科学的发展提供保证。关于追求最终原因、最后基础的形而上学问题，在孔德看来纯属于假问题。他把一切概念都作为有条件的对象来把握；哲学由对无条件的绝对知识的追求转而对有条件知识的追求。这是传统精神和现代精神的分野，是一场革命。②实证主义是当时唯科学主义倾向的代表。

腊斯（Ernst Laas，1837－1885）是老实证主义在德国的最早的代表人物。他重提普罗泰戈拉的"人是万物的尺度"的原则，但他并没有把人理解为个人，而是理解为全人类。他认为，人类所能认识的就是他们感觉到的东西。我们的一切概念，都源于感性感觉。经验世界离开人的主体，便失去独立存在的价值。主体与世界不可分离，相依为命，世界并不在主体之内，但二者是相关性存在，相对的存在。不存在任何绝对的独立性的实体性。所以一切关于绝对独立实体的形而上学都是无意义的。因此，在他看来，只有相对真理，没有绝对真理。腊斯在德国哲学界的影响十分有限。真正在德国哲学界一度成气候的是阿芬那留斯和马

---

① 孔德：《社会学》，即《实证哲学教程》，德文版，第5页。

② 孔德：《社会学》，即《实证哲学教程》，德文版，第79页。

赫。他们是第二代实证主义的主要代表。

第三节　阿芬那留斯

阿芬那留斯(Rechard Avenarius，1843－1896）把他的哲学称作"经验批判主义"。列宁的《唯物主义与经验批判主义》就是针对他的思想对当时俄国哲学界影响而写。阿芬那留斯是典型的德国式的哲学家。尽管他的立场是实证主义的，风格却是纯德国式的。他生造了大批新概念（比如用"经验批判原则的组合"来代替主客观的理论等），行文十分晦涩难懂。阿芬那留斯接收了康德的经验概念，但取消了康德的先验思维形式的假设。他想通过对经验的纯粹描述来为经验提供客观性的论证。他提出，这种描述要做到绝对中立，无认识论预设。为此需要对哲学概念加以清洗。因为传统经验概念中沾染了太多的非经验的成分，即思辨的成分。哲学的任务就是清除经验中附带物，它们主要是通过语言的力量渗透进来的附加物，比如"实体""因果性"之类的东西。[①]

他主张用最省力的方法对经验中已给出的现成东西作整体把握，这就是著名的"思维经济原则"。他所说的心灵（Seele）就相应于我们所说的意识。他努力从思维经济原则出发来理解思维的同一性和思维规则规范性。他并不满足于指出，思想是对表象的组合、连接。他把思维理解为解决某一问题的活动。思想是对大量表象按一定目的的整理加工。为了不使意识陷入混乱而不能自拔，意识必须对表象材料的复杂性加以简化。意识的简化工作无需先验思维形式的协助。如果此事不成，就只有对表象进行内

---

① 阿芬那留斯：《依最省力原则进行思维的哲学》，第49页。

部分类。而意识从来不是白板（tabula rasa），而总是充满过去的、加工过的印象。过去被储存起来的印象就成为进一步加工工作的秩序模式，是进一步体验经历的模式。这样传统感性同知性的对立便被扬弃了，代之以过去的经验同新经验的自身调解机制。

纯经验就是纯粹感觉的内容，它是最基本的事实。他主张，应从世界概念中去除一切传统形而上学的附加成分，世界概念中既无所谓物质性，也无所谓灵魂、精神。精神与物质的对立是多余的，真实存在的只是自我、我的周围环境以及环境的多种多样的组成成分，加上他人及他们的多种多样的命题。

在阿芬那留斯看来，对感觉的刺激就是周围环境的构成成分，又称为刺激值（R－值）。而其他人所作出的命题的内容被称之为E－值。E－值依赖于R－值（环境的过程因素）。E－值（命题内容）在不断发生变化。为了把握这种变化，还需假定一个中枢神经系统。神经系统可以对周围环境的变化加以收集、分配。这个中枢神经系统被称为 C。假定 E 依赖于 R，同时又依赖于 C，那么，这个个人的生活就是中枢神经系统 C 的变化过程，而 C 的变化一方面受刺激值 R 的影响，但同时又受自然物质交换，即营养攫取 S 的影响。当 S 和 R 对 C 的影响同样大，C 便不发生任何变化。如果 R 大于 S，便出现了张力。C（神经系统）的平衡受到干扰，于是 C 便出现排除干扰的活动，于是便进入变化系列，直至重新达到平衡为止。C 系统的生命就在于失去平衡又获得平衡的活动系列中。E－值受 R－值间接影响，但受 C 系统的直接影响。阿芬那留斯把对"红""咸"的感觉称之为"基本元素"，把"舒服""不舒服""熟悉""存在""相同"之类的感觉称之为"特征"。已知的经验加上未知的经验表象的把握，被阿芬那留斯称为抽象。它不仅是对旧形式的重新认定（wieder-erkennen）。过去加工过的经验同新经验的关系、新印象的关系，如同一般同特殊的关系，它们相互渗透，又相互区别，这就是概念的逻辑功能。阿芬那留斯试图用这一模式来解释整个世界和人生活动。这本身是非常片面的，是对人生和世界歪曲的描述，阿芬那留斯的工作是实证主义构造世界图式的不成功的尝试。

第四节　马赫

伟大的物理学家马赫（Ernst Mach，1838－1916）是这个时期科学主义哲学的另一代表。他的倾向同阿芬那留斯相同，试图用经验和思维经济原则重新整理世界图像。马赫的立场是经验论的，反对关于事物本质的哲学思辨。在方法上他提倡思维经济原则，认为所有的科学概念和理论，只有它们能为清楚可见的经验的实事所充实，并为进一步的经验说服时，才有意义。马赫认为，不带任何理论的先入之见，无哲学前提的纯描述是可能的（这个本身就有问题）。在他的描述中，物体只是"颜色、声音、压力"等感觉的组合（Komplexe），是有规则地组合在一起的反应。[1]时间与空间也是特殊的感觉[2]，时间的感觉得完全取决于与意识相关的有机体的连续性。[3]空间也要和时间一样，是主观感觉。在马赫看来，自然科学的规则都是描述性的，是对我们经验期待的限

---

① 马赫：《感觉的分析》，德文第 5 版，1906 年，第 2 页；《知识与谬误》德文第 2 版，第 19 页。

② 马赫：《感觉的分析》，第 2 页；《知识与谬误》，第 284 页。

③ 马赫：《感觉的分析》，第 2 页；《知识与谬误》，第 204 页。

定。[①]为此他拒斥一切形而上学，不承认有所谓本质的存在，只承认有现象（Phänomene）。他想做的唯一的工作就是描述现象。所以，他的立场也被称为现象主义（Phänomenalismus）。

马赫认为，科学史也是科学的重要组成部分，它可以代替先验知识，从历史中导出理论的有效性，还可以澄清科学发展的过程，使科学家了解科学概念的变化过程，以免陷入故步自封的境地[②]，从而更开放地面对我们获得或接受下来的科学观点。科学史研究使马赫打开了眼界，他看出牛顿的绝对时间概念、绝对空间概念和绝对运动是一种不可接受的形而上学假设。在马赫看来，时间无非是经验到的时间关系的总和。这个新观念被爱因斯坦看作他发展相对论的出发点。

马赫在哲学理论中对因果观念提出了批判。他同意休谟和密尔的看法，认为因果性不过是从习惯出发养成的期望。除了逻辑必然性之外，不存在其他的必然性。[③]他认为，科学的发展是一个渐进的过程，在日常看法与科学理论之间不存在本质差别。但思想实验在这个过程中起着决定性作用。

马赫认为，知识是人因生存需要而创造的手段，判断知识价值的标准是其对生存的意义。马赫把人的认识发展史分为两个阶段：第一阶段，思想对事实加以适应，这是自然经验的阶段。第二阶段，科学认识的阶段，这是思想之间相互使用的阶段。在第二个阶段，人们用清楚的规定性（观念）把经验整理为概念。两

---

① 马赫：《知识与谬误》，第 449 页。

② 马赫：《哲学原理》，第 1 页。

③ 马赫：《哲学原理》，第 435 页。

个阶段的两种方式中，概念同直观的合作都发挥着决定性的作用。马赫清楚地认识到逻辑同心理学的差别。他的《真理与谬误》一书是从社会学或人类学角度对认识发展的研究。

由于列宁在《唯物主义与经验批判主义》中对马赫的批判，中国读者对马赫的感觉复合论并不陌生。这是他在描述世界逻辑结构的过程中提出的论题，他的基本想法是，世界是可以描述的经验之间关系的总和。它既不是生理性的，也不是心理性的。他实际上想用这个理论克服新康德主义的主客对立。马赫把感觉（Empfindungen）又称为元素（Element），他是想强调，我们的经验所获得的材料既是主观的，又是客观的。所以，由元素（感觉）的总和构成的世界，既是内在的又是外在的。二者是不分地结合为一体的。它们不分内外，感觉与世界本身是同一的，所以它们就是元素。与唯物主义的看法相反，元素不是绝对不变的实体。在马赫看来，脱离感觉的独立的实体只是一种有用的假设，是语言的习惯。在自我主体同世界之间不存在固定的界限，因此唯心主义是站不住脚的。马赫认为，把世界还原为内外不分的感觉或元素，便可以克服现象与现实的区别。①柏拉图在洞穴比喻中说，常人只看到影子，看不到真正的现实，马赫把柏拉图比喻反其道而用之：人生活于其中的所谓影子其实就是现实，根本不存在更高的现实。在马赫看来，如果不想放弃生活现实，人们生活的洞穴就是它的真实世界。人们可以利用科学本身构建自己的生活环境。

马赫把他的哲学称为中立一元论。因为他不需要走出人的

---

① 马赫：《感觉的分析》，第9页。

"内外皆备"的感觉复合。自然科学研究的是关系的关系，它是
为人类行为活动服务的关系。物体只不过是现存元素的复合的简
称而已。[①]正是由于他的科学思想基于日常经验，所以他不接受
爱因斯坦的相对论，因为它同自然经验不一致。

胡塞尔和物理学家马克斯·普朗克都对这种理论提出了批
判：思维经济原则对给定的现实提出的限定不能为经验的客观性
提供说明。客观性超越眼下现实的可能性总是存在的。另外一个
问题是：当感觉不被感觉时，它的性质是什么呢？马赫不能清楚
地回答这一诘难。

关于传统哲学的自我问题，马赫持坚决的反对立场。这也是
他的感觉或元素复合论、思维经济原则的结论。"'自我'不可救
药"，成了马赫的名言。这是公开针对把"我思"作为世界的起
源的唯心论而发的。[②]作为感觉复合的自我之所以被称为自我，只
是因为它同其他对象的感觉复合的有效的方式不同而已。因为这
种心理生理经验只能由一个人自己来做。没有人能像自己一样来
感觉我。这个"自我"根本不是同世界分离的；它没有自己的独
立性。"自我"是世界的一部分。个人的观察角度尽管把我同他
人区别开，但并不因此使我成为一个没有窗户的封闭的单子。因
为我和世界万物一样，也是由感觉或元素构成。它与世界是完全
一致的。

马赫认为，死亡把自我化解还原为元素，只是从一种复合形
式中解脱出来，进入另一种复合形式而已。所以死亡在马赫看来

---

① 马赫：《感觉的分析》，第 2 页。

② 马赫：《知识与谬误》，第 5 页。

并不一定是可怕的事情。^①马赫的思想充满了对科学进步的信任，充满了乐观向上的精神，他认为人们可以通过自身的活动不断改善自身的生活环境。

第五节　德国的实用主义：法伊英格尔

当时名震学坛的还有一位学者，法伊英格尔（Hans Vaihinger，1852－1933）。他是新康德主义者，先以康德研究家著称，他的名著是《对〈纯粹理性批判〉的注释》两卷本。第一卷500页，只解释到导论，第二卷560页，只解释到感性论，即到康德《纯粹理性批判》一书的第93页。康德该书共766页，他的解释工作还没达到全书的八分之一。后来，他写了一本书，名字叫"Als－Ob哲学"，中文可强译为"似乎哲学"，或"虚拟哲学"。他的著作于1911年出版后，在学界引起激烈争论。

在《Als－Ob哲学》一书中，法伊英格尔把思想也看作人们为了与世界打交道而设置的一种技术，一种有机体的功能。思想的最终的真正的目的就是行为和使行为成为可能。^②他认为，世界只是表象世界，思想在认识论上只有工具手段的意义，它只是服务于我们更好地在现实中定向而已。他认为，世界是充满逻辑矛盾的幻想的庞大组织。思维只是处理感性感觉的使用方便的工具。它们是为了实用的目的才出现的。"真理就是合目的的谬误"。^③所以，我们的思想根本不可能把握现实。我们必须满足于

---

① 马赫：《知识与谬误》，第5页。

② 法伊英格尔：《Als－Ob哲学》第4版，第95页。

③ 法伊英格尔：《Als－Ob哲学》，第192页。

我们的幻觉，把它们当作真正的物来看待。它们"似乎"是物，德文中用虚词"als ob"表示，所以他称他的哲学为"als－ob哲学"。我们必须满足于生活中这种合目的的假象，因为它们对生物的当下生存是有利、有用的，尽管以后还会抛弃它。我们以假作真，设定它为真，是为了服务于生存竞争需要而采取的必要措施。

假象是有意识的错误假设。为实用，必须得用它。但达到目的以后，它便会适应新的需要受到修改或者完全被抛弃。在科学和生活中均如此。比如，在数学中为了计算的方便，把曲线看作有无限多的线段组成的角的连接，把圆看作焦点距离为零的椭圆；法律上把继（养）子看作亲生子来处理；等等。三维的欧几里得几何空间在他看来也只不过是用以整理感觉的有用的虚设的概念性图式。物质、原子、自然力、物理规则也是如此。思想的范畴，如无限、绝对、自在之物等，也是如此，它们都是人的虚构，但是生物学上是合理的假设。伦理道德规范也是如此，宗教亦然。

法伊英格尔这种哲学是现象主义、实用主义的德国表现。这种理论的前提本身是感觉论、现象主义。感觉论和现象主义本身的问题，就在于他们把自然消解在感觉单元中，因此，在这种理论中，大于单元集合的不同层次上的整体存在均消失不见了。世界被抽象分析、磨为齑粉，成为虚构。正是由于这种理论初始前提的片面性和错误，它后来被巧精实证主义和实用主义所代替。

第六节　科学主义实在论

当时科学主义实在论在德国的代表有两个人，一个是屈尔佩 (Oswald Külpe)，一个是黎耳 (Alocs Riehl)。

一．屈尔佩

屈尔佩 (Oswald Külpe，1862－1915) 在当时以建立实验心理学派而知名。他是实验心理学奠基人冯特的学生，但他建的所谓实验心理学同费希纳－冯特建立的实验心理学不同。费希纳－冯特的工作是致力于把物理实验方法引入心理学研究。但这种实验方法尚只能处理基本心理活动。对于高级心理活动如思想、意志等，尚束手无策。所以，他们拒绝对此进行研究。屈尔佩的学派恰恰把研究重点放在对思维与意志活动的研究上，他提倡所谓实验方法是一种对传统内心自省方法的改造，是一种系统化的自我观察方法。这种方法主张，从观察到的心理事件对自己的第二自我作准确描述。所谓实验的方法是借助于讯问和记录实现的。屈尔佩的工作使他成为当时著名的心理学家。但他本人一直没有放弃哲学的思考，他把自己的心理学工作看作是哲学工作的准备。

屈尔佩的哲学观在当时很有代表性，他认为，哲学的第一个任务就是通过对具体科学研究成果的总结，构建以科学为基础的世界观，以满足确定人在世界中的地位这一实际需要。[①]所以，他

---

① 屈尔佩：《哲学导论》，1918年，第408页。

主张建立一种归纳性的形而上学。他认为，哲学的内容完全取决于自然科学的发展水平，所以它只是依据当时科学的成果，提出世界观上的假定。随着科学的进步，它要不断修改乃至提供全新的世界观图像。所以，哲学实际失去了自己的独立研究对象。

哲学的第二个任务是对具体的自然科学前提进行研究，包括对具体学科的出发点、科学研究过程、经验事实及其形成过程加以研究。所以，这里说的就是后来独立出来的科学哲学。

哲学的第三个任务，就是为新的具体科学学科做准备。具体科学学科尚不成熟，不能独立为学科的领域时，哲学则研究之。时机一成熟，就会让其独立，就像欧洲哲学史上发生的那样。

在哲学上，屈尔佩以批判实在论著称。他的工作实质上是关于自然科学的实在的设置与规定的理论。他认为，哲学只能为自然科学提供现实主义根据。超出自然科学领域的一般认识论，在他看来，不论是唯心主义的，还是唯物主义的，都是不可能的。

他认为，经验是一切对象的最后来源。从经验出发可以走向不同的方向，发展出不同的对象：(1)由经验可以直接得出意识事实，他称其为现实（wirkliche）对象。(2)通过抽象、组合、变型，可以从意识的现实性中得出观念性对象。它们是与经验相对的先验存在。它们没有真正的现实性，只是观念性的存在。它们构成了数学、美学和伦理学的基础。(3)后天的实在对象。它与意识无必然的联系。它们是外部世界中的对象。这种实在对象是真实意义上的存在物。它们通过感觉向我们给出自身。它们构成了整个自然科学的基础。屈尔佩在他的三大卷的代表作《现实化：论诸现实科学的基础》(*Realisierung: Beitrag zur Grundlegung der Realwissenschaften*)中，对迄今为止提出的外部世界存在的论证进行了认真谨慎地考察。结论是：只以纯粹经验为基础，绝不能证明外部世界的存在；只靠思想自身也不能做到这一点；只有将经验与思想混合在一起才有可能做到这一点。比如，如果没有外部对象存在的话，我们感觉的连续性就是不可理解的。而经验世界的自身的规律性同我们意识世界的规律性不同。这种差别只能解释为，我们的经验有现实的"基质"为基础。但是，屈尔佩的上述证明只指出了，如何设定客观实在对象（现实化），并没有为外部世界的实在本身提供的真正的外在存在。而且在他看来，即便是我们内部世界的存在，也永远只是一种假设。像康德一样，他只证明了，必须设定外部世界存在，而没有证明外部世界存在。这种康德式的谨慎态度成了 20 世纪哲学的典范。

二、黎耳

黎耳（Alocs Riehl，1844－1924）是另一位特别强调自然科学影响的哲学家。他的思想受到自然科学家赫兹和赫尔姆霍尔茨的重视。他是 19 世纪末 20 世纪初在学界声望很高的学者，他生于 Bozen，初为中学教师。他大学教书的生涯始于 Graz，后到弗赖堡、基尔、哈勒，最后在 1905 年作为狄尔泰的接任者在柏林大学执教。他的成名之作是三卷本《哲学批判主义》。当时被人称为实证主义者(Positivist)。[①]

黎耳认为，哲学必须从康德出发，哲学的基本任务就是使自然科学的知识得到进一步理解，就是对自然科学知识的解释。他认为，回到康德，并不意味着停留于康德。因为自然科学也不是

---

① Friedrich Überweg：《哲学史》第 13 版第 4 卷，第 429 页。

从康德之后便停滞下来。科学发展了，康德式的对科学的理解把握，也理应进一步发展。而且随着发展，科学与哲学更加接近了。他特别强调，哲学知识也是科学不可丢失的财富。[①]

他承认物理学中某些基本原则是先验的。他反对形而上学，主张用实证科学取代传统意义上的哲学，这一倾向与实证主义是一致，但他实际上并非实证主义者。黎耳认为，哲学的唯一任务就是知识的自我批判。所以，哲学中只有认识论是科学，其他都是不科学的。他把自己的哲学任务设为，讨论科学知识在什么样的前提下才具有现实的有效性的意义。这种关于科学知识有效性的研究是不同于关于科学发生生成论的研究。他承认超出经验的现实物的存在，承认心理过程也是一个现实过程，因为它在时空中进行。他认为，关于自然的理论中，必然包含物自体的成分。外部世界的可靠性保证就是感性感受，它在自己内部包含了同外部世界的关系。同康德一样，黎耳也认为，通过感受所得到的受侵入的感觉，构成了我们关于物的现实性信念的唯一基础。"可以说，从生理学的观察，这种信念是由感性感受与侵入感觉的相互影响构成的。"[②]

他承认自然科学素朴唯物主义自然观，认为对自在之物的假定是完全必要的。他认为，内部经验和外部经验实际上是同一的。它们都是意识的共同坐标，并不存在两种不同的经验，它们只是同一种经验的两个不同的方面而已。共同的一般经验就是现象。自在之物是一般经验的相关物。

---

① 黎耳：《哲学批判主义》，1908 年第二次修订版，第 8 页。
② 黎耳：《哲学批判主义》第 2 卷，第 1、45 页。

经验同科学是一致的。科学是日常经验的完善化、准确化，是经过定量分析的日常经验。自然规律可以看作思想规则的实际应用。他拒绝对逻辑作心理主义的解释。认为逻辑和数学性质一样，逻辑是知识的数学。认识论问题不是去追问，知识在主体方面是如何生成的，如何评价的，而应去追问知识的客观前提。意识首先不是心理现象，它首先是一种逻辑－认识论前提。存在则是感觉的前提。

他认为，对意识存在的肯定就是对外部世界存在的证明，因为意识存在的前提就是外部世界的存在。他套用笛卡尔"我思考，所以我存在"的模式，提出"我感觉，所以外部世界存在"。因为我们人的感觉，总是对某物的感觉，即对并非我们自身的东西的感觉。所以感觉存在本身就是外部世界存在本身的证明。另一个证明是：我们每人都有"社会感情"。如果没有他人的存在，这种"社会感情"就是无意义的，荒谬的。因此，他认为，一切真的东西，必须通过感性经验的证实。他同实证主义的根本区别就在于肯定了康德物自体假设的合理性。

第七节　欧根·杜林

欧根·杜林（Eugen Dühring，1833－1921）的名字经常被人们提起，主要是归功于恩格斯对他的批判。实际上，一战之后，在西方哲学界的文献中，杜林的名字几乎销声匿迹了。他同当时大多数哲学家一样，以现实和关于现实的自然科学作为他的哲学研究的出发点。所以，他把自己的哲学称为现实性哲学或自然体系。他认为，哲学的任务不是对现实加以说明，而是按照原样对现实加以描述。如果哲学把自己限定在这种描述之内，就可以获得完善的知识，使怀疑论成为多余的。

他认为，在思想中存在这样一些规则，它无论对现实的对象还是对想象的对象都是有效的。在这个意义上，思想与存在是重合的。所以可以通过分析思想的原子——即它的概念和判断——而得到自然、世界和具体实存的一定的结构形式。杜林认为，人的感性感觉，也不是虚假的，也能负担获取客观知识的任务。外部世界及它的时间和空间就像它向我们表现出来的样子那样存在着。

杜林相信"定数"（Anzahl）原则，认为世界上的事物无论在时间上还是在空间上都是有限的，有定数的。所以世界的过程在时间上是有开端的。物质的可分性也是有穷的。如果人们超出了这个有开端的发展过程，便可以进入无更替现象的无过程的存在。这就是所谓原始存在。这种原始存在是自身同一的。人们应在这种原存在中去找一切过程和存在的根源。当我们想象原始存在时，现实过程仍在进行，只是不在原存在的状态上进行而已。思考原始存在时，不应想到过程更替现象。但空间上的差别却是可想象的。

他认为，自然应被看作存在与过程的总和。它们可以不断继续向前发展，但在表象中它们回归为相同的状态。在现实上，原始存在已不在当下。但是他认为，现实中应含有原始存在的痕迹，比如自然规律等。既然自然有开端，自然也可以不断重新开始。关于现象、过程、存在等因果系列的假定被杜林称为"世界力学"。

世界进程不断更替并不影响存在本身的同一性。因为存在的同一性是多样性的同一，是诸多事物的联系。比如在自然规律中包含着不断重复，但这种规律同新事物的不断发生并不矛盾。宇宙有定数，当世界发展变化达到定数之后，自然便会重复以前的过程，或者中止一切重复。他认为，整个宇宙总是趋向静止。这种理论是建立在世界"有定数"的假设基础上的一系列假设的组合。他的这些玄想似乎预言了宇宙学中某些理论倾向。

第四章
唯科学主义的反对者

第一节　布伦塔诺

　　弗兰茨·布伦塔诺 (Franz Brentano，1838－1917) 1838 年生于 Marienberg。他是浪漫主义文学家 Clemens Brentano 的侄子。他的弟兄 Lujo Brentano 是 19 世纪著名的讲坛社会主义者，所谓讲坛社会主义就是反对暴力革命，主张经过民主改良的道路走向社会主义。弗兰茨·布伦塔诺大学学习神学。但在大学教师特楞德伦堡的引导下开始钻研亚里士多德哲学。对数学和哲学有浓厚的兴趣，最后还是选择以哲学为业。他的博士论文《论亚里士多德关于存在的多义性问题》于 1862 年发表，是亚里士多德研究中的重要文献。海德格尔存在问题研究深受此书的启发。布伦塔诺的父母均是虔诚的天主教徒，在他们的影响下，他也想做一名天主教牧师，并曾在多明哥教团当修士，后去慕尼黑和乌尔茨堡学习神学，并于 1864 年获得牧师职位，这一择业给他带来终身不幸。1866 年完成《亚里士多德心理学》一书，并获大学哲学教师资格。1872 年得任副教授。在教职论文中他就认为，哲学的真正方法就是自然科学的方法。他坚持反对唯心论立场，成了特楞德伦堡之后又一位亚里士多德主义的代表。他在大学的教学工作十分成功；他在政治上是自由主义者，反对当时盛行的沙文主义，反对军国主义和严格的训练教育，反对中央集权制，反对兼并主义，反对一切压制和威胁个人自由的现象。他曾预言，统一的德国将导致军事化的德国。

当天主教梵蒂冈大公会，把教皇无错定为教义之后，布伦塔诺 1870 年写呈文，证明"教皇无错"是荒谬的，并由此引起他对天主教的全面怀疑和审察，并从思想上放弃了对基督的信仰。只是囿于母亲的虔诚他才没马上退出教会。但他最终还是于 1873 年放弃牧师职务，也放弃了教会提供的教授职位。他还不相信逻各斯肉身化、圣餐和地狱惩罚。对他来说，基督教只有下述三方面是可信的：（1）耶稣是最高的道德典范；（2）灵魂不死；（3）无限理性创造了这个世界。

1874 年在洛采的推荐下，布伦塔诺被维也纳大学聘为教授。他的教学工作像在乌茨堡一样出色，成了维也纳的名人。在维也纳他认识了年轻女子 Ida von Lieben，但奥地利法律规定，牧师不得结婚，即使是只做过一天牧师的人也包括在内。所以，布伦塔诺要同 Ida 在奥地利结婚是根本不可能的。于是，布伦塔诺放弃了奥地利国籍和教授职位，同 Ida 一起到德国莱比锡完婚。后来以私人讲师身份在大学执教，直到 1895 年。1884－1886 年胡塞尔从学于布伦塔诺，深受其影响。后来胡塞尔说，"没有布伦塔诺的话，哲学上我一个字也写不出来"。[1]1893 年布伦塔诺的

---

[1]　E. Seiterich, *Die Gottesbeweise bei Franz Brentano*, 1936, s. 7.

夫人去世后，他于 1895 年离开维也纳到意大利的佛罗伦萨安家。1903 年他双眼完全失明。Emilei Ruepprecht 与他成婚，成了他科学工作的重要女助手。1915 年由于意大利与奥地利关系紧张，大战在即，布伦塔诺离开意大利移居瑞士的苏黎世。1917 年去世。他的早期学生 Carl Stumpf 和 Anton Marty 都和老师命运相仿，受到天主教的迫害。

在他的老师特楞德伦堡提倡的非体系的哲学研究的影响下，布伦塔诺研究工作的风格，也是不急于去构建什么理论体系，而是热衷于具体问题的研究。布伦塔诺也继承了他的老师特楞德伦堡的传统，是亚里士多德哲学的专家，对中世纪经院哲学传统十分熟悉，批判吸收了康德以前的哲学，即笛卡尔、洛克等人的思想。他主张，哲学应跟踪自然科学的发展，并且以具体科学，比如心理学的知识为基础。他在哲学工作中只使用自然科学中通行的方法，并希望以此使哲学获得重生。同时他又没有放弃对上帝的信仰，仍坚持认为灵魂不死。

布伦塔诺的工作实际上是对心理主义的克服，但是他还没有完全克服当时盛行的心理主义的基本看法和术语。布伦塔诺认为，哲学总是以表象、判断和推理为研究对象，而这些都是心理活动。按传统的看法，它们同时又是心理学研究的对象，所以他认为，心理学是哲学的基础。所以他仍使用传统语汇说，科学所涉及的都是心理现象，或者叫意识现象；真理并不存在于外部事物中，而是在我们的意识之中，所以心理学是一切科学的基础。但布伦塔诺所说的心理学不仅是关于心灵的理论学说，而是关于心灵具体活动的，心灵之经历的科学。布伦塔诺所说的心理学并不是对心理过程进行生成说明的心理学。他所说的心理学是描述心理学。这种心理学只限于对意识现象作描述和分类。布伦塔诺把心理学又分为：(1) 描述性心理学。它对人的意识现象进行描述、说明和整理。(2) 发展心理学，也可以叫生成心理学。它研究现象如何在意识中出现，如何与其他现象建立联系，最后又如何从意识中消失。描述心理学被迈农发展成为对象理论，被胡塞尔发展为现象学。

布伦塔诺认为，意识现象有三重特征：(1) 它是有意识的过程，他和后来的萨特一样，否认无意识的心灵活动。(2) 它们是可以被感觉到的，是可以通过特殊的内感觉被感觉的。(3) 意识总是对某物的意识。如果我不看什么东西，我便不可能看；如果不想某种具体内容，我也不可能思想。所以，任何意识都是对象意识。这是他心理学的主要成就：特别强调人的心理行为的意向性特征。意识总是指向意识的对象。意识行为离开对意向对象的指向，是无法存在的。意识的行为是以对象为走向的。当然，关于这种内在对象的细节是什么，存在着争议。布伦塔诺本人也在不同时期有不同的说法。早期他认为，意识的对象性内容就是意向性对象①，他称之为"精神性的（或意向性的）内存在"，后来则更倾向于亚里士多德的看法，认为存在的只是具体的个别的对象。意识的意向性指向的对象，只能是具体、个别存在的事件。一般性对象只是幻觉，根本不存在。如果排除了意识同对象的指向关系，就等于中止了意识活动本身，对象的指向关系是意识现象的本质。布伦塔诺借用中世纪哲学的术语 Intentionalität（意向性）来标示意识指向对象的这种关系。尽管布伦塔诺接受亚里士

---

① Brentano, *Vom Ursprung sittlicher Erkenntnis*, § 19.

多德的立场，但是他看到，在描述心理学中是不可能证明外部世界的存在的。外部世界的存在只是一种可能性。所以关于外部世界的感性判断总是不清晰的。意识的意向性后来成了引起 20 世纪哲学革命的重要理论来源。

意识活动的本质在于它同对象的关系。意识活动又分为：(1) 表象（包括概念），它只把握纯对象。(2) 判断，它对想到的对象作出承认或拒绝。(3) 判断好恶的表现方式，它包括意志在内，它对对象表示喜爱或厌恶。

布伦塔诺认为，表象活动把握对象，但判断不仅限于组合或分离对象，如把"绿"和"树"合在一起，组成"绿树"，并没有做出判断。判断是对表象作存在的规定。存在并非表象，而是对存在性判断的体验。"上帝存在着"，并不是把两种东西组合在一起，而是对上帝的存在作了肯定。判断是对某一事物的存在的承认或拒绝。当我们说，"树是绿的"，实际上我们表达了：(1) "树存在"；(2) "存在的树是绿的"。比如，我们说"没有龙"，实际上是对龙的存在的拒绝。

关于真理的看法，布伦塔诺同亚里士多德一致，认为真理只存在于判断中，并不存在于表象中。但他不同意亚里士多德把真理看作思想同真实存在的统一。因为，如果真是如此，那么否定性判断"不存在龙"同什么真实存在相一致呢？又如数学上的数字，它与谁相一致呢？那么，真理的标准是什么呢？在布伦塔诺这里，真理的标准只有一个：对自明性的经历。比如 $1+1=2$，我们的经历是如此确凿无疑，如此明白，它是对的，是真的。即便是上帝也不能否认它的真理性。所以自明的体验是真理的最后保证。他认为，这不是情绪，不是看法，也不是洞见，而是一种最基本的体验，是对我们判断活动性质的直接体验。自明性只能体验，不能定义。在它之中没有等级，不是真的，就是假的，二者必居其一。[①]在布伦塔诺看来，"明晰性"只存在于感觉之中，和对概念之间关系的判断中。前者是指对一个事实现存的感觉；后者是对概念一定形式的结合的感觉，比如三角形内角和为 180度，这意味着，三角形与内角和大于 180 度是不可以连在一起的，这一点是明晰的。但是，这样一个判断的真理性就完全依赖于个人的直觉了。但一个人觉得是或然的联系，另一个人可能觉得是自明的、明晰的。为了保证这种明晰性的必然性，必须有另外的理论作补充。胡塞尔的先验自我的引入就是为了解决这一问题。

布伦塔诺和莱布尼茨一样，将真理区分为两类：理性真理和事实真理。

理性真理是通过概念的比较得来的，它是独立于经验的。数学是这类真理的典型。尽管没有对具体事物的感知，没有数量的事物感知，便无所谓数，但这并不等于说，数学不是独立于经验的。他清楚地看到，数学是分析科学。我们对它不能谈什么存在。所以，他拒绝先验综合判断的说法。他认为，康德这一说法为神秘主义开了方便之门。数学并不对现实的存在物发表意见。用今天的语言说，数学是纯形式科学。

事实真理并不是通过概念比较得来的，它们是通过感觉经验而获得的，它是以经验为基础的。事实真理确定了经验事实中的相同性，通过归纳方法逐步上升、接近为一般规律。一般规律总

---

① Brentano, *Wahrheit und Evidenz.*

是否定性判断。比如万有引力规律应表述为："任意物体不与其他任何物体相互吸引，是不可能的。"

布伦塔诺在早年认为，我们的抽象性思想总是指向思维中的"思维之物"的，比如"半人半马怪"。迈农和胡塞尔都接受了这一理论，分别提出了"对象理论"和"本质直观和意向性对象"的理论。但布伦塔诺晚年改变了他的想法，转而认为，所有"思想性之物"，所有抽象概念（精神性、爱情、肉体性），都是虚构的。实际上真实存在的只有具体的个别事物和个别的灵魂。"人"可以被想象，但绝对不存在。现实存在的只是张三、李四、王五等具体的人。只有具体的个性才规定了现实存在。人们想到某物，不等于某物存在。只能说，想到某物的那个具体人是存在的。

对外在世界的感觉没有自明性。所以我们永远不可能确凿地肯定外在世界的内容。我们认为外在世界是存在的，是一种天生的倾向。而实际上外在世界是我们经验感觉过程的综合，它只具有较大的或然性。意识活动的意向性并不能确证外在对象的现实存在。这样他便走到了认识论不可知论的立场。

布伦塔诺的道德学说对马克斯·舍勒和尼古莱·哈特曼有很大影响。布伦塔诺认为，价值体验和判断体验有某种对应的关系。在判断经验中是承认与拒绝，在价值体验中是爱与恨。对"2＋2＝4"我们有内在的自明体验保证它是真的；对爱与恨我们有类似的内在体验，这是对"情绪自明性"的体验：它告诉我们，何为可恶，何为可爱。此处一般规则的表达也应是否定的："无人恨真理，爱谬误。"这里的自明性也无需论证，它是自明的，第一性的，直接性的。爱与恨总是有对象和有目的的。

但是道德上的爱憎是有程度上的差别的：价值总是相对而言

的。所以价值问题不是判断的真理问题。道德的律令在布伦塔诺看来就是，"总是在可及的范围内选择最善的"。这就回到了亚里士多德的立场。道德同政治问题一样，是从实际情况出发做出最佳选择。没有绝对的善恶问题。

　　布伦塔诺关于哲学发展规律的看法也十分出名。他认为，思想发展史也有兴衰。兴盛期的特征是对科学性的追求，理论兴趣占统治；思想离开了这一立场，理论兴趣减弱，实践的动机占了统治，标志了衰落的开始。接下来是怀疑论时期，最后是神秘主义。神秘主义把哲学彻底消解，哲学必须重新开始，回到真正的哲学工作。布伦塔诺认为，西方思想已经经过了三个循环。我们列表如下[①]：

阶段	古代	中世纪	近代
第一阶段：兴盛期	苏格拉底以前及柏拉图、亚里士多德哲学	托马斯·阿奎那	培根、洛克、笛卡尔
第二阶段：衰落期	希腊化时期	斯多亚哲学	启蒙思想
第三阶段：怀疑论时期	浪漫主义、新柏拉图学园	唯名论	休谟
第四阶段：神秘主义	新柏拉图主义	艾克哈特到库萨的尼古拉的神秘主义	康德及后继者

　　布伦塔诺并不排除例外的状况，但他认为，总趋势是如此。他

---

　　① 布伦塔诺：《古希腊哲学史》，导论。

的这种设想并不适用于当代。当代哲学，恰恰在布伦塔诺的影响下，既有以科学性为准绳的英美实证主义哲学，也有以他的学生胡塞尔开创的现象学为先驱的人生哲学。二者并驾齐驱，不分上下。目前这种趋势仍然向更加复杂的多元主义发展。布伦塔诺的预言未必有效。

第二节　布伦塔诺的学生们

布伦塔诺是一位杰出的教师，桃李满欧洲，对 20 世纪哲学的影响不可低估。但最直接受其影响的是他的学生，语言哲学家 Anton Marty（1847－1914）。他公开提出，语言不是出于自然的内部机制，也同内容无神秘的对应关系。语言是偶然选择的结果。语言产生于人对思想交流的需要。他认为，有某种内在语言形式，使语词同它的意义结合在一起。专名是表象表达符；句子是判断表达符；强烈情绪支配下的呼唤，则是情绪表达符。

布伦塔诺的另一位学生是施图姆普夫(Carl Stumpf, 1848－1936)。他曾在哈勒执教，胡塞尔曾从学于他。他是布伦塔诺心理学的直接继承者。他的《声音心理学》是这个领域的重要著作。他还提出了"功能心理学"理论，认为，在谈到心理的意向性结构时，只强调意向性的对象性是不正确的；还应该看到，和意向性对象相应的，还有意识的行为：感觉、思维、意愿、欲求，等等。它们当然是与对象相关的，但不是对象本身。它们是不可还原为意向性对象的。

布伦塔诺的第三位学生是迈农（Alexius Meinong, 1853－1920）。他直接受布伦塔诺的影响，把布伦塔诺关于意识总是某内容的意识的看法，发展成了对象理论。他把意识的这个"某某内容"称为"对象"。意识可指向的所有内容——实存、非实存，现实的、理想的，可能的、不可能的——不管这些对象是现实的还是非现实的，都是"对象"。形而上学想把握的是现实，而且想按现实的本相来把握现实。对象理论则置现实于不顾，只力图把握一切对象的本相。在这个理论框架内，现实同非现实是平等的，谁也不具有优先权。

　　同时迈农还指出，意识总是指向对象，是不错的，但这并不等于说，对象是由意识的认识活动创造出来的。意识指向对象，意味着对象是逻辑在先的；对把握活动来说，是预先给出了的。所以，他不承认主体活动有构成、构造对象的作用。[1]什么是对象？迈农认为，对象是不可定义的，因为没有种差（es fehlt an differentia）（海德格尔对存在的不可定义性的看法与此原则相同）。[2]

　　但在将对象进行分类时，迈农认为，最好是依我们把握对象的方式对它们进行分类：我们的意识有四种基本功能，因此可以相应地把对象分为四类：（1）作为表象的对象的客体（Objekt）；（2）作为思维对象的客体性（Objektive）；（3）作为情感对象的受敬者（das Dignitative）；（4）作为欲求（Begehren）对象的受求者（das Desiderative）。

　　（1）在"作为表象的对象的客体"这个概念中，"客体"比对象概念所涵盖的范围要小得多。迈农认为，认真分析之后，我

---

①《迈农全集》第七卷，第12页。
②《迈农全集》第七卷，第12页。

们会发现，"客体"本身不是简单的，而是重重叠加的，比如：乐音可以是一首曲子的基础。乐音是较低层次的对象；乐曲是较高层次的对象。单个乐音是乐曲的基质，乐曲是乐音复合而成。乐曲是现实的复合或现实性关系。许多"高层次对象"又可以复合成为更高层次的对象。由此向上，可能构成的层次可以无穷之多。但迈农认为，向下，我们可以找到最基本的层次，否则整个建筑便失去了基础。所以，相对关系是有绝对基础的。

高级层次的对象是没有现存性或实存性（Existenz）的，但是他们有持存（Bestand），实际上这是一种非实在的存在。由此迈农得出了"两个世界"的结论：一个世界是由现存、实在的事物构成的，即现实世界；另一个由持存（bestehende）之事物构成，即观念或理念（ideal）世界。

（2）与我们判断（思维）相应的对象的性质如何？我们每个判断都是想表达"dass etwas ist"，译为中文有两重含义"某事物是什么"和"某物存在"。当我们说"花是蓝的"，我们并不是只说了"蓝"，还说到了花之蓝的存在。迈农认为，我们用句子表达的总是一个事件（Sachverhalt，事物关系）。这个事件（事物关系）就是判断的"客体性"的根据。这种"客体性"，这种在命题中表达出来事件（事物关系），从内容上看，总是大于前一种，即主语中的客体（花），多于前一个概念（花）所包含的内容。

另外，一个判断总是说出了一个存在（Sein）。但这里表达出的存在，又可以千差万别，可以分为：

1）狭义的存在：

a）现实存在（Existenz），比如月亮存在。

b）持存（Bestand），比如 2 + 2 = 4。

c）外于存在，比如"存在一个圆的四边形"。

迈农关于"外于存在"（Außersein)的看法，在 20 世纪初受到罗素的批判。罗素在批判迈农的过程中建立自己的摹态论（theory of description）。后来，就罗素对迈农批判，人们意见不一，引起了关于非存在是否存在的争论，而且到七八十年代还争论得十分激烈（主要在英语国家和奥地利）。①

当一个人说，"圆的四边形是不存在的"，这个命题有对象吗？按迈农的看法，这个命题有相应的对象，因为它是一个意向性活动，当然有相应的对象。他认为，"存在一种对象，对它来说，这样的对象是不存在的"，也是有效的句子。②这就是著名的迈农悖论。但是这种"圆的四边形"是什么样的存在呢？它既不是现实存在，也不是持续存在，而是外于存在。所以也是一种伪存在。如何评价这个伪存在，是否将其接受到逻辑中来？这个问题，至今是英语国家分析哲学和奥地利哲学界讨论的议题之一。

2）如此存在（Sosein）

a）是什么（Wassein，何种存在)，如"马是哺乳动物"。

b）如何是的（Wiesein,是什么样的性质等），如"雪是白的"。

3）共携存在（Mitsein）

a）如果……则……关系，比如"如果节约，他就有钱"。

b）因为……所以……关系，比如"因为天暖，所以气温

---

① 参见 1988 年出版的 A. Meinong, *Über Gegenstandstheorie. Sebstdaritellung* 的编者 Josef M. Werle 写的前言以及文后附的文献。

②《迈农全集》第四卷，第 9 页．

升高"。

迈农的一个贡献是，在他的哲学中，不仅考虑现实的事件（事物关系），同时也考察可能的事件（事物关系），而且还考察了可能性的多层次结构。①在关于可能事件的判断中，我们来下判断不是依据对明证性的自明体验，而是靠假设的自明性下判断的。这里涉及的假设的合理性问题。合理假设就是自明的，同确凿的自明性相应的就是真理；而假设的自明性是或然性。他还提出了模态层次问题（Modalstufe）和或然度问题。

（3）作为情感对象是受敬者，即真、善、美。它是高层次对象。当一个人说，"这片天空真美丽"，迈农认为，他并不是把"美丽"这种主观的东西加之于天空上，但又不是人的主观感觉的产物。"美丽"和"碧蓝"一样，是天空的现实属性。这样，迈农便将情感引入了严格的科学研究领域。他认为，人们对这种价值的尊敬是对非个人的价值的尊敬。比如"生命为最高的善"，对一切人都一样，受到所有人的肯定。孩子并不懂什么是真正的价值，但价值并不因此改变自身的性质。价值也是超个人的对象，但同时，它也是人的主观行为的相关物。所以他认为，只有超个人的价值才是真正的价值，才是受敬者，个人只有表面上的尊敬。这里受敬者包括了人的审美对象在内。在迈农看来，美是超个人的。

（4）受求者为欲望的对象。它也是高层次的对象。它包括两种形式：应该与目的。

除了从对象角度研究了意向性相关性之外，迈农还从意识活动方面研究了这类关系。迈农把人的意识活动分为理智体验和情

---

① 《迈农全集》第六卷中的专著《可能性与或然性》，全书 800 页。

绪体验，每种又分为主动和被动。因此便有四种体验，四种体验正好与四种对象相应：表象活动，思维活动、情感活动和欲求活动。

理智活动的主动形态是思维；理智活动的被动形态是表象活动，它的活动由对象直接引起；判断对这种原始材料进行加工；它是人类知识的原材料。判断把原材料加工为不同层次的高层次的客体。这个从"客体"到"客体"的过程，是不同存在层次的迁跃过程，即从实存到持存，进而直到"外在于存在"的过程。在这个体验过程中有一个重要活动就是假设（Annahmen）。假设与判断不同，它没有确信成分。他认为，在理解、谈话、文章、游戏及艺术中，假设起着重要的指导作用。他写了 500 多页的专著《论假设》[①]，是他的代表作之一。他认为，一般的判断是"严肃判断"，而假设判断是"幻想判断"。前者深入存在的内部，后者停留于表象层次上。所以后者是静观性的，前者则是渗透性的。

情绪活动也分为两类：被动的是感情活动，主动的是欲望。迈农认为，情绪活动是基本体验，不可定义。对玫瑰的香、红的情感的肯定，使它们上升为"美丽"。情感所把握的仍然是现实，只不过是特殊的对象：它包括低层次的对象（玫瑰的香与红）在内，但不等同于，或者多于低层次的对象。情感总是以表象或其他判断为前提。他还对情感作了进一步区别：表象情感、思想情感、内容情感、行为情感、严肃情感、幻想情感，等等。

价值情感在这里有十分重要的地位。迈农认为，价值情感以判断为前提。判断揭示了事实、事件、实存以及它们如何存在。但

---

① 《迈农全集》第四卷。

价值情感对判断的把握超出了知识的范围，形成一种新的对象，在它们上面构成、附加了价值成分。他认为，知性离开情感总是盲目的。对于肯定的判断我们有对存在的快乐之情和对不存在的痛苦之情；对于否定的判断，有对存在的痛苦之情和对不存在的快乐之情。

主动积极的情绪是欲望。欲望处于心灵活动的金字塔之顶。它不但以表象与判断为基础，而且还以价值情感为基础。欲望总是带有情绪的；任何人都不会对毫无兴趣的东西有欲望。欲望又可分为严肃欲望和幻想欲望。饥饿者严肃的欲望是食品，小说的读者盼望着一个良好的结局。与判断的确凿性和假设相应，欲望有意志（Wollen）和希望（Wünschen）与之相应：意志所欲者总是现实的和可能实现的。希望却可以指向非现实的，不可能的东西。前者是渗透的，后者是表面的、静观的。

表象涉及实在的外在对象吗？迈农认为，只要我们对审美进行思维，它就是被思维者，即思想内容（Gedachtes），但是这并不意味着，被思想的内容停止了它原来的存在，更不意味着，我们不想它，它就不存在。他认为，人们不能证明，我们被囚禁于意识之内；我们的意识的每次活动都飞出了这个囚室。通过外部感觉，我们就能了解外在世界。可以看出迈农的常识唯物主义倾向十分明显。另外迈农还指出，现实的存在是无法通过逻辑来证明的。因果规律只适用于思想性的存在，高层次的对象。现实的存在的根据是理性无法通达的，所以现实的存在被他称为"非理性的剩余"。[①]这剩余却是整个认识的基础和来源。

---

① 《迈农全集》第七卷，第 48 页。

迈农的思想和胡塞尔现象学是平行发展起来的。他对后世的影响主要是在英语国家及奥地利、意大利。今天在英语哲学界和奥地利哲学界，迈农仍是哲学史及哲学研究的话题。了解迈农的思想有助于我们对胡塞尔思想的理解。他的思想对舍勒产生了直接的影响。受他影响的 20 世纪哲学家有 John. N. Findlay、E. 莫尔、B. 罗素、G. 赖尔、维特根斯坦。在维特根斯坦《逻辑哲学论》中我们可以见到迈农的基本概念。

第三节　齐美尔的社会哲学

齐美尔（Georg Simmel，1858－1918）生于柏林，卒于斯特拉斯堡，是一个研究兴趣十分广泛的思想家。他的工作涉及伦理学、美学、形而上学、历史学、社会学、心理学。他常常引用日常生活的例子来说明他的哲学和社会学思想。齐美尔的文风不同于大学教授们的所谓科学风格。他曾就各种时政和社会问题发表过大量散文评论，对学术圈之外的广大读者产生了广泛的影响。他的讲课也深受学生欢迎。但大学的教授们却认为他不够专注，使他在大学求职时几番受挫。他的研究成果在学界之外的社会公众中产生很大反响。他家里举办的私人沙龙，经常名流荟萃，但多为文学艺术界的人物，很少有哲学界权威。他的"对话性"思维当时并不受学界的认可，但是后来在马丁·布伯的思想中进一步得到发展。因此，他在德国哲学界的影响一直有限，但在法国和美国影响很大；他的社会哲学理论很受当代理论社会学的重视。他的学生中最有名的是匈牙利的新马克思主义哲学家 G. 卢卡奇。今天，齐美尔的思想越来越受到人们的重视：他被看作阿多

诺、布洛赫和加塞特（J. Ortega y Gasset）的同路人。齐美尔关于
关于大城市生活的分析，性关系的学说，关于时尚的观点，至今
仍有现实影响。他在《货币哲学》一书中提出了和马克思观点
不同的货币理论，他认为，高度发达的货币关系会化解社会的紧
张关系。他对社会关系的精辟分析使他成为社会学的奠基人之
一。他对各种文化现象和城市生活方式的解说使他成为重要的文
化哲学家。

　　他对社会这一概念作了十分宽泛的理解。他认为，社会学就
是对个体的事件及其社会化过程的形式的研究。在齐美尔看
来，凡是有几个人发生交互影响之处，就形成了社会。单个人的
本能、力量、目的是构成社会的基本材料。但这些材料本身并非
是社会性的，只有在对社会化形式发生影响时，也就是，只有当
它们处于社会形式之中时，材料（单个人的本能、力量、目的）才
具有了社会性。这些社会化形式就是人们之间发生的相互关系、
并列关系、对立关系等的具体存在方式。通过这些形式，个人就
构成了一个统一体。

　　齐美尔社会学研究的主要内容是社会化方式的种类，以及它
们的变化情况。比如，齐美尔认为组成社会团体的人数的多寡同
社会团体的性质、种类有一定关系。①乍看起来，严格团体内人
数的多寡纯粹是一个外在因素，但通过深入观察分析，人们就会
发现，事实并非如此。少数人组成的团体和很多人组成的团体性
质截然不同。比如，小团体能更好地把他的成员吸引到一起。一
个小团体内很容易实行某种形式的共产主义制度，而在大团体

①《齐美尔全集》第十一卷，第 2 章。

中，人们具有更多的自由。由两个成员组成的团体就同三个人组成的团体性质截然不同。为了聚餐走到一起的一群人像正式社团一样，也有它自己的结构。齐美尔用这种方式研究了不同的社会关系。

早期的社会学偏重于材料收集。齐美尔将社会关系的存在形式的理论分析引进社会学，使社会学摆脱了只收集材料的局面，使社会学成了真正了理论科学。同时齐美尔还提出，社会学不应满足于具体社会形式的分析，还应该建立普通社会学和哲学社会学。普通社会学主要从事社会历史发展的共同规律的总结工作，这也就是孔德意义上的社会学。哲学社会学则不属于社会学的范畴。它研究的是社会学中的基本概念、基本前提条件，即社会学认识论问题，以及相应的社会学的形而上学问题。

齐美尔认为，社会文化研究的目的是发现社会文化的形式和本质，以及它们背后的意义。比如，他研究过歌德，但是他关心的不是歌德的生平或者诗的评价等问题。齐美尔的问题是："歌德的存在的精神意义是什么？"即歌德生存方式的表达形式，同艺术、智力，同实践和形而上学，同自然和灵魂等范畴之间的关系。所以，他的研究是想寻求歌德的人生及其作品的形而上学的意义。

在涉及历史问题的时候，齐美尔强调，历史只是偶然性的事件；历史科学的任务不是重新构建当时亲历的现实，而是要求历史学家依据自己的原则，对历史生活的重塑、评估、筛选，要求他们创造历史性的东西。历史学家代表精神，依据他们自己的范畴构造历史，使之成为人类存在的图像。这样，齐美尔的历史观便同洪堡的历史哲学十分接近。但是，齐美尔认为，这些形式并不是先验的，而是在历史发展中形成的，所以史学不可能对历史整体作完全精确的把握。从整体上对这种存在加以把握是哲学的任务。

齐美尔晚年患肝癌以后，自知来日无多，努力著书，留下了他的最后一部书《生活观》。在该书中齐美尔并不是为一般生活寻找一个逻辑概念或理念，而是想从它的个体的存在形式上去把握生活：作为过程的生活的特征，生活变换中的运动学。他不是寻求千古不变的生活基本形式，而是追随千变万化的生活之流。他指出，生活之为生活，不在于他经历了的内容，而在于他经历这些内容的方式。这种独特的方式才是生活的产物。生活一方面不断创造形式，同时又把这些形式摧毁；人一方面设置了界限，又不断地超出这些界限，设置新的界限。这个矛盾对立构成了生活本身。生活之流不是简单的流动过程，而是一种特殊的、不断追求超出自身的过程。所以它不断提出、设立处于当下生活内容彼岸的目标，一旦达到这一目标，他又把这目标变作为达到新目标的手段而加以利用。生活就是不断超越此岸与彼岸的界限的过程。在这个超越界限的过程中，生活保持着他的本质。"超出自身之外""克服自身""超越"，正是生活自身的定义；超越是生活最内在的机制。"生活的本质恰恰在于，追求更多的生活，多于生活本身（Mehr－Leben und Mehr－als－Leben zu sein）的过程。作为这样的过程生活肯定成分恰恰是相对的。"①生活本身不仅不断地提高自身，而且还不断摧毁在他内部存在的形象。被生活超越的环节总是多于生活自身的环节；同时在生活过

---

① 齐美尔：《生活观》1922 年第 3 版，1994 年重印，第 26 页。

程中又被生活超越的环节是这一过程的组成部分。

所以齐美尔说，人是一种自身无边界的边界－实存(Grenz－wesen)。齐美尔还从时间结构上对人生的这个结构作了考察。他指出，现在是过去和将来的交汇点，过去和将来才是真正的时间量。像空间的点不占有空间一样，现在或者当下几乎算不上是一个时间量。但是，过去已经不是（过去就是已经不存在），将来又尚且不是（将来就是尚不存在），所以现实存在的只是现在（或者当下），"但这就是说，现实性根本就不是时间性的"①。只有当作为具有当下性者的现实性内容的非时间性成为"不再是"或者"尚且不是"，总之，成为"不是"的时候，时间概念才有可能用于现实性。"时间是不在现实性中，现实性并非时间。"②

齐美尔看到，人的生活并不服从现实的一特点。不管逻辑上合不合理，人在生活中体验到的现实是有时间"广延"的。在日常语言中，"现在"一词从来不只具有"点"的意义，相反，它总是带着一段过去和一段将来。被现在裹挟的这两段时间到底有多长多宽，完全取决于当时论及或者想到的事情是政治的还是个人的，是民族的还是地球上全人类的。生活时间的这种特点表现为直接的生活过程，就是生活中形成具体形式与超越这些形式的统一。

齐美尔的生命哲学中对人生过程的结构的描述，同海德格尔《存在与时间》中的描述基本上是一致的，但是齐美尔《生活观》的发表比海德格尔的《存在与时间》早9年。海德格尔比齐美

---

① 齐美尔：《生活观》，第8页。
② 齐美尔：《生活观》，第8页。

尔的高明之处在于，他把齐美尔的生命哲学研究成果化为西方哲学最深刻的存在论（本体论）问题，化为纯粹的形而上学问题。

附一　马克斯·韦伯理论社会学*

马克斯·韦伯（Max Weber，1864－1920)生于柏林一个政治家的家庭，父亲是律师和柏林议会自由党议员。韦伯从小就在社会政治、宗教及法律问题的讨论中长大。这个环境对他以后的发展有着决定性影响。韦伯还受到他舅舅，历史学教授 Hermann Baumgarden 的影响。大学期间，他集中精力学习法律、国民经济学、历史和哲学；1893 年任柏林大学罗马法和商业法教授；1894 年赴弗莱堡任国民经济学教授。1896 年受聘于海德堡大学，任国民经济学教授。他被当时的人们誉为天才的演说家和文笔流畅的作家。但从 1898 年到 1902 年他只发表了 36 页纸的东西。因为在这期间，他陷入精神危机。他的夫人 Marianne 是当时著名

---

  *　汉语学界对韦伯的研究越来越重视。韩水法 1998 年有专著《韦伯》问世（东大图书公司印行），后又于 1999 年将韦伯的三篇重要的文章汇集移译为中文，成《社会科学方法论》一书出版（中央编译出版社，1999 年），并在译者前言中对韦伯社会科学方法论的基本思想作了概述。此前还有书名相同的两个译文集，一个是 1992 年人民大学出版社出版的由朱红文等自英译本译出的本子，选的文章与韩书相同，目录中有非常详细内容提纲，是该书的长处，但是书中未交代文章最初发表年代和背景。还有 1999 年华夏出版社"现代西方文库"中杨富斌的译本，其比前两书多选两篇，但未交代翻译依据的文本，不便研究时参考。韦伯的著作译为中文的还有《经济与社会》(商务印书馆，1998 年)、《儒教与道教》(商务印书馆，1999 年)、《新教伦理与资本主义精神》(生活·读书·新知三联书店，1987 年) 等。

妇女解放运动的活动家，大力争取妇女受教育的权力。韦伯支持她的做法，力主大学接收女生。为此，他同校方发生激烈冲突。同时也与作为俾斯麦政权支持者的父亲发生争吵，以致父子决裂。这使他的精神极度紧张，终至崩溃。1899 年放弃教学活动，1903 年放弃教职，只任名誉教授至 1918 年。在新康德主义李凯尔特的影响下，他开始把精力从法学、国民经济学转向社会学研究；后参与主编《社会科学和社会政治文库》杂志，并在该杂志发表文章，进行社会学基本概念的研究工作；1904 年作美国之行，获益匪浅；为了解俄国发展进程，又学习俄语，3 个月便达到能读报的水平；同时发表了他的名著《新教伦理与资本主义精神》；1909 年开始领导"社会学德国协会"。他主张将该组织建成一个中立性的科学工作团体。此时他广泛参与当时的各种政界活动。韦伯不仅是一介书生，而且是一位活跃的政治活动家与政治评论家：1910 年公开攻击 Alfred Plötz 的种族卫生学，引起了一场关于价值判断的大讨论；1916 年积极从事德国民主运动，在专业委员会上公开反对不加限制的潜水艇战争；一战后任立法委员会委员时，人们对他寄以很大的政治希望，但由于他不善于组织政党，所以错失执政机会。一战期间以及战后，韦伯集中从事宗教社会学研究，发表了《世界宗教经济伦理学》和《经济与社会》。他提出，宗教受到地理、政治、社会各方面因素的影响。

1. 精神对经济基础的决定性影响

在社会哲学的研究工作中，韦伯的理论取向和马克思历史唯物论的倾向相辅相承，可以说前者是对后者的重要补充。韦伯强调，精神可以反过来对社会的经济基础产生决定性的影响，精神可以对经济基础加以构造。他认为，现代资本主义的发展表明，新教伦理思想对生产过程中严格的劳动纪律和近代职业道德产生了决定的影响。通过对英国清教思想的分析，韦伯发现，清教中的伦理信条坚持，劳动是上帝交给你们的生活任务，职业劳动并非路德教所说的是必然的罪恶，而是上帝赋人的天职。财富的创造也属于此列，成功是上帝满意的体现。这些信条肯定体力劳动和脑力工作的伦理意义，它对资本主义生产方式的形成有决定性意义。韦伯指出，这是对近现代商人和专业人员成绩的道德神化。不是生产工具影响了人的生活方式，而是清教的生活观对资本主义生活方式的形成、建立发生了决定性影响，并导致了早期资本主义飞速发展。所以，对经济伦理学来说，尽管宗教不是唯一的决定因素，但仍是重要的决定因素之一。

2. 理解、典型分析、意义设定、假说

1913 年韦伯在一篇文章中提出了"理解"的社会学观念。韦伯认为，社会学研究的内容是人的举止行为之间的联系和规律性。在社会中，每个人都尝试使用某种手段、媒介，以达到一定的目的。在这个过程中，人总是企图"理解"他所用手段同目的之间的关系，使其变得清晰。为此，他必须引入因果关系，这样才能为手段同目的之间的关系提供说明。每个"我"总是关注自己（主体）为达到目的所提出的手段。我们常常认为，谁用什么手段达到了什么目的是"显而易见"的。而实际上，这种日常推

理是以因果规律为前提的。韦伯把人们的这种理解称为对人的行为举止的理性的目的性说明。正是基于这种理解活动，我们不必是恺撒大帝本人，就可理解他的作为。而对其中不可以加以理解的成分，比如他人的记忆力、学习过程等，我们可以像看待物理过程一样来对待它们，将其视为自然过程，不用对它们从理性的目的性方面加以说明。韦伯指出，理解是一种对意义或意义关系的解释性的把握 (dentende Erfassung)，它所把握的内容可以是"具体的个别情况下当下所指的意义"，也可以是"大多数大众公认的、近似的、接近于当时所意指的意义"，还可以是"某种典型的、经常出现的、科学地构建起来的意义或意义联系"，比如国民经济学中的概念和规则的意义。

社会学应做的工作就是对"典型"的意义进行分析，对理解行为中为了建立理性联系而使用的那些"工具"进行分析。所以，韦伯的理论社会学关注的对象是人的社会行为：处理对象的行为，不过，这种处理对象的行为是由社会成员共同认可的某种意义所规定的。这里，行为的意义必须关联到他人行为。它涉及的不是社会行为的心理层次，而是行为的理性层次。这里，韦伯事先把主观的目的理性成分同客观的理性成分区别开，他认为，这里涉及的是行为主体（主观）的目的理性（打算）同客观的正确性的理性（计算）的关系。

韦伯这里所说的意义，是社会行为的意义，对社会有直接影响的意义。所以，在分析社会行为时，包括了对行为的意义的分析。这里意义可以具体化为：（1）文化的意义，即意义世界中"客观化了的"意义。（2）主观所指的意义。这种意义可以在主体之间进行交流，相互理解。（3）功能性意义。这种意义受到客观关系的规定,可以在主体间传播,有影响社会变化过程的功能性。比如,对新教的研究中,可以把新教理解为,在个人之间和群体之间,共同为一个整体设置的意义和行为规则("客观化了的"意义)。但是同时,新教又对资本主义诞生产生了功能性的作用(功能性意义)。在传播的层次上,新教又是个人的在社会中的有意义的行为(主观所指的意义)。

在理解进行分析时,韦伯一直强调因果性的作用。他反对狄尔泰学派的那种只从自己的体验出发的、从直觉和设身处地的移情感受 (Nachempfinden) 出发研究理解。韦伯强调,他的社会学是以经验社会学为基础的,他的方法既不是(狄尔泰式的)"人文科学"的方法,也不是纯自然科学的方法。他的这种分析,一方面是对行为的意义进行的解释,另一方面,只是一种有待证明的假说。这里涉及的是,目的理性(打算)和正确性(计算)必须通过统计来确证、检验。他的理论所追求的是,所提出的解释能具有相对乐观的、肯定的有效性。

为了对人的理性行为有清晰准备的概念,需要建立典型分析。在研究中,韦伯特别主张对典型进行分析。他认为,这种方法可以使典型事件本身的特征变得清晰,使相应的概念变得准确。这样,人们行为中的直观性理解活动就成为可以在主体之间加以考察的对象。这就是他的理论同许多哲学家的思想的根本不同之处。比如海德格尔关于人生社会存在的假说(基础本体论)是不可以在主体之间,即作为第三者对其进行检验的,所以它是一种哲学反思。

3. 人文科学的无偏见的科学态度

在世纪之交，狄尔泰、文德尔班和李凯尔特同国民经济学家以及新唯心论（狄尔泰、胡塞尔、齐美尔）进行过一场争论。争论的中心问题就是人文科学的科学性问题。

第一次世界大战爆发前的 30 年，欧洲社会意识和文化意识陷入深刻的危机。19 世纪中后期人们认为，可以用自然科学的实证的方法来研究、把握人和他们的历史。但是通过一系列文化哲学家如弗洛伊德、荣格、尼采、柏格森、波德莱尔、陀斯妥耶夫斯基和普鲁斯特等的批判，到了 20 世纪初，这种人文学科中的唯科学主义被彻底动摇。在德国，特别是经过尼采的批判，人们注意到在实存世界和意义世界之间存在着巨大的鸿沟。在这个过程中，文化悲观主义一度盛行。历史学家和哲学家如柯亨、狄尔泰、特洛尔奇、文德尔班、李凯尔特、韦伯等，尽管各自立场不一，但是他们的工作有一个共同目标，就是以科学的方式对实证主义进行批判。人文科学家们面临的一个尖锐的问题是：一门关于历史或人类社会存在的科学是可能吗？一些历史学家、社会学家倾向于认为，对人的主体性和非理性加以科学说明和解释的程度十分有限。另一些人则反对这种悲观主义和所谓"历史相对论"的主张，认为，历史有其确定的意义，比如狄尔泰和新康德主义西南学派就认为，历史的客观现实性是存在的。在承认历史的客观性的人中，有一些人认为，这个历史的客观现实性存在于史料中，另一些人如狄尔泰、李凯尔特则认为，历史的客观现实存在于整体性的理解之中；它不服从于因果原则。不管他们的立场有多大差异，他们都在致力于历史科学基础的检验和奠基工作，为的就是维护人文科学的科学性，克服相对主义。

在这个时候，国民经济学研究领域也进行着一场争论。国民经济学界的"老历史主义学派"努力为国民经济奠定一个以历史为走向的经验科学基础，以驱除自然主义和实证主义的思潮的影响。后来由于现实经济状况的变化，特别是国家投资的剧增，使国民经济学的这种以历史为基本方向的研究，显得过时。"青年历史主义"的代表开始出来批判修正"老历史主义"的主张，于是产生了"方法论争论"。"青年派"直接参与经济政治活动，并组建了《社会政治学会》，以便使科学界、政界能共同讨论问题。1883 年青年学派代表 Menger 提出，科学应分三类：历史科学、理论科学和实践科学。历史科学是以研究个体个人为对象，建立关于个人的知识；理论科学则以建立一般现象的普遍性为目标；实践科学应该关心，如何使人的行为遵循规范，以达到一定的目的。理论科学又分两种，一种是经验的现实性的理论科学，它以确定现实典型为己任。另一种是精密严格性的理论科学，它要把握的是严格的规律，这种规律与自然规律相当。

Gustav Schmoller 的《国家科学和社会科学方法论》一书中则强调描述的方法本身的价值。他认为，通过各种经验材料的描述可以做到对现象进行分类，使概念的构成更完善；从整体上更清楚地认识到，典型的现象系列和它们之间典型的联系和原因。[①]后来争论日趋激烈。实际上 Menger 从一开始就是想既承认历史性研究的价值，又承认理性研究的价值。

---

① 参见 Dirk Käsler:《马克斯·韦伯》，第 238 页。

这场涉及实证主义与历史主义的争论，是自然科学精神同人文学科精神的争论。韦伯在这争论中起了中和作用，他想把自然科学的实证主义精神同人文学科的精神结合在一起。在这方面，他深受文德尔班和李凯尔特的影响。1913年韦伯作了报告《社会科学和经济科学中的"价值自由"的意义》，其起因就是这场争论。该文最早的题目是"对价值判断争论的评价——社会政治协会上的提案"。鉴于当时学界主张把学术研究同为国家服务联系在一起的这种倾向，韦伯明确提出所谓"不带价值判断"的主张（直译"价值判断自由"）。他的中心思想是，研究者应该把事实的叙述和对这些事实的价值判断严格区别开。韦伯明确指出，为某种特别的具体的价值判断（好坏的看法）提供论证，是科学无能的表现；经验科学根本无力告诉别人，应该怎样。它只能告诉人们，他能怎样，和他想怎样。学术上的正直要求科学家把科学的学术的讨论同持什么政治立场、价值立场严格区别开；讲坛上隐蔽的价值（政治）判断和宣传，只是在向学生传播学者个人的价值（政治）偏见。大学教授不应该在自己的行囊里带着文化改革者或政治家使用的元帅权杖。[①]韦伯认为，老师让学生学习的是：（1）培养解决一个任务的能力；（2）了解、认识事实，而且恰恰是那些于个人不利的事实，将事实同自己的好恶取向严格区别开；（3）把个人口味和感受置于一边，不予考虑。在发生争论的情况下，要准确地把握对方要表达的实际的真实意

———

① 韦伯：《科学理论论文集》，Johannes Winckelmann 编，1988 年，第492－493 页。

义，然后才能决定采取什么态度。[1]

在19世纪末20世纪初，关于社会科学的对象和目的问题，是十分重要的问题。当时流行的看法是，研究社会发展变化过程的科学或学科，都应旨在为国家提出经济、政治的措施。韦伯坚决反对这种看法，在这个问题上，韦伯认为，科学的任务绝不是提供规范和理想，以在实践中加以实施。科学的任务恰恰是对理想观念和价值判断进行科学的批判。科学是无党性的。对世界观、对各种决定、对各种理念作逻辑的检验分析，这才是人文科学的任务。

人在自然的斗争的过程中不是一个客观的自然量，它的动力来源于我们人的知识兴趣。经济的力量不是唯一的动力。各种动力均受到世界观的规定。尽管理想典型不是事实，是边界概念，但是在文化科学的分析中，它是不可或缺的，它是提出科学假说的前提。由此可见，社会学知识或历史学知识并不是现实事实的反映。所以现实事实不是研究的目的，而是从事研究的工具。所以现实事实也不是事物的本质。更不用提什么为现实政治服务。

当时的许多历史学家认为，不可能用准确的概念对历史的变化加以把握，因为历史事实本身是混沌的。但韦伯认为，现实的混沌并不能证明我们应该使用模糊和概念，而说明我们应该使用清晰的（典型性）概念，对其加以处理。概念图式并不是对历史材料的强暴，而是在它们的帮助下，确定混沌现象的特征。当然是在利用典型方法，在可能达到的近似程度之内清晰地刻画它们的特征，其目的是通过解释混沌的文化现象和历史事实，给出它

---

① 韦伯：《科学理论论文集》，第492－493页。

们的文化意义，使它们具有某种秩序。但这里研究的是在国家、社会中的个人活动。不管是在经济学中，还是在社会学中，个人的特殊活动，即个人本身的人生活动、生命行为的特征均未进入观察视野，而这正是后来海德格尔工作的领域。

附二　特洛尔奇的宗教学研究

特洛尔奇（Ernst Troeltsch，1865－1932）是宗教哲学家和宗教社会学家。虽然他出身于一个医生家庭，但是很早便对历史和宗教问题感兴趣。所以，他在大学学习神学、哲学。学成之后，1888年在慕尼黑任代理牧师，1894年在海德堡大学任神学教授，1915年起在柏林大学任文化－社会－宗教哲学教授和基督教神学教授。他的思想深受莱布尼茨、康德、施莱尔马赫和洛采思想的影响。他曾长期同马克斯·韦伯同住一所房子，成为至交。他后来把韦伯的思想移用来作宗教学的研究。

特洛尔奇的早期工作集中于宗教问题上。一般认为，宗教自由主义神学传统从施莱尔马赫开始，而特洛尔奇是它的终结人物，中间有 Albrecht Ritschl，Wilhelm Hermann，Adolf von Harnack。Karl Barth 的《罗马书信》出版于特洛尔奇去世前两年。Karl Barth 辩证神学的出现，宣告了这个神学自由主义运动的结束。从施莱尔马赫开始的宗教自由主义神学，让人们从对上帝的话语的敬畏转变为对历史的敬畏。基督存在的根据主要不是上帝的启示，而是人的文化、宗教活动、宗教信仰和感情。从 Karl Barth 起，人们又从对历史的敬畏转回对上帝的话语的敬畏。Karl Barth 的神学使基督的存在不再是以人的文化、宗教活动、信仰和感情为基础；上帝的启示又成为基督存在的唯一根据。

当代文化的显著特征就是对传统的怀疑，在科学的长足进步面前一切传统都动摇了。当时的批判性史学研究则使一切相对化，把一切绝对的东西、无条件的东西均消融在虚无主义之中。基督教不是唯一的真正宗教，它和其他文化历史现象一样，是一种历史存在。特洛尔奇所致力的正是要用历史方法重新建立基督教信仰与历史观的新的联盟。在历史的启蒙中用历史为基督教的存在奠定基础，通过历史来克服历史。特洛尔奇作为宗教自由主义神学传统的终结者，仍然立足于历史，认为传统神学的致命缺陷就是没有对上帝存在问题给出现代性的回答。他通过曲折艰苦的历史和宗教学的研究工作，得出的结论是：宗教既不是人类需要的投影（费尔巴哈），也不是形而上学的原始阶段（孔德）；既不可将其还原为道德，也不可将其还原为逻辑；宗教是一种独立的文化现象，也是一切时代共有的普遍现象。在这个历史主义危机的时代，在这个工业化、科学化的现代社会中也是如此。宗教在历史中具有独立的重要意义。

特洛尔奇对传统宗教的各种观念作了具体分析，并且根据当代的需要重新进行了规定。在他的一系列研究中，他一直坚持一个思想：不仅经济基础对上层建筑（理念世界）有决定性的影响，而且正如马克斯·韦伯的理论所指出的，上层建筑（理念世界）对经济基础也有决定性的影响。特洛尔奇认为，欧洲有四种基本的社会文化力量：希伯来预言、古希腊文化、古代帝国主义（罗马）和中世纪文化。这种四种力量对欧洲文化产生了决定性的影响。理性主义打破了这四种力量的传统影响，于是发生了危机。特洛尔奇认为，走出危机的出路仍在这四种传统力量之中。他自己正是希望通过分析这四种传统力量，从中找到克服危机的出路。他的这方面的工作集中于他的晚期著作《关于基督教及其群体的社会理论》一书。

他的研究工作集中分析了教会的实际的组织力量。他研究的重点是宗教组织对其他社会生活形式的影响，以及其他社会生活方式对宗教团体的影响。他恰恰想从这里为危机找出路。通过研究他提出，古代世界的宗教思想的内在化、伦理化的历史前提是，古希腊、罗马帝国时代多神论瓦解，民族宗教的破坏，社会要求一种能提供永恒价值的新宗教。这个过程也是恺撒帝国的社会理想失败，罗马社会陷入深刻危机的过程。而基督教恰恰主张放弃世间的生活，放弃世间幸福，放弃个人生活享乐，提倡通过宗教信仰达到灵魂的安逸、静谧，寻求爱人、爱神和教会内的集体生活。这种生活无需人间社会组织的保证。因为这个宗教要求：信徒个人只服从上帝，所以原始基督教是面对上帝的纯粹个人个体主义，社会上的无条件的个体主义。

宗教团体存在的时间越长久，它的整个活动就越要适应社会的现实秩序，依据新的事实改变自身。从财产观念看，原始基督教是一种宗教共产主义团体。它没有生产组织，财产总是为了敬神和赠送而用。财产上也没有平均概念。但在罗马帝国内，由于斯多葛学派的影响，这种共产主义渐渐消失。在福音书和斯多葛学派的影响下，产生了新的信仰观：在权力和暴力的彼岸寻求内在的自由。

在使徒保罗的领导下，基督教的自由团体转变为独立的有组织的教会。教会成立的前提是对基督复活的信仰，对救世主的信仰，对获救的信仰。作为个人的上帝之子转变为基督而存在，这是指从《旧约》向《新约》的转变。①上帝对万物、人的命运的规定，对普遍的爱的规定，对社会思想发挥了重要影响。自然的、理性的、社会的平等概念转化为对上帝的爱的平等。其他一切均听从上帝的安排和裁决。这就是使徒圣·保罗的基本思想。这种思想使保守与革命的因素在基督教内部得到了统一。这是以宗教的名义建立的理想国。基督教思想一方面抨击古希腊的思想精神和国家体制，另一方面对现存的思想精神和国家体制持容忍的态度，以相对保守的态度对它加以维护，加以神化。

原始基督徒缺乏建立教会的能力。通过保罗式的对基督的信仰，才出现了教会，并由此发展出了一种塑造力：有了适应世界和接受广大民众入教的能力。与此同时，还发展出了各种基督教的异端和神秘主义。基督教内部异端追求彻底实施上帝的规定和教义，因此持出世的态度。而神秘主义把神的教义、偶像以历史联系化解到人的主观情绪之中。所以，基督教倾向宽容、妥协，基督教的异端追求纯粹理想化，神秘主义追求内在化、精神化。

欧洲文化的基督化是以牺牲福音书的古老理想为代价的。这些旧的理想通过僧侣保存下来：修道院成了基督教文化的载体，但教会则承担了巨大的社会负担，而且对社会组织做出巨大贡献。

按特洛尔奇的看法，中世纪天主教创造了两种形式的社会学说②：一种是以托马斯主义为代表的，相对的基督教观念，它认

---

① 特洛尔奇:《基督教会和团体的社会学说》，1965 年德文重印本，第60 页。

② 特洛尔奇:《基督教会和团体的社会学说》，第 427 页。

为，所有的自然规律都是神事的初阶。另一种是以僧侣修士为代表的思想团体。天主教会使早期基督教思想完善化，建立了统一的中世纪文化，在这个基础上产生新的基督教社会理论已成为不可能。

15 世纪以后的宗教改革精神是通过复兴早期保罗式和奥古斯丁式的教会思想而出现的。这种新的思想重提圣恩思想并进行新的解释。圣恩是一种通过信仰获得的信念，又是神对人的罪的宽恕，是神的慈爱的表现。[①]这种宗教思想精神的真正的代表是加尔文教。加尔文的宗教思想是对路德思想的进一步发展。对加尔文来说，神定论是中心思想。上帝是世界的主人和主权意志。他的意志是一切意志的意志，他的规范是一切规范的规范。[②]上帝无所不在，世界上的美丽就是上帝自身。对上帝的信仰不是体现在对上帝的情感的内在性中，而是体现于人的外在行为中——体现于严守纪律，努力勤奋，成功的行为和成果之中。上帝给人以理性不是为了让人论证神的存在，而是为了让人从事世间劳作，是为了让人赞扬上帝；在世间，人通过自己的努力工作为神服务；成功就是圣恩；工作就是信仰的实施；成功是苦行的结果。加尔文教的这种社会理想对西方世界产生了广泛影响的。在特洛尔奇看来，这是一种真正的基督教社会主义，这是通过基督教伦理学对基督教教会的社会重塑。这种思想通过同自然法权（天赋人权）和制宪原则的融合，渐渐从基督教中解脱出来，渗透到法国、美国民主制的基本思想中。这样，加尔文教便成为工

---

① 特洛尔奇:《基督教会和团体的社会学说》，第 437 页。

② 特洛尔奇:《基督教会和团体的社会学说》，第 615 页。

业化和资本主义发展的精神支柱。在人生世界中，用理性为教会提供辩护的努力也是加尔文教精神的体现。[①]

　　在西方，人们对生活的看法之中，占统治地位的思想是功利主义、乐观主义、内在论、自然主义，等等。在它们面前，传统基督教显得软弱无力。特洛尔奇认为，他的工作是为将来的工作做准备。目前，宗教的功能不断外在化，而且它们的功能渐渐被社会设施——文学、学校、国家、社会团体——所取代。基督教新教面对这些新情况也显得一筹莫展。基督教需要新思想来补充。他的研究工作结论是：宗教的组织形式必须按时代的要求不断改变自己的形态。特洛尔奇的工作是宗教社会学研究的奠基工作。

---

　　① 特洛尔奇：《基督教会和团体的社会学说》，第 973 页。

第五章
历史—生命哲学家狄尔泰

第一节　生平与著作

狄尔泰（Wilhelm Dilthey，1833－1911）在世之时，是以《施莱尔马赫传》而出名，他也是知名的哲学史家、思想史家、文献考据学家。在当时人们的眼中，他在哲学的创建上似乎并没有什么雄心抱负。在狄尔泰去世后，随着《狄尔泰全集》的出版，他的大量内容丰富的研究手稿、未发表著作与世人见面，人们才惊叹，狄尔泰原来是一个非常有原创性的哲学家。人们注意到，狄尔泰自己的哲学是从他关于青年黑格尔的研究和《体验与诗》一文的问世开始的。人们发现，他的哲学史工作是有自己的理论指导的，这就是历史理性批判。他提出了"生活体验"的概念，尽管还没有作详尽理论阐述。在他生命的最后一年，1911 年，狄尔泰出版了论文集《世界观、哲学与宗教》，其中包括了狄尔泰本人和他的入室弟子 Bernard Gröthuysen，Georg Misch，E. Spranger，Max Frischeisen-Köhler 的文章。文集在学界引起轰动，树立了狄尔泰学派的形象。狄尔泰去世 10 年后，1921 年，《狄尔泰全集》开始出版。狄尔泰的学生、女婿 Georg Misch 为 1924 年出版的第五卷写了一篇 110 页的长序,第一次把狄尔泰的手稿中提出思想体系做了全面介绍,描述了狄尔泰从描述心理学到解释学的思想发展过程,人们再一次对狄尔泰刮目相看。同一年发表的狄尔泰同约克·冯·瓦腾堡公爵 (Paul Yorck von Wartenburg) 的通信,使人们看到,历史理性批判是他思想的核心。由于战争等种种原因,《狄尔泰全集》出版工作一度停顿,到了 20 世纪 50 年代编辑工作才重新开始。

《狄尔泰全集》对现代德国哲学发展产生了重大影响。海德格尔思想就是这种影响的体现之一。海德格尔在《狄尔泰全集》出版以后,马上进行了认真研究。海德格尔早期哲学研究的对人生的重视,把生活作为哲学的最后基石的思想,他的哲学解释学的提出,都受到了狄尔泰的直接影响。狄尔泰这些基本思想不仅影响到海德格尔,还影响到海德格尔的学生。受海德格尔影响提出新马克思主义的马尔库塞和阿多诺,解释学家伽达默尔,交往行为理论的提出者哈贝马斯,他们都不同程度地在狄尔泰思想影响下形成了自己的哲学理论。1983 年《哲学与人文科学史狄尔泰年鉴》创刊,进一步推动了狄尔泰研究,特别是在美国,激起了狄尔泰研究的兴趣。《狄尔泰选集》英文版陆续问世。美国狄尔泰研究的代表是 Rudolf A. Makkreel。

狄尔泰从青年时期就对历史和哲学问题感兴趣。他的博士论文的最初研究计划就是关于早期教父史的研究,后来改为关于"万物来源于神的流溢理论"的研究;1861 年狄尔泰从神学专业转到哲学专业,博士论文题目改为对经院哲学的研究,同时全身心投入施莱尔马赫生平思想的研究。后来在他的老师特楞德伦堡的建议下，将博士论文题目改为对施莱尔马赫伦理学的批判。狄尔泰用了近两年的时间完成博士论文的工作，用拉丁文发表时的题目是 *De Principiis Ethices Schleiermacheri*（《施莱尔马赫的伦理原则》）。这期间他还写过小说《生命的斗争和生命的惬意》。[①]

狄尔泰自己说，当他踏进哲学领地时，自然科学的统治瓦解了黑格尔的唯心主义一元论；自然科学精神变成了哲学。[②]面对这种形式，狄尔泰非常钦佩赫尔姆霍尔茨，认为他才代表了自然科学、经验科学的正确思维方式，因为赫尔姆霍尔茨认为，精神的世界体现在艺术中，而不是在科学中。但尽管如此，历史世界在赫尔姆霍尔茨这里也没有地位。狄尔泰赞同赫尔姆霍尔茨反对传统形而上学的立场，但同时又认为，对人的社会、历史世界的研究应该不受自然科学研究方法的左右。他到柏林学习期间，恰恰是德国历史学派鼎盛时期，学派魁首格林兄弟以及兰克（Leopold von Ranke）在那里教书。兰克的基本观点是：真正的哲学与真正的历史是同一的；只有通过历史科学，我们才能对我们现实生活有真正的认识。也就是说，他们坚持历史与现实生活的活生生的联系。"历史的真理是生活的过程，是精神的过程。"[③]在大学读书期间狄尔泰参加过兰克的讨论班，在兰克的思想影响下，狄尔泰认识到，历史对当下的现实生活的意义。在这思想的影响下，狄尔泰走上生命哲学的道路。狄尔泰自己写道：那个时

---

① 见狄尔泰女儿 Klara Misch 编辑的《青年狄尔泰》，转引自 Joachim Thielen, *Wilhelm Dilthey und die Entwicklung des geschichtlichen Denkens in Deutschland im ausgehenden 19. Jahrhundert*, s. 19。

② 狄尔泰 1903 年 70 寿辰的讲话，见《狄尔泰全集》第五卷，第 3 页。

③ Georg G. Iggers, *Deutsche Geschichtswissenschaft*, DTV, 1971, s. 92.

代在柏林学习是他难以估价的幸运。狄尔泰当时就自问，这些大师们出发点是什么？他发现，这个出发点就是历史过程产生的伟大的客观性，即民族、文化以及人本身之间的和目的关联、在内部规律左右下的发展等。总而言之这个出发点是历史意识。[1]但是在这种情况下，狄尔泰心中形成了后来一致统治着他的哲学活动的激情："由生活本身来理解生活。"这是他全部哲学思考的动机。[2]他认为应该建立一系列专门研究历史、社会生活过程的科学。他自己的工作就是为这类科学奠定理论基础。为此，他把人类社会历史生活的经验同自然科学理解的经验作了严格区别，而且从人类文化史的角度，充分肯定了关于世界的五花八门的各种解释，认为它们都是人类本身的表达方式，它们是处于同等水平之上。这样狄尔泰就把自然科学同宗教、把占统治地位的基督教同一般的宗教放到了同一水平上。

　　同当时许多思想家一样，狄尔泰也看到了欧洲当时面临的传统文化的危机。为此他明确提出，如果我们完全失去对历史传统的回顾的话，人类生活的全部财富将丧失殆尽。[3]但是狄尔泰并没有就此止步，他进一步指出：应该通过历史，回到人类精神智慧的源头。他认为，返回人类智慧源头的方法就是心理分析。狄尔泰自己将他的方法称之为"心理学"方法其实是不准确的。我完全同意 Joachim Thielen 的看法，狄尔泰的"心理学"方法无

---

①《狄尔泰全集》第五卷，第 7 页。

②《狄尔泰全集》第五卷，第 4 页。

③ Joachim Thielen, *Wilhelm Dilthey und die Entwicklung des geschichtlichen Denkens in Deutschland im ausgehenden 19. Jahrhundert*, s. 23.

非就是后来胡塞尔提出的现象学方法。①他要回到人类智慧的内在运动中，去发掘人类精神智慧的自然本性，②其实和现象学"回到事物本身"的原则基本倾向是一致的，都是一种新的理性批判精神。狄尔泰强调的以这种方法为指导的研究，应该是对个体的研究，他认为，通过个体研究就可以发现个体中体现出来的民族的、人民的意识，进而发现历史过程形式和历史规律，或者叫历史发展过程的内在秩序。③具体地讲，人文科学怎样达到历史现实呢？狄尔泰的 1500 页《施莱尔马赫传》就是一个最好的例子。在这本卷帙浩繁的书中，狄尔泰对施莱尔马赫的生活做了全面的描述，揭示、展示了施莱尔马赫作为神学家和哲学家的一生的内部经验、内在生活。这类对个人生活的内部经验的描述工作，后来由狄尔泰的女婿 Misch 继承下来。Misch 出版了一系列的哲学家的传记性思想史著作，形成传记哲学学派。

狄尔泰心目中的历史主要是指人类的思想文化史，即宗教、哲学、自然科学等的发展史。狄尔泰研究历史的目的就是从人类的原初的自然本性去说明这些文化历史现象。这种研究不是从某种理论体系出发，而是从人生现实存在（生活、生命）出发；狄尔泰受到过史学历史主义的影响，但是狄尔泰的思想发展却是从热衷历史研究出发，走向生命哲学研究的过程。具体地说，狄尔泰就是要从生成发展的角度出发，分析历史上保存的作品思

---

① Joachim Thielen, *Wilhelm Dilthey und die Entwicklung des geschichtlichen Denkens in Deutschland im ausgehenden 19. Jahrhundert*, s. 23.

② Joachim Thielen, *Wilhelm Dilthey und die Entwicklung des geschichtlichen Denkens in Deutschland im ausgehenden 19. Jahrhundert*, s. 23.

③ Joachim Thielen, *Wilhelm Dilthey und die Entwicklung des geschichtlichen Denkens in Deutschland im ausgehenden 19. Jahrhundert*, ss. 24 – 25.

想。正是这种思想的指导下，狄尔泰在成熟期做了大量具体研究工作：他的主要精力放在施莱尔马赫个人思想和经历的个案研究，写作《施莱尔马赫传》，同时还写下了关于叔本华、哈曼、纳瓦利斯等思想家的历史思想和哲学著作的分析评论。在《施莱尔马赫传》第一卷于 1869 年交稿以后，他便开始进一步深入探讨施莱尔马赫的神学和哲学思想的关系问题，为第二卷写下大量手稿，但生前未能完成此书。《施莱尔马赫传》第一卷于 1870 问世。该书的出版为狄尔泰引来了一位重要的朋友：约克·冯·瓦腾堡公爵。此后的 20 年间，约克·冯·瓦腾堡公爵成了狄尔泰最好的思想顾问和讨论伙伴。狄尔泰的许多思想都来自这位公爵的启发。他们之间的通信于 1923 结集发表，海德格尔基础本体论深受他们的通信中的思想启发。

　　狄尔泰在做具体研究的同时，一直在考虑人文科学方法论问题。他要为建立能与自然科学平起平坐的独立的人文科学提供理论基础。他写了一系列关于建立人文学科的科学理论著作，其中最重要的有《人文科学导论》(1883)[①]，以及有关长文章《论外在世界》(1890)、《关于描述与分析的心理学》(1874)；文集中最重要的有《人文科学中历史世界的构造》(包括 1905－1910 年的文章)。生存哲学著作有《哲学的本质》(1907)、《世界观类型和形而上学体系中的构建》(1911)。[②]

_____

　　① 该书已经有中译本：中国城市出版社出版的"西方思想经典文库"中的威廉·狄尔泰《精神科学引论》(第一卷)，2002 年。

　　② 狄尔泰传记作家 Matthias Jung 将狄尔泰的思想分为三个阶段。第一阶段以 1883 年发表的《人文科学导论》为代表，此时他努力为社会和历史的研究奠定独立的、不受自然科学思维制约的基础和方法。狄尔泰认为，当

从 17 世纪以来，哲学就把自己的任务确定为对认知真理性的研究，以及对科学知识的前提、方法的研究。但这里所谓科学知识主要指的是自然科学知识。19 世纪以降，哲学家们渐渐把视线转向历史科学和它的方法的讨论。在西方的传统信念中，历史原本不属于科学的领域，因为历史追求的并不是发现普遍适用的规律；史学是对政治家个人的活动、历史事件、历史进程中朝代更替发展过程错综复杂的关系的记录与描述。但是到了 19 世纪下半叶，自然科学在社会文化生活中已成咄咄逼人之势，使得越来越多的人们觉得，历史也应该是科学。史学中的科学主义倾向是企图在历史发展中找到客观规律，而人文主义学派则认为，历史科学的任务就是对历史事件进行理解与解释。这样，后者便使科学概念本身就从本质上得到扩展。前面我们看到，新康德主义已经在这方面做了努力。但是近来人们发现，正是狄尔泰真正专注于这门科学的建立，努力寻找与自然科学相应的人文科学概念，并为人文科学找到现实基础，使科学描述历史性经验作成为可能。在这一点上，狄尔泰与现象学的基本倾向是一致的。

狄尔泰的人文科学理想是对当时资本主义工业社会危机、主体异化的批判性反应（当然，是与马克思的反应不同的，保守的、不是拆房而是修房子式的反应）。他认为，我们可以把社会看作一架大的工作机器，这个机器只有在无数个人的协力工作中才能

时形而上学已经走向灭亡，这正是人文科学诞生成长之时。他为人文科学提出了自己具体的内在经验的认知理论。第二阶段体现在 19 世纪 90 年代的大量的文稿与研究手稿中。主要特征是他的具体特殊的描述心理学工作和他对生活的美学解释。第三阶段，以 1910 年出版的《人文科学中的历史世界的构造》为代表的解释学。

保持运转。无法计数的众多个人按自己各自的职业尽着自己的义务，但却无力认识整个机器的能量、整体工作的其他部分、它的整体影响、它的目的。个人只是为社会这个大机器服务的工具，不是社会的有意识的肢体。人文科学就是帮助政治家、教育工作者和神学家认识人类社会丰富的现实。狄尔泰认为，这种认识必能为他的工作提供改善。

当时，德国大工业飞速发展，个人在社会发展中的作用变得黯然失色，微不足道；社会越来越没有人情味。这种情况在狄尔泰看来，主要是以自然科学为基础建立的世界观——实证主义——的影响的结果。在这种世界观中，只有一种科学，就是自然科学，研究工作中只有一种真正的方法，就是自然科学方法。在狄尔泰看来，要克服社会的无人情味的状况，必须克服自然科学实证主义的统治局面，建立和自然科学平起平坐的人文科学，恰恰是保护个人经验的价值，结束自然科学折磨人的精神的状态的途径。

1883 年他的第一部关于人文科学的专著《人文科学导论》出版，但是 1883 年只发表了一、二两卷，其他各卷的研究手稿被他锁在书柜中，未予发表。他身后，随着后人的研究编辑出版他的遗稿，他的整个工作才渐渐现出全貌。我们根据《狄尔泰全集》将《人文科学导论》全书的写作计划整理翻译如下：

第一卷是导论性的，关于各门人文科学之间的关系的概论，其中要指明一种基础性科学的必要性。在这里，狄尔泰把人文科学同自然科学明确地区分开。

第二卷，作为人文科学基础的形而上学，它的统治的衰落。这里狄尔泰对西方形而上学的历史作了全面研究分析，最终得出形而上学不可能成为人文科学的基础的结论。把古老的形而上学从人文科学这一领域中排斥出去（beseitigen）。[①]

第三卷，经验科学和认识论的发展阶段，人文科学今天面临的问题。从第三卷起，以下各卷只有手稿，生前均未发表。这部分构成《狄尔泰全集》第二卷中大部分内容及第十九卷第301－307页的内容。这是历史分析的最后一部分。

第四卷，知识的基础。内容见于《狄尔泰全集》第五卷第90－240页，第十八卷第117－183页，第十九卷第58－227、307－318页。这一卷应该对他的理论的基本概念作系统的说明，涉及经验、意识事实、精神生活的整体等。

第五卷，思维及其规律、形式，它同现实性的关系。内容见《狄尔泰全集》第五卷第74－89页，第十九卷第228－264、318－326、333－388页。这里应从生活经验出发讨论逻辑问题。

第六卷，精神现实的认知，以及同精神有关的诸学科，即各人文科学之间的联系。内容见《狄尔泰全集》第五卷，第31－73、241－338页，第六卷全书，第十八卷第57－111页，以及第十九卷第264－295、327－332页。这里再次讨论了自然科学与人文科学的关系问题，并指出各门人文科学之间的联系。

《人文科学导论》是狄尔泰一生都在为之工作的大项目。他并没有急于发表他的成果，也不怕别人说他不是原创性哲学家，他孜孜不倦地、默默地为之奉献了一生，最后也没有完成。

---

① 《狄尔泰全集》第一卷，第375页。

第二节 历史理性批判

狄尔泰自己把的研究工作称作历史理性批判。[①]狄尔泰认为，康德把世界关系中现存的事实解释为，在未知的自在之物的作用下，通过时空加以结构化，经过概念加工而成的现象，这是可行的。但是康德的解释不适用于人生的现存事实，我们不能把人生理解为某种非时空实体作用引起的时空现象。所以，康德的批判哲学需要用历史理性的批判来补充。依康德的看法，在科学的认识中，自在之物不可及，所以科学知识是有主观局限的。狄尔泰认为，到了人类历史社会生活的认识中，就不存在这种局限了。因为历史社会现实就是对主体自身的经验。所以，与自然科学对象相比，人文科学的对象更真实，它不是对现象的研究，而是对最切近的、不可还原的基本事实的研究。

休谟、康德以来的近代认知哲学，都把批判的领域局限于人的认知行为，把批判的对象局限于人类认知理性。他们忽视人类的历史生活。狄尔泰明确地指出，认知行为中总是包含人的情感和意愿。在人生经验中，认知、情感、意愿三者缺一不可。由此出发，首先他反对关于存在本身的任何形式的形而上学，他认为，人类历史的发展已经使任何形式的形而上学成为多余的、过时的。其次，他明确反对把自然科学方法直接移入哲学，反对用自然科学方法，即数学的、定量的分析方法，对全部历史现实作整体把握的任何企图。他认为，在用数学的方式把握现实的过程中发展出来的概念，根本不适用于对社会和历史现象的整体研

---

① 《狄尔泰全集》第一卷，第Ⅸ页。

究。狄尔泰明确认识到，要如实地描述真正的人生经验，就必须改变认识中心论的传统。思想家不仅应该注意对人的认知活动进行研究，还应注意对人的情感和意愿的研究。这三者对人生是同样重要的。自然科学研究之所以可能，其条件之一，恰恰就是必须忽略、抽象掉人生的情感和意愿活动。所以，自然科学的方法概念根本不适于人生经验的研究。未被歪曲的人生之本相是认知、情感和意愿三者的合一。狄尔泰认为，人文科学的方法，恰恰应该使这种三者合一的丰富人生经验得到描述、展现。

狄尔泰在反对形而上学时提出"一切科学都是经验科学"，在反对认识中心论中又提出"只要经验，不要经验主义"，也就是要求回到尚未被认识中心论和形而上学歪曲过的人生的本色经验去①。狄尔泰称自己的工作为历史理性的批判，这里所谓历史，一方面是指，理性以理解历史过程为目的，通过批判，指明历史知识的可能性以及存在的问题；但另一方面，历史还指，理性对理性自己的历史性的批判。对狄尔泰来说，理性的使用本身就具有历史特征，不存在一个与历史理性并行的非历史性的理性。所以，在这个批判中，从事批判的理性本身也是历史性的。理性在批判中突出了理性自身的历史性，并且重构了自己在人生世界中的历史形成过程，于是人们也就认清了理性自己的范围和界限。人类理性这种返回自身、重构自身的历史条件的过程就是主体在历史中突出自身的方式。理性的历史化就是就主体自身的启蒙活动。所以，它同历史上的启蒙运动是一致的。这是狄尔泰的历史主义的基本特征。另外，狄尔泰认为，理性的使用是在一个

---

① 《狄尔泰全集》第十九卷，第 17 页。

整体环境中进行的，这个整体环境就是人生（Leben）。所以，狄尔泰的思想有三个环节——解释学、历史主义和人生哲学——是这三个方面的统一。

狄尔泰强调理解领会的方法论意义。他把理解领会与自然科学的说明过程对立起来。他的历史主义是继承了 Carl von Savigny，Leopold von Ranke 和 Johann Gustav Droysen 的传统。他强调文化形式的历史性，反对传统理性对真理性普遍性的迷信；他反对超出具体事件之外、超出具体文化之外，片面追求真理普遍有效性，这是历史主义的基本立场。但是狄尔泰的历史主义不仅如此。狄尔泰的生命（人生）哲学主要是针对自然科学的认知理性中心论而提出的。他明确提出，认知理性不可能完全指导、统治人生过程。情绪、意愿这些与理性不同的因素，和理性一样在生活中起着重要作用。生活是最终的现实，在生活之后不存在什么比它更根本、更本质的东西。"生活是最基本的事实，它必须构成哲学的出发点，它是从内部熟知的东西；不可以再追问，它后面是什么的东西；生活是不可以站到理性法官的审判桌前的。"[①]所以，人的生存方式是不可能由理性来规定的。"生活"或"人生"是一个描述性概念。它既不是对生活的肯定，也不是对理论的反叛；它是在理论上把理性置于原本就在的生活之中。自然科学的理性也是人生过程、生活形式的一个环节，这种把科学理性置于生活之中的思想路线，实际上同美国实用主义、海德格尔存在论、萨特的存在主义哲学的基本思想殊途同归，走在同一方向上。人生的社会行为的意义结构，是这种哲学共同关心的

---

① 《狄尔泰全集》第七卷，第 261 页。

内容。

第三节　人文科学的客观性

狄尔泰一方面要求人文科学同黑格尔哲学划清界限，他认为，人文科学的建立根本不能走黑格尔的道路，黑格尔哲学根本不能胜任这一任务，在这一点上，狄尔泰要坚持的是经验科学的立场。另一方面，他又同时指出，人文科学的经验是与自然科学的经验不同的另外一种经验：这里所讲的经验不是纯粹的、定量的、数据性分析和描述。在狄尔泰看来，自然科学中的概念只是记号，是辅助性手段；它们是约定性的；它们并不直接表达人们直接经验到的事实。人文科学的情况恰恰相反，它的命题都是以人的内心的经验为基础的，因而是主观性的，但却包含了很高的现实性内容。人文科学并不追求达到自然科学的普遍性，但是，如何才能使这种主观性的概念具有客观性呢？这成了狄尔泰人文科学观的核心问题。

狄尔泰认为，人文科学的主观性概念的这种客观性存在于这些概念的来源之中，即个人的同一性（我是我自己）的体验行为与经验之中。自然科学概念对经验进行了定量性的变换，使它们变成了可定量把握的规则性。在狄尔泰看来，这个过程使经验现实失真；定量化恰恰漏掉了经验事实的性质上的力度（内容）。因此，为了不再落入自然科学的窠臼之中，人文科学的概念构建必须另辟蹊径。

狄尔泰只对人文科学的构建提出了原则性理论，没有完成概念体系的构建工作。他把自然科学同人文科学对立起来的思想在德国哲学和其他历史学中影响极为深远。他的著名说法是：自然科学工作的范围是关于物理对象的知识的创造；人文科学是对精神客体的解释。在自然科学中，因果规律占统治地位；在人文科学中，则以创造人的价值为目的。[①]在狄尔泰看来，在人的"主观"自我意识中，跳动着一种强有力的现实性。这是我们人生直接具有的现实性。这是进入到我们内部的现实性，它就是意志。这里，他显然受到了叔本华的唯意志论的影响。此处不是传统哲学中的主体的自由意志，而是有实体意义的意志存在。这正是他和康德的区别。康德把自己的视野局限于思维的纯形式，因而不能把握现实体验的实质性内容。所以，在狄尔泰看来，近代哲学的认识主体的血管里流动的不是现实性的血液，而是被纯粹思维活动的理性稀释了的汁液。人文科学的认识论基础之中，起核心作用的不再是康德的"我思"，而是叔本华的自我意识中的意志。构造人文科学概念的独立性、客观性的基础的不是思维，而是意志。[②]

在人文科学基础的建设中，现实性问题是最重要的，只有证明了在人文科学中存在现实性，人文科学才能真正与自然科学平起平坐。狄尔泰在解决这一问题的出发点进行现象学分析：人们所谈论的内容可以看作意识的现存的事实。狄尔泰指出，这种看法包含了现象主义的危险：因为它不能避免下述可能：被人们认为是现实的东西可能均是一场梦幻。无论是经验论还是批判主义，都不能原则上杜绝梦幻的可能性。狄尔泰是通过引进叔本华

[①] 狄尔泰：《人文科学中历史世界的构造》，1970年，第10、73页。
[②]《狄尔泰全集》第一卷，第179页。

的意志论，即主体为意志，来克服这一难题的。欲望的主体并不
是作为认识者与世界面面相对，而是作为行为者，在生活的实现
过程中同世界交织在一起。在狄尔泰的人文科学基础理论中，正
是以这种立场来建立他的实在论的。

狄尔泰认为，在高层次的生活上，感觉、思维参与意志的激
发和受阻过程。意识在欲望生活中使自身得到进一步拓展和丰
富。生活中的任何思维过程都带有内在性，有利益兴趣，有个人
关切，有发自内部的能量的驱动，有好恶的情感伴随。这使得向
外的意向性的活动同内在的生命状态融为一体。欲求、情感、意
志，构成了生活（生命）本身，我们的肉体只是它的外表。这种
生活（生命）在我们感觉之内，超越了自己同客体、内部与外部
的界限。①这样狄尔泰就在意识的欲求（Antrieb）中发现了不可
还原的现实性。

狄尔泰认为，通过对主体的这种活动的具体的分析（他称其
为心理分析），可以使我们清楚看到，在我们的意识之中，存在
着一个独立于我们的内容现实性。我们的任务是对它加以理解领
会。自己与他人、自我与世界等词汇的意义，自己同外部世界区
别的意义，完全取决于我们对自己意志的经验，以及对与意志联
系在一起的情感的经验之中。它是这些词汇的意义之源。所有的
感觉和思维都是这种经验的乔装的形式。假如我们想象，有一个
人只有感觉和理智，那这个理智的机器也许具有一切对图画、印
象进行投影的手段，但这一切手段都不可能使它把自己同现实对
象区别开。这里现实性的标准就是对抗和阻力的经验，这种经验

---

① 《狄尔泰全集》第五卷，第 96 页。

使人们有可能把现实与虚幻的梦境区别开来。人之所以能够区别出自我，其中的核心是意向（Intention）的激发与受阻（Impuls und Hemmung），意愿和妨碍着意愿的障碍（Wille und Widerstand）之间的关系。这些东西构成的我们整个印象之网，在这个关系网上，任何一个位置的印象和压力都表现着它们的现实性；通过思维的媒介和影响下，位置的印象和压力又进一步使具体的现实性总汇到一起，使一般的现实性得以形成，得到设定。现实性的设定在具体个别的事物现实向的设定中在作为力量发挥作用，为被设定物中做成了有力的框架。①狄尔泰并不想提供对外部世界的证明，他认为这种证明是不可能的，但是对我们认为外部世界现实存在是真的，给出一个说明却是可能的。对外部世界的现实性的确信本身有它的现实性。人的意志和行动就是这种确信的直接表达。人文科学的任务就是要对人的意志和情感成分加以重构，并指出它构成了人类科学自然观的基础，而我们的社会现实的结构的同样源于此。②

　　社会中我们肉体的各种外部活动都是我们内部意志过程的表达。意志的统一，意志的斗争，意志亲缘关系和团结坚定，统治、依赖性和同盟这一切都意志事实。它们构成了历史的基础。当然大背景像雾气一样笼罩着行动的个人。对象和个别因素按照一定的规则结合为统一体。个人总是表现在亲缘关系和团结一致之中。在崇敬情感中和自己情感的证实中个人以一种难以把捉的形式与"我们"紧密联系在一起。这样，人的意志经验中产生了人

---

① 《狄尔泰全集》第五卷，第 130 - 133 页。

② 《狄尔泰全集》第五卷，第 135 页。

的团结一致，一切社会概念都有权宣布自己的客观性。这样，狄尔泰的关于外部世界的认识论性的讨论为社会现实的理论提供了理论基础，为人文科学本体论上的优先性提供了理论依据。

第四节　心理描述

在《关于描述和分析的心理学的观念》一书中，他明确提出，描述心理学工作是为建立人文科学服务的。他的描述心理学是对自我意识的分析解释，其目的是要找出在每个成熟的人的心理生活过程中共同的组成成分和它们的关系，以及它在具体的情势下，它们如何被理解，如何被体验。狄尔泰的描述心理学工作实际描述的就是原初的生活本身，是对生活的过程、生活关系的分析与描述。它以成熟发展了的精神生活的联系为对象；它把典型人的内部生活关系表达陈述出来，作各种比较。为了完成它的任务它使用各种手段。[①]这种心理学并不只求陈列各种意识的事实，而是从功能的角度对这些心理意识事实加以解释，以便弄清有机的生命同意识的关系。狄尔泰认为，这样的心理学就可以维护人同世界的关系（Weltbezug），而这种同世界的关系恰恰对人文科学建立来说具有至关重要的意义。

狄尔泰认为，人自己时时处在状态的不断转化之中。由于意识的工作使个人得以认识到这交换中的自身的同一性，同时自己也处身于外在世界中，外在世界对自身又产生影响，这种影响在意识中得到把握，并通过他的感性感觉得到进一步规定。所以生活的同一性受到生活于其中小环境、小氛围的规定，是以这种小

---

① 《狄尔泰全集》第五卷，第152页。

环境、小氛围为条件的，并且自己也对个人小环境、小氛围发生影响。正是在这个过程中出现了内部状态的分类，狄尔泰将其称为心灵生活的结构。他的心理学就是对这个结构的把握。[①]在狄尔泰看来，意识的统一性不仅建立在认识活动及其同对象的清晰关系之中。意识的任何一个当下状态（Zustand）都是认知性、情绪性和意志欲望性混合的原初状态。它们之间既可以是同步的，也可以是异步的不协调关系。但这三方面总是共同组成意识的现实状态，缺一不可。这里所涉及的领域就是后来海德格尔和萨特等人研究的领域，所以在这个意义上，海德格尔《存在与时间》也是一部描述心理学著作。

另外，狄尔泰对人类生存结构的描述有一个特征：反对把意识理解为一个"点"，即"我思"，然后由此出发，对对象性加以综合。在狄尔泰看来，意识是人生经历的多样性与丰富性的过程。这里，生活的现实是意识同欲求的愿望、意志合为一体。生活的现实是不能为任何对象性范畴所囊括的，它总是与当时的现时状态紧密相关。而状态之间的相互影响与原因结果之间的相互影响不同。从一种状态到另外一种状态的过渡，是内在经验本身影响的结果。这种状态之间的联系是可以直接体验到的。痛苦、恐惧、愤怒、嗜好都包括在内，它们相互转换。正是在这个状态转换的过程中我们理解、领会着人的生活、人的历史、人类的存在的深刻和深邃（Abgrund，无底深渊）。我们每个人都有过这样的经历：对想象中的一个形象突然产生一种强烈的要求，或者这个形象在同意识的斗争中，克服了重重困难，终于变成欲望行动

[①]《狄尔泰全集》第五卷，第 200 页。

(Willenshandlung)。通过各种各样的联系转换、过渡以及某种程度的重复，在我们的意识中渐渐形成了某种结构性关联，于是就成为有把握的经验。[①]也就是说，狄尔泰并没有把意识看作孤立的内在世界，而是将其视为一种以肉体为条件的，人同世界的联系状态。这等于说，由具体状态构成的意识包括了人类的全部生活和他的全部历史。这里是全部人文科学的极限，也是科学家永远不可达及的领域。我们在自然科学活动中从事说明的时候，依据的是理智过程，但在人文科学领域内进行理解领会的时候，七情六欲一起发动。在理解时，我们从对整体的联系的领会出发，去把握个别的事件。我们在意识中经历的也是整体的联系，它是我们理解个别句子、个别手势动作和个别行为的前提。对整体的把握使对个别事件的理解成为可能。[②]个体以整体的存在为前提，部分研究从整体出发，整体并非部分之和。

另外，生活的现实性和一致性表现在意识的回忆中。人的这种被"定影"的实践活动，这种生活表达对他人的影响使人意识到自己的超越性，使人得以超越自身。通过这种理解，我们才曲折地对自己有所认识。只有通过回忆，对我们自己的以往是如何实践活动的，我们当初是如何对自己人生作出规划的，我们如何在职业生活中发挥影响的，等等，对这些内容的有清晰的记忆，我们才可能了解和意识到，我们曾经是什么，我们如何发展成长为我们现在的我。而这又是从残破不全的信息——从我们很久以前对自己的评判——中获知的，通过对自己生活中自己对自身的理

---

① 《狄尔泰全集》第五卷，第 206 页。
② 《狄尔泰全集》第五卷，第 172 页。

解的再理解，我们才逐步深入到我们自己人生的深层内部。另外，只有我们把自己生活过来的生活经历和他人的生活经历纳入表达的方式之中，我们才能够理解我们自己和他人。整个生活都是这种体验经历的表达和理解领会的过程。这就是人文科学所要研究的对象的现实存在。人文科学就建立于生活，建立于表达和理解的相互关联的交织运动过程之中。[①]

和洪堡、施莱尔马赫的一样，狄尔泰这里涉及解释的结构：解释的循环。这是他《人文科学中的历史世界的构造》一书讨论的问题。

第五节　解释理论

狄尔泰揭示理解的结构，为的是进一步强调人文科学的独立性、特殊性。自然科学的概念是把可以感知的数据置于一般规则之下，而人文科学的概念则运用于理解的循环之中，它的形式是体验、表达、理解（Erleben, Ausdruck und Verstehen）。

体验经历（Erleben）是解释的基础。它是对原材料的体验。领会是特殊的认知性手段。对意义的体验不仅仅构成主观情绪或主观状态处境，而且是世界开放的过程。这种开放世界的体验中所形成的视域（Horizont）是认识论的对象性意识之所以可能的前提条件。狄尔泰强调，在体验经历中现有东西的存在方式（Gegebenheitsweise）不能同具体内容相分割。这不仅适用于痛觉、快乐等情绪感觉，而且也适用于确信、观点、态度立场。它们都是与人的意志欲望有关的。体验是历史的原细胞，由它们构成

---

① 《狄尔泰全集》第七卷，第 86 页以下。

复杂的各种不同状态的经验。它的复杂性使这种经验成为不可深究，不可能加以因果说明的（unergründig）东西。

表达（Ausdruck，或译为表现）也被他称为"生活表达"和"经历的表达"。表达总是以客观的世界历史现象、社会组织、艺术作品为基础的。从客观现象出发，表达有三种形式：启发说明（Aufklärung）、摹写映照（Abbildung）和替代（Vertretung）。狄尔泰认为，代表（Repräsentation）比意向更丰富，超出了意向，它使内容展示出来，使意识得以对它加以把握。

理解（Verstehen）是由体验经历中经过表达而达到的最后阶段。理解的任务是把生活的表达同它的来源联系在一起，是溯源的工作。这是理解和说明（Erklären）的根本区别。如果一个过程被纳入到一个定律的形式之中，它就得到了说明。而一个表达只有被植入一定的可经历的上下文（环境）之中，才可以说对它有了理解。

理解又有意义理解和行为理解之分。意义的理解是以纯客观的思维内容为目的，纯粹客观的思维内容是独立于上下文和历史环境的。在活动行为的理解中涉及的是以环境为条件的动机的重建问题。而一个表达的理解涉及到动机、纯客观的思维内容两个方面。而这里还包括生活联系、生活环境的因素，生活环境是一个匿名的、隐蔽的层次，是下意识形象，它规定着人的思维和行为活动。

在人的经验中，理解是必不可少的。只有通过理解个人自己，才能够领会到同他人的关系以及同他人组成的统一体。在人文科学中，就是把个人的生活世界组成的共同体，将其上升到一般性的水平。它是生活经验生活实践的继续。所以，人文科学同自然科学的区别不在于对象的不同，而在于它的理想模式不同，追求的达到的共同性不同。

生活的一致性、同一性这种共同性是一切个体生活的出发点。它构成人文科学的普遍性内容。这种共同性的经验包括个人自身的同一性、与他人的同类性经验、人类本性的一致性，以及个人的个性。所有这些因素的相互交织在一起，就是共同性经验。它构成了理解的前提。从这一前提出发，对语词意义及其规则性的理解范围才会不断扩大。它构成了语言的共同性和思想的共同性，这就是一切具体的理解过程的基本条件。狄尔泰的这种思想和新康德主义的先验论正好相对立。狄尔泰认为，最基本的前提不是超经验、超历史的先验原则，而是具体的个人的生活经验本身，是对个人同他人、同人类社会、同世界交织在一起的难解难分的这一事实的体验本身。人类的生活，人与人类社会、与世界交织在一起的运动，被狄尔泰看成一种超个人的东西的表达。这里他吸收了叔本华的思想：社会整体客观生命是意志活动的表现。人的理解本身就是超越当下的意识。

体验经历是追求生活的意志欲望。它囊括了所有的现实。经历体验并非静止不动，而是倾向于表达。表达倾向于脱离现实的千变万化、丰富多彩的生活（即异化），而理解又重新赋予脱离现实的表达以现实性、多样性。所以，理解本身使概念从客观抽象的表面现象中解放出来，使它回复到它来源的具体联系之中。由此出发，狄尔泰使解释学具有社会政治批判的色彩，或者对流行的意识形态持批判态度的倾向。但狄尔泰也清楚地认识到，这种对异化的扬弃不可能彻底完成。人文科学的理解不是一个封闭收敛过程，而是一个开放性过程。它是和人类生活本身的开放性相适应的。在这个意义上，历史的意识本身是一种解放意识：将人生意义从固定的形而上学意义的禁锢下解放出来。

第六节　生活

在狄尔泰的晚期著作中也涉及人生哲学最艰深的问题。他在《世界观的类型》一书"人生之谜"一节中谈到死亡在人生中的意义。在整个人生过程中，人的心灵总是追求对人生从整体上加以把握，但却无力做到这一点。人生不可理解性的核心之处是它的孕育、诞生、成长和死亡。生者知道死，但却无法理解死。从人们第一眼看到死的那一刻起，死亡对人生来说就表现为不可把握的东西，并因此使我同世界的关系表现为，我同某种不同的陌生的东西的关系。死亡的事实强迫人们产生幻想，试图对死亡这一事实加以理解。对死亡的恐惧，对算卦说命的坚信，对亡灵的偶像的崇拜，这一切构成了宗教信仰的基础和形而上学的基础。人类在社会和自然中不停战斗，不断经历极端的困苦，还给彼此制造困苦，经历自然中包含的残酷，还有自然本身的强大力量同我们意志的独立性的矛盾，使得人生变得越来越陌生；人生流逝的普遍性同我们内部追求不变的东西的意志欲望，形成了一对不可调解的矛盾。无论是对古埃及和古巴比伦的巫师还是对今天的基督教的牧师，无论是对古希腊的赫拉克里特还是对德国的黑格尔，无论是对普罗米修斯还是对歌德笔下的浮士德，这个生活里的不解之谜都是他们久攻不下的课题。[①]在狄尔泰看来，这才是哲学的来源：哲学之源不再是柏拉图、亚里士多德对自然的

惊叹好奇，而是对人生不解之谜的困惑。哲学成了为寻求人生意义的苦斗。的确，19世纪的人文传统的德国哲学家的思想中大都包含破解这个人生世界的死亡之谜的努力。[1]这个传统在今天的表现就是：人生几乎成了哲学关心的重心。

狄尔泰所说的生活内在性，不是传说的主体的主观内在性，而是指生活过程的精神的、感性的结构，原初现实性。在生活过程中，主体达到现实。主体不仅仅是世界的观察者，主体还带着他们的需求和感情占有着世界。为了理解个人的这一历史现实，人们必须重构个人的生活世界。这样，个人不再是"人"这个类的例子，而是施莱尔马赫的"个人的世界"，他的好恶，他在生活中形成的心理状态，他对世界的态度，等等。实际上狄尔泰在做传统上认为不可行之事，他在描述一个他人的个人世界。他是在向传统挑战，这点他很清楚：在《施莱尔马赫传》第一卷的扉页上，他引述歌德的话"个体性是不可说的"作为卷头语。[2]在施莱尔马赫的传记中，狄尔泰并不只是描述了一个神学家的生命进程的心理发展，还描述并分析了当时的各种外部因素，如当时的历史状态、社会状态、社会关系、流行的概念和理论（当然，他忽略了经济关系，这是缺陷），着重突出了各种因素在施莱尔马赫身上的反应，在他的生命进程中的影响。狄尔泰不是把这个交互影响的复杂过程作为感性数据，而是作为因果过程（这一点是与自然科学相同的）从外部来分析描述。

在传统哲学中，人们把思想的历史描述与系统的论证对立起

---

[1]《狄尔泰全集》第五卷，第346页。

[2]《狄尔泰全集》第八卷，正文第1页。

来,认为历史发展过程的追述会使理论本身、事物本相被淹没。实际上黑格尔已经提出了解决了这一问题的办法,不过是让历史服从理性,让历史变成绝对精神的表现,以达到二者的统一,但这是远离、超出人的现实历史生活的统一,是超出个人内在生活过程的统一。实际上是牺牲了个人的内在的、历史现实生活换取的统一。狄尔泰要做的恰恰是对历史现实生活的研究,他把历史看成形式,有意识的人生正是在这种形式中得到实现,得到体验的。当然,狄尔泰并不否定,系统的分析、纯理论逻辑的研究与他所进行的历史生成性的研究是不同的,他也不完全否认前者的重要性。他认为二者是互补的。这两种方法相得益彰。在狄尔泰的《施莱尔马赫传》第 8、9、10 三章①就是专门的理论分析。但是这种分析与大量的个人发展的记述,与关于施莱尔马赫所出身的虔心主义的反感的分析放在一起,这样《施莱尔马赫传》的神学上反教条主义的立场得到了更好的理解。在狄尔泰看来,《施莱尔马赫传》的反对教条主义的观点正是人生历史的自我理解过程的一部分,所以,只有在对这个人生过程的理解中,理论观点才能获得真正的理解。文本的表达不是一种孤立现象,它是人类生活史的现实过程的结晶。新文本的出现总是同古老的历史传统影响紧密联系在一起。

尽管狄尔泰把自然科学与人文科学严格地区分开,但是他也清醒地看到,并公开承认,对人的生活的研究不可能完全局限于精神。实际上人的精神生活同人的心理、生理生活构成一个人的生活整体。所以,在人的生活中,自然科学所研究的因果规律一

---

① 《狄尔泰全集》第十三卷,第 84 - 155 页。

直在起作用。比如在对于战争的研究中，对政治、经济、社会心理的研究固然重要，但是对武器、军事技术的分析也是必不可少的。[①]也就是说，狄尔泰一方面反对自然科学统治，提出人文科学的独立性，但又不是盲目地反对自然科学。他把所有的知识、认知活动都看成历史人生过程的有机的组成部分。他认为，所有科学都是经验科学，但所有经验都在意识中出现，所有经验都能在意识中找到它们之间的联系。狄尔泰讲过一段著名的话充分体现他的这个思想："在由洛克、休谟、康德构成的从事认知活动的主体的血管里流淌的不是实在的鲜血，而是由作为纯粹的思想活动的理性稀释了的汁液。我则要把历史的和心理学的以及整个的人类引导到人的力量的多样性中，使这种有欲望的，有感情的，从事表象的实体成为知识及其概念（如外部世界、时间、实体、因果）进行说明的基础，尽管这些知识以及它们的概念似乎只是由感性感知表象和思想编织而成。所以下面的研究的方法是：我要通过由经验和语言与历史的研究所证实的整个人的本相，来把握当前抽象的科学思维的任何构成部分，如关于个人的生命的同一性，外部世界，外在于我们的个体，它们在时间中的生命，它们之间的相互影响，所有这一切都可以从整个的人的本性得到说明。他们淡漠意愿欲望、感情和表象的生命过程只是人生的不同侧面而已。在哲学上提出的那些问题，不是死板的我们的先验认知能力的假设所能回答的。能回答这些问题的只有从我们本质的整体性出发的发展历史。"[②]

---

① 《狄尔泰全集》第一卷，第 18 - 19 页。

② 《狄尔泰全集》第一卷，前言，第 18 页。

从人的整体出发，从整个人出发，成了一种认识论范式。而这里的整个人并不是一种抽象概念或理论假设，而是指人们的现实生活过程，即人的意愿、情感和表象。所以，近代以来的作为中心的自然科学的认知活动成了整个人生的一部分，它被从皇帝的宝座上拉了下来。只有通过对人的整体与部分的相互影响的分析，即心理能力与人生过程的整体之间的相互影响的分析，认知活动才能得到说明和理解。所以狄尔泰并没有将经验科学、经验心理学排除于他的研究之外，而是将它们联系到整个人生中去，进行说明。

狄尔泰认为，没有表象的情感的同时作用，人不可能有意愿。三者也是不可相互还原，不可相互替代的。所以原初的人生经验只是三个方面合而为一的。尽管狄尔泰这里仍然讲认识的重要性，但这种认识论从根本上不同于以洛克、康德为代表的近代认识论了，它包含了人与世界的交往方式，尤其是科学前的交往方式。这样的知识，也就不是超时间的。狄尔泰认为，应从历史发展的角度来考察认知的范式是如何从生活过程中形成起来的。他的美国学生 Mead 后来继承了他的思想，独立展开了这一研究工作。[①]

把实践理性和原初经验看作第一位的，把纯粹理性看作第二位的，这种新立场对海德格尔哲学发生了决定性的影响。海德格尔的"在世界中存在"的思想就是对原初经验的改写、发展。在

---

① 参见 Michell Aboulafia 主编的文集《哲学、社会理论和米德思想》(State University of New York Press,1991 年，第 57－66 页）中 Hans Joas 的论米德的文章，以及他的专著《米德》(Polity Press,1985 年，第 10－11、41－44 页）。

人与人、人与世界之间根本不存在断裂，它们本就是一体的，无需认知上的证明。我们一直就是世界性的存在，但这种与世界同一的生存是在人生的意愿、感受和认识中建立的。这就是后来《存在与时间》的基本思想。狄尔泰也把这种"在世界中存在"称作内部经验。也就是说，他当时对他的发现缺乏清晰的表达。实际上，这种内在经验也包括人与外部世界的交往，只不过不是与在自然科学中对象化了的客体交往。内在经验是人与自然、社会知情意未分的原始交往关系。所以，这里外部世界的存在问题被化解了。①外部世界的存在的证明问题提出完全是自然科学的理性、思想被从生活中孤立出来的结果。狄尔泰说，我们对外部世界的确信应在"知情意"三者于生活中的联系中得到说明。②

第七节　自然科学观

关于科学之间的关系，狄尔泰认为，人文科学包括了一切科学，因为自然科学研究的对象不只是赤裸裸的自然本身，也是精神的事实，与人相关的事实。所以，自然科学在这个意义上也是人文科学。但是狄尔泰强调人文科学有它的独立性。自然科学研究分析的是自然过程的因果关系③，人文科学描述分析的是历史社会现实④。但是，这种区别只有方法性意义，无本体意义。自然与社会历史并不是两个关于存在的概念，而是两种看事物的角

---

① 《狄尔泰全集》第五卷，第 90－138 页专门讨论了这一问题。
② 《狄尔泰全集》第五卷，第 95 页。
③ 《狄尔泰全集》第一卷，第 16 页。
④ 《狄尔泰全集》第一卷，第 4 页。

度。通过不同的视角，丰富的现实展现于我们之前，但不可能离开人的观察角度显现自身。所以，任何事实都是精神事实。①精神的社会历史现实是直接给予的现实，自然科学现实却是间接的。（叔本华的思想！）在这个意义上，人文科学对人生的描述比自然科学更真实。但是后来他注意到，同自然科学一样，人文科学对人生的描述解说也不可能是人生原初经验的直接显示，而只能达到对它的客观性的表达。

狄尔泰明确地认为，自然科学是从原初的日常生活与现实交往的方式中衍化出来的，所以在认识论上，自然科学是第二位的，日常生活是第一位的。但狄尔泰也看到人的日常生活又是从根本上依赖于人的肉体的物质过程的，而肉体的物质过程正是自然科学说明的对象。所以，逻辑上，从"事实总是人的经验事实、意识事实"这一点，并不能推出"精神事实是第一性的"这一结论。狄尔泰冷静地看到，精神过程是肉体的内在过程。所以，他明确指出，根本不存在纯粹的自然科学或人文科学，人文科学总是以自然科学知识为基础的（Naturerkenntnis zur Grundlage）。②所以在研究中，人文科学内在的视野与自然科学的外在视野是同样不可缺少的。但狄尔泰同时又强调，社会事实我们可以从内部加以理解，带着恨与爱，带着兴奋和愉悦，参与社会世界的构建，但对自然，我们只能从外部加以把握。社会才是我们人的世界。③

---

① 《狄尔泰全集》第一卷，第 5 页。

② 《狄尔泰全集》第一卷，第 14－20 页。

③ 《狄尔泰全集》第一卷，第 35－39 页。狄尔泰并不认同德国浪漫主义的倾向，不认为自然是有灵魂的。还有一点值得一提：他认为对个人的

正是基于上述立场，我们读惯了哲学教科书的人一定会惊奇地发现，狄尔泰对在人文科学研究中引入自然科学成果，对在他的描述心理学中引入实在心理学和生理学的成分的做法持明确的肯定态度。这种态度也为当代现象学中的许多哲学家的工作开了先河。后来法国的梅洛－庞蒂等人经常引用神经病学、大脑生理学和心理学的成果作为自己的哲学工作的基本材料。

但狄尔泰也强调，尽管所有的精神文化事实都是由精神的心理事实构成的，但是它们不等于就是心理事实。人文科学的特殊结构并不能从心理结构中推导出来，更不能还原为心理结构。所以，在狄尔泰看来，心理学只能为其他人文科学的研究提供基础，但是这些真理只是从整体的社会历史生活中分离出来的一部分内容，而人文科学的描述的心理学恰恰可以超出心理学因果关系的局限，可以对生活体验不作简化地进行描述。所以，这里不是要建立一种新的用来说明事实的还原性模式，而是要发展出一种对意识性关系进行描述的方法。这里，个人传记描述方法恰恰是一种可能性。人文科学传记描述个人的生活的表现与社会的相互作用，人种学、民族学、人类学和民俗学描述个别民族群体的社会心理与文化特性。文化系统的结构描述对象是各种文化的联系，以期建立文学艺术理论、宗教理论、科学理论、法学理论。狄尔泰认为，历史理性批判的任务是研究各门具体科学之间的内在联系、界限，以及确定它们之间的真理性等。①

私人生活经验的描述只能是第一人称单数，即我，对社会的描述也只能用第一人称多数。在狄尔泰看来，第三人称的描述是不可能的。

① 狄尔泰对形而上学的批判，见《狄尔泰全集》第一卷，第 124、130、145、166、179、184、198、236、254、258、267、273、317、349、351、358、359、369、

第八节　胡塞尔影响下的最后工作

在狄尔泰关于描述心理学的文章发表之后，受到 Hermann Ebbinghaus 的严厉批评：生活经历的结构性关联是不可以直接体验的，"它们不是活生生的生活经验"。[①]直接的生活体验是用概念达不到的，概念只能对生活进行重构（自然科学是对自然的重构）。只要进行分析，一定会走出直接体验的层次。狄尔泰中期把直接的生活体验解释为心理的过程。由于 Hermann Ebbinghaus 指出的这一困难，他搁置了为人文科学奠基的工作，专心于《施莱尔马赫传》的写作。直到后来 1900 年在胡塞尔的影响下，在他对黑格尔的研究中，由直接心理体验作为基础走向了"客观精神"结构。因为后期他看到，"语言神话，宗教，传统，习俗，法权社会的外在事实，所有这一切，都是现有整体精神的产物"，用黑格尔的话说，在其中，人的意识客观化了，所以能够经受分析。[②]狄尔泰生命的最后十年进一步修正了他对人文科学的哲学前提的看法，进入了客观精神的解释学阶段。《狄尔泰全集》的编者明确指出，1905－1910 年发表的文章《人文科学基础的研究》及 1910 年发表的《人文科学中历史世界的构建》是在胡塞尔 1900 年发表的《逻辑研究》的直接影响下写成。狄尔泰在前一篇文章的脚注中明确说，胡塞尔的书是"划时代的著作"，他关于人文科学当下的新观点应"归功于"胡塞尔的思想的影响。1905

374、382、405 页。

① 《狄尔泰哲学资料》，Suhrkamp,1984 年，第 75、78 页。

② 《狄尔泰全集》第五卷，第 180 页。

年狄尔泰特地请青年胡塞尔到柏林他家里做客,而胡塞尔在会见中也受益匪浅。胡塞尔事后说,与狄尔泰的谈话胜过读狄尔泰所有的著作。在 1929 年的一封给狄尔泰的女婿的信中,胡塞尔说:"您不知道 1905 年在柏林与狄尔泰不多的谈话提供的动力,把《逻辑研究》引向了《观念》。当时表述得十分不全面。直到从 1913 年到 1925 年具体完成的关于'观念'的现象学才完成了。这一段的现象学同狄尔泰有着内在的共同性,尽管在方法的形态上是完全不同的。"[①]

1910 年以前,狄尔泰艰苦寻求一种作为人文科学基础的心理学。[②]在他的早期心理学中,并没有把思想活动同思想活动内容严格区别开,后来在胡塞尔意向性现象学的影响下才作了区分,即把心理描述同解释学作了区分。

早期狄尔泰原则上在谈个别经验的联系,但是关于这个联系的整体同个别经验的表象形式之间的关系并没有完全搞清楚。后来他在《体验与诗》中通过对具体诗歌的形成过程的分析,对心理过程构成结构有了更清楚的了解。

关于整体与部分的关系,狄尔泰强调整体对部分的制约关系,但他也看到,整体只有通过对部分的分析才能达到,同时,只有对整体有了概念才能把部分看作整体的部分,这个问题只有在解释学中才能在原则上得到解决。

胡塞尔现象学,特别是其中关于 Noesis 与 Noema 的区别,启

---

① 《胡塞尔书信集》第六卷,第 275 页。

② 描述心理学,有两种不同的类型:一种是对人的文化精神现象现有形式作人类学的认识论分析,一种是个人意识的内容的描述。狄尔泰的心理学是第一种。

发狄尔泰把心理描述与语言意义的解释区分开。

对黑格尔的研究，使狄尔泰清醒地看到，历史发展过程，社会的现实性，是不可以用个体的心理范畴来描述的。[1]后期狄尔泰，不仅关注心理描述问题，更看重用符号勾连在一起的意义的理解问题。这里的关键是语言表达的客观性。

在《解释学的诞生》一文中，他批评了他过去的观点，认为个人生活的内部经验不应是人文科学的内容。但同自然科学相比，他仍认为，人文科学更接近人生。"只有在把我自己同他人比较的过程中，才在我内部经验到我们客体的，我的生存。"[2]所以，个性是社会性的，主观际间性的。在向内看自己中不可能构成你个体主体的意识，只有在内部同他人交往时，才达到自我意识。而这个与他人交往的过程是借助于符号表达出来的生活。我们通过外在的符号，语言认知那些内容的过程，就叫理解。[3]他对符号的理解十分宽泛：儿童的牙牙学语、哈姆雷特的呼唤、理性的批判、石头、大理石、音乐的音响、体态、话语、文字、行为、经济秩序、法律法规，都可以是人类精神同我们谈话的手段。所有人为者都是符号。与人无关的，无接触的东西是不可理解的。因

---

① 参见《狄尔泰全集》第四卷，第171页第4节开始，倒数第11行。把耶稣个人看作整个社会的主体，个人与精神的代表。"精神成为一种集体的主体，但不是超验主体。历史社会现实的内含，意义结构……范畴精神=社会进程的表达，生活过程表现为（勾连为）有意义结构的精神性的客体，它就是人文科学的对象。但这种解释并不全面完善！人文科学只是相对生活进程本身，是与之有差距的。"

② 《狄尔泰全集》第五卷，第318页。

③ 《狄尔泰全集》第五卷，第318页。

为它不是表达，不是符号，它在意义领域之外。未表达、未经语言勾连的内部状态也是不可理解的，第一人称表达也不是内部状态的表达，而是一种表达行为。自我理解也要借助表达，"我不知道我怎么这样干"，是说，我的存在的外在在进入意义世界时，像陌生者一样出现于我之前，我无法解释它。[1]理解有不同的层次和程度，它直接受到兴趣与注意力（关注）的影响。表达的形式应该是预先给定的，它是理解的前提，它也是从日常的理解形式向精神科学的理解形式(科学实践的形式)过渡的前提。这种过渡、这种人文科学实践就是解释，而这种固定形式就是语言文字，它是人类生活的表达。解释就是对这种固定形式的生活表达的巧妙理解。[2]

因为解释的循环，解释的困境[3]，所以解释学无绝对的开端，总是与批判改进结合在一起，目的是"比作者更好地理解作者"[4]。因为理解的对象并不是生活过程的直接显现，这样作者自己的理解对象也不是他自己的生活的直接性。他便失去了对自己作品的最后权威。文本中所讲的，可能不是作者所想的。这就是解释者可以比作者更高明的地方。他可以发掘出作者表达了，但并没有理解的内容。

另外，作者使用语言，但语言的生产规则，语言产生的背景，一般作者并不知道，他是在无意识地使用语言。而在更深的层面上理解作者使用的语言，也是解释学的任务。

---

① 《狄尔泰全集》第五卷，第318页。

② 《狄尔泰全集》第五卷，第319、320页。

③ 《狄尔泰全集》第五卷，第330页第3段。

④ 《狄尔泰全集》第五卷，第331页。

第九节　海德格尔眼中的狄尔泰

《狄尔泰全集》的出版，也就是他的未刊稿的问世，对当代哲学发展的影响充分体现在海德格尔身上。海德格尔在《狄尔泰全集》出版以后，马上进行了认真研究。他早期的对人生的重视，把生活作为哲学的最后基石的思想，他的哲学解释学的提出，都是在狄尔泰的直接影响下形成的。

在海德格尔写作《存在与时间》期间，曾于1925年4月16－21日在德国的卡塞尔向一个民间文化团体"Kurhessische Gesellschaft für Kunst und Wissenschaft"的会员作报告。报告都是在晚上举行，共举行了十次。当时海德格尔的学生Walter Bröcker用速记作了记录，每次会后都马上转写为普通德语文字。后来Bröcker把记录稿给了马尔库塞（Herbert Marcuse），马尔库塞将记录转写手稿加工成了打印稿后，将手稿还给Walter Bröcker，后来手稿遗失。打印稿后来转到Otto Friedrich Bollnow手里。20世纪80年代初他将记录打印稿同其他四份海德格尔讲演记录稿一起捐给了设在Bochum的狄尔泰研究中心。这个记录在80年代被发现，1986－1987年在《狄尔泰年鉴》上做了报道，1993年记录稿发表在《狄尔泰年鉴》①上。为了清楚起见，我把该讲演记录稿中海德格尔对狄尔泰的评论分为39个要点，转述如下：

1. 在西方哲学史中，人生的意义问题是被拒之门外。而这个问题恰恰是西方哲学中的最基本问题。

2. 凡研究现实，首先面对的现实是自然、世界。但是涉及的

---

① *Dilthey－Jahrbuch*, Band 8, 1992/1993, ss. 143－190.

总是依据人的存在而确定的自然与世界。

　　3. 什么是人的现实？在这个问题的研究史中，狄尔泰的工作占据着中心的位置。它的提出同科学的危机有关，同哲学的科学地位的危机有关，同历史科学的危机有关。

　　4. 历史科学研究如何理解历史的现实，如何来诠解过去。

　　5. 狄尔泰认为，世界观不仅有理论的意义，而且是也有实践的立场。世界观有四种不同的含义：(1) 对自然的直观；(2) 对人生在世界中的地位的认知；(3) 科学前的人生观；(4) 历史观，它确定世界与人生此在的关系，即为自身存在而斗争。

　　6. 历史作为独立的、自己的现实性是在人的意识中。

　　7. 精神世界是本真的世界。

　　8. 狄尔泰对实证主义的接受：反对形而上学，强调此岸性。

　　9. 狄尔泰对实证主义的修正：反对把人的精神生活当作一般意义上的自然来看待，反对将其看作自然的产物。他要拯救人的精神生活和它的历史。

　　10. 他接受历史主义学派的观点，强调精神的过去对当下与将来的影响力。

　　11. 狄尔泰接受了施莱尔马赫的思想，认为认识是整个人生过程，是全面地理解人。因此，他并不是完全反对黑格尔。

　　12. 他的提问是康德式的：追问认识的本质。

　　13. 文德尔班把狄尔泰的思想头脚倒置，将其内在的思想外在化了；李凯尔特则将其简化为自然科学与人文科学的划界问题。

　　14. 狄尔泰在《人文科学导论》中指出，把世界的关联理解为自然，就不可能理解人的本质。

15. 狄尔泰的多面的研究，体现了不追求体系，而是对历史的意义与人生存在的意义的活生生的追问。

16. 在什么地方去找历史的对象，以便从他身上能解读出历史存在的意义？

17. 为此狄尔泰走了三条路：(1) 科学史；(2) 认识论；(3) 心理学。心理学是基础。

18. 狄尔泰在科学史的研究中企图发现历史上对人的理解。

19. 认识论中狄尔泰关心的既不是体系也不是方法论（后者是李凯尔特的工作）；他的问题是，如何从历史现实的本真的状态来看待历史现实。狄尔泰要解救的不是一门科学的特性，一类特殊的科学，而是一类现实性。

20. 他要理解人对自己的认识。

21. 人的特殊意义不仅是他有对世界的理解，更在于他同时附带着对人本身的认知：因此人是历史性的。

22. 狄尔泰的基本问题是对人生的把握。首先是如何进入原初的人生，然后才是如何在概念上把握的问题。

23. 人是有灵魂的存在，他要研究这种存在的结构。

24. 这就是他的所谓"实在心理学"。

25. 他不求找到心灵的形式，他把心灵的结构看成有心灵的人生的活生生的现实。

26. 所以他的心理学不是说明性的，而是描述性的；是分解性的，不是构造性的；不是将其分析成独立的、中性的基本成分，而是分析出灵魂的关联性。这种灵魂性的关联就是生命的整体，就是生活整体本身。这种关联业已存在，而且是作为整体而存在，不是由元素构成。

27. 整体有三特性：（1）自身发展；（2）自由；（3）有历史性，由继承下来的联系决定。

28. "看"决定了感性感受。

29. 外部世界同人生自身相互影响。整个相关性无时无刻不在：自身与世界。

30. 思想活动、情感活动、意志活动三者无时无刻不同时存在。三者的关联就是意识的本质的结构。

31. 人无时无刻不体验到这种关联。

32. 这种关联是由世界决定的，但是这种决定并非因果决定，而是目的性关联，是因缘。

33. 首先，这是个人体验中的运动。

34. 人同他人的关系，狄尔泰没有提出。这是狄尔泰的失误。

35. 海德格尔认为，人生首先是与他人共在的人生，是与他人的共生。狄尔泰没有进一步探讨这个问题。

36. 他只关注人生结构关系的继承过程，即它的历史性。

37. 狄尔泰强调了人生的结构是历史性的，本真的历史性存在是人的生存。

38. 他没有具体追问什么是生活本身的现实性特征，没有问我们自己的人生的存在中的存在的含义到底是什么。传统中继承下来的对存在意义的理解把事实本身给掩盖了，以为答案已经找到，于是忘记了对事物本身的提问。

39. 狄尔泰指出，人生是历史性存在，但是他没有追问什么是历史性存在，也没有指出人生如何是历史性的，在何种意义上是历史性的。

第六章
"重估一切价值"的哲学家尼采

第一节　尼采诸形象钩稽

弗里德里希·尼采（Friedrich Nietzsche，1844－1900）生活在 19 世纪晚期，但他一直把自己看成是时代的头生子（Erstlinge）[①]，并且认为自己不属于当下的时代，而是属于"明天之后"。[②]这位"不合时宜"的哲学家在生前并没有产生多大影响。但是 20 世纪以来，几乎所有重要的德国哲学家和思想家，都不同程度地受到尼采的影响，譬如哲学家海德格尔、雅斯贝尔斯、伽达默尔、列奥·施特劳斯，社会学家齐美尔、韦伯，心理学家弗洛伊德、荣格，文学家斯蒂芬·格奥尔格、托马斯·曼，等等。更

[①] Nietzsche, *Also sprach Zarathustra* (Kritische Studienausgabe, Band 4 [KSA4], Herausgegeben von Giorgio Colli und Mazzino Montinari, Dünndruck Ausgabe, Deutscher Taschenbuch Verlag GmbH & Co. KG, de Gruyter, 1988), s. 250.

[②] Nietzsche, *Der Antichrist* (KSA 6), „Vorwort". 中译参见尼采：《敌基督者》，引自尼采、洛维特、沃格林等：《尼采与基督教思想》，吴增定、李猛、田立年译，香港汉语基督教文化研究所，2001 年，第 2 页。

为重要的是，尼采的影响并非局限于德国，而是辐射到整个西方。20 世纪西方几乎所有重要的哲学和思想流派都打上了尼采的烙印，如精神分析、存在主义、解释学、法兰克福学派、后结构主义以及一般所谓的后现代主义，直至今天方兴未艾的女权主义、后殖民主义等。①所以如果不理解尼采，我们就无法整体地理解 19 世纪乃至 20 世纪德国哲学的基本问题和内在理路。

尼采是一位极富个性（ipsissimosity）的哲学家，在他看来，哲学就是哲学家的个人自传或本能创造，是一种"最富精神性的权力意志"。②如果说自柏拉图以来，西方哲学家无不以追求永恒真理为己任，并且希望把自己消融在这个真理之中，那么尼采恰恰反过来把真理视为哲学家本人的创造，并且把哲学看成是哲学家的个人自传（《善恶的彼岸》）。尼采本人从 14 岁时就开始撰写自传，他的大多数作品都带有浓厚的个人色彩，而他在精神崩溃前的一部主要作品《瞧，这个人》，则是一篇地地道道的自传。不过，也正是这一点使尼采的生平同他的哲学一样充满了争议，譬如尼采、瓦格纳和柯西玛，尼采、保罗·李与莎露美，尼采的疾病与精神崩溃，尼采和他的妹妹，尼采和他的朋友等。更不幸的是，尼采在二战期间曾被纳粹所利用，并且一度成为法西斯种族主义和反犹主义的代言人。好在晚近以来，经过多位学者

---

① Ernst Behler, "Nietzsche in the Twentieth Century", in *Cambridge Companion to Nietzsche* (edited by Bernd Magnus and Kathleen M. Higgins, Cambridge University Press, 1966), pp. 281－322.

② Nietzsche, *Jenseits von Gut und Böse* (KSA 5),ss. 6, 9. 另可参见施特劳斯：《注意尼采〈善恶的彼岸〉的谋篇》，引自《尼采在西方——解读尼采》(刘小枫、倪为国选编，上海三联书店，2002 年)，第 26－27 页。

的不懈努力，尼采生平的真正面目遂得以见诸世人。[①]

1844 年 10 月 15 日，尼采出生于德国萨克森州吕岑附近的勒肯村，他的父母都是虔诚的基督新教路德宗信徒。多年来，这个家族一直是一个坚强的基督教堡垒，尼采的祖上五代总共出现过 20 多位牧师，以至于他在 19 岁的自传中不无揶揄地说："作为植物，我生来与上帝的田地相邻，作为人之子，我出生于一个牧师家庭。"[②]但也许是命运的嘲弄，这个家族最伟大的天才在长大之后却彻底背叛了基督教，成为西方有史以来最坚定的敌基督者（Antichrist）。

尼采的父亲是普鲁士国王威廉四世亲自任命的牧师，但在尼采不满 5 岁时因病早逝。从此，尼采便在一个女性氛围浓厚的家庭中成长，他的童年生活一直被五个女人所包围：祖母、母亲、妹妹以及两位从未出嫁的姑妈。尼采日后对女性既依赖又排斥的矛盾态度，多由此而来。尼采 10 岁时进入瑙姆堡文科中学就读，14 岁时因其优异成绩被推荐至著名的普福塔文科中学，20 岁时进入波恩大学学习神学和古典语文学，后转到莱比锡大学继续攻读古典语文学，并于 1868 年 10 月毕业。次年 2 月，尼采凭借其出色的古典语文学成就，被推荐到巴塞尔大学任古典语文学副教授，一年之后即转为正教授。

尼采很早就显示出过人的诗歌、音乐和哲学思考才华，他 10

---

① 本文对此不拟作过多阐述，有兴趣者可以参阅最新的尼采全集校勘本编者之一，意大利学者蒙提纳里（Mazzino Montinari）的权威性著作《尼采简论》（*Friedrich Nietzsche: Eine Einführung*, de Gruyter, 1991）。另可参见李洁：《尼采》，浙江教育出版社，2003 年，第 112 - 119 页。

② 海德格尔：《尼采》，孙周兴译，商务印书馆，2002 年，第 250 页。

岁时便开始创作音乐和诗歌，14 岁时完成了第一篇自传，在中学毕业之前，就已经创作了大量的诗歌、散文和思想随笔。大学时期，他的古典语文学水平更是得到学术界的公认。尼采的导师，著名的古典学者里齐尔（F. W. Ritschl）在给巴塞尔大学的推荐信中，对尼采不吝赞美之辞："39 年来，我亲眼目睹了这么多的年轻人成长起来，但我还从来未见到有一个年轻人像这位尼采一样如此早熟，而且这样年轻就已经如此成熟……如果上帝保佑他长寿，我可预言他将来会成为第一流的德国语言学家。"①可惜尼采并没有如里齐尔所愿，他越来越为叔本华的哲学和瓦格纳的戏剧吸引，最终成为一位"不合时宜"的哲学家。

1872 年，尼采发表了自己的第一部哲学著作《悲剧的诞生》。该书刚一出版即遭到古典语文学界的严厉批判，更有人著文指出其语文学的诸多常识性错误。②此后，尼采在巴塞尔大学和整个古典学界受到了排斥，但他作为哲学家的影响却日益上升。自《悲剧的诞生》之后，尼采接连发表了四篇《不合时宜的思考》，分别是：《忏悔者和作家大卫·斯特劳斯》(1873)《历史对生命的用途和滥用》(1974)《教育家叔本华》(1874) 和《瓦格纳在拜罗伊特》(1876)。此外，尼采这段时间写作了相当数量

---

① 李洁：《尼采》，第 2 页。

② 譬如尼采的同事、巴塞尔大学青年语文学家维拉莫维茨指出，尼采对古典语文学的最新研究成果一无所知，甚至犯了许多年代学的错误，如把荷马以后的文献误以为是荷马以前的文献。伊沃·弗伦策尔：《尼采传》，张载扬译，商务印书馆，1988 年，第 36 - 38 页；Jaap Mansfeld, "The Wilamowitz - Nietzsche Struggle: Another New Document and Some Further Comments", in *Nietzsche Studien*, Band 15, de Gruyter, 1986, ss. 41 - 58.

的论文与随笔，它们在尼采死后则随其他遗作一起发表，其中比较重要的有：《论真理感》(1872)、《哲学家：艺术与知识之争思想录》(1872)、《希腊悲剧时代的哲学》(1873)、《作为文化医生的哲学家》(1873) 和 《真理和谎言之非道德论》(1873) 等等。此后尼采的生活和思想再次发生转折，他渐渐地对叔本华和瓦格纳感到不满。1878 年 5 月，尼采在刚刚完成的《人性的，太人性的》(第一卷) 中不点名地抨击了瓦格纳及其艺术观，并且随后把该书寄给后者，瓦格纳也著文反击，俩人的友谊就此破裂。

1879 年，尼采因病辞去巴塞尔大学的教授职务，随即开始了他近十年的"漫游"生活，直至 1889 年精神崩溃。在此期间，尼采的身体状况日益恶化，但其创造冲动和灵感却丝毫没有减退。在最初的五年时间里，尼采共发表了四部重要著作，即《人性的，太人性的》第二卷 (1880)、《曙光》(1881)、《快乐的科学》(1882) 和 《查拉图斯特拉如是说》(1885)，其中尤以 《查拉图斯特拉如是说》最为著名。在该书的酝酿和写作期间，尼采爱上一位俄罗斯女子，并向她求婚，但遭到拒绝。此事虽给尼采造成一些影响，但并没有妨碍他的思考和写作。在此后不到 5 年的时间，尼采继续完成了一系列著作，它们是：《善恶的彼岸》(1886)、《论道德的谱系》(1887)、《瓦格纳事件》(1888)、《狄奥尼索斯－酒神赞》(1888)《敌基督者》(1888)《瞧，这个人》(1888－1889)、《尼采反瓦格纳》(1888)、《偶像的黄昏》(1889)。

1888 年 9 月，尼采开始显示了精神紊乱的倾向，其后逐渐加剧。1889 年 1 月 3 日，尼采的神智彻底崩溃，再也没有恢复清醒。在此后漫长的黑暗岁月，尼采先后由年迈的母亲和孀居的妹妹照料生活。1900 年 8 月 25 日，尼采在魏玛病逝。

国内凡于哲学略知一二者，均对尼采有一个印象：唯意志论者，重估价值的哲学家。实际上，在尼采的老家，他的形象绝非仅仅如此。尼采评价和研究远比这种定论复杂得多。

哲学史上有过这样的情况：同一个思想家，由于评论者的立场不同，对该思想的评论便截然不同。比如康德就是一例，但康德思想自身的结构，对所有各派却是很清楚的，并无分歧，分歧只在于如何评论。在尼采这儿，情况则更为复杂。不只对尼采的评论不同，而且尼采的哲学思想内容和理论结构到底是什么，也众说纷纭。所以，在西方根本没有一个公认的尼采哲学。尼采的著作数十卷，是存在的，但独立于诸家评论的尼采哲学本身却不存在。存在的只是各家依各自的原则，从尼采著作中提炼出的诸种尼采哲学。于是，尼采是诗人、文体学家，还是诗人兼哲学家，就成为西方尼采研究中长期争执不下的问题。下面我们对这些情况，略作介绍，以备参考。

一、作为语文学家的尼采

尼采在德国首先是作为杰出的古语言文学研究专家而知名。1872 年尼采发表了他的名著《悲剧的诞生》。在希腊悲剧的研究中他提出了一种独特的世界观：世界是艺术的。世界存在是两种意志的对立和斗争的过程，即阿波罗（太阳神）与狄奥尼索斯（酒神）精神的对立和斗争的过程。前者代表光明、秩序，在艺术中体现为造型艺术；后者代表对秩序的超越，在艺术中体现为音乐、舞蹈。这本书发表的当年，便受到维拉莫维茨的批判。第二年 E. 罗德便撰文为尼采思想辩护。但不管是尼采的反对者维拉莫维茨还是他的支持者罗德,都是把这本书作为研究古希腊文化的专著来对待的。对他们来说,尼采仅仅是一个 Philologe（古希腊、古罗马语言及文学研究专家）。《悲剧的诞生》一书是尼采没疯以前唯一一本引起学术界关注的书。他以后发表的所有著作,在他未疯以前几乎不为人们问津。尼采哲学更是无从谈起。

二、作为个人主义哲学家尼采

尼采1889年精神完全失常,1890年尼采在欧洲名气大振。丹麦布兰德斯教授在哥本哈根公开作关于尼采的报告。1889年发表了他的文集《贵族激进主义》。他认为：尽管尼采在他的祖国默默无闻,但他仍不愧为一个重要的英才。布兰德斯在尼采中后期警语集录式的著作中看到了尼采对世俗道德偏见的深刻的批判。他认为,尼采是在反对流行的观点,即把人看成环境的时代产物的偏见。尼采把人作为进行创造的个人来维护。布兰德斯对尼采观点基本给予肯定,尽管他对尼采的过激言词、失去控制的感情表露持保留态度。

这个时期,对尼采持批评态度的人如 H. 蒂尔克、E. 哈特曼等,也认为尼采是一个极端个人主义者。他们认为尼采是无节制的主观随意性的传道士,他的言论是脱缰的无约束的本能的表现,他的伦理学是哲学暴君的伦理学,他的哲学是统治者的唯我论。

三、作为疯子的尼采

尼采的精神失常与他突然成名有很大关系。此后马上有许多人把他的精神病看作他精神上无节制性的必然结果。换句话说,他的无约束的激进的道德理论和他那语出惊人的言辞都是精神失常的表现。于是有很多学者到尼采的著作中寻找他成为精神病患者的踪迹和过程。尼采著作似乎便成了极好的完整的精神病的病历。

鲁道夫·施泰南自以为在尼采著作中找到了感性不健全和病态唯我主义等精神病症候。特奥巴尔德·齐格勒认为 1886 年起尼采精神已经不正常。1882 年已经看出他精神开始失常的迹象。《查拉图斯特拉如是说》正好可以看作是常态向病态过渡的产物。语言的夸张,议论的吹毛求疵,可以说是病态的表现。在这之后写的《善恶的彼岸》是尼采精神有所恢复的表现,而《偶像的黄昏》则表现了尼采病情进一步恶化。

在当今对尼采持否定态度的哲学家中持上述观点的仍不乏其人,J. 希尔施贝尔格就是一例。

四、作为文化批判主义者的尼采

进入 20 世纪之后,尼采研究的重点开始由晚期著作转入早期著作,因而尼采关于文化问题的思想便在研究中占据了突出的地位。

阿洛伊斯·里尔把尼采哲学理解为本质上为新文化而斗争的哲学,他要求对人类进行更全面的教育和提高人种质量。里尔将尼采哲学分为三期:早期是通过艺术的研究提出文化问题,中期是通过关于认识的讨论研究文化问题,后期是通过更高一级的人类的讨论来研究文化问题。劳尔·里希特也持类似观点。但里希特强调了尼采思想中的反柏拉图主义，反抽象理论，反对自然科学方法论，反对资产阶级民主制的倾向，认为尼采哲学是天才教育的哲学。尼采认为，对人类天才的培养是文化哲学的基本目标。

五、作为乐观主义人生哲学家的尼采

持此种观点的人将尼采哲学同其先师叔本华作了比较，指出尼采和叔本华是方向相反的意志主义人生哲学家：叔本华对人生的意志给予否定；尼采对人生的意志加以肯定，将意志具体化为向往权力的意志。这种观点首先为新康德主义者汉斯·法伊辛格尔所指出。他认为：尼采的思想与达尔文的进化论，即物竞天择、优存劣败的自然淘汰选择思想，有渊源关系。生活是个狂欢节，这种狂欢正是基于对自然选择的坚定信仰之上的。

上面提到里希特也是从人生哲学的角度评价、阐述尼采思想：既然尼采是个人主义哲学家，而趋向权力的意志又是他的哲学的中心环节，所以权力意志便成为真理的标准；意志坚强的人对事物所作的判断就要比意志薄弱者更真些。意志的优势会导致肉体的强健。所以人的生活的向上发展即提高，只有通过人的理智的培育才有可能。医生应该培养优良的人，而不使已经退化的人种繁衍。为了达到这一点，必须使人类互相杂交，利用这种优势，培养出新的人来，这便是尼采的超人。这种优生理论便是尼采的人生哲学。

佐尔格·西默尔提出了与里希特不同的见解：尼采提出的对人的提高不在于生理上的，而在于精神上的提高。尼采哲学的宗旨不在于新人种的培育，而在于改变人的精神特性，提高人的精神质量，思维能力，培养高雅的气派。他还指出，尼采将人生的有限性与无限性相结合，将存在与生成相结合，提出人生是同类东西的永恒重现的理论。人类的生存就是无数个人生命的发生、存在、灭亡的无限循环。

六、作为传记对象的尼采

许多尼采研究家不把尼采只作为哲学家来研究。他们也不赞成孤立地去研读尼采的著作，以求弄清尼采提出了什么理论。他们力主将尼采著作与他的生平事迹联系起来，把尼采作为一个整体，作为一个具体的人来把握。

恩斯特·贝尔特拉姆认为，尼采一半是希腊人（南方人），一半是北方人。作为北方人，他傲慢，爱争论，追求知识，所以尼采思想具有耶稣会的精神。他的《查拉图斯特拉如是说》是晚期基督教会和路德式的诗歌。他的道德理论承认了基督教苦行主义。《悲剧的诞生》是对希腊文化的德国式的解释。作为希腊人，尼采倾向于神秘主义，爱将赤裸裸的真理用各种神秘主义方式掩盖起来。但贝尔特拉姆认为，尼采身上的基督教精神，即北方人精神占优势。

当然也有人认为尼采思想中的希腊人色彩占优势。

但这两种倾向，都把尼采思想看作创造新人的尝试。所以他们将尼采哲学也叫做新人哲学。

这派学者完全忽视尼采的伦理哲学和形而上学。

七、作为权力意志论者的尼采

上述各思想家的评论中的尼采总是以先知的身份出现：尼采预言了未来的道德和人。这即是说，尼采没有被当作某种确定的、成体系的哲学或科学的奠基人来看待。路德维希·克拉格和阿尔弗雷德·博伊姆勒想要纠正尼采研究的这种不足。他们二人将尼采的未完成的著作《权力意志》一书视为尼采最后的也是最重要的哲学著作。权力意志的思想被视为尼采思想的核心。

博伊姆勒生于 1887 年，死于 1968 年，1933－1945 年在柏林大学任教授，致力于国家社会主义哲学基础的建立，1937 年发表了他的尼采专著《作为哲学家和政治家的尼采》。

博伊姆勒认为在权力意志中可以找到尼采全部形而上学的精髓。他特别强调这部未完成的，在尼采死后经他人之手将各种不同手稿拣选连缀成集的著作《权力意志》的重要意义。他强调，趋向于权力的意志不应理解为对权力的追求。他把 Wille zur Macht 解释为权力的意志，进而认为，这种经他解释的权力意志是生成的形式或模式，是一种原则。人类在持续的斗争中没有什么既定的目标，人并不愿意向往什么东西，人们只是按权力意志规定的任务去行动。意志就是可能，意志就是权力。一切形而上学都建立在这个基本原则之上：意志即权力（Wille als Macht）。一切现象都可以在这里找到根据。权力不是意志的目的，而是现实的意志。

按博伊姆勒解释，尼采哲学中的意志无目的，但有秩序。这个秩序便是“正义的原则”。这个原则的具体体现便是强者王侯，弱者奴隶。所以这个原则不会阻碍达尔文生存竞争的基本原则。谁占有最坚强的意志，谁就有最高的正义性，用认识论的语言来说，谁就具有最深刻的真理性。有了权力便有正义，有了真理！

博伊姆勒对尼采哲学进一步作了政治解释：尼采对西方的文质彬彬、和平凯旋发动了总攻击。尼采规划了新的战争和新的北方人的国家。博伊姆勒没有无视尼采大量谩骂、讽刺日耳曼人的文字和对法国人、法国文化的推崇的文章，但他将其解释为，尼采采用这种挑衅性的姿态，以便在帝国内外赢得更多的听众。

博伊姆勒的尼采形象在纳粹统治期间的德国成了占统治地位的理论。这个尼采成为国家社会主义的精神先驱。

八、战后的尼采

博伊姆勒从肯定的方面宣传的尼采是一位权力意志论者。此后许多反法西斯思想家，从内容上基本承认了博伊姆勒的尼采，不过是从否定的方面加以估价，比如格奥尔格·卢卡奇。他认为尼采思想与希特勒的接近程度，比博伊姆勒所想象的要紧密得多。尼采思想和谢林思想一样，都是对理性的毁灭。尼采是帝国主义时代非理性主义的奠基人。

20世纪50年代初，西方已经有人出来矫正尼采的形象，为他恢复名誉。美国人W.考夫曼就指出：当人们强调尼采思想中关于陶醉、神迷和权力意志等思想时，忘记了尼采用了同样分量的笔墨塑造的太阳神即光明的思想。实际上，苏格拉底才是尼采的榜样。

H. M. 沃尔夫在重新按尼采的一生经历对尼采著作进行了

研究后提出：尼采思想中关于精神问题，关于生命、生活问题，认识问题的研究比他的文化、艺术和政治思想重要得多。

二战后，一度被法西斯政治宣传所淹没了的其他哲学家的呼声又重见天日，并成为当代尼采研究中的主导倾向。这里有三位大家：卡尔·洛维特、卡尔·雅斯贝尔斯和马丁·海德格尔。他们三位关于尼采的专著均完稿于纳粹统治时期，其中洛维特的书完成并发表于 1935 年，雅斯贝尔斯的书完成并发表于 1936 年，海德格尔的书成于 1936－1940 年，部分发表于 1950 年，全部发表于 1961 年。

洛维特认为尼采哲学是一个尝试性的实验，他的著作是一种认识的旅行。在尼采哲学中必然性和选择性这一对矛盾占着中心地位。意志的自由与现实的关系是中心题目。同类东西的反复出现的思想才是尼采哲学的核心，人的意志一方面向往自我超越，自我提高，另一方面，自然使人认识到自己力量的有限性，生命保存的有限性（不可能长生不老），进而认识到人生的世界中，一切都是同样的东西无目地反复重现。既然无休止的反复的循环总是带来同样的东西，人何苦总向往超越自己？实际上这个重现不是音调的重复。这种同类东西的重现实际上是对未来人类的一种新的抉择。意志自身有足够的力量对新的生活加以肯定，有力量向往这个永恒的重复。他认为，正是这个关于同样的东西永恒重现的理论，使尼采成为最伟大的哲学家之一，而且是走在时代前面的哲学家。

20 世纪 50 年代还有人试图用尼采的无神论、反天主教思想去反对正统天主教哲学，如卡尔·施勒希塔。

九、作为存在主义思想家的尼采

存在主义大师卡尔·雅斯贝尔斯认为，尼采是研究存在问题的哲学家。

雅斯贝尔斯承认尼采哲学中自相矛盾之处比比皆是，但尼采哲学并不因此而被贬低。他认为，尼采哲学的重要意义正在于他的多义性，自相矛盾性。现实对于理性来说是不可及的。理性无力解决真正的现实性问题。尼采试图超越理性去把握现实的真理。尼采哲学就是不断地自我克服。他的哲学是一种绝对否定、持续自我克服的哲学。这种哲学的基础就是无神性。对于尼采来说，道德、理性、人道、文化、真理、哲学、基督教，这一切都破灭了。他必须自己进行生存的尝试。不断的失败和不停止的尝试，尼采著作中的矛盾就是这些尝试和它们的失败记录。这就是尼采的著作的意义。因此尼采没有教人以知识，而只是号召人们起来进行抉择。尼采并没有对任何问题作出回答，而只是以自己的生存提出了问题，提出了人的生存问题。雅斯贝尔斯认为，人们正是在尼采尝试与失败这个生存自身中发现了真正的尼采哲学。

十、作为欧洲最后一位玄学家的尼采

对海德格尔来说，尼采是一位玄学家。首先尼采是传统形而上学的反对者。尼采的名言 "Gott ist tot" 被海德格尔解释为："超感性世界是无影响力的，它不赐予任何生命。整个欧洲哲学传统，从柏拉图到黑格尔，全部形而上学已经完结了。"尼采认为自己的哲学是对全部欧洲哲学，即理性主义传统的反动。尼采称这个传统为柏拉图主义。因此海德格尔将尼采思想誉为"虚无主义",实际是说,尼采是彻底的激进的反传统主义者。他认为尼采洞悉了全部欧洲哲学思想前提的不充分性,这正是尼采的伟大之处。但是,尼采又想建立一个新的价值世界。尽管尼采采取了和一切欧洲思想对立的立场,他仍不重新落入传统玄学的窠臼。一切传统欧洲玄学都在伪造,伪装存在。这是对存在的忘怀。尼采关于新价值世界的建议,无异于打倒旧神立新神。尼采像传统玄学一样,用新价值世界将存在本身埋没起来。所以尼采本身也是玄学家,不过是最后一个,因为海德格尔自己的哲学第一次在欧洲思想史上将存在概念从几千年的玄学桎梏下解放了出来。

关于尼采形象的争论之所以莫衷一是,我们认为,主要是由于以下几方面的原因。

1. 尼采著作,从外部形态看,没有一本是传统意义上的哲学著作。唯一首尾一贯的系统著作是《悲剧的诞生》。即便这本专著,也既非审慎的科学考据,又非严谨的立论演绎,而是一本借题发挥式的杂文。除此以外的其他著作,或是警语集录,或是杂议散文,或是充满神话隐喻的诗歌。也就是说,尼采没发表过传统意义上的哲学著作,没有留下什么哲学体系。他的语言和文体风格均有意识地反哲学之道而为之,使尽他的尖刻毒舌,用文学的形式寄寓他的思想,以标榜他与柏拉图以来的哲学传统一刀两断。后人大都是要用传统哲学语言再现他的哲学思想,便只有到他的诗文背后去发掘。这自然难免仁者见仁,智都见智了。

2. 尼采思想几经改变,大的改变就有三次。尼采早期受叔本华的影响,对世界宇宙充满了神秘积极的意志主义,反科学反理性。中期对叔本华思想不满,特别是通过瓦格纳的音乐剧看到自己思想的失败，便来了个一百八十度的大转弯，放弃神秘主义，转而接近自然科学，借以反对过去神秘主义。这时的著作的行文中有实证主义的色彩。在后期尼采提出了超人哲学和人的意志趋向权力的思想。尼采不是严谨的哲学家，而是哲理诗人散文家。他触景生情，随手写下当时感想。所以他的那些成千上万条警句，均随境遇心境不同而发，置什么一贯的立场之类于不顾。说他思想发展分三大阶段，仅就其基本倾向而言。因此后人为他建体系，便有广阔选择的余地。人们可以各取所需，以尼采之隐喻注我，自塑自家尼采成为可能。

3. 尼采生活的年代（1844－1900）是德国封建制度腐朽的年代，是资本主义的弊病随着这个制度的确立而日益表露的年代，社会现实和个人的经历使尼采成了 19 世纪下半叶的畸形人物。尼采出身牧师家庭，长于书斋之中，自幼多病，早年丧父。这种孤独不幸而又远离政治的生活使他形成了桀骜不驯的性格。尼采对德国现实的深恶痛绝不亚于马克思、恩格斯，但他作为在不幸和孤独中看破红尘的纤弱知识分子，贝多芬的崇拜者，以个人的方式表达了他与世界的决裂。他用诗人的笔，竭尽尖酸刻薄之能事，对这个社会病端加以斥责，以白眼傲世，放逸迈俗的狂放态度对待这个世界的一切，否定它的宗教、它的道德、它的文化、它的哲学、它的历史。

尼采的这种激进的反传统主义，引起很多进步的左倾的知识分子的共鸣（如鲁迅先生早期批判揭露封建道德时，颇受尼采影响）。但它同样可以成为右派的理论基础。希特勒统治时期，尼采思想的命运便是这种唯心主义激进主义的悲剧。

今日欧洲尼采的著作仍为畅销书之一。年逾百岁的"尼采"仍活跃在欧洲思想界。高度发达的欧洲资本主义国家的知识分子，在堆积如山的商品世界中感到精神上的压抑和窒息。在优裕的物质生活中，感到人的内在价值丧失，因而品尝了人的精神的空虚。资本的形式和它的意识形态，使他们感到恶心，他们起而反对这种新的、更完善的人——资本的异化的形态。于是这些知识分子便与尼采有了共同语言。西方马克思主义者阿多诺对尼采的虚无主义的肯定就是典型。阿多诺接受尼采对哲学体系的回避，对教条主义的否定，对肯定性的拒绝，他认为人为的回避、拒绝和否定是当前正确的行为和思想方法。尼采的激进的虚无主义正可以使人与肯定性保持距离，以免被完全异化。

正是由于欧洲的这种政治经济条件，西方的哲学史家也常把尼采、马克思和基尔凯郭尔并列，誉为三位"叛逆"哲学家。下面是我们眼中的尼采，写出来供读者参考。

第二节　尼采哲学的基本问题及其展开

如上所述，尼采究竟在什么意义上是一位哲学家，西方学界一直有着广泛的争议。在很多人看来，尼采恰恰以格言和随笔的表达方式同西方哲学传统决裂。这一看法当然不无道理，因为尼采也把自己的哲学看成是一种"实验"(Versuch)。[1]毫无疑问，实验的对立面就是"体系"：实验强调了哲学的开放性和多元性，而体系则追求哲学的封闭性和统一性。[2]但这样一来，尼采的哲学

---

[1] Nietzsche, *Jenseits von Gut und Böse* (KSA 5), s. 32.

[2] 关于尼采哲学的实验特征，可参见 Volker Gerhardt, "'Experimental Philosophy': An Attempt at a Reconstruction", translated by Peter S. Groff and

是否仍然具有内在的"统一性"？围绕着这个问题，西方学界大抵形成了两种相互对立的看法。第一种看法的代表人物，在二战以前是海德格尔及其弟子洛维特（Karl Löwith），在二战以后则是列奥·施特劳斯（Leo Strauss）及其弟子，他们都一致认为尼采哲学拥有内在的统一性，只不过这种统一性究竟是什么，他们则是见仁见智。第二种看法的代表则是德里达、福柯和德勒兹等后现代主义者，他们都坚决否认尼采的哲学有什么统一性。

一、尼采哲学的基本问题

1. 颠倒的柏拉图主义

海德格尔在 20 世纪三四十年代曾经做过一系列关于尼采哲学的讲座，这些讲座后来以《尼采》为题公开出版。海德格尔明确地抛弃了"诗人哲学家"和"生命哲学家"之类的标签，而是最大程度地复原了尼采作为一位真正哲学家的地位。[①]海德格尔认为，尼采哲学的统一性主要体现为他对西方柏拉图主义（或形而上学）的批判和颠覆，并且最终试图克服它所导致的虚无主义后果。具体说来，尼采的哲学体现为两个基本思想："权力意志"与"永恒轮回"。"权力意志"意味着一切存在都是生成或生命意志的创造，而"永恒轮回"则反过来表明，一切生成和创造都终将毁灭，世界本身不过是"同一个东西"不断地生成与毁灭的循环往复过程。

一般认为，尼采的"权力意志"和"永恒轮回"这两个思想

Herbert Möller, in *Nietzsche: Critical Assessments* (Volume III, edited by Daniel W. Conway with Peter S. Groff, Routledge, 1998), pp. 79 – 94。

① 海德格尔：《尼采》，第 5 – 6 页。

有自相矛盾之处。因为假如一切都是"永恒轮回",那么一切创造就注定要毁灭,所谓权力意志的创造便显得毫无意义。但海德格尔却不承认这里有什么矛盾,他认为二者构成了尼采哲学之中不可分割的统一整体,因为它们以不同的方式回答了这样一个"基本问题":什么是存在者?(Was is das Seiende)具体地说,"权力意志"表明了"什么存在"(Was – sein,是什么),而"永恒轮回"则表明了"如此存在"(Daß – sein)。换句话说,尼采哲学恰恰是在思考"存在者的存在"(Sein des Seiende)之问题。[①]海德格尔由此得出结论说:尼采尽管一生都在反对柏拉图主义,但其基本问题却仍然是一个不折不扣的柏拉图主义或形而上学问题。这一点正好表明,尼采反柏拉图主义的结果,只不过是促成了柏拉图的最终完成;或者说,作为"柏拉图主义的颠倒",尼采哲学不过是一种"颠倒的柏拉图主义"[②]。

由此可见,海德格尔不仅把尼采提升为一位真正哲学家,而且精辟地指出了尼采哲学的基本问题:尼采与柏拉图主义。但是,当海德格尔把尼采哲学仅仅理解为一种"颠倒的柏拉图主义"时,他又把尼采作为哲学家的意义降到了最低点。出于自己的解释学立场,海德格尔相信他能够比尼采更准确地理解尼采本人的意图,或者更准确地说,他根本不关心尼采本人的意图。[③]这

---

① 海德格尔:《尼采》,第 453 – 462、650 – 654 页。

② 海德格尔:《尼采》,第 830 – 833、932 页。另可参见海德格尔:《尼采的话"上帝死了"》,《林中路》,孙周兴译,上海译文出版社,1997 年,第224、237 页。

③ 海德格尔:《尼采》,第 7 – 17 页。另可参见海德格尔:《存在与时间》,陈嘉映、王庆节译,熊伟校,第 46 – 47 页。

也正如洛维特批评的,"海德格尔对尼采的解读纯属六经注我,他只是想通过尼采来解释自己"①。

　　更重要的是,海德格尔从不关心尼采著作的完整性,只是随意抽取对自己有利的格言和段落,而且在大多数情况下,他所依据的也不是尼采生前已经公开发表的主要著作,而是一部真实性很成问题的遗作《权力意志》。②因此,海德格尔虽然正确地把握了尼采哲学的"基本问题",但却对它做出了错误的解释,从而否定了它在尼采哲学中所独有的深刻涵义。简单地说,海德格尔用自己的基本问题("存在者的存在"),遮蔽甚至取代了尼采本人的基本问题。③

2. 反基督教的基督教

　　作为海德格尔的弟子,洛维特对尼采的解释也受到老师很深的影响。洛维特也认为,"尼采的哲学既不是一个统一和封闭的体系,也不是一堆零散的格言,而是一个格言形式的体系(ein

---

① Karl Löwith, *Nietzsches Philosophie der ewigen Wiederkehr des Gleichen*, Felix Meiner Verlag, 1978, s. 222.

② 近三十年来,许多尼采专家经过仔细的考证后发现,《权力意志》并不是一部尼采本人生前整理完好的著作,而是主要经他的妹妹伊丽莎白之手,她从尼采的遗稿中刻意选取那些符合她自己意图的笔记,并且加以删改,从而把尼采改造成一位种族主义者和法西斯分子。参见 Mazzino Montinari, *Nietzsche Lesen*, de Gruyter, 1991, ss. 10 – 21, 92 – 119;李洁:《尼采》,第 112 – 119 页。

③ 关于海德格尔对尼采的解释甚至误解,可参见 Wolfgang Müller - Lauter, "The Spirit of Revenge and the Eternal Recurrence: On the Heidegger's Later Interpretation of Nietzsche", translated by R. J. Hollingdale, in *Nietzsche: Critical Assessments*, Volume III, pp. 148 – 161。

System in Aphorismen）。这些格言在哲学形式上的独特性，同样也刻画了哲学内容的独特性"。①这种"内容的独特性"正是意味着，尼采的哲学包含了一个"统一性的基本思想"，这个基本思想就是"权力意志"和"永恒轮回"。洛维特同意海德格尔说法："权力意志"和"永恒轮回"并非相互对立，而是一个内在统一的整体。

　　洛维特承认尼采哲学包含了一个基本问题，但它并不是海德格尔所说的"存在者的存在"，而是如何克服基督教的彼岸上帝及其导致的现代虚无主义危机，最终重新肯定此岸世界的意义，尽管这是一个不断生成、变化与毁灭的世界，是"同一个东西的永恒轮回"，并没有一个超验的彼岸目标。但在洛维特看来，尼采的努力并没有成功，因为他批判基督教的方式或精神实质仍然属于基督教，尽管这是一种无神论或世俗化的基督教。基督教的核心是强调意志和创造，而尼采则恰恰希望通过意志（Ich will）肯定存在（Ich bin），通过"权力意志"肯定"永恒轮回"，或者说，通过基督教的方式返回古代晚期的"自然秩序"。在这个意义上，尼采只不过是笛卡尔以来的现代性精神的继承者，或者更明确地说，他仍然沿着康德和黑格尔以来的德国古典哲学道路，试图重新调和基督教信仰与古代哲学，试图在现代性的前提下返回古代。②

---

① Karl Löwith, *Nietzsches Philosophie der ewigen Wiederkehr des Gleichen*, s. 15.

② Karl Löwith, *Nietzsches Philosophie der ewigen Wiederkehr des Gleichen*, s. 113 – 126. 另可参见洛维特：《尼采对永恒复归说的恢复》，引自《世界历史与救赎历史》，李秋零、田薇译，香港汉语基督教文化研究所，1997 年，第 270 – 282 页。

这样一来，洛维特同海德格尔就并没有什么实质性的分歧，只不过前者认为尼采以反基督教的方式继承了基督教，而后者认为尼采以反柏拉图主义的方式继承了柏拉图主义。说得更直接些，尽管洛维特批评海德格尔没有认真地对待尼采的问题，但他仍然不自觉地重复老师的错误，也就是说，他也没有认真地对待尼采的反基督教。不过相比之下，洛维特的错误更为严重，因为他似乎没有注意到一个基本事实：早在《悲剧的诞生》中，尼采就把苏格拉底的理性主义（亦即他后来所批判的柏拉图主义）而不是基督教，看成是"世界历史的转折点"[1]；而在《善恶的彼岸》中，尼采更明确地认为，基督教只是一种柏拉图主义的变体，一种"民众的柏拉图主义"(Platonismus für Volk)。[2]相形之下，海德格尔的解释虽然是"六经注我"，但却无疑比洛维特更准确地切中了尼采哲学的关键：尼采与柏拉图主义的关系。

3. 后现代主义

海德格尔的解释，在很大程度上决定了二战以后尼采研究的基本格局。20 世纪 60 年代以来，西方学界对尼采的解释有两个大致走向，其一是以德里达、福柯和德勒兹为代表的后现代主义，其二是以施特劳斯为代表的政治哲学。后现代主义者尽管受到海德格尔的深刻影响，但却不同意后者的说法，即尼采哲学只是一种"颠倒的柏拉图主义"。恰恰相反，他们坚持认为，尼采对柏拉图主义的颠覆与摧毁，远比海德格尔更为彻底。因此在他

---

[1] Nietzsche, *Die Geburt der Tragödie* (KAS 1), §15. 中译参见尼采：《悲剧的诞生》，赵登荣等译，漓江出版社，2000 年，格言 15.

[2] Nietzsche, *Jenseits von Gut und Böse* (KSA 5), „Vorwort".

们的心目中，尼采俨然成了后现代主义的先驱。德里达将形而上学视为一种"逻各斯中心主义"，它以某种高高在上的"统一性"来否定"差异性"，但尼采哲学却把"差异性"从"统一性"中解放出来，因此它本身就是一种"差异"和"否定"。[①]福柯则认为，尼采哲学"消除了知识主体的统一性，释放出自身的一些因素，而这些因素就是要分解和毁灭它自己"。[②]最极端者当数德勒兹，他所设想的尼采哲学是一种"游牧思想"，这种思想就像游牧部落那样，听任欲望不断地漂流和迁徙，不断地"解码"(decodification)，但却永远不会停下来进行编码（codification）或重编码（recodification）。[③]

后现代主义者正确地看到，尼采哲学的文学风格绝对不只是一种纯粹外在的形式，而是包含了其精神实质。首先，自柏拉图以来的西方哲学，不管是柏拉图的"理念"、基督教的"上帝"还是现代的"主体"，一直以追求永恒真理为己任，由此把哲学变成了一个封闭的形而上学体系。这种形而上学的实质就是以哲学

---

① 有关德里达的尼采解释，可参考如下文献：《阐释签名（尼采／海德格尔）：两个问题》，陈永国译，引自《尼采的幽灵——西方后现代语境中的尼采》，汪民安、陈永国编，社会科学文献出版社，2001 年，第 234 - 252 页；《风格问题》，衡道庆译，引自《尼采在西方——解读尼采》，第 397 - 415 页；《论文字学》，汪家堂译，上海译文出版社，1999 年，第 24 - 26 页；恩斯特·贝勒尔：《尼采、海德格尔与德里达》，李朝晖译，社会科学文献出版社，2001 年。

② 福柯：《尼采、谱系学、历史》，苏力译，李猛校，见《尼采的幽灵》，第 137 页。

③ 德勒兹：《游牧思想》，汪民安译，见《尼采的幽灵》，第 158 - 167 页。

排斥诗或文学，以抽象的"逻各斯"(Logos)取代具体的"密索思"(Mythos)，最终以各种体系来遮蔽和否定"实在"的多样性。尼采哲学的表达风格，首先就是对这种形而上学的体系性的颠覆，而且这种颠覆本身恰恰构成了尼采哲学的精神。尼采不止一次说过，"存在"就是"被解释"，真理是一种视角（Perspectiv）、幻觉（Illusion）或神话（Myth）。在这种情况下，后现代主义把尼采哲学理解为一种"视角主义"(Perspectivism)，似乎也不无道理。

　　但是，后现代主义者过于强调尼采哲学的文学风格，以至于从根本上取消了哲学与文学的界限，甚至把尼采的哲学本身也看成是一种文学或诗。更严重的是，他们所理解的尼采哲学只有无限的否定或差异，并没有任何"统一性"。由此看来，他们所犯的错误同海德格尔以及洛维特如出一辙，都没有认真对待尼采本人的自我理解。首先，尽管尼采具有极高的文学和诗歌才华，但他终其一生都以追求真理的哲学家自居；而且在几乎所有的著作中，尼采都极力同诗人划清界限，因为诗人不是追求真理，而是"满口谎言"，甚至"不惜把水搅浑以显示自己的深刻"。[1]

　　其次，更重要的是，尼采的哲学并非只有否定和解构，同样还有肯定和建构。[2]譬如在《瞧，这个人》中，尼采就把《查拉图斯特拉如是说》这部最重要的著作称为自己"使命中的肯定性部分"，而此后的《善恶的彼岸》《论道德的谱系》和《偶像的

---

　　[1]　Nietzsche, *Also sprach Zarathustra* (KSA 4), ss. 163 – 166.

　　[2]　至于尼采究竟是一个建构主义者 (Konstruktivist),还是一个解构主义者(Dekonstruktionist),参见 Lothar Jordan, „Nietzsche: Dekonstruktionist oder Konstruktivist?", in *Nietzsche Studien*, Band 23, 1994, ss. 226 – 240。

黄昏》等才是"使命的否定性部分",也就是说对传统价值进行"重估"。而且即便从语言上看,尼采的著作中总有一些基本词语反复出现,譬如"真理""生命""虚无主义""上帝""超人"等,更不要说"权力意志"和"永恒轮回"。所以,即使尼采哲学是要反对柏拉图主义所追求的统一性,但这种反对本身恰恰构成了尼采哲学的某种内在统一性。

4. 柏拉图式的政治哲学家

自 20 世纪 70 年代以来,后现代主义的尼采诠释就占据了西方学界的主导地位。与此同时,随着施特劳斯学派对政治哲学的复兴,后现代主义对尼采的垄断受到了强大的挑战,因为施特劳斯学派强调要从政治哲学上来理解尼采。从表面上看,施特劳斯学派同后现代主义不乏相似之处,譬如他们二者都接受了海德格尔的前提,认为尼采和柏拉图哲学的关系是理解尼采哲学的关键,但都反对仅仅把尼采理解为一位柏拉图主义者。不过,这种表面的相似并不能掩盖他们的实质分歧:后现代主义过于强调尼采哲学的否定性和解构性,而施特劳斯学派则反过来突出它的肯定性和建构性。施特劳斯学派同海德格尔及后现代主义的最大分歧在于:他们认为,承认尼采哲学的建构性,并非意味着必须把它理解为某种形而上学或柏拉图主义。因为在他们看来,尼采并不是一位"柏拉图主义者",而是一位"柏拉图式的"的政治哲学家。

施特劳斯学派的这一论断隐含了一个基本前提:柏拉图本人也不是柏拉图主义者,而是一位"柏拉图式的"政治哲学家。根据施特劳斯学派的诠释,"柏拉图式的政治哲学"包含了两个层

面，亦即所谓的显白说教（exoteric teaching）与隐微说教（eso-
teric teaching）。①譬如在《理想国》中，一方面，柏拉图借自己
的老师苏格拉底之口，以诗意和神话的方式描述了一个"至善理
念"（the Idea of Good），并且赞美"灵魂不朽"和"德性即是幸
福"；另一方面，柏拉图本人显然不相信这套"显白说教"，他借
色拉叙马库斯、格劳孔和阿德曼图斯之口，道出了自己的"隐微
说教"或"真理"：任何人都不会发乎本性地追求正义或德性，而
是不择手段地追求自己的好处（good），即使行正义也不过是把
它当成手段，因为正义者永远得不到幸福，而不正义者却得到幸
福。②在施特劳斯看来，柏拉图之所以要虚构"理念"或"灵魂
不朽"之类"高贵的谎言"（noble lies），最终是为了维护城邦的
统治秩序。

　　施特劳斯学派一方面试图把柏拉图从尼采和海德格尔的批
判中拯救出来，另一方面也希望把尼采从海德格尔解释的巨大影
响中解放出来。③他们认为，尼采所攻击的柏拉图主义其实只不
过是后人（尤其是基督教）制造的神话，而柏拉图自己却从来不
相信这个神话。当然施特劳斯学派并不否认尼采本人对于这一点
洞察若火。正是在这个意义上，他们也把尼采当作一位柏拉图式
的政治哲学家。譬如施特劳斯学派的代表人物罗森就认为，尼采

①　施特劳斯：《迫害与写作的艺术》，林国荣译，贺照田主编：《西方
现代性的曲折与展开》，吉林人民出版社，2002 年，第 198－210 页。

②　*The Republic of Plato*, translated by Allan Bloom, Basic Books Inc.,
1968, 338a－367e.

③　Stanley Rosen, *The Question of Being: A Reversal of Heidegger*, Yale
University Press, 1993, pp. ix－x.

表面上鼓吹"权力意志",号召人们去"创造"意义或价值,而他的真实意图则恰恰是强调"永恒轮回",认为一切所谓的创造都注定要毁灭,世界本身不过是"同一个东西的永恒轮回";前者是尼采的"显白说教",而后者则是他的"隐微说教"。换言之,尼采恰恰以"创造价值"的显白修辞来掩盖其虚无主义的隐微实质。因此罗森强调,尼采也同柏拉图一样制造了一个"高贵的谎言",以此作为"区分高贵与卑劣、贵族与贫民、积极与消极虚无主义的基础"。[①]

　　同海德格尔及后现代主义相比,施特劳斯学派对尼采哲学的解读更富有启发性。正是通过他们的诠释,尼采哲学中那些长久以来不被重视的主题才得以充分展开,譬如哲学与诗、哲学与宗教、哲学与政治等。不过,施特劳斯学派虽然反对海德格尔的"六经注我",强调要以尼采的自我理解为根据来理解他的意图,但是他们非但没有动摇,反倒是强化了海德格尔的前提:尼采是柏拉图传统的继承者。这是因为他们同海德格尔一样,过于强调了尼采与柏拉图的共同性,从而把尼采强行纳入柏拉图的传统,只不过这个传统在海德格尔看来是柏拉图主义,而在施特劳斯学派看来则是"柏拉图式的政治哲学"(platonic political philosophy)。

　　因此,同他们所批评的海德格尔及后现代主义一样,施特劳斯学派也没有真正严肃地对待尼采的反柏拉图意图。即便我们承认柏拉图主义只是柏拉图政治哲学的"显白说教",而不是柏拉图的本意,但这个"高贵的谎言"对他的政治哲学则可谓是至关

---

　　① 罗森:《尼采的"柏拉图主义"》,张辉译,引自《尼采在西方——解读尼采》,第 137 页。

重要，因为假如没有它，那么《理想国》中所谓的"最佳政体"或完美秩序就丧失了根据。但尼采恰恰以为，这套所谓"高贵的谎言"丝毫没有什么"高贵"之处，因为它在根本上不过是一套"民众偏见"的产物。说得更清楚些，柏拉图的谎言之所以丧失了高贵性，是因为柏拉图放弃了赫拉克利特和德谟克里特等前苏格拉底哲学家高高在上的哲学特权，转而去迎合民众的口味和偏见，并且炮制了一套"灵魂不朽"及"善有善报，恶有恶报"之类的神话。基督教以及卢梭、康德等现代平等主义者正是利用这套神话，把它变成了一种"民众的柏拉图主义"(Platonismus für Volk)，并且摧毁了柏拉图所要建立的等级秩序，从而最终导致了现代虚无主义的危机以及"末人"时代的到来。

施特劳斯学派敏锐地看出，尼采哲学中包含了"显白"与"隐微"的修辞；但他们却似乎没有注意到一个根本事实：这种修辞的基础并不是"高贵的谎言"，而是"理智的诚实"。因为在尼采看来，"显白"(das Exoterische)和"隐微"(das Esoterische)首先不是外在(谎言)与内在(真理)之分，而是智慧的高低之别：同样的事物，高者从来都是自上而下地俯视，故而是"隐微"，而低者从来都是自下而上地仰视，故而是"显白"。[1]作为最高的智慧者，哲学家必须时刻保持"理智的诚实"或"求真意志"，高高在上地俯视民众并为他们立法，但却不应该去迁就民众、迎合他们的偏见。只有这样，哲学家才能维护真正的自然等级秩序，避免为民众偏见所败坏。正因为如此，尼采尤其强调，"未来哲学家"的首要美德就是"理智的诚实"，而不是什么"高贵的谎言"。因

---

[1] Nietzsche, *Jenseits von Gut und Böse* (KSA 5), § 30.

此，不管是作为柏拉图主义者，还是作为政治哲学家，柏拉图都是尼采的最大敌人。考虑到这一点，我们就必须以最严肃的态度承认尼采的反柏拉图意图，否则我们就不免要重复海德格尔和施特劳斯学派的共同错误，把尼采误解为一个半吊子或遮遮掩掩的柏拉图分子，最终以柏拉图的形象掩盖了尼采。

综上所述，海德格尔、后现代主义以及施特劳斯学派的阐释，对于恢复尼采作为一位伟大哲学家所应有的深刻性和复杂性具有极为重要的意义。首先，他们从不同的方面凸显出了尼采哲学的基本问题：尼采与柏拉图主义的关系。其次，他们都把"权力意志"和"永恒轮回"作为这个基本问题的展开，从而揭示了尼采哲学的所有主题，譬如：真理与谎言，哲学与诗及宗教，酒神精神与日神精神，主人道德与奴隶道德，尼采与希腊、基督教及现代性的关系。但与此同时，他们却没有从根本上正视尼采的反柏拉图立场，从而不同程度地误解了尼采哲学的主要意图。本文作者希望以他们的阐释为起点，通过对"权力意志"和"永恒轮回"这两个核心思想的阐释，进一步追问尼采哲学的基本问题：尼采与柏拉图主义。考虑到柏拉图主义的含义原本就是众说纷纭，我们首先需要澄清：尼采究竟在什么意义上理解柏拉图主义？

二、柏拉图主义：一个错误的历史

从早期的《悲剧的诞生》《历史对生命的用途和滥用》和《真理和谎言之非道德论》，到中期的《曙光》《快乐的科学》和《查拉图斯特拉如是说》，直至后期的《善恶的彼岸》和《偶像的黄昏》，在尼采的诸多著作中，有关柏拉图主义的论述随处可见。在尼采看来，所谓的柏拉图主义是指由柏拉图制造的一套形而上学神话，其核心是宣称：在生成和变化的现象世界之外，还存在着一个永恒不变的理念世界，在这两个世界之间，现象世界只是一个虚假和低下的世界，而理念世界则是一个真实和更高的世界，所以应该成为现象世界的原则或根据。①

但尼采所说的柏拉图主义并非仅限于柏拉图的哲学，而是涵盖了此后两千多年西方哲学和思想的历史，包括基督教和现代性。换句话说，不管基督教和现代性在多大程度上反对柏拉图的哲学，也不管现代性是在什么意义上反对基督教，它们在实质精神上都是柏拉图主义的变体，因为它们都承诺了某种永恒不变的"真实世界"，不管它是上帝还是作为主体的人。②尼采据此以为，西方两千多年的文明都以一套柏拉图主义的神话为基础，把这套神话作为自己的最高根据（Grund）或终极目标（Telos）。按照《偶像的黄昏》的说法，这个柏拉图主义神话的历史恰恰是一个"错误的历史"，一个"'真实世界'如何最终变成寓言"的历史。③

---

① Nietzsche, „Die Vernunft in der Philosophie", in *Götzen – Dämmerung* (KSA 6), ss. 74 – 79. 中译参见：《偶像的黄昏》，周国平译，光明日报出版社，1996 年，第 20 – 25 页。

② 尼采关于柏拉图主义的详细表述可参看 John Sallis, "Nietzsche's Platonism", in *Nietzsche: Critical Assessments*, Volume IV, pp. 292 – 302。

③ Nietzsche,*Götzen – Dämmerung* (KSA 6), ss. 80 – 81. 中译参见《偶像的黄昏》，第 26 – 27 页。其具体论述如下（译文略有改动）：

一、真实世界是有智者、虔信者、有德者能够达到的——他生活在其第一，在这个历史的开端，柏拉图宣称：只有超感性的理念世界是"真实世界"，是一切"有智者、虔信者、有德者"可以达到的世界。这就是柏拉图主义神话的最初由来。但尼采强调：柏拉图虽然制造了这个关于"真实世界"的神话，但他却并不相信这个神话。因为只有柏拉图本人最清楚："我，柏拉图，就是真理"，所谓的"理念"不过自己"爱欲"（Eros）的投射。用尼采的话说，"真实世界"不过是柏拉图的权力意志或"求真意志"的创造。

中，他就是真实世界。（理念的最古老形式，比较明白、易懂、有说服力。换一种说法："我，柏拉图，就是真理。"）

二、真实世界是现在不可达到的，但许诺给了智者、虔信者、有德者（"给悔过的人"）。（理念的进步：它变得更精巧、更难懂、更不可捉摸——它变成女人，变成基督教式的……）

三、真实世界不可达到、不可证明、不可许诺，但被看成一个安慰、一个义务、一个命令。（本质上仍是旧的太阳，但被迷雾和怀疑论笼罩着；理念变得崇高、苍白、北方味儿、哥尼斯堡味儿。）

四、真实世界——不可达到吗？反正未达到。未达到也就未知道。所以也就不能安慰、拯救、赋予义务：未知的东西怎么能让我们承担义务呢？……（拂晓。理性的第一个哈欠。实证主义的鸡鸣。）

五、"真实世界"是一个不再有任何用处的理念，也不再使人承担义务，——是一个已经变得无用、多余的理念，所以是一个被驳倒的理念，让我们废除它！（天明；早餐；健全的感觉和愉快心境的恢复；柏拉图羞愧脸红；一切自由灵魂起哄。）

六、我们业已废除真正的世界：剩下的是什么世界？也许是假象的世界？……但不！随同真正的世界一起，我们也废除了假象的世界！（正午：阴影最短的时刻；最久远的错误的终结，人类的顶峰；《查拉斯图拉如是说》的开头词。）

第二，在此后漫长的历史中，人们把柏拉图制造的神话当成绝对真理，把柏拉图的理念世界进一步转变成一个超越尘世的上帝，一个无法企及的彼岸世界。正是这样一个"错误"导致了基督教的诞生，它把柏拉图主义变成了一套神学，一种"民众的柏拉图主义"。基督教坚决否认人可以达到这个"真实世界"，但却相信它可以被"许诺"给"有智者、虔信者、有德者"。

第三，现代性的启蒙精神宣布，"真实世界"（理念、上帝）既"不可达到"，也"不可许诺"，更"不可证明"。但是现代启蒙精神刚刚苏醒，却被康德再次催眠入梦，因为他以道德公设的形式延续了柏拉图主义的神话，把"真实世界"或"本体"视为"一个安慰、一个义务、一个命令"。因此，康德制造了现代的主体性神话，他的道德形而上学正是柏拉图主义的现代变形。

第四，在现代性晚期，实证主义作为"理性的第一个哈欠"真正觉醒。出于"理智的诚实"，实证主义开始怀疑乃至否定了柏拉图主义所说的"真实世界"。但即便如此，实证主义仍然相信存在着一个可以证实的"真实世界"，这就是被柏拉图主义视为"假象世界"的"感性世界"。在这个意义上，实证主义仍然是一种柏拉图主义的变形，一种海德格尔所说的"颠倒的柏拉图主义"。

以上四个阶段大致构成了柏拉图主义的历史，但在尼采看来，这个历史仍然没有结束，因为现代性晚期仍然笼罩在柏拉图主义神话的阴影下，希望可以找到一个"真实世界"。这也正如尼采在《快乐的科学》中所说："上帝死了。依照人的本性，人们也会构筑许多洞穴来展示上帝的阴影，说不定这个阴影要绵延

几千年。"①要彻底清除上帝的阴影，终结这个"错误的历史"，就
必须要坚持最彻底的"理智的诚实"或"求真意志"，而这恰恰
是尼采的哲学使命。

从《悲剧的诞生》到《查拉图斯特拉如是说》，尼采完成了
柏拉图主义历史的最后两个叙事。从某种意义上讲，尼采在《人
性，太人性的》《曙光》和《快乐的科学》（前四卷）中的全部
努力，正是要把实证主义的精神贯彻到底。尼采不仅解构了柏拉
图、基督教和康德所宣称的真实世界，甚至认为实证主义所追求
的"真实世界"，也不过是一种解释或虚构，而不是基本文本
（Grundtext）。因此尼采在《偶像的黄昏》中认为，柏拉图主义历
史的第五个阶段就是："'真实世界'，一个不再有任何用处的理
念，甚至也不再有什么约束性；一个无用的、已经变得多余的理
念，因此是一个已经被驳倒的理念：那就让我们把它废除！"②假
如废除了"真实世界"，那么我们是否应该像实证主义那样肯定
那个"假象世界"呢？尼采的回答是："绝对不是！与真实世界
一道，我们也废除了假象世界！"③因为所谓的"假象世界"恰恰
是以"真实世界"为参照或根据；倘若后者消失了，前者当然就
既不能也没有必要存在。

一旦"真实世界"同"假象世界"都被废除，那么其结果必
然是虚无主义。虚无主义意味着"最高价值的自行废黜"，意味

---

① Nietzsche, *Die fröhliche Wissenschaft* (KSA 3), § 108.

② Nietzsche, „Die Vernunft in der Philosophie", in *Götzen – Dämmerung*
(KSA 6), ss. 74 – 79. 中译参见《偶像的黄昏》, 第 20 – 25 页。

③ Nietzsche, „Die Vernunft in der Philosophie", in *Götzen – Dämmerung*
(KSA 6), ss. 74 – 79. 中译参见《偶像的黄昏》, 第 20 – 25 页。

着人的生活失去了追求目标。但尼采以为,人在本性上不能没有信靠和追求,他必须为自己设定一个为之献身的目标,因为"人宁可追求虚无,也不能无所追求"。①在尼采看来,"上帝死了"之后,西方人只有两种选择:要么自欺欺人地借尸还魂,继续信靠已经死去的柏拉图主义神话或"上帝",要么是以"理智的诚实"彻底砸烂这些破旧的"偶像",真正返回到被柏拉图主义所否定的尘世,重新肯定"生成的无辜"(Unschuld des Werdens)。那么尼采本人究竟如何选择呢?

三、基本问题的展开:权力意志和永恒轮回

尼采对柏拉图主义这段"错误历史"的诊断深刻地表明,柏拉图主义从一开始就包含了某种无法化解的紧张冲突:它既是一种"求假意志"(die Wille zur Täuschung),又是一种"求真意志"(die Wille zur Wahrheit)。②作为"求假意志",柏拉图主义承诺了一个所谓的"真实世界",要求人们无条件地"相信"或信仰;作为"求真意志",它又同时要求人们不顾一切地追求真理或真相。换句话说,作为一种海德格尔所说的本体论—神学 (Onto-theologie),柏拉图主义既是宗教又是哲学,既要求无条件地信仰,又要求无条件地怀疑。但总有一天,柏拉图主义所培育出来的"求真意志"会发现:它所宣称的"真实世界"不过是一种虚构出来的神话、谎言或幻觉。一旦"求真意志"压倒了"求假意志",那么柏拉图主义本身也就不攻自破。

---

① 尼采:《论道德的谱系》,谢地坤译,漓江出版社,2000 年,第 132 页。

② Nietzsche, *Jenseits von Gut und Böse* (KSA 5), §1, 2.

正是在柏拉图主义的"指引"下，两千多年的西方文明踏上了一条自我颠覆的不归路：首先，基督教把柏拉图的理念世界作为"虚假"的世俗世界予以否定，并且以更"真实"的超验上帝取而代之；其次，现代性把基督教的上帝贬低为一种"虚假"的迷信，从而把人抬高到为更"真实"的主体。最后，尼采在有生之年就已经亲眼看到，现代性所引以为豪的"主体性"(Subjektivität)在黑格尔之后终究自我瓦解。尼采当然没有机会活到 20 世纪 60 年代，否则他一定会看到，他的后现代门徒依据相同的逻辑抛弃了虚假的现代"主体"或"人"，并以最"真实"的欲望取而代之。从根本上讲，后现代主义恰恰证实了尼采的诊断：柏拉图主义的最终结局就是彻底的虚无主义。那么，尼采究竟如何看待这个结局？

1863 年，十九岁的尼采在自传中说过：

上帝变成了人，这一点仅仅表明，人不应该在无限中寻找自己的幸福，而是应该在大地上建立天堂。一个超越大地之世界的妄念，把人的精神导向了一种对大地世界的虚假态度：这是一个民族童年时期的证明。……经过艰难的怀疑和战斗，人类变得富有男性气概：它在自身中看到了"宗教的开始、中间和终结"。①

这段话已经孕育了尼采后来的核心思想之一：权力意志。在年轻的尼采看来，上帝原本就是人的虚假创造或错误设定。一旦人认识到了这个"真理"，他就已经告别了自己不成熟的童年，并且知道"不应该在无限中寻找自己的幸福，而是应该在大地上建

---

① Mazzino Montinari, *Friedrich Nietzsche, Eine Einführung*, ss. 23 – 24.

立天堂",因为"上帝变成了人"。二十年后,尼采在《快乐的科学》中借一位疯子之口,清楚地道出了其中的隐义:"上帝死了"。相比之下,此时的尼采虽然不那么富有攻击性,但已经充分地显示了自己敏锐的洞察力。[1]

当然倘若仅就这段话而言,年轻的尼采虽然异常敏锐,但并没有比马基亚维利、伏尔泰、费尔巴哈和马克思等无神论前辈显示了更多的创见。但年轻的尼采还说过:

> 而个人就这样长大了,不再需要曾经缠绕着他的一切了。他无须冲破这些桎梏,而是突然地,好比有一个神下了命令,这些桎梏都脱落了。那么那个最终依然环绕着他的圆圈在哪里呢?它是世界吗?是神吗?[2]

这段话给我们的印象似乎同前一段话刚好相反:如果说前一段话中充分显示出尼采的乐观和自信,那么这段话则隐隐地透露出他的惶恐和不安。"上帝死了",所有的"桎梏"都脱落了,人也似乎获得了解放和自由,但尼采却模模糊糊地发现,自己忽然被包围在一个圆圈(Ring)之中:如果"上帝死了",那么生活就会丧失最终的目标;一种没有终极意义的生活,必将永远毫无意义地轮回(Wiederkehr)或循环(Circle)。尼采这里所说的"圆圈",正是那个将要困扰自己此后终生的"永恒轮回"(Ewige Wiederkehr)。

二十年后,还是在《快乐的科学》中,尼采叙述了一个关

---

① 甘阳:《尘世还是上帝》,载氏著《将错就错》,生活·读书·新知三联书店,2002年,第440–441页。

② 海德格尔:《尼采》,第250页。

于"永恒轮回"的故事：

> 假如恶魔在某一天或某个夜晚闯入你最难耐的孤寂中，并对你说："你现在和过去的生活，就是你今后的生活。它将周而复始，不断重复，绝无新意，你生活中的每种痛苦、欢乐、思想、叹息，以及一切大大小小、无可言说的事情皆会在你身上重现，会以同样的顺序降临，同样会出现此刻树丛中的蜘蛛和月光，同样会出现现在这样的时刻和我这样的恶魔。存在的永恒沙漏将不停地转动，你在沙漏中，只不过是一粒尘土罢了！"你听了这恶魔的话，是否会瘫倒在地呢？你是否会咬牙切齿，诅咒这个口出狂言的恶魔呢？你在以前或许经历过这样的时刻，那时你回答恶魔说："神明，我从未听见过比这更神圣的话呢！"倘若这想法压倒了你，恶魔就会改变你，说不定会把你碾得粉碎。"你是否还要这样回答，并且一直这样回答呢？"这是人人必须回答的问题，也是你行为的着重点！或者，你无论对自己还是对人生，均宁愿安于现状、放弃一切追求？①

从某种意义上讲，恶魔正是柏拉图主义的现代化身。他想质问一切柏拉图主义神话的摧毁者：假如生活没有一个超验的意义或目标，而是"同一个东西的永恒轮回"，那么人是否还愿意活下去？在恶魔看来，倘若人还想活下去，那就必须安于现状，接受某种柏拉图主义式的神话，哪怕他知道这只是一个神话或谎言。但尼采并没有这么做，相反他让自己的主人公查拉图斯特拉接受了恶魔的挑战。

---

① Nietzsche, *Die fröhliche Wissenschaft* (KSA 3), § 341.

　　紧接着上述这段话的一个格言，是以"悲剧的序幕"为标题。这个格言的文字同《查拉图斯特拉如是说》的开头几乎完全相同："查拉图斯特拉三十岁时离别故乡和乌米尔湖，来到山上。他在山中以孤独和思考为乐，十年间乐此不疲；然而最终还是改变了主意。"①而尼采把这段话放在恶魔谈话的后面，或许是为了暗示一个事实：查拉图斯特拉之所以要上山，是因为他被恶魔的问题所困扰。十年之后，查拉图斯特拉自以为大彻大悟，获得了"超人"的智慧，便开始下山传道。那么等待他的命运又是什么呢？在《查拉图斯特拉如是说》中，尼采进一步叙述了这一经过。

　　查拉图斯特拉最初在广场上向公众宣讲自己的超人学说，但很糟糕的是，几乎没有人理会他的说教。随后他改变了策略，转而去吸引少数人。这个策略获得了成功，凭着自己的三寸不烂之舌，查拉图斯特拉终于说服了一批门徒，让他们真诚地信奉"超人"学说，并且希望把他们教育成为"超人"，最终为已经"荒芜"的尘世创造意义或价值。但就在查拉图斯特拉满怀信心地进行教育革命时，恶魔再次化身为一位预言家，他用类似的言辞摧毁了查拉图斯特拉的信心：

　　　　——我看见大悲哀向人类袭来了。精英之士厌倦了工作。/一种学说出现了，又有一种信仰与之相伴随："万事皆空，一切相同，一切俱往！"/万山回应："万事皆空，一切相同，一切俱往！"②

①　Nietzsche, *Die fröhliche Wissenschaft* (KSA 3), §342; *Also sprach Zarathustra* (KSA 4), s. 11.

②　Nietzsche, *Also sprach Zarathustra* (KSA 4), s. 172.

假如"万事皆空，一切相同，一切俱往"，那么所谓的"超人"或"价值创造"之类的说教就没有任何意义。查拉图斯特拉忽然发现，他的革命面临着与柏拉图主义同样的虚无主义结局。这个"致命的真理"给他以沉重的打击，致使他"心事重重，踯躅彷徨，三天不吃不喝，不休息，也不讲话，好不容易才入睡"。大病一场之后，查拉图斯特拉随即放弃了自己的教育使命，重新回到山上与孤独和动物为伍。

在山间的独居岁月，查拉图斯特拉一直在思考自己为什么会被恶魔打败。最后他终于明白，自己仍然没有彻底摆脱柏拉图主义的"魔障"：他之所以无法忍受"永恒轮回"，是因为他还生活在"偶像的黄昏"之中；他之所以把"永恒轮回"看成是虚无主义，是因为他还不自觉地以柏拉图主义为参照。所谓的"虚无主义"恰恰是相对于柏拉图主义的"真实世界"而言，假如原本就没有这个所谓的"真实世界"，又何来"虚无"或"虚无主义"？本来无一物，何故扫尘埃？一旦破除了柏拉图主义的最后魔障，那么永恒轮回就恰恰不是虚无主义，而是对生命的最高肯定。如此一来，查拉图斯特拉便豁然开朗，再无牵挂。曾经导致他极度绝望的"永恒轮回"，现在成了他的结婚戒指（Ring）："哦，我怎能不渴望永恒，怎能不渴望那戒指中的婚姻戒指——轮回戒指（Ring der Wiederkunft）？"①

因此与后现代主义的理解刚好相反，尼采认为自己的哲学并不只是单纯的否定，而且还包含了肯定；更准确地说，尼采从来就不是为了否定而否定，他的所有否定都是为了最终能够肯

---

① Nietzsche, *Also sprach Zarathustra* (KSA 4), ss. 287–291.

定。具体而言,尼采之所以要解构两千多年的柏拉图主义神话,否定它所宣称的"真实世界",恰恰是为了最终肯定并且建构自己的神话:永恒轮回。但与柏拉图主义绝对不同的是,"永恒轮回"的神话绝对不是一种迎合民众偏见的"谎言",而是来自于尼采作为哲学家的"求真意志"或"理智的诚实",来自于哲学家对"生命就是权力意志"这一真理的深刻领悟。在这个意义上说,"权力意志"思想构成了尼采的未来哲学,而"永恒轮回"思想则构成了他的未来宗教。[①]作为一个哲学家,尼采第一次公开地宣布了哲学对宗教的绝对统治地位,而不是像柏拉图主义者或禁欲主义的教士那样,把自己隐藏在某种宗教或民众偏见的背后,最终反过来为后者所统治甚至败坏。[②]

　　那么尼采哲学的最终意图究竟是什么呢? 很显然,尼采希望用自己的宗教取代两千多年的柏拉图主义来为人类立法,使之成为人类未来的目标和意义。如果说柏拉图主义的"真实世界"之神话是对生命的否定和复仇,那么永恒轮回的神话则恰恰是对生命的肯定。但要明白这个道理,则必须能够透彻地领悟"权力意志"的智慧。因此尼采在《瞧,这个人》中说:"自那时起(即

---

　　① 当然我们也可以根据《善恶的彼岸》中的说法,把权力意志看成是尼采的"隐微说教",把永恒轮回视为他的"显白说教"。或许因为过于强调了尼采与柏拉图的共同性,罗森没有认真对待尼采的反柏拉图意图,把"权力意志"和"永恒轮回"这两个思想之间的关系完全搞反了。他以为,"权力意志"是尼采的"显白说教",而"永恒轮回"反倒成为他的"隐微说教"。从任何意义上,这都不符合尼采的本意。关于这一问题的具体讨论,请参见本章第五节"尼采的未来哲学"。

　　② 尼采:《论道德的谱系》,第 90-91 页。

《查拉图斯特拉如是说》完成之后。——笔者注），我的一切著作都好比是垂钓之作。"[1]所谓垂钓（Angelhaken）当然首先是要吸引那些未来的自由精神（freie Geiste），使他们领悟"权力意志"的智慧，成为未来的哲学家。未来的哲学家将通过"永恒轮回"的神话或宗教肯定大地的意义，使人类摆脱虚无主义的命运，并且最终培养出"第一千零一个民族"，一个统治地球未来的"高贵民族"。

尼采尽管终生都在激烈地反对柏拉图，但他最终却仍然是为了实现一个柏拉图式的使命：哲学家真正地成为这个世界的统治者或"王"。若要理解尼采意图的这一吊诡性，我们必须充分地展开尼采哲学的具体内容。

四、尼采哲学的分期

从某种意义上讲，查拉图斯特拉的精神历程正是尼采一生的写照。自 19 岁时开始，尼采毕生都在思考这样一个核心问题：生活究竟是需要真理还是谎言？在其早期思考中，尼采虽然不遗余力地反对苏格拉底的理性主义或柏拉图主义，但最终却接受了一个柏拉图主义式的结论：生活需要谎言而不是真理，因为真理恰恰危害生活。这种思想几乎贯穿了尼采早期的全部文字，包括《悲剧的诞生》和《不合时宜的沉思》等主要著作，以及《论真理感》《真理和谎言之非道德论》《希腊悲剧时代的哲学》等相关的笔记和论文。直到在《查拉图斯特拉如是说》中，尼采才最终明白：作为一种最高的"权力意志"，真理恰恰是对生命

---

① Nietzsche, *Ecce Homo* (KSA 6), s. 350.

的肯定,因为权力意志的顶点恰恰是要求"永恒轮回",亦即"热爱命运"。

所以直到这个时期,尼采才真正地摆脱了柏拉图主义的阴影。由此我们似乎也不难理解,尼采本人为什么一直坚持认为《查拉图斯特拉如是说》是自己最重要的作品,因为"这部著作的宗旨是永恒轮回思想,也就是人所能达到的最高肯定形式"。①换句话说,《查拉图斯特拉如是说》是尼采使命的"肯定性的部分",而其后的所有著作都是"否定性的部分",包括《善恶的彼岸》《论道德的谱系》《敌基督者》及《偶像的黄昏》等。用尼采的话说,这些著作的主要目的是用重锤砸烂传统"偶像",发动一场"重估一切价值"的战争。②

这样说来,虽然尼采的基本哲学问题自始至终没有任何变化,但他的具体思考却经历了三个明显不同的阶段,亦即所谓的早期、中期与后期。在接下来的部分,我们将依据这个基本问题展示尼采在这三个阶段的不同思考。不过尼采的著作虽非汗牛充栋,但若加上死后整理发表的书信和遗作,也有几十卷之多。考虑到这一点,我们不可能对尼采的所有著作进行详细阐述,而是只能选取三个时期最具代表性的几个经典文本。早期的文本主要是《悲剧的诞生》(同时参考《论真理感》《真理和谎言之非道德论》《希腊悲剧时代的哲学》和《历史对生命的用处和滥用》等相关论文和笔记),中期的文本是《查拉图斯特拉如是说》,后期的文本则是《善恶的彼岸》。与此相应,本文接下来三个部分

---

① Nietzsche, *Ecce Homo* (KSA 6), s. 334.

② Nietzsche, *Ecce Homo* (KSA 6), s. 350.

的主题依次为："尼采早期的哲学：真理与谎言""超人、权力意志和永恒轮回"以及"尼采的未来哲学"。

第三节 尼采早期的哲学：真理与谎言

一、希腊悲剧与苏格拉底

提到尼采的早期哲学，人们似乎马上就想到《悲剧的诞生》。这种联想并非毫无道理，因为该著对理解尼采早期乃至后来的哲学都极为重要,但要搞清楚这种重要性究竟何在却并非易事。依流俗之见，尼采在《悲剧的诞生》中主要宣扬了一种艺术形而上学，因为他把希腊悲剧的精神归结为"酒神精神"和"日神精神"，并以此反对苏格拉底的理性主义哲学，最终以艺术的方式肯定了生命。正因为如此，尼采哲学也被人们贴上各种标签，譬如"为艺术而艺术"的审美主义、"诗化哲学"、浪漫主义或非理性主义。但是，这种见解却非常值得怀疑。

尼采1888年曾为《悲剧的诞生》写过一篇序言，标题是《自我批判的尝试》。在这篇序言中，尼采有过这样的批评："本书的任务原本不适合青年，而我当时在写这本书时年轻气盛、大胆怀疑，这一本多么不像样的书啊！它纯粹是建构在超前的、极不成熟的个人体验基础上，而这些体验全都介于不表达与不可表达之间，它被置于艺术的基础之上——因为科学的问题不能在科学的基础之上被认识。"由此不难看出，尼采本人恰恰对《悲剧的诞生》感到非常不满，原因是他觉得自己"当时还没有勇气（甚至说还不够自信），在任何方面都用自己的语言，阐述自己独特的见解和创新的理论"。[①]而在《瞧，这个人》中，尼采更明确地表示，该书的主要缺陷是"过于借重了瓦格纳主义"，同时还带有浓厚的康德和叔本华思想色彩。[②]总而言之，尼采本人一直认为，《悲剧的诞生》即使不说是一部失败之作，至少也包含了一个重大缺陷，而这个缺陷正是所谓的艺术形而上学。

即便如此，尼采仍然没有完全否认《悲剧的诞生》的价值，只不过觉得它以"错误的语言"表达了一个"正确的问题"。所谓"错误的语言"自然是指叔本华和瓦格纳的思想，那么这个"正确的问题"究竟是什么呢？要理解这一点，我们还是必须首先回到《悲剧的诞生》。众所周知，尼采在该书一开始就指出了希腊悲剧的两种精神，其一是以阿波罗为代表的日神精神，其二是以狄奥尼索斯为代表的酒神精神。所谓日神精神即是"梦"，所谓酒神精神即是"醉"：前者使人远远地静观现实（Wirklichkeit），把现实当作一个梦幻或面纱，而后者则使人投身并且沉醉于现实之中。因此，正是在日神精神和酒神精神的共同支配下，希腊悲剧创造了一个假象（Schein）世界，而这个假象世界恰恰是对现实世界或"真理"（Wahrheit）本身的"遗忘"。[③]

那么，这个"真理"究竟是什么呢？希腊人为什么要不顾一切地遗忘它？在尼采看来，这个"真理"就是：生命本身是一个不断生成、变化和消逝的过程，并不存在一个永恒的意义或"真

---

① Nietzsche, „Versuch einer Selbstkritik", in *Die Geburt der Tragödie* (KAS 1), ss. 13, 19. 中译参见《悲剧的诞生》，第 5、12 页。

② Nietzsche, *Ecce Homo* (KSA 6), s. 309.

③ Nietzsche, *Die Geburt der Tragödie* (KAS 1), §7, 8. 中译参见《悲剧的诞生》，第 46−57 页。

理"。希腊人深刻地洞察了这个"致命的真理",为了克服自己根深蒂固的悲观主义,他们通过悲剧创造了一个梦和醉的假象世界,以此掩盖或遗忘这个真理,并且在悲剧的假象世界中肯定人生的意义。否则,希腊人就不可能积极地生活下去。①

由此可见,尼采在《悲剧的诞生》中之所以肯定希腊悲剧、肯定艺术的形而上学安慰,并不是为了简单地鼓吹一种"为艺术而艺术"的形而上学,而是为了思考一个根本性的哲学问题:真理与生命的关系。在叔本华的影响下,尼采认为:生命的"真理"就是——没有一个永恒的意义或"真理",所以它才需要某种假象、谎言或幻象,并且坚信这个假象就是"真理";一旦这种"假象"被揭穿,"真理"大白于天下,那么生命就丧失了自己的意义或目标,人就再也没有勇气或信心活下去。因此说到底,希腊悲剧就是一种伟大或高贵的谎言,它使希腊人遗忘了人生无意义的"真理",并且基于这种遗忘创造出了伟大的文明。

但非常不幸的,希腊悲剧的精神却被欧里庇德斯摧毁了。欧里庇德斯把悲剧变成了一种哲学思考或理性启蒙,并把"真理"大白于天下:希腊人所追求的各种理想不过是一种虚幻的谎言,因为生命本身就是毫无意义。因此随着悲剧的死亡,希腊人已经放弃了他们永生不死的信念,不仅放弃了对理想过去的信念,也放弃了对理想未来的信念。但是,希腊悲剧的死亡就是希腊文明衰落的开始,因为希腊人再也没有了伟大的理想和目标。不过在尼采最终看来,导致这种灾难性命运的真正罪魁祸首还不是欧里庇

---

① Nietzsche, *Die Geburt der Tragödie* (KAS 1), §7. 中译参见《悲剧的诞生》, 第 49 - 50 页。

德斯，而是苏格拉底，因为前者不过是忠实地实践了后者的理性主义和辩证法精神。[1]

　　苏格拉底，这个毫无悲剧感和艺术本能的理性主义者，凭借自己的逻辑诡辩和科学抽象本能，用自己所谓的"知识"或"真理"否定了希腊人的所有"信念"，并且宣称它们不过是一堆毫无根据的"假象"或"神话"，最终成功地摧毁了支撑希腊悲剧的真正精神。为了达到这个目的，苏格拉底甚至不惜以死相殉，以此俘获高贵的青年悲剧诗人柏拉图，并且通过后者把自己的辩证法和理性主义哲学强加给后世，由此统治了此后两千多年的西方文明。正是在这个意义上，尼采不仅认为苏格拉底是摧毁希腊悲剧的罪魁祸首，而且把他作为"世界历史的转折点"。[2]在此之后，西方文明不可避免地衰落下去，再也没有达到前苏格拉底时代希腊文明的高度。

　　因此恰如尼采日后所言，《悲剧的诞生》以"错误的语言"表达了这样一个"正确的问题"：生命究竟是需要真理还是谎言？从某种意义上讲，这个问题恰恰延续了尼采在十九岁自传中的思考：假如没有谎言，那么生命是否还有意义？到目前为止，尼采仍然只能给出一个否定性的答案，因为他在真理与生命之间仅仅看到截然的对立：要肯定生命，就必须否定真理；而要坚持真理，而必然否定生命。这种非此即彼的态度几乎贯穿了尼采早期的所有文字，包括《论真理感》《真理与谎言之非道德论》和

---

[1] Nietzsche, *Die Geburt der Tragödie* (KAS 1), § 12, 13. 中译参见《悲剧的诞生》，第 74 – 84 页。

[2] Nietzsche, *Die Geburt der Tragödie* (KAS 1), § 15. 中译参见《悲剧的诞生》，第 90 页。

《历史对生命的用途和滥用》。为了更充分地理解《悲剧的诞生》中的基本问题，我们再简单地分析一下这三篇文章的主要观点。

二、真理与谎言的起源

在《论真理感》的开篇，尼采这样说道：

在那散布着无数闪闪发光的太阳系的茫茫宇宙的某个偏僻角落，曾经有一个星球，它上面的聪明的动物发明了认识。这是世界历史最妄自尊大和矫揉造作的一刻，但也仅仅是一刻而已。在自然作了几次呼吸之后，星球开始冷却，聪明的动物只好死去。虽然人们自以为无所不知，但是他们最后还是无可奈何地发现，他们所知道的一切都是假的。他们死了，在临死时他们诅咒真理。那些发明认识的动物的命运就是如此。①

这段话非常清楚地表达了尼采的基本观点：作为一种"发明了认识的动物"，人其实"生活在一个持续不断的自我欺骗过程中"，他固执地相信自己所认识到的就是绝对真理，浑然不觉这只不过是一种"人性、太人性"的伪造。但是终有一天，在这种认识本能的驱使下，他将发现到一个真正的"真理"，亦即他以前一直相信的真理不过是彻头彻尾的谎言或"非真理"，而正是这个发现最终"把他推向绝路"。

在一年之后写就的《真理与谎言之非道德论》中，尼采更

---

① Nietzsche, „Über das Pathos der Wahrheit" (KSA 1), ss. 759－760. 中译参见尼采：《论真理感》，引自《哲学与真理：尼采 1872－1976 年笔记选》，田立年译，上海社会科学院出版社，1993 年，第 5 页。

明确地阐述了这个基本观点。在尼采看来，真理首先来自于生命的自我保护本能，对人来说则尤其如此。为了使自己的生存免于一切外在的危险，人同其他生命一样吸收一切有利于生命的外在因素，并且反过来漠视甚至拒斥一切不利于自己的外在因素。更重要的是，除了本能和感觉之外，人还利用自己独有的认识能力为自己创造了一个假象世界，并且坚定地相信这就是绝对真理，凡是与之不符的一切都是错误或谎言："他渴望真理愉快的保存生命的效果。他对于没有效果的纯粹知识漠不关心，对于有害和危险的真理甚至抱有敌意。"①同时，因为群体生活的需要，这种真理意识更是得到了强化。凡是有利于自己及群体保存的"知识"就是真理，而服从"真理"则是"诚实"、正义或"正确"。

由此说来，所谓真理最初只不过是一种信以为真的信念，一种"人性、太人性"的幻觉、谎言、隐喻或神话，只不过人置身于其中浑然不知其为幻觉而已。用尼采的话说，"真理感"就是一种"多少年来的撒谎"或"无意识的健忘"，因为"只有通过忘却这一原始隐喻世界，人才能若无其事、不慌不忙地生活"②。简单地说，所谓的绝对真理只不过是一种群体迷信或民众偏见：出于生存和安全的需要，民众把自己这种的意愿强加到事物身上，由此虚构了一个关于"绝对真理"的世界，以此来判断善恶、

---

① Nietzsche, „Über Wahrheit und Lüge im außermoralischen Sinne" (KSA 1), s. 878. 中译参见尼采：《真理和谎言之非道德论》，引自《哲学与真理》，第103 页。

② Nietzsche, „Über Wahrheit und Lüge im außermoralischen Sinne" (KSA 1), s. 883. 中译参见尼采：《真理和谎言之非道德论》，引自《哲学与真理》，第103 页。

好坏或是非。

要维护这种民众偏见的绝对真理地位,那就必须要严格控制人的知识冲动,避免使它走火入魔。因为一旦知识欲失去控制,一旦人的"记忆"苏醒过来,发现了这种绝对真理的谎言和欺骗性,那么民众偏见本身就必然要瓦解,个人和群体的生活就失去了一个保护层。因此民众偏见必然要把这种行为看成是罪恶和不义,并且通过严厉的肉体和精神惩罚,使所有人在内心深处保持对它的敬畏感。正因为如此,每个民族无意识地把自己的偏见当作最高的真理,甚至作为神来景仰和崇拜。推而广之,一切宗教和神话说到底都是这种民众偏见的产物,尼采在《悲剧的诞生》中所赞美的希腊悲剧也是如此。

承认谎言对生命的保护意义,意味着必须反对不加限制的纯粹知识冲动。在尼采看来,"不加选择的知识冲动,正如不分对象的性冲动——都是下流的标志"①,因为它在根本上破坏了生命的"保护层"。由此反观《悲剧的诞生》,我们就更清楚地知道,尼采究竟是在什么意义上反对苏格拉底。尼采认为,"苏格拉底主义"最大错误就在于不对盲目的知识冲动加以限制,从而"不顾一切地说出真理",最终摧毁了希腊悲剧的"酒神精神"和"日神精神"。而一旦丧失了这个保护层,那么希腊人就必将丧失生活的动力和目标。

在 1874 年发表的《历史对生命的用途和滥用》之中,尼采把批判的矛头进一步指向滥觞于德国学界的历史主义思潮。这个思潮的源头是黑格尔的历史哲学,而它的真正体现则是以兰克为

---

① 尼采:《哲学与真理》,第 9 页。

代表的实证史学或历史科学。历史科学主张以一种实证和批判的精神"客观地"研究历史。但尼采发现，这种科学的真正动机不是为了服务于生命，而是纯粹地为了追求知识；一旦对历史知识的追求超过了生命的接受限度，那么它就必将损害生命，因为它破坏了使生命得以健康成长的条件，而这种条件则恰恰是一种"非历史"的意识。

尼采以动物生活为例，说明了这种"非历史"的意识对生命的意义。动物没有记忆，永远生活在当下的瞬间状态，而这种"遗忘"的本能恰恰保证了它能够健康地生活。但人与动物不同，他拥有记忆，所以能够感觉到时间的生成和生命的流逝。一旦人完全被这种历史意识所主宰，那么他就将为虚无感所左右，彻底丧失生活的动力和目标。为此，人必须拥有某种程度的"遗忘"能力或"非历史"的意识，也就是说，他必须活在一个"视野"（Horizont）之中，并把这个视野看成是绝对真理，以此抵抗"历史"意识的侵蚀。所以说，"在某种程度上，非历史地感受事物的能力是更为重要和基本的，因为它为每一健全和真实的成长、每一真正伟大和有人性的东西提供了基础。非历史的感觉就像是周围的空气，这空气可以独自创造生命，而且如果空气消失，生命自身也将消失"①。

总而言之，尼采早期哲学的基本观点似乎可以归结为：生命需要谎言，而真理则危害生命；或者说，生命的"求真意志"必须服从于"求假意志"。尼采之所以一方面肯定希腊悲剧，另一

---

① Nietzsche, *Unzeitgemäße Betrachtungen II: Vom Nutzen und Nachtheil der Historie für das Leben* (KSA 1), §1.

方面否定苏格拉底主义以及历史学派，就是因为前者保护了生命，而后者则不加限制地追求知识或真理，从而损害了生命。[①]由此看来,有一点似乎毋庸置疑:尼采早期否定了哲学以及真理,转而捍卫一种"为生活而艺术"的艺术形而上学。但是，问题是否真的这么简单呢?

三、苏格拉底与悲剧哲学

综观尼采的早期著述，我们并不难发现一个明显事实：就在《悲剧的诞生》发表之后不久，尼采在一系列笔记、讲座和论文中，不仅肯定了哲学或真理，而且还承认哲学对艺术的统治地位。这些文献除了上面提到的《论真理感》《真理与谎言之非道德论》和《历史对生命的用途和滥用》之外，还包括《哲学家：艺术与知识之争思想录》《作为文化医生的哲学家》《简单时代的哲学》《科学和智慧的冲突》以及《希腊悲剧时代的哲学》。但问题在于，既然肯定哲学和真理，那么尼采为什么要反对作为哲学家象征的苏格拉底？为此，我们必须重新审视《悲剧的诞生》中的苏格拉底形象。

初看起来，尼采早期对苏格拉底的理解同他后来的理解似乎正好相反。前文已经说过，尼采后来对苏格拉底及柏拉图的最大指控就是，他们丧失了哲学家所应有的"求真意志"或"理智的诚实"，而是反过来迎合民众偏见，最终编造了一个"真实世界"的

---

① 关于尼采早期的这一看法,另可参见 Robert Pippin, "Truth and Lies in the Early Nietzsche" in *Nietzsche: Critical Assessments*, Volume II, pp. 286 - 302。

神话。但根据尼采早期的理解，苏格拉底的最大错误并不是他迎合了民众偏见，而是反过来摧毁了"民众偏见"，因为他在"求真意志"的驱使下"不顾一切地说出真理"，从而最终摧毁了希腊悲剧的精神。倘若如尼采后来所说，"求真意志"是哲学的最高德性，那么他早期所攻击的苏格拉底难道不正是真正的哲学家典范么？既然这样，尼采后来批判苏格拉底又有什么根据呢？

假如参照《历史对生命的用途和滥用》，我们就不难发现，尼采在某种意义上把苏格拉底主义和现代科学等量齐观：他们的共同错误就是一种不加限制的知识欲。就此而言，尼采的这种做法无疑是一种"时代错位"，而这种"时代错位"在很大程度上应该归咎于康德哲学的影响（当然尼采后来也承认了这一点）。根据尼采在《偶像的黄昏》中的说法，康德认为"真实世界"既不能达到，也不可认识或证明，因而只能是一种信念或形而上学的安慰。当尼采说真理是一种人为的虚构或谎言时，他是似乎接受了康德的"人为自然立法"思想；当他在肯定谎言对生命的积极意义时，他又重复了康德的基本立场："给知识划界，并为信念留底盘。"只不过尼采并没有指出一个事实：康德这里所说的"知识"并不是古代的哲学，而是现代的自然科学。这样一来，《悲剧的诞生》中的苏格拉底与其说是一位古代哲学家，不如说是一位培根式的现代哲学家或科学家。要证明这一点似乎并不困难：在绝大多数情况下，尼采在《悲剧的诞生》中并没有把苏格拉底理解为一位哲学家，而是更多地当作一位科学家和辩证法家。

因此，尼采对苏格拉底的批判尽管让人有"时代错位"的感觉，但却深刻地揭示了自己的思想意图：通过区分哲学与科学，尼采恰恰要把苏格拉底逐出哲学的殿堂。比如在《悲剧的诞生》第15节，尼采这样说道："让我们现在高举这个思想火炬看看苏格拉底。我们发现，他是第一个不仅借助科学本能生活，而且更是借助科学本能就死的人。因此，赴死的苏格拉底的形象——他借助知识和论证不知死亡之恐怖为何物——就成了科学大门的徽记，提醒每个人，科学的使命在于，使生存显得可以理解，因而是合理的。当然，倘若各种理由不足以做到这一点，最终就不得不借助于神话。我曾经称神话为科学的必然结果，甚至是科学的意图。"[1]

这里的关键不在于尼采是否正确地理解了苏格拉底，而是在于他在根本上认为，苏格拉底并不是一位追求真理的真正哲学家，而是一位神话制造者。从这一点来看，苏格拉底主义同希腊悲剧并没有什么分别，因为它们在根本上都不过是一种神话或民众偏见。但同样是作为民众偏见，苏格拉底主义同希腊悲剧有着根本性的区别：前者是一种低贱的谎言，而后者则是一种高贵的谎言。那么，尼采这种区分的根据是什么呢？一言以蔽之，低贱的谎言是对生命的损害或毁灭，而高贵的谎言则是对生命的肯定。苏格拉底无法体验希腊悲剧中希腊人的高贵本能或冲动，转而以低贱的辩证法或知识本能去批判甚至否定它，并且谎称自己的本能才是真理，而高贵的本能只是毫无根据的"意见"、偏见或神话。毫无疑问，苏格拉底的辩证法或科学论证最终必然会取得成功，因为在尼采看来，高贵的本能既不可能也不屑于为自己

---

[1] Nietzsche, *Die Geburt der Tragödie* (KAS 1), §15. 中译参见《悲剧的诞生》，第91－92页。

辩护——倘若一种本能要是反过来为自己的正当性进行论证或辩护，那么它就必然已经败坏。

在《历史对生命的用途与滥用》中，尼采依据同样的逻辑认为，现代历史科学的"历史意识"并非是一种对知识或真理的"客观"追求，而是一种历史主义的"进步"神话，而这个神话的始作俑者则是黑格尔，因为他断定只有自己当下的时代才是历史发展的最终目标，从而应该成为评判过去时代的真理或正义标准。但在尼采看来，"这将是一个神话，而且是一个坏神话"；因为一旦断定历史已经完成或"终结"，那么人的生命就必将丧失进一步的目标，其结果要么是冷漠的犬儒主义，要么是卑贱的纵欲主义——正如尼采后来所言，人将会变成"末人"。就此来看，现代历史主义同苏格拉底主义一样，并不是追求真理的哲学，而是一种出于低贱本能的低贱的谎言。

一旦要作出高贵与卑贱的区分，那就必然要肯定某种作为正义标准的真理。这就意味着，尼采已经超出了谎言、神话或民众偏见的世界，而是把自己看成是追求真理的哲学家。在尼采看来，"只有极少数人真正地为真理服务，就如同只有极少数人对正义有纯粹的意志一样，而在这些人中，又更少有人能有力量做一个公正的人"。这些"极少数"追求真理的哲学家，共同形成了一个叔本华所说的"天才共和国"；只有他们才真正地超出了神话或谎言世界，并且公正地评判人类的历史，因为是他们创造了历史的各种"视野"。就此而言，把尼采的早期哲学仅仅理解为艺术形而上学，肯定背离了他的真正意图，因为即便在这个时期，尼采仍然以追求真理的哲学家自居，而不是一味地肯定作为谎言的艺术。

当然，尼采心目中的真正哲学家不是苏格拉底，而是前苏格拉底时期的悲剧哲学家，如泰勒斯、阿那克西曼德、赫拉克利特和德谟克里特等。一方面，悲剧哲学家不同于悲剧作家，因为他们不是沉浸在梦或醉之中"遗忘"这个生成、变化和消逝的世界，而走出了这个"神话和隐喻"的世界，以清醒的目光真正地洞察这个世界的本原或"真理"；另一方面，他们也不同于苏格拉底，因为他们懂得节制自己过分的知识欲，从而肯定了生命的生成、变化和消逝过程。在这个意义上说，"早期希腊哲学是政治家的哲学"，而在尼采看来，"这也是把前苏格拉底哲学同后苏格拉底哲学区别开来的最好标志"。[①]作为政治家或立法者，前苏格拉底时期的哲学家高高在上地统治民众，并通过创造出某种"视野"来为他们立法，但却绝对不会降低自己以迎合他们的偏见。

四、从谎言到真理

早期的尼采虽然区分了哲学和科学，并把苏格拉底逐出了哲学的殿堂，但他仍然不能从根本上为自己心目中的真正哲学——前苏格拉底时期的悲剧哲学——进行辩护。因为说到底，作为对真理的追求，哲学仍然不过是一种类似于艺术的生命本能、冲动或创造，尽管尼采认为它是一种最高贵的创造。换句话说，只要

---

① 尼采：《哲学与真理》，第 162 页。此外，尼采在《希腊悲剧时代的哲学》中也表达过类似的观点。参见 Nietzsche, „Die Philosophie im tragische Zeitalter der Griechen" (KSA 1), s. 810.中译参见尼采：《希腊悲剧时代的哲学》，周国平译，商务印书馆，1994 年，第 18－19 页。

尼采坚持把真理理解为一种"多少年来的撒谎"或"无意识的健忘",那么他就否定了哲学同艺术或真理同谎言的根本区分。譬如在《哲学家:艺术与知识之争思想录》中,尼采这样说道:"哲学家追求的不是真理,而是世界的人格化。他力图通过自我意识理解世界。他力求达到同化。拟人化地解释事物总是使他感到快乐。占星学家认为世界服务于个人,哲学家则把世界看作一个人。"[1]换句话说,哲学同艺术甚至占星学一样,都是一种对世界的"人性、太人性"的虚构。既然都是谎言,那么哲学凭什么对艺术进行评判,凭什么在苏格拉底主义和希腊悲剧之间进行高下的区分?

种种迹象表明,尼采早期虽然激烈地反对苏格拉底的哲学,亦即他后来所说的柏拉图主义,并且希望回到前苏格拉底时期的悲剧哲学,但就其一生的思考而言,他在这个时期无疑最接近柏拉图主义,而它的具体表现形式就是所谓的艺术形而上学。从根本上讲尼采同柏拉图一样深刻地看到:真理对个人及共同体的生命来说都是致命的,因此必须用谎言掩盖起来。因此,正如柏拉图强调一个完美的城邦需要"高贵的谎言",尼采也认为一种健康的生命需要希腊悲剧这样高贵的艺术。在这个意义上,不管是像海德格尔那样把尼采看作"最后一位柏拉图主义者",还是像施特劳斯学派那样把他视为一位"柏拉图式的政治哲学家",都有一定的道理。

不过,即使承认尼采的早期哲学的确包含柏拉图主义的因素,我们同时也必须注意一个事实:自《悲剧的诞生》发表之

---

① 尼采:《哲学与真理》,第 79 页。

后，尼采逐渐意识到了自己的柏拉图主义倾向，并对自己的艺术形而上学越来越感到不满。大约两年之后，在一篇题为《艰难时代的哲学》的笔记中，尼采就委婉地批评这种看法是"思考伟大和生命的美学观点的过分膨胀"。[1]而在1878年发表的《人性的，太人性的》(第一卷)中，这种不满终于变成了彻底的批判。正如该书标题的暗示，尼采这里的主要目的就是否定各种"人性、太人性"的谎言，而他在其第四部分"来自艺术家和作家的灵魂"中，则是要彻底清理自己早期的艺术形而上学。[2]

因此，尼采早期哲学始终贯穿了一个基本关怀，亦即如何肯定不断生成、变化和消逝的生命，但这并不意味着他的思想就没有任何变化。相反，从《悲剧的诞生》到《人性的，太人性的》(第一卷)，尼采思想的一个最大转变就是：他最终以"理智的诚实"取代了"高贵的谎言"，从而抛弃了早期的艺术形而上学或柏拉图主义倾向。就此而言，1874年发表的《历史对生命的用途和滥用》，应该是一个明显转折点。在该书最后一章，尼采明确地提到了《理想国》中所说的神话：

> 柏拉图认为他的新社会（理想国）中第一代人必须在一个"强大且必要的神话"的帮助下才能成长，要教育孩子们相信他们曾经在地下躺着做了很长时间的梦，在那里，大自然的妙手将他们捏造成形。想反抗过去、想反抗神的工作是不可能的！因此就得有一个牢不可破的自然法

---

[1] 尼采：《哲学与真理》，第146页。亦可同时参考该页中的注释2。

[2] 正是尼采在该书中对艺术形而上学的批判，导致了他同瓦格纳的决裂。Nietzsche, *Menschliches, Allzumenschliches* (KSA 2), §145−223.

则：生来就是哲学家的人，体内有金子；生来就是战士的
人，体内有银子；而生来就是工匠的人，体内只有铁和铜。按
照柏拉图的说法，既然这些金属不可能相融，因此这些阶
级也就永远不能相混。相信这种安排的永恒真理（aeterna
veritas）是新教育和新国家的基础。因此现代德国人也相信
他所受的教育、他的文化的永恒真理性。①

乍看起来，这段话似乎再清楚不过地表达了尼采的柏拉图主
义立场，因为他同柏拉图一样深刻地看到：真理对生命是致命
的，所以需要谎言来予以掩盖。而且尼采本人似乎也倾向于用一
个"必要的神话"即"德国神话"来教育德国的下一代。但是事
实上，尼采的意图却刚好相反，他紧接着说："我们的第一代必
须在这个'强大的真理'中成长，也必须遭受其苦。因为第一代
必须用它来教育自己，以从旧天性、旧方式中得到生活的新天性
和新方式，哪怕这违反了他们自己的天性。"②那么，尼采为什么
要放弃"必要的神话"，而是选择"强大的真理"？这是因为他
看到，"一旦强大的德国神话被这个事实——即德国人没有文
化——所反对，因为他无法在他所受的教育的基础上建立起一种
文化，这种信仰将会失败，就如同柏拉图的理想国会失败一样"。③

尼采之所以放弃了柏拉图主义的谎言，是因为他从反面看

① Nietzsche, *Unzeitgemäße Betrachtungen II: Vom Nutzen und Nachteil der Historie für das Leben* (KSA 1), ss. 327 – 328.

② Nietzsche, *Unzeitgemäße Betrachtungen II: Vom Nutzen und Nachteil der Historie für das Leben* (KSA 1), s. 328.

③ Nietzsche, *Unzeitgemäße Betrachtungen II: Vom Nutzen und Nachteil der Historie für das Leben* (KSA 1), s. 328.

到：谎言虽然一开始能够保护生命，最终却更加彻底地摧毁生命。因为总有一天，生命的求知冲动或求真意志会发现，它一直信赖的绝对真理只不过是自己编造的谎言。在《人性的，太人性的》(第一卷)之中，尼采更清楚地揭示了柏拉图主义的命运：这种神话之所以注定要成为过去，是因为它的前提——所谓的自然秩序——已经被现代科学的"理智良心"或"理智诚实"所摧毁。在这种情况下，假如还坚持相信这种神话是绝对真理，那就只能堕入卑劣的自我欺骗。当然，尼采显然也意识到问题的另一面：假如坚持真理或"理智的诚实"，那么我们又如何避免冷漠的虚无主义和自我厌倦？对此，《人性的，太人性的》(第一卷)并没有给出明确的答案。

因此，尼采早期哲学的意义，就在于它提出了这样一个至关重要的问题：既然生命需要谎言，而真理则危害生命，那么为什么还要追求真理？从某种意义上讲，尼采此后发表的一系列著作，如《人性的，太人性的》(第二卷)、《曙光》和《快乐的科学》，都是围绕着这一问题展开。但直到在《查拉图斯特拉如是说》之中，尼采才明确地给出了答案：作为生命的最高权力意志，真理恰恰是对生命的肯定，因为它是要求生命永恒轮回的意志。在接下来的部分，我们将主要依据《查拉图斯特拉如是说》，具体阐述尼采在第二个阶段的思考。

第四节　超人、权力意志和永恒轮回

一、查拉图斯特拉的言辞和行动

1. "尼采的查拉图斯特拉是谁？"

尼采本人说："在我的所有著作中，《查拉图斯特拉如是说》占有一个极为独特的地位。"[①]从某种意义上讲，《查拉图斯特拉如是说》是一道分水岭，它一方面是尼采早期思考的总结，另一方面是他后期思考的展开。但要想理解该书的独特性，我们首先必须重新思考海德格尔最初提出的问题："尼采的查拉图斯特拉究竟是谁？"包括海德格尔在内的多数研究者以为，查拉图斯特拉只不过是尼采的代言人，或者更直接地说，他就是尼采本人的化身。正是由于这种先入之见的影响，他们对《查拉图斯特拉如是说》的文本断章取义，随心所欲地把其中的某些言辞当作尼采本人的最后结论。他们似乎从不关心尼采本人究竟如何看待自己的查拉图斯特拉。实际上，尼采在《瞧，这个人》中早已给出了明明白白的回答：

> 人们本应该问一问，但却从来没有人问过我，在我的口中，在第一位非道德主义者的口中，查拉图斯特拉这个名字究竟是什么意思：因为历史上那位独逸超群的波斯人的表现刚好与此相反。查拉图斯特拉首先在善恶斗争中追求万物的动力之轮——他的工作就是把道德作为自在的力量、原因和目的转换成为形而上学。但在根本上说，这个问题似乎已经是答案。查拉图斯特拉创造了这个极端灾难

---

① Nietzsche, *Ecce Homo* (KSA 6), s. 259.

性的错误，也就是道德，因此他必然是第一个认识到这个
错误的人。这不仅因为他比一位寻常的思想家有着更长久、
更丰富的经验——整个历史的确都以实验的方式反驳了所
谓的"道德世界秩序"之原则——更重要的是，查拉图斯
特拉比一位寻常的思想家更诚实（wahrhaftiger）。他的教诲
并且仅仅是这一教诲本身，将诚实作为最高的德性——这
也意味着同"理想主义者"的胆怯截然对立，他们不顾一
切地逃避真实（Realität），而查拉图斯特拉的勇敢则超过一
切思想家的总和。真话真说和有的放矢，这是波斯人的德
性。知道吗？……道德通过诚实而自我克服，道德在其对
立面中——在我自身中——自我克服，这就是我所说的查
拉图斯特拉之名的含义。①

　　事实上，这段话是我们理解《查拉图斯特拉如是说》一书
总体意图的关键：查拉图斯特拉虽然是一位古代波斯的先知，但
他却是西方文明的两大传统——希腊哲学尤其是柏拉图哲学和
希伯来启示宗教——的共同源头。正是他第一次把道德或善恶之
争作为宇宙万物的本原，并把人类历史视为一个善恶斗争的过
程。一方面，查拉图斯特拉发明了"善有善报，恶有恶报"以及
"德性就是幸福"之类的道德说教，这对后来的柏拉图哲学产生
了决定的影响，因为后者的核心正是至善理念和灵魂不朽；另一
方面，他还宣讲了"末日审判"和"千年王国"之类的宗教信条，希

① Nietzsche, *Ecce Homo* (KSA 6), s. 367.

伯来先知以此为据创造了一种一神论的启示宗教。[①]因此，柏拉图哲学和希伯来宗教表面上虽判若云泥，但其精神实质却完全一致：它们都宣称有一个超越时间、历史或生成世界之上的道德世界，并且用这个世界来评判甚至否定生成世界——只不过这个道德世界在柏拉图哲学中是"至善"的理念，而在希伯来先知那里则是上帝。[②]

就此而言，查拉图斯特拉虽然是一位古代东方的先知，但却最终对西方产生了决定性的影响：查拉图斯特拉最初制造了一个"极端灾难性的错误"，一个否定生成和尘世生活的道德谎言；随后，柏拉图和希伯来先知别有用心地利用了这个谎言，把它分别改造成为形而上学和启示宗教；再后来，基督教力图调和进而融合二者，从而制造了一种"民众的柏拉图主义"；最后，现代性把基督教进一步世俗化为一种平等主义的末人道德，终于导致了灾难性的虚无主义后果。因此，如果说两千多年的西方文明是一个"错误的历史"，那么这个历史的开端就是查拉图斯特拉。换言之，柏拉图主义的真正创始人并不是柏拉图，而是历史上那位

[①] 古代波斯先知查拉图斯特拉的教诲，主要见于波斯古代经书《阿维斯陀》。希腊人称查拉图斯特拉为琐罗亚斯德（Zoroaster），相传希腊的最早哲学家之一毕达哥拉斯就是他的学生。希腊文献中最早提到查拉图斯特拉的是柏拉图的《阿尔西比亚德之一》。另外，希伯来先知在巴比伦沦陷期间，也吸收了查拉图斯特拉的"末日审判"和"千年王国"等观念。相关材料可参见：《古代伊朗神话》，魏庆征编，北岳文艺出版社，1999 年；Plato, *Alcibiades I*, 122a。

[②] Laurence Lampert, *Nietzsche's Teaching: An Interpretation of Thus Spoke Zarathustra*, Yale University Press, 1986, pp. 1 – 2.

波斯先知——查拉图斯特拉（琐罗亚斯德）。

但是尼采强调，作为一位波斯人，查拉图斯特拉仍然拥有这个民族的基本德性——"诚实"。一旦他看到两千多年的西方历史"都以实验的方式反驳了所谓的'道德世界秩序'之原则"，那么"理智的诚实"将会迫使他重返历史，去批判和终结自己当初犯下的错误。而在他决定重返历史的时刻，两千多年的柏拉图主义已经走到了尽头，西方开始陷入虚无主义的黑暗深渊。在《偶像的黄昏》中，尼采这样描述了这个"历史的终结"时刻："我们业已废除了真实的世界：剩下的是什么世界？也许是一个假象的世界？……但不！随同真实的世界一起，我们也废除了假象的世界！"而且在这段话之后，尼采还补充了一段文字，并且特地加上了括号："（正午：阴影最短的时刻；最久远的错误的终结；人类的顶峰；《查拉图斯特拉》的序幕。）"[1]这一点也再次暗示，查拉图斯特拉重返历史的使命，就是要终结柏拉图主义这个"最久远的错误"，克服它所导致的虚无主义危机，重新为人类生活赋予意义。

德国学者彼珀非常精辟地说道："尼采在查拉图斯特拉这一形象中，并不想让公元前六世纪在波斯授课的哲学家琐罗亚斯德这一历史人物重新复活。尼采的查拉图斯特拉是一个艺术人物，借用一个历史人物的名字，其原因是根据尼采了解的情况，这位琐罗亚斯德是第一位从历史角度进行思考的哲人。"[2]这也意味

① Nietzsche,*Götzen – Dämmerung* (KSA 6), ss. 80 – 81. 中译参见《偶像的黄昏》，第 26 – 27 页。

② 安内马丽·彼珀：《动物与超人之维》，李洁译，华夏出版社，2001年，第 16 页。

着,尼采的查拉图斯特拉并不是一位真实的历史人物,而是一个被创造出来的艺术形象。这个艺术形象的主要寓意就是:查拉图斯特拉在两千多年后重返人世,是为了清算自己过去所犯下的重大错误,彻底否定支配了西方两千年历史的柏拉图主义谎言,并且馈赠给西方一个新的礼物——"永恒轮回"的教诲,这个教诲是对生成世界或尘世生活的绝对肯定,是"人所能达到的最高肯定形式"。

一言以蔽之,《查拉图斯特拉如是说》不是一篇严格的哲学论文,而是一部戏剧,因为它拥有一部戏剧所应该具备的基本要素:人物、情节和场景。如果说尼采哲学是一种实验,那么《查拉图斯特拉如是说》则把这种实验特征发挥得淋漓尽致:它既有奇特的叙事,也有狂放的抒情,更有神秘的对话和独白,其中还不乏奇妙的比喻和诡异的象征。而且正如标题所暗示的,《查拉图斯特拉如是说》的主体部分是查拉图斯特拉的"言辞"(Sprach)。表面上看来,这些言辞非常散乱,相互之间也没有什么联系,但实际上贯穿了一个完整和统一的戏剧结构。譬如说,查拉图斯特拉的所有言辞都伴随着特定的情节或行动(独白、公开讲演、私下教导),包含了特定的场合(山上、城市、旅途),而且针对不同的听众(民众、门徒、自己)。

2. 《查拉图斯特拉如是说》的戏剧特征

《查拉图斯特拉如是说》不是一个寻常的戏剧文本,而是包含了某种互文性(Intertextualität)或戏拟性(Parodie),它的戏拟对象正是西方两个经典的柏拉图主义文本,亦即柏拉图的《理想国》和基督教的《新约》。具体地说,《查拉图斯特拉如是说》

的基本情节，即查拉图斯特拉的上山（Aufgehen）与下山（Untergehen），一方面模仿了《理想国》中的洞穴隐喻，另一方面也模仿了《新约》"福音书"中耶稣的传道、登山训众和被钉十字架等事件。但是，这种形式上的模仿却反衬了思想内容上的反讽和颠覆。在后面的具体分析中，我们将会看到，查拉图斯特拉的所有言行都是对苏格拉底和耶稣的批判和颠覆。考虑到这两者的共同先驱正是历史上的那位波斯先知查拉图斯特拉（琐罗亚斯德），我们似乎不难理解，这种"互文"或"戏拟"手法的根本用意正是反柏拉图主义。

正因为如此，尼采认为，查拉图斯特拉"既不是'先知'，也不是疾病与权力意志的那种可怕混合，更不是所谓的宗教创立者"[1]。查拉图斯特拉与古代先知或圣贤都清醒地看到了这个"真理"：包括自己在内的一切生命都处在一个不断地生成、变化和消逝的过程之中，所以并不存在什么永恒的意义或"真理"。但对这个永恒地生成和消逝的生命，以往的先知或圣贤却充满了怨恨与复仇，所以不惜一切代价地编造各种道德谎言，试图以此逃避实在（Realität）或真理。相反，只有查拉图斯特拉保持"理智的诚实"，把"求真意志"贯彻到底，因此他不但拒绝用谎言掩盖真理，反而把真理变成了对生命的无限肯定——这就是生命吗？好吧，再来一次！（War das – das Leben? Wohlan! Noch Ein Mal!）。[2]

所以，《查拉图斯特拉如是说》的戏剧性并非无关紧要，而

---

① Nietzsche, *Ecce Homo* (KSA 6), s. 259.

② Nietzsche, *Also sprach Zarathustra* (KSA 4), s. 199.

是我们理解该书的关键所在。①作为一个文本，《查拉图斯特拉如是说》包含了一个前言和四卷正文；作为一个戏剧，它则相应地由一个序幕和四幕正剧组成。在序幕中，查拉图斯特拉决定下山，并把自己的礼物——"超人"的教诲——馈赠给"所有人"，他一开始试图说服"民众"接受这个礼物，但却遭到了失败。在第一幕中，他改变了策略，转而去吸引少数门徒，并且在成功地使门徒相信了"超人"的教诲之后，重新回到了山上。在第二幕一开始，查拉图斯特拉得知自己的教诲遭到了严重的扭曲，于是带着自己刚刚悟到的"权力意志"的智慧重新下山，但他却发现自己的事业注定要失败，因为他重蹈了柏拉图主义的覆辙，因此决定永远离开门徒，重新返回山上。在第三幕中，查拉图斯特拉经过长时间的漫游，终于回到了山上，并且最后领悟了"永恒轮回"的教诲。在第四幕中，查拉图斯特拉在抛弃对同时代形形色色的"高人"(höhere Mensch)的同情之后，并为未来的"下山"做好准备。

---

① 考虑到这一点，《查拉图斯特拉如是说》中的查拉图斯特拉之于尼采，就好比《理想国》中的苏格拉底之于柏拉图，《新约》中的耶稣之于福音书作者，或者更准确地说，好比《哈姆雷特》中的哈姆雷特之于莎士比亚。正如我们不能把哈姆雷特的某一句话，如"人生犹如痴人说梦，充满了喧哗与骚动，但却毫无意义"，当作莎士比亚的意图，我们也不能把查拉图斯特拉的哪一段话当作尼采的原意。要想理解尼采的真正意图，我们首先必须把《查拉图斯特拉如是说》这部戏剧当作一个内在的整体。假如忽视了这一点，那么我们就不免要重蹈海德格尔等人的覆辙，随意地肢解这部戏剧的整体结构，并且武断地把查拉图斯特拉等同于尼采本人，从而在根本上曲解尼采的根本意图。

《查拉图斯特拉如是说》有一个副标题，即"一本既为了所有人、又不为任何人的著作"（*Ein Buch für Alle und Keinen*）。从某种意义上讲，这个副标题恰恰是理解这部戏剧的戏剧性之关键所在。因为查拉图斯特拉的全部言辞，都伴随着相应的行动：从"为所有人"（für Alle）到"为少数人"（für Wenige），再到"不为任何人"（für Keinen），或者说仅仅"为自己"（für sich）。就此看来，《查拉图斯特拉如是说》恰恰是一个关于教育和自我教育的戏剧：查拉图斯特拉一开始面向"所有人"，希望把民众教育成为超人；失败之后，他开始转向了"少数人"，希望把少数门徒教育成为超人；再次失败之后，他最终转向了"自己"，希望把自己教育成为超人，由此获得自我解救；在完成了自我教育之后，他克服了直接教育当下时代的诱惑，而是把希望寄托在未来。

就此看来，查拉图斯特拉的行动恰恰是其言辞的具体实践和见证。可以这么说，查拉图斯特拉的每次"上山—下山"都是一次具体的轮回，在《查拉图斯特拉如是说》这部戏剧中，这样的轮回总共有三次，而三次轮回则分别对应着查拉图斯特拉的三个教诲——超人、权力意志和永恒轮回。具体而言，查拉图斯特拉在第一次轮回时宣讲了"超人"学说，在第二次轮回时宣讲了"权力意志"学说，而在第三次轮回时则宣讲了"永恒轮回"学说。这样看来，超人、权力意志和永恒轮回就构成了一个统一的思想整体：所谓超人，就是权力意志对永恒轮回的肯定。如果说尼采哲学的基本问题是反柏拉图主义，那么上述这个思想整体正是答案所在。在接下来的部分，我们将依据查拉图斯特拉的相关行动把这个思想整体具体地展开。

二、超人

1. 上帝死了

　　说起"超人"，我们不能不首先考察《查拉图斯特拉如是说》中的一个著名断言："上帝死了"。作为上帝的对立面，超人的前提就是"上帝之死"。更何况，"上帝死了"也是查拉图斯特拉最初决定"上山"的动机。《查拉图斯特拉如是说》的开篇即说："查拉图斯特拉三十岁时离开了家乡和家乡的湖泊，来到山上。"[1]这段文字曾以"悲剧的序幕"为题，在《快乐的科学》中出现过。正如前文所说，尼采把这段文字放在恶魔谈话之后，正是为了暗示一个事实，也就是说，查拉图斯特拉之所以"离开家乡"，来到山上，是因为他被一个恶魔的问题所困扰：假如"上帝死了"，假如生活没有一个永恒意义或超验目标，而是"同一个东西的永恒轮回"，那么他是否愿意接受这样的生活？关于这个问题，尼采在《查拉图斯特拉如是说》的其他部分也有所交代：查拉图斯特拉在三十岁之前曾经受到柏拉图主义的影响，并且接受关于彼岸世界或上帝的信仰，但随着这一信仰的破灭，他立刻陷入了虚无主义的深渊；最后他决定"带着自己的灰烬来到山上"，就是为了克服这个"致死的疾病"。[2]

---

　　[1] Nietzsche, *Also sprach Zarathustra* (KSA 4), s. 11.

　　[2]《查拉图斯特拉如是说》中有三个地方提到了查拉图斯特拉的过去：首先，在"前言"中，一位老圣徒对查拉图斯特拉说："这位漫游者对我来说并不陌生；多年前他从这里走过，他叫查拉图斯特拉。可是他变了。当时你带着灰烬上山，今天你要带着火到山谷里去吗？你难道不怕因纵火受罚吗？"其次，在第一卷的"论彼岸世界信仰者"中，查拉图斯特拉说："与所有彼岸世界的信仰者相似，查拉图斯特拉也曾把自己的幻想投掷到人的

　　查拉图斯特拉在山上独居十年，悟得了"超人"的智慧，于是决定"下山"。①作为一种对人的爱，查拉图斯特拉的"下山"恰恰是一种"馈赠"：正如太阳因为光亮过于丰盈，所以要倾洒给万物；查拉图斯特拉的智慧也过于充溢，所以也需要倾空自己、馈赠给世人。这样说来，查拉图斯特拉的"爱"完全出于生命的自然本性或本能，这也是它与柏拉图主义的根本区别所在。因为在《理想国》中，哲人对民众的爱完全是出于一种政治责任，而非发乎其自然本性；而《圣经》中，耶稣对世人的爱则是来自上帝的启示的律令。说到底，柏拉图主义所谓的爱，恰恰是对一个不断生成、变化和消逝的生命世界的仇恨。②正因为如此，在《快乐的科学》中，尼采把查拉图斯特拉的"下山"称为"悲剧的开始"（incipit tragoedia）：正如太阳在正午时刻就开始"降落"，查拉图斯特拉在智慧达到顶点时就要"下山"或"毁灭"。

　　查拉图斯特拉第一次下山时的演讲主题就是"超人"。一开

彼岸。……后来又怎样了呢？我克服了自己这个受苦者，我带着自己的灰烬来到山上，我为自己创造了更加光明的火焰。"第三，在第二卷的"坟墓之歌"中，查拉图斯特拉控诉了自己过去的敌人："你们戕害了我青春的面容和最珍爱的奇迹！你们夺走了我青春时代的游伴——至乐的精神！为了纪念他们，我献上这个花圈，也留下这一诅咒。"Nietzsche, *Also sprach Zarathustra* (KSA 4), ss. 12, 35, 142.

　　①"下山"的德语原文是 untergehen,兼有"下降"和"毁灭"两种含义。

　　② 关于这一点，可以参考查拉图斯特拉下山途中与一位基督教老圣徒的谈话。老圣徒问他为什么要下山，他回答说："我爱人"（Ich liebe die Menschen）。老圣徒嘲笑了这一回答，他反过来说："现在我爱上帝；人，我是不爱了。我以为，人是一个不完美的东西，对人的爱将会葬送我。"Nietzsche, *Also sprach Zarathustra* (KSA 4), s. 12.

始,他在一个名叫彩牛城的地方向民众公开宣讲超人智慧。超人的最基本含义是"尘世的意义",而这个规定显然是针对上帝:"对上帝的亵渎曾经是最大的亵渎,但上帝死了,故渎神者也死了。现在,亵渎尘世、尊崇高于尘世意义的不可知事物乃是最可怕之事。"两千多年来,西方人一直否认尘世自身的独立意义,而是把一个超越尘世的彼岸世界或上帝视作尘世的意义。但现在"上帝死了",尘世本身理应获得自我解放或自我肯定,而超人作为"尘世的意义"恰恰是对尘世的肯定。尘世面临可怕的虚无和无意义状态,而"超人"则是要重新为尘世赋予意义。

2. 超人与末人

查拉图斯特拉显然没有料到,这番关于超人的言辞非但没有被民众接受,反而产生了一种讽刺性的效果。因为民众正在等待观看一位走绳索者的表演,所以把他的言辞误认为是这场表演的开场白。查拉图斯特拉随即改变了策略,他转而开始对民众的信仰进行挑衅,把他们贬斥为与"超人"相对的"末人"(letzte Mensch),企图激起民众的羞耻之心。在两千多年的柏拉图主义已经崩溃或"上帝死了"之后,现代人只有两种选择——超人或末人。"上帝死了"意味着现代人丧失了生存的意义、价值或目标,意味着虚无主义时代的到来。如果说"超人"是要创造自己的价值,那么末人则是自欺欺人地信仰已经死去的价值。

由此看来,"末人"正是"上帝死了"所直接导致的现代性后果:既然已经失去生活的目标,那么现代人就只能选择低贱的犬儒主义,把卑下的"自我保存"作为自己的"幸福"或目标。他们只是一群没有牧人的羊群,既不关心"统治"也不关心"服从"，既没有贫困也没有富裕，"人人追求平等，人人也都事实平等"。用 20 世纪一位左派黑格尔主义者科耶夫的话来说，这样一个"普遍同质"的自由民主社会恰恰意味着"历史的终结"。毫无疑问，这个末人社会正是柏拉图主义的现代变形：作为"上帝死了"的直接后果，末人就是从洛克到黑格尔以来所有现代性思想家所追求的目标，也是他们所承诺的"尘世的意义。"

但是，查拉图斯特拉对"末人"的批判却产生了完全相反的效果：民众非但没有感到羞愧，反而为"末人"欢呼。他们对他说："你把这个末人给我们吧，噢，查拉图斯特拉，把我们变成这样的人吧！那么我们就将馈赠给你超人！"查拉图斯特拉终于发现，"他们不理解我：对于他们，我的话都是逆耳之言"。他原本以为，现代人在"上帝死了"之后会理所当然地选择超人，但事实却完全相反：民众宁愿选择"末人"，也不愿意成为"超人"。现代人恰恰因为不堪忍受"上帝死了"的虚无主义后果，所以宁愿把虚无本身当作生活目标——"人宁可追求虚无，也不能无所追求。"这也正如尼采在《快乐的科学》中所说："上帝死了。依照人的本性，人们也会建筑许多洞穴来展示上帝的阴影的，说不定要绵延数千年。"[1]

查拉图斯特拉关于超人和末人的对比，非常清楚地体现了尼采对现代性处境的深刻洞察：作为基督教的世俗化，现代人明明已经谋杀了上帝，但却不敢接受"上帝死了"的后果，所以才自欺欺人地借尸还魂，不惜一切代价地供奉上帝的亡灵。在《敌基督者》中，尼采更是淋漓尽致地揭露了现代人的道德伪善："一

---

[1] Nietzsche, *Die fröhliche Wissenschaft* (KSA 3), §108.

切当下的行动,一切本能,一切体现为行动的价值批判,现在都是敌基督的:现代人必然是极端伪善的怪胎!尽管如此,他仍然毫不羞耻地自命为基督徒!"[①](三十八节)民众没有古代与现代之分,他们只会把自己的偏见或所谓的"时代精神"奉为神明,他们"最仇恨破坏他们价值体系的人,最仇恨破坏者、违法者"。正因为如此,现代民众仍然以"善人"和"义人"自居,把作为现代性价值之核心的"末人"当作神圣不可侵犯的真理,从而拒绝"超人"的教导者查拉图斯特拉。

不管怎样,查拉图斯特拉教育民众的努力终究失败了,但失败并非等于一无所获,因为这至少使他明白了一个真理:民众永远只是需要"谎言",而不是"真理"。所以除非他像柏拉图主义者那样放弃"理智的诚实",不要追求并且教导真理,否则他就注定不能成为民众的"牧人"。倘若他还想坚持自己的教育使命,那么他就只能放弃作为多数人的民众,转而去寻求少数愿意相信自己的门徒。这也意味着,"查拉图斯特拉不愿对民众说话,而愿对同伴说话!查拉图斯特拉不应该成为乌合之众的牧人和牧羊犬!"从整个戏剧情节的发展来说,这是一个重要的转折点,标志着查拉图斯特拉的言说对象开始从"所有人"转向"少数人"。这是因为,查拉图斯特拉把超人的希望不再寄托于民众,而是少数同伴或共同创造者:"创造者寻求的是能一道创造的人,他们是在新标牌上写上新价值的人。"那么,一个人怎样才能成为查拉图斯特拉的少数门徒,他怎样才能成为一个"创造者"? 查拉图斯特拉的答案是:他必须经过"精神的三种变形"。

---

① Nietzsche, *Der Antichrist* (KSA 6), § 38.

3. 三种变形

根据查拉图斯特拉的表述,"三种变形"是指:"精神怎样变为骆驼,骆驼怎样变为狮子,狮子怎样变为孩子"("论三种变形")。具体地说,骆驼的规定是"你应该"(Du sollst),因为它意味着精神必须服从于外在的命令,承载着沉重的传统价值;狮子的规定是"我想要"(Ich will),因为它要彻底摧毁这些传统价值,"要为自己夺得自由,做自己荒漠的主人";孩子的规定则是"我在"(Ich bin),因为狮子只是传统价值的摧毁者,但却不是新价值的创造者,而孩子却是"无辜而健忘,是一个新的开端,一个游戏,一个自转自轮,一个初始运动,一个神圣的肯定(Ja - sagen)",所以只有孩子才是真正的创造者。①

一个人要想成为查拉图斯特拉的门徒,首先必须完成从"骆驼"到"狮子"的变形,从一位传统价值的服从者变成一位真正的批判者。这样看来,所谓"狮子"正是尼采在《人性的,太人性的》中提到的"自由精神"。②自由精神所要否定的传统价

---

① "三种变形"不仅是第一卷第一章的标题,而且是第一卷的主题。依据美国学者兰佩特 (Laurence Lampert) 的解释,第一章"论三种变形"是整个第一卷的引子,第二至第七章的主题是"骆驼",第八章表明查拉图斯特拉成功地吸引到了第一个门徒,第九至第十五章的主题是"狮子",第十六至第二十一章的主题是"孩子"。最后一章则是说查拉图斯特离开了门徒,重新回到山上。Laurence Lampert, *Nietzsche's Teaching: An Interpretation of Thus Spoke Zarathustra*, pp. 32 - 35.

② 洛维特等人因为忽视《查拉图斯特拉如是说》的戏剧风格,所以望文生义地将这三种变形同基督教的三位一体教义——"圣父、圣子、圣灵"——相提并论,甚至以为这是一种黑格尔式的历史哲学。这种看法显然是一个彻头彻尾的误解,因为这等于把查拉图斯特拉或尼采本人,重新

值,正是西方两千多年的柏拉图主义,包括智慧、信仰、理性、德性、正义及虔敬等。这些传统价值的表现形态虽各不相同,但其精神实质上却完全一致,都是一种"人性、太人性"的虚构,一套强加在尘世、生命或生成世界之上的谎言。

具体而言,查拉图斯特拉对柏拉图主义的诊断如下:哲学或智慧不是为了发现生命的真理,而是一种遗忘生命的催眠;宗教是出于对这个"永不完美的世界"的仇恨,而把"自己的幻想投射到彼岸世界";理性是一种对肉体的禁欲、蔑视或否定,但这种否定本身仍然是肉体的一种病态体现,一种自我毁灭之意志;德性看似是对激情的节制,实则不过激情本身的奴隶或工具;正义作为一种善恶奖惩的谎言,在思想、行动及反省之间建立了虚假的因果联系。虔敬是一种压抑生命的"沉重"精神,"因为它的缘故,万事万物都坍塌了"。当然,这也包括柏拉图主义的各种现代变体,如鼓吹厌世和悲观思想的叔本华主义,宣扬国家至上的新型偶像崇拜,以及迎合民众的现代知识分子。[①]

自由精神或"狮子"是一位战士,他凭借一种"最年轻的德性",即"理智的诚实",勇敢地摧毁了传统柏拉图主义的谎言,揭开了一个长久以来一直遭到掩盖或遮蔽的真理:并不存在一个所

变成了一个半吊子的柏拉图主义者,一个虚伪和不成功的基督徒。这样一来,尼采的所有反柏拉图主义、反基督教的努力就完全白费了。洛维特:《世界历史与救赎历史》,第 267 页。

① 以上论述分别见于《查拉图斯特拉如是说》的第一卷以下各章:"论德性讲座""论彼岸世界信仰者""论蔑视肉体者""论快乐和激情""论苍白的罪犯""论阅读和写作""论死亡的说教者""论新偶像""论市场之蝇"。Nietzsche, *Also sprach Zarathustra* (KSA 4), ss. 32 – 50, 55 – 57, 61 – 68.

谓的永恒价值，一切价值都是生命的创造，因为生命本身就是一个不断毁灭旧价值、创造新价值的过程。现在，"上帝死了"，作为旧价值的柏拉图主义已经被彻底摧毁，那么生命就需要为自己创造出新价值。但是"狮子"本身却没有创造的能力，它必须再次变形为"孩子"。作为新价值的创造者，"孩子"将取代以往的所有民族，建立一个未来的新民族，并且为"超人"的出现做好准备。

4. 第一千零一个民族

由此可见，查拉图斯特拉虽然放弃了教育民众的努力，他虽然号召门徒选择一条"孤独的自我创造"之路，但却没有鼓吹一种伊壁鸠鲁式的隐士生活，或一种诺斯替（Gnosticism）式的超脱生活。恰恰相反，他的超人学说始终贯穿着一种强烈政治哲学诉求。在"论第一千零一个民族"这一节中，查拉图斯特拉这样说：

> 每个民族的头顶都高悬着一块"好"（Güte）的标牌。瞧，这是该民族的超越（Überwindung）之标牌；瞧，这是该民族权力意志的声音。凡是被这个民族视为困难的一切，都值得赞美；凡是不可缺少和艰难之事，就叫做"好"；凡是从极端困境中获得解放之事，凡是罕见之事、最艰难之事，便被它赞美为神圣。凡是能够使这个民族获得统治、胜利或荣耀的一切，凡是使它的邻居恐惧和嫉妒的一切，便被它视为崇高、首要、衡量尺度、万物的意义。[①]

这段话在某种程度上延续了尼采早期的思想，它清楚地告诉我们：人是一切价值的创造者，因为"人首先把自我保存的价值

---

① Nietzsche, *Also sprach Zarathustra* (KSA 4), s. 74.

投射到事物之中——他首先为万物创造了意义，一种属人的意义!"但是，最初作为创造者的"人"却并不是"个人"(Einzelne)，而是作为群体的"民族"(Völker)。用查拉图斯特拉本人的话说，"民族是最初的创造者，其后才轮到个人；毫无疑问，个人是最近的创造物"[①]。在这个意义上，每个民族都拥有自己的创造本能或"权力意志"，都把自己的权力意志上升为最高的价值，由此成为判断好坏、善恶及对错的标准。譬如希腊人崇尚"竞争"，波斯人赞美"诚实"和"善射"，希伯来人宣扬"尊敬父母"和崇拜祖先，而罗马人和日耳曼人则追求忠诚和荣誉。[②]正因为如此，每个民族都是天生的"自我中心主义"，因为它理所当然地依据自己的价值标准把自己当作文明或世界的中心，而把其他民族视为野蛮或世界的边缘。

值得注意的是，查拉图斯特拉所赞美的都是前基督教时代的民族，或者更准确地说，都是前柏拉图主义（前苏格拉底）时期的古代民族。在这个"诸神"的时代，每个民族都天真地相信，他们所信奉的最高价值都是神的创造，而不是自己的创造。或者用尼采早期的话说，他们都生活在"美好的谎言"之中。但是，柏拉图主义和基督教的出现改变了这一切，它们用一个抽象、普遍的"至善"或上帝取代了各个民族的"神"，从而导致了诸神的死亡。作为柏拉图主义的最后变形，现代性进一步发明了"个人"观念。个人观念的出现彻底摧毁了前柏拉图主义时期的民族神话，以至于所有的民族都沦落为一个个"普遍同质"的国家。换

---

① Nietzsche, *Also sprach Zarathustra* (KSA 4), s. 74.

② Nietzsche, *Also sprach Zarathustra* (KSA 4), s. 75.

句话说，现代的个人与国家原本就互为因果：一旦国家成为现代的"新偶像"，那么个人则必定堕落为平庸和卑贱的"末人"。因此，柏拉图主义导致的最终结果，恰恰是现代人彻底丧失了生活的目标，并且堕入彻底的虚无主义。这也正如查拉图斯特拉所言："迄今已存在一千个目标，因为已存在一千个民族。唯独还缺少套住千颈巨兽的锁链，缺少这一目标。人类还没有目标。"①

查拉图斯特拉当然希望为现代人创造新的生活"目标"，但他非常清楚地意识到，这个目标不可能是古代的"诸神"，因为"诸神"早已被柏拉图主义及其两个变体——基督教和现代科学——杀死，古代各民族的神话也已经被彻底摧毁。在这种情况下，任何"返回古代"、复活诸神的努力都是卑劣的自我欺骗，都直接违背了"理智的诚实"。既然返回古代已经不可能，那就只能依靠自己的德性去创造新价值。为此，查拉图斯特拉告诉门徒："你们，当代的孤寂者和被排斥者，你们应当成为一个民族。"（"论馈赠的德性"）这个"自我拣选"的民族就是人类的"第一千零一个"民族，它将取代以往的"一千个"民族，把人类从"荒谬和无意义的统治"下解放出来，为人类树立"第一千零一个"目标——"超人"。超人作为"尘世的意义"正是被创造出来的新价值，而这个新价值的创造者则是"孩子"——他们既是查拉图斯特拉所要教育的门徒，也是这个未来新民族的子民。

5. 超人与柏拉图主义

如果说"孩子"的创造或自我肯定标志着三种变形的完成，那么"孩子"是否就是超人呢？对于这个问题，查拉图斯特拉做出

---

① Nietzsche, *Also sprach Zarathustra* (KSA 4), s. 76.

了明确的回答："你们自我拣选，从你们中将诞生一个拣选的民族——再从中生出超人。"①换句话说，"孩子"仍然不是超人，而是超人的准备。不仅如此，就连查拉图斯特拉本人也只是超人的"先行者"或"宣告者"，而不是超人本身。根据他的教导，在"上帝死了"之后，超人取代了上帝的位置，填补了后者所留下来的价值真空，成为人类未来的新价值；只不过作为一个遥不可及的目标，超人的真正到来却似乎显得遥遥无期。但这样一来，超人同柏拉图主义的真实世界或上帝究竟有什么区别呢？

前文说过，海德格尔曾把尼采哲学理解为"柏拉图主义的颠倒"。至少就超人学说而言，这一论断无疑非常准确。综观第一卷中查拉图斯特拉的全部言辞，超人几乎在所有方面都构成了柏拉图主义的对立。柏拉图主义一方面在生成变化的尘世或生命之外，创造了一个超验的"真实世界"，譬如理念、至善、正义、彼岸世界或上帝，并且将其作为尘世的意义；另一方面却反过来用这个所谓的"真实世界"，来否定尘世自身的意义，譬如把尘世贬低为一个"假象世界"，一个毫无意义、不完美和罪恶的世界。在这个意义上说，柏拉图主义是一种对尘世或生命的"怨恨"或"复仇"。查拉图斯特拉则认为，柏拉图主义所谓的"真实世界"是一个虚假和错误的世界，是生命或权力意志的扭曲，它本来是要为尘世赋予意义，但却否定了尘世本身的意义；与之相对，超人作为尘世自身的意义，恰恰是对尘世的肯定，或者更准确地说，是尘世的自我肯定。

不过海德格尔的论断显然还有更深一层的含义：作为"柏拉

---

① Nietzsche, *Also sprach Zarathustra* (KSA 4), s. 101.

图主义的颠倒"，超人学说恰恰是一种"颠倒的柏拉图主义"。倘若海德格尔所言不谬，那么这等于是宣判了查拉图斯特拉的死刑，因为这意味着，他对柏拉图主义的批判恰恰促成了后者的最后完成。那么，我们究竟应该如何看待这个说法呢？为此，我们必须进一步辨析查拉图斯特拉对超人的规定。

从上面的叙述来看，超人作为"尘世的意义"似乎包含了两个规定：它一方面是对尘世或生命的肯定，另一方面是生命的自我肯定。但是毫无疑问，这两个规定有相互抵牾之处，因为前者表明超人是一种被创造物，而后者则显示超人就是这种创造本身，是生命的自我创造。这样一来，超人学说就包含了一个无法化解的紧张冲突：作为对柏拉图主义的否定，超人学说反对一切谎言和自欺，并把"一切价值都是生命的创造"这一真理大白于天下；但作为一种被创造物，超人本身恰恰是一个生命本身所创造出来的谎言。这样一来，超人学说就陷入了自相矛盾：它一方面坚持"理智的诚实"，不顾一切地追求真理，反对任何形式的谎言，但另一方面它本身恰恰是一种谎言，只不过这是一种反柏拉图主义式的谎言。

因此，至少直到目前为止，海德格尔的论断仍然非常准确：作为"柏拉图主义的颠倒"，查拉图斯特拉的超人学说仍然是一种柏拉图主义，尽管这是一种"颠倒的柏拉图主义"。因为说到底，超人仍然分享了柏拉图主义的逻辑：它既追求真理又肯定谎言，既要求无条件的怀疑又要求无条件的信仰，既想成为哲学又想成为宗教。一言以蔽之，超人学说的柏拉图主义特征就是——调和理性和信仰的绝对冲突。在这个意义上，至少在《查拉图斯特拉如是说》第一卷中，尼采早期的核心问题仍然没有得到解决：既然生命需要谎言,而真理危害生命,那么为什么还要追求真理,而不是谎言?

但海德格尔的错误在于,他把这个临时性的超人学说看成是查拉图斯特拉思想的全部。他不愿意严肃地对待《查拉图斯特拉如是说》的戏剧风格,因而也就并不关心这样一个再明显不过的事实:查拉图斯特拉是一个戏剧主人公,他的言辞和思想需要通过行动来展开。因为假如超人就是最后结论,那么查拉图斯特拉就根本不需要再次甚至第三次下山,《查拉图斯特拉如是说》的后三卷也完全没有写作的必要。实际上,在第一卷的最后,查拉图斯特拉对超人学说的困难就已经有所觉察,否则他在决定重新上山时,也就不会语焉不详地警告门徒:"是的,我劝你们离开我,并且抵制查拉图斯特拉!最好因他而羞愧;也许他欺骗了你们。"[1]在其后山上独居期间,正是为了克服超人学说的困境,查拉图斯特拉才悟出了新的智慧——"权力意志"。

三、权力意志

1. 超人的扭曲

回到山上之后,查拉图斯特拉又"度过了数月、数年的光阴"。在这期间,他逐渐领悟到了新的智慧。同第一次轮回一样,他也"为智慧的充溢而苦恼",所以渴望再次下山,把这智慧作为礼物馈赠给门徒。一天清晨,他在梦中突然被惊醒,因为他梦见一个孩子拿着镜子走到自己面前,但镜中的形象却不是查拉图斯特拉本人,而是"一个魔鬼的怪胎和嘲笑"。醒来之后,查拉图

---

① Nietzsche, *Also sprach Zarathustra* (KSA 4), s. 101.

斯特拉明白了这个梦的真实寓意：如果说"孩子"象征着精神变形的完成，那么镜中的形象则表明，这是一个完全失败的变形，因为"孩子"并没有成为超人，而是被扭曲为一个"魔鬼的怪胎"。为此查拉图斯特拉说："我的学说陷入了危机，稗草要称为麦子！我的敌人变得强大起来，他们歪曲了我的学说，于是，我至爱的人们必然会因为我馈赠给他们的东西而羞愧了。"①

不过必须注意的是，查拉图斯特拉所担心的一切只是一场梦，事实上他对此并没有亲眼目睹，因为他一直都呆在山上。说得更明确些，超人学说之所以陷入危机，并不是由于敌人的扭曲，而恰恰是因为它自身的困境。而查拉图斯特拉本人之所以预感到了这一危机，也是因为他悟到了新的智慧——权力意志。在这一智慧的指引下，他终于发现，超人也不过是一个权力意志所创造出来的谎言，一种与柏拉图主义类似的谎言，尽管这是一种"颠倒的柏拉图主义"。在这种情况下，他担心门徒把超人学说误解为一种柏拉图主义的变形，似乎就是顺理成章的了。于是查拉图斯特拉决定再次下山，"去寻找我的朋友，也寻找我的敌人！"而他下山的主要目的，就是要把"权力意志"的新智慧馈赠给门徒，并把门徒从柏拉图主义的阴影中解放出来。因此在下山伊始，他就再次对柏拉图主义进行了猛烈批判。

查拉图斯特拉首先要消除门徒的这一误解：如同古代的诸神一样，超人也是一个超越人之外而绝对存在的神。他这样告诉他们："你们能够思考一个神吗？——这对你们意味着追求这一真理的意志：一切都被转换成人的可思之物、人的可见之物、人的

---

① Nietzsche, *Also sprach Zarathustra* (KSA 4), s. 106.

可感之物！你们应该把对真理的思考贯彻到底！你们所谓的世界，应该首先由你们来创造：世界本身应当变成你们的理性、你们的图象、你们的意志、你们的爱！"神同万物一样都是人的创造，而一旦明白了这个真理，那么诸神便宣告死亡，"这个时代就一去不复返，一切过往者皆为谎言"。所以他说："从前当人们眺望远方之海时便谈论神；但我现在要教会你们谈论超人。"①

查拉图斯特拉强调超人所拥有的德性是馈赠（Schenken），这是一种"爱人"的德性。但同样强调"爱人"，馈赠德性却同基督教的同情（Mitleid）道德有着根本区别，因为馈赠保持了高者与低者之间的等级秩序，而同情却把高者降低到与低者平等的地位，从而否定了生命的自然秩序。在查拉图斯特拉看来，基督教的"上帝"之所以最后死亡，就是因为"他对人的同情和怜悯"。②这样一来，超人的馈赠德性就是同情的反面即残酷，因为它拒绝对生命不合时宜的博爱。但正因为强调残酷或对生命的"僭政"，超人也容易被误解为是一种僧侣或"宗教人"的变体；用查拉图斯特拉的话来说，"我的鲜血同他们的鲜血有亲缘关系"。③但是，宗教人的残酷是以牺牲"理智的诚实"为代价，因为他们把自己的病态生命或意志成功地改造为上帝，并且宣称这个上帝才是真实世界或真理。相反，超人则清楚地洞察了这一真理，一切价值都是生命或权力意志的创造。

超人作为馈赠的德性意味着既不寻求也不需要任何回报，但查拉图斯特拉的门徒在实践馈赠的德性时，却渴望得到回报，这

---

① Nietzsche, *Also sprach Zarathustra* (KSA 4), ss. 109－110.

② Nietzsche, *Also sprach Zarathustra* (KSA 4), s. 115.

③ Nietzsche, *Also sprach Zarathustra* (KSA 4), s. 117.

是因为他们仍然被"德性即是幸福"等传统道德左右，相信善恶赏罚或因果报应之类的道德偏见，因而把超人学说重新变成一种柏拉图主义式的道德谎言。查拉图斯特拉反过来教导他们抛弃善恶报应之类的道德谎言，因为生命本身就是"超善恶"，如同孩子的游戏——"他们在海滨游戏——这时海浪来了，把他们的玩具卷入深渊，他们于是痛哭。但这些海浪会给他们带来新的玩具，会把新的五彩贝壳洒落在他们面前！"①

查拉图斯特拉对以柏拉图主义为代表的古代道德之批判，也在门徒中引起了很大的混乱，因为包括卢梭和康德在内的现代性思想家同样宣称反对古代道德。但是，他们所反对的恰恰是古代的等级制，鼓吹一种平等主义的道德观念。在这种情况下，有人不可避免地误认为，查拉图斯特拉也在宣扬一种平等主义。所以他说："有些人在宣讲我的生命教诲，但他们同时又是平等的布道者和毒蜘蛛。"②但他认为，生命的前提正是等级或不平等，因为"好与坏、富与贫、尊与卑，以及一切价值名称：它们应该是武器，是生命必须不断自我超越的标志"③。因此，现代平等主义虽然反对传统的柏拉图主义，但却仍然是后者的一种现代变体，因为它们都是对生命的复仇和怨恨。

不可否认，柏拉图主义的初衷恰恰是为了论证等级秩序的正当性，可是它为什么最后竟然走向自己的反面，成为现代的平等主义？在查拉图斯特拉看来，这是因为，自柏拉图以来的西方哲人并不是为了追求真理，而是"为民众及其迷信服务"。在"论

---

① Nietzsche, *Also sprach Zarathustra* (KSA 4), s. 123.

② Nietzsche, *Also sprach Zarathustra* (KSA 4), s. 129.

③ Nietzsche, *Also sprach Zarathustra* (KSA 4), s. 130.

著名的智者"这段言辞中，他把这些哲人看作是迎合民众的"智者"："你们所有著名的智者，全都是为民众及其迷信（Aberglaube）服务，而不是为真理服务！正因为如此，你们才受到敬畏。你们的不信（Unglaube）之所以受到容忍，也是因为这是一种机智，一条接近民众的迂回之道。"①

正如尼采早期所言，民众出于对安全和自我保存的需要，下意识地拒绝"万物皆流，无物常驻"的真相，而是生活在自己编造的某种幻象或视域（Horizont）之中，并且把这种信念、偏见甚至迷信当作神圣不可侵犯的绝对真理。他们天真地相信，"哪里有民众，哪里就有真理！"假如有谁胆敢冒天下之大不韪，试图揭开这一真相，那么民众将对他们进行严厉惩罚和无情迫害，"唆使尖牙利齿的群狗去撕咬他们"。②

在查拉图斯特拉看来，柏拉图主义传统的哲人或智者并非不知道事情的真相。但是因为担心受到民众的迫害，他们隐藏起了自己的"求真意志"，甚至干脆放弃了"理智的诚实"，千方百计地迎合民众，用查拉图斯特拉的话来讲就是，"主人不仅让奴仆为所欲为，而且还欣赏他们的放肆"。③他们不仅自觉地充当了民众的"奴仆"和"代言人"，而且尽其所能地为民众的偏见或迷信辩护，甚至将其美化为"真理""正义"或"上帝的声音"。毫无疑问，上述所批判的道德观念，如"德性就是幸福"和善恶报应等，正是这些哲人迎合民众迷信的产物。正因为如此，他们才受到民众的景仰和爱戴，并且获得万世不朽之名。

---

① Nietzsche, *Also sprach Zarathustra* (KSA 4), s. 132.

② Nietzsche, *Also sprach Zarathustra* (KSA 4), s. 132.

③ Nietzsche, *Also sprach Zarathustra* (KSA 4), s. 132.

　　但是，这种迎合民众的做法却种下了危险的祸根。前文说过，生命的基本条件就是等级秩序，具体到人类生活，这一等级秩序的体现就是哲人对民众的统治。这种哲人的典范，正是尼采早期所赞美过的前苏格拉底时期的希腊哲人。作为民众的主人和立法者，前苏格拉底时期的哲人高高在上地统治民众。但是，苏格拉底和柏拉图却放弃了追求真理的哲学德性，转而去迎合民众的偏见，炮制了一套"至善"或"灵魂不朽"之类的道德谎言。

　　在柏拉图之后，西方哲人沿着柏拉图主义的方向越走越远。他们本以为可以利用这套谎言来欺骗民众，证明他们统治民众的正当性，但却没有想到，民众恰恰反过来用这套谎言统治了他们，把他们变成自己的奴仆。为此，查拉图斯特拉批判说，"你们这些著名的智者，民众的奴仆！你们通过民众的精神和德性来成长——民众也通过你们而成长！"[①]事实上，基督教就成功地利用了这套谎言，把古代的柏拉图主义改造成为一种"民众的柏拉图主义"，并且宣扬"在上帝面前人人平等"。而卢梭和康德等现代性思想家，更是把这种"民众的柏拉图主义"推向极端，从而促成了一个"人人追求平等，人人也都事实平等"的"末人"社会。如果说末人社会意味着虚无主义的到来，那么这恰恰是柏拉图主义所导致的必然后果。

2. 生命与智慧

　　查拉图斯特拉对柏拉图主义的批判，以对生命的等级秩序之肯定作为结论。这一等级秩序的具体表现就是哲人对民众的统治，但在现代平等主义的末人社会，它已经遭到了根本性的摧

---

① Nietzsche, *Also sprach Zarathustra* (KSA 4), s. 133.

毁。在他看来，这恰恰是柏拉图主义谎言所导致的后果，所以要想重新肯定生命的等级秩序，那就必须彻底揭穿这个谎言，并把"真理"大白于天下。那么，这个被柏拉图主义隐瞒起来的"真理"究竟是什么呢？

一天傍晚，查拉图斯特拉和门徒在森林中散步，碰见一群少女在翩翩起舞，于是他为少女们吟唱了一首"舞蹈之歌"。从形式上看，这段歌词是查拉图斯特拉同两个女人——生命与智慧——的对话。其中与生命的对话是这样的：

> 生命啊，我最近直视了你的双眼！当时我自己似乎沉入了深渊。/但你用黄金钓竿将我拉了上来；当我说你是深渊时，你嘲讽地笑了：/"所有的鱼都是这样，"你说，"凡是它们无法探本究原的，便称之为无根的深渊。/但我只不过是变化无端，狂放粗野，完全是一个女人，而且是没有德性的女人；/不管你们男人把我叫做'深刻'，还是叫做'忠诚''永恒'或'神秘'。/但你们男人总是把你们的德性赐给我——唉，你们这些有德者啊！"①

这段对话的寓意非常深刻，它首先表明：自柏拉图以降，西方哲人虽然两千多年来一直以追求智慧为己任，但他们却并没有获得关于生命的智慧或真理，而是仅仅把自己的智慧（德性）强加给了生命。但生命本身恰恰是"超善恶"，是一个"没有德性的女人"，所以当查拉图斯特拉用自己的"野蛮智慧"（wilde Weiseheit）去探问生命时，他当然无法探到生命的根据（ergründen），所以就认为生命是无根的深渊（unergründlich）。为

---

① Nietzsche, *Also sprach Zarathustra* (KSA 4), s. 140.

此，他理所当然地遭到了生命自身的嘲笑。因为从生命的角度来看，查拉图斯特拉不过是在重复以前哲人的做法，试图把自己的"野蛮智慧"强加到生命之上，并且宣称这就是生命本身的智慧或真理。

当查拉图斯特拉反过来同智慧秘密交谈时，智慧却充满嫉妒地回答说："你有意志，你渴望，你爱，仅仅为此你才赞美生命。"①这一点也表明：查拉图斯特拉之所以爱智慧（Philo－sophie），之所以追求真理，归根到底是因为他爱生命。换句话说，智慧之爱在根本上仍然是一种生命之爱。所以当生命反过来问"智慧是谁"时，查拉图斯特拉情不自禁地回答说，"她或许充满恶意和虚伪，完全是一间闺房"。这就等于说，智慧同生命一样也是女人。正因为如此，生命才这样反问："你在说谁呢？你大概是说我吧？"②

由此，查拉图斯特拉终于明白了生命自身的智慧或真理：生命就是权力意志。正如他在"论自我超越"这段言辞中所说："我在哪里发现生命，就在哪里发现了权力意志；即使在仆人的意志中，我也发现了想成为主人的意志。弱者说服自己的意志，说自己要服务于强者；但它还想要成为更弱者的主人，这是它唯独不能割舍的快乐。"③在这个意义上，查拉图斯特拉否定了叔本华所谓的"求生意志"，因为"凡是不存在者，便不再追求什么；凡是已经存在者，又何必追求存在？"④

---

① Nietzsche, *Also sprach Zarathustra* (KSA 4), s. 140.

② Nietzsche, *Also sprach Zarathustra* (KSA 4), s. 140.

③ Nietzsche, *Also sprach Zarathustra* (KSA 4), ss. 147－148.

④ Nietzsche, *Also sprach Zarathustra* (KSA 4), s. 149.

既然生命就是权力意志，那么哲人对真理的追求就同样受权力意志支配。换句话说，哲人的"求真意志"恰恰是一种根深蒂固的权力意志。在这个意义上，所谓的"真理"只不过是权力意志的创造——哲人把自己的权力意志强加在"生成"世界之上，创造了一个所谓的永恒"存在"或真理世界。为了更好地理解这一点，我们不妨再次引用查拉图斯特拉的一段言辞：

> 你们这些最智慧者，"求真意志"不正意味着一切驱动和激发你们的东西吗？所以我把你们的意志称为使一切存在变成可思考物的意志。你们之所以想要使一切存在变得可思考，是因为你们总是非常怀疑，它是否已经可以被思考。但一切存在都应当顺从你们！这就是你们意志的要求。一切存在都应当畅通无碍，作为精神之镜子和镜像服从于精神。你们这些最智慧者，这就是你们的意志，作为一种权力意志的意志；即使在你们谈论善恶和价值评估时，也是如此。你们想要（wollen）创造一个可供屈尊崇拜的世界，这就是你们的最后希望和陶醉。①

简单说来，哲人的"求真意志"之所以是一种权力意志，是因为他想要"使一切存在都变得可思考"（Denkbarkeit alles Seienden），"给生成打上存在的烙印"，由此为生命赋予某种意义、价值或目标。如果说哲人创造了生命的意义、价值或目标，或者用尼采早期的话来说，创造了生命的"视域"（Horizont），那么民众就生活在这一视域之中，日用而不自知。正是在这个意义上，查拉图斯特拉把民众和哲人的关系比作"河流"与"小舟"：假

---

① Nietzsche, *Also sprach Zarathustra* (KSA 4), s. 146.

如民众是生生不息的生成之流，那么哲人则是指引方向的小舟。

> 不智者当然是民众——他们就好比河流，承载着一条小舟漂向远方；小舟里庄严而神秘地装满了各种价值评估。你们将自己的意志和价值施加在生成（Werden）河流之上，凡是被民众当作善恶来信仰的，无不流露出一种古老的权力意志。①

既然民众生活在哲人创造的视域之中，那么哲人对民众的统治就符合生命自身的等级秩序。但是为了确保统治秩序的正当性，哲人必须把"真理是他们权力意志的创造"这一事实隐藏起来，以便使民众"遗忘"这个"致命的真理"，并把他们的生活"视域"当成神圣不可侵犯的绝对真理，而不是哲人权力意志的创造。正因为如此，传统的智慧就是一种使民众遗忘生活的催眠术。

参照尼采早期的哲学思考，我们似乎不难发现，哲人和民众的关系恰恰揭示了生命自身的内在张力：一方面，生命必须拥有某种作为"保护层"的视域，并把它设定为自己的意义、价值、真理或目标，否则它就不能健康地成长；另一方面，生命作为权力意志恰恰意味着不断地超越自身，所以它必须否定自己既定的意义、价值、真理或目标。就此而言，哲人和民众体现了生命的两种不同意志：如果说哲人意味着生命的"求真意志"，那么民众代表了生命的"求假意志"。这也意味着，民众所需要的并不是真理而是谎言，因为一旦揭穿了谎言，把真理大白于天下，那么民众就失去了生活的意义和目标。

---

① Nietzsche, *Also sprach Zarathustra* (KSA 4), s. 146.

正是出于这一担心，柏拉图主义把"真理是权力意志的创造"这一"致命的真理"隐藏起来，转而把民众的偏见或信念上升为绝对真理，由此制造了"至善""永恒正义""德性就是幸福""善恶报应"和"灵魂不朽"之类的谎言。但查拉图斯特拉却反过来认为，"真理一旦被隐瞒就会变得有毒"[①]。事实上，西方现代性的虚无主义危机正是柏拉图主义谎言所导致的后果，因为它恰恰用一个虚构的"尘世的意义"否定了尘世或生命自身的意义。为了克服这一危机，查拉图斯特拉决定把这个"致命的真理"大白于天下：一切所谓的"意义""价值"或"真理"，都是哲人"求真意志"的产物，都是他们权力意志的创造。

3. 超人学说的危机

查拉图斯特拉第二次下山的主要目的，是要使门徒摆脱柏拉图主义的错误影响，并且恢复对超人学说的信仰。表面上看来，这一努力并非没有成功，因为门徒的确重新回到了他的身边，虔诚地聆听他的教诲。但是，正因为他深刻地洞察了"生命就是权力意志"的真理，他的超人学说才遭遇到了前所未有的危机：如果说柏拉图主义是一种迎合民众偏见的谎言，那么根据同样的道理，作为其对立面和替代者的超人学说能否避免同样成为谎言的结局？他不仅开始怀疑自己的超人学说，甚至对自己的教育使命也产生了动摇。这是因为，他非常清楚这样一个事实：门徒不可能被教育成为超人。所以在此后的言辞中，他不但很少再提到"超人"的字眼，而且越来越对门徒感到失望。

在"论诗人"中，查拉图斯特拉以反讽的口吻告诉门徒，他

---

① Nietzsche, *Also sprach Zarathustra* (KSA 4), s. 149.

本人也是一位"满口谎言"的诗人（Dichter），而"超人"则不过是一个"诗人的比喻"：

> 所有的神都是诗人的隐喻，诗人的私货！是啊，这些东西总是吸引着我们——也就是说，把我们拉向云端深处：我们把自己光怪陆离的玩偶置于云端，并把它们称为诸神或超人（Übermenschen）。①

查拉图斯特拉此言虽然不无调侃意味，却也隐晦地道出了自己的真实意图。只不过说者有意，听者无心。门徒既不能理解也无法接受老师的意图，他们仍然虔诚地相信超人学说就是绝对真理；所以，当他们发现自己的老师如此不严肃地看待"超人"，发现他竟然把它称为一个"诗人的比喻"或谎言时，他们理所当然地感到失望乃至"气愤"。仅仅因为出于对老师的敬畏，他们敢怒不敢言。这一点刚好表明，门徒仍然没有从根本上摆脱柏拉图主义的束缚，所以自觉或不自觉地把老师视为一位柏拉图主义式的"著名智者"，甚至当作高高在上的偶像来顶礼膜拜。有鉴于此，查拉图斯特拉忍不住"发出叹息"。这是他对门徒的第一次失望。②

有一次，查拉图斯特拉忽然失踪了好几天，有人说他"进了地狱"，甚至"被魔鬼抓走了"。事实上，他不过是在不远处的火山岛上同一只"火狗"进行了一次谈话。所谓"火狗"就是指那些激进的革命者，他们出于对现实的不满，所以决定要推翻现存的政治秩序。但在查拉图斯特拉看来，这些现代革命者同他们要

① Nietzsche, *Also sprach Zarathustra* (KSA 4), s. 164.
② Nietzsche, *Also sprach Zarathustra* (KSA 4), s. 165.

推翻的秩序原本就是一丘之貉，因为两者的实质都是虚无主义。他本来希望通过这个故事来教育门徒：超人虽然也是革命者，但却要最终克服虚无主义，创造一个新的政治秩序。但门徒却并不关心故事的寓意，"他们仅仅急于要他讲述船员、野兔和飞人的故事"。这一点也从根本上表明，门徒仅仅将他看成是一位耶稣式的"行奇迹者"，而不是一位探究真理的哲人。这是他对门徒的第二次失望。[1]

查拉图斯特拉对门徒第三次感到失望，则是发生在他同一位预言家的相遇之后。这位悲观的预言家警告他，所谓的超人教育注定要失败，因为世界原本就是"万事皆空，一切相同，一切俱往"[2]。这个预言一下子击倒了他，让他"心事重重，踯躅彷徨，三天不吃不喝，不休息，也不讲话，好不容易才入睡"。醒来之后，他发现自己做了一个神秘的梦。可是当他讲完这个梦之后却发现，就连他最欣赏的一个门徒也不能理解这个梦的真正寓意。为此，"他长时间地注视那位门徒的脸，并且摇了摇头"。那么，这究竟是一个什么样的梦呢？简而言之，这个梦包含了两个场景，其中第一个场景是这样的：

> 我梦见自己拒绝了一切生命，变成了守夜人和守墓人，呆在孤独的死亡城堡之中。我在那里守护着灵柩：沉闷的拱顶墓道里摆满着这种胜利的记号。被超越的生命从透明的灵柩里向我凝视。我呼吸到尘封已久的永恒之气息：我的灵魂忧郁，也被尘封起来。在那个地方，谁能让

---

[1] Nietzsche, *Also sprach Zarathustra* (KSA 4), s. 171.

[2] Nietzsche, *Also sprach Zarathustra* (KSA 4), s. 172.

> 灵魂透气！我的周围总是午夜的光亮，孤独与午夜相守；此外还有发出鼾声的死寂，我最凶恶的女友。我手握着钥匙，锈迹斑斑的钥匙；我知道如何用它来打开那道发出最大响声的墓门。当墓门打开时，一种穷凶极恶的嘶哑声响彻了长长的墓道：这只鸟怀着仇恨在叫喊，不愿意被唤醒。可是更可怕、更让心脏抽紧的是，一切又重归静默和死寂。假如时间真的存在，那么它也从我身边溜走了：我知道就是这样。[1]

这一场景形象地表明，所谓"万事皆空，一切相同，一切俱往"的虚无主义，正是"生命就是权力意志"这一真理的可能后果。换句话说，把查拉图斯特拉推向深渊的，并不是预言家的悲观预言，而是这样一个"致命的真理"：假如一切意义或价值都是权力意志的创造，假如生命不存在一个超验的目标或永恒的意义，假如一切被创造出来的意义或价值都注定要毁灭，那么生命就是一个毫无意义的生成与消逝过程。一切将来和现在都注定成为过去，而一切过去也都注定成为毫无意义的"被超越物"，成为梦中所说的"灵柩"。一言以蔽之，当查拉图斯特拉摧毁了柏拉图主义之后，他就必须面对虚无主义的致命后果。

查拉图斯特拉本来以为，他的超人学说是打开墓门的"钥匙"，是克服虚无主义的最终答案。但事实又是如何？我们且看这个梦的第二个场景：

> 但使我惊醒的事情终于发生了。墓门被撞击了三次，发出了三次雷鸣般的响声，拱顶也发出三次怒号般的回响：于

---

[1] Nietzsche, *Also sprach Zarathustra* (KSA 4), ss. 173 – 174.

是我向墓门走去。阿尔帕！我叫喊道，是谁把他的骨灰带到了山上？阿尔帕！阿尔帕！是谁把他的骨灰带到了山上？我插进了钥匙，费力地推门，但墓门却几乎纹丝不动。此时一阵暴戾的狂风把门吹开：狂风尖利地呼啸、喊叫，把一具黑色的灵柩吹到我面前。灵柩在狂暴、呼啸和叫喊声中碎裂，爆发出无数哄笑。孩子、天使、猫头鹰、愚人以及孩子般大小的蝴蝶，这千百张面孔都在嘲笑我，讽刺我，向我怒吼。我惊恐异常，被击倒在地上。我从来没有像这样，因为恐惧而大喊大叫。①

当查拉图斯特拉讲完这个梦之后，他最欣赏的一位门徒试图这样来解释梦的寓意："狂风"和"笑声"代表查拉图斯特拉的"超人"，而做梦者（"我"）则是指预言家这样的虚无主义者；"狂风"和"笑声"把做梦者"击倒在地"则预示着，超人最终克服了虚无主义的危机。毫无疑问，这也代表了其他弟子的共同看法。但是，只有查拉图斯特拉本人非常清楚：这一场景比前一场景更为可怕，因为他不但无法用"钥匙"打开墓门，反而被"黑色灵柩"所爆发出来的嘲笑声"击倒在地"。这也意味着，他的超人学说并不能在根本上克服虚无主义的危机。原因在于，假如一切意义、价值或目标都是权力意志的创造，那么超人本身也不过是一个"谎言"；生命的"时间"和"过去"，注定要把包括超人在内的所有意义、价值或目标都彻底毁灭，从而使生命本身也变得毫无意义。这一点，才是查拉图斯特拉感到绝望的根本原因。

查拉图斯特拉终于明白，超人学说之所以陷入危机，归根到

---

① Nietzsche, *Also sprach Zarathustra* (KSA 4), s. 174.

底是因为它重蹈了柏拉图主义的覆辙。在这个意义上说，海德格尔只不过是简单地重复了查拉图斯特拉的自我批判：作为"柏拉图主义的颠倒"，超人本身恰恰是一种"颠倒的柏拉图主义"。因此，除非他像柏拉图主义一样放弃"理智的诚实"，选择卑劣的自欺欺人，否则即使他赢得了门徒的信仰和崇拜，甚至即使整个世界都接受了他的超人学说，他也只能成为一位迎合民众偏见的"著名智者"，而他把门徒教育成为超人的努力也注定要失败。正是考虑到这一点，他决定彻底放弃了教育门徒的希望，重新返回到山上。

四、永恒轮回

1. 从教育到自我教育

在有的论者看来，查拉图斯特拉放弃教育门徒的行动，不仅标志着他的教育事业宣告失败，而且意味着他彻底放弃了自己的超人学说。[①]这种论断表面上看似乎有一定的道理——因为自从离开门徒之后，查拉图斯特拉确实几乎绝口不谈"超人"的话题——但事实上却并没有什么说服力，因为至少就整个戏剧的情节发展来看，这一行动并不是戏剧的结束，而是它的另一重要转折点。如果说查拉图斯特拉从民众转向门徒，标志着他从"为了

---

① 如丕平 （Robert B. Pippin） 就持有这种看法，而欧文 （David Owen） 甚至据此认为，尼采完全放弃了立法的意图。Robert B. Pippin, *Modernism as a Philosophical Problem*, Blackwell Publishers, second edition, 1999, p. 109; David Owen, "Modernity, Ethics and Counter – Ideals: Amor Fati, Eternal Recurrence and the Overman", in *Nietzsche: Critical Assessments*, Volume III, pp. 215 – 216.

所有人"转向"为了少数人",那么他离开门徒则预示着他开始从"为少数人"转向"不为任何人",或者更准确地说,转向"为了自己"。从此之后,他的所有言辞都是"为了自己",相应地他的"教育"也变成了"自我教育"。

在离开门徒之前,查拉图斯特拉对门徒发表了最后一次重要谈话。这段以"论解救"为题的言辞,清楚地预示了从"为了少数人"到"为了自己"的转变,从而也预示着从"教育"到"自我教育"的转变。倘若"教育"就是教导生命摆脱虚无和厌倦,重新获得"意义"或肯定,那么对查拉图斯特拉来讲,教育正是一种"解救"(Erlösung)。具体而言,"解救"就是把生命从对时间和"过去"(Vergangen)的复仇(Rache)中解放出来,获得最高程度的自我肯定。那么,生命为什么要对时间和过去进行"复仇"? 对于这个问题,查拉图斯特拉回答说:

> "过去如此"是意志的切齿之恨和最孤独的忧伤。意志无力对抗已经完成之事——对于一切过去,意志只是一个恶意的旁观者。意志不愿意倒退;它不能中断时间以及时间的贪欲——这就是意志最孤独的忧伤。想要获得解放:但意志究竟应该怎样思考,才能摆脱忧伤,并且嘲笑自己的禁锢者? 唉,一切被束缚者都成为一种疯狂!被束缚的意志想要疯狂地解救自身。时间不会倒流,这就是意志的怨恨——它把自己无力推动的石头,叫做"过去之事"。它怀着怨恨和沮丧来推石头,并且向那些不像自己那样感到仇恨和沮丧的东西复仇。于是意志,这个解放者,就变成了痛苦的制造者,它因为自己不能倒退,所以向一切导致受苦的东西复仇。意志对时间及其"过去"的反感,这一点

本身就是复仇。①

这段话首先表明，"复仇"正是生命之"求真意志"的可能后果。假如生命发现，一切创造都将在时间的河流中毁灭，一切当下都会注定要成为过去；假如生命意识到，生命自身并没有一个"永恒"的意义，而是一个永恒地创造与毁灭的过程；那么，生命很可能就因为自己的"无意义"而感到沮丧或厌倦，从而对时间和过去进行复仇。具体说来，所谓"复仇"是指这样一种观念，它相信"万事万物都在道德上根据正义和惩罚来被安排"。譬如说，柏拉图主义就认为，生命或生成之所以注定在时间的河流中毁灭或消逝，是因为它本身就是不完满、不正义或"有罪"；反过来说，生命若想获得"解救"，那就必须要否定自己的时间或"过去"，上升到一个超时间的"至善""永恒正义"或上帝王国。毫无疑问，这种意义的"解救"恰恰是对生命根深蒂固的"复仇"。

那么在查拉图斯特拉看来，"解救"究竟意味着什么呢？一言以蔽之，"解救"就是"把'过去如此'（Es war）变成'我愿意如此'（So wollte ich）"②。具体说来，这意味着："所有的'过去如此'（Es war）都是一个碎片，一个不解之谜，一个残酷的偶然——直到创造性的意志对它说：'但我愿意如此。'——直到创造性的意志对它说，'但我愿意如此！我将来也愿意如此！'"③当生命认识到了自身的时间或"过去"时，它既没有陷入虚无主义的厌倦，也没有对自己进行"复仇"，而通过一种"创造性的意志"无限地肯定了自己的"过去"。因此，"求真意志"非但不是

---

① Nietzsche, *Also sprach Zarathustra* (KSA 4), ss. 179 – 180.

② Nietzsche, *Also sprach Zarathustra* (KSA 4), s. 179.

③ Nietzsche, *Also sprach Zarathustra* (KSA 4), s. 179.

对生命的否定,反倒是一种"创造性的意志",一种最高的权力意志,因为它在最高的程度上肯定了生命的时间或过去,把一切"过去如此"都变成了"我愿意如此"。

至此我们不难发现,尼采早期为之困扰的那个问题——既然生命需要谎言,而真理则危害生命,那么为什么还要追求真理?——似乎已经有了答案:真理并不是对生命的否定,而是生命的真正"解救"之道。正因为生命认识到自己是一个不断创造和毁灭的过程,所以它才能够清醒地拒绝一切"永恒真理"之类的谎言,拒绝用这种谎言来对自己的时间和"过去"进行"复仇",并且由此得了最高程度的自我肯定。

承认"求真意志"或真理对于"解救"的重要性,则意味着必须彻底否定柏拉图主义对"解救"的理解。因为说到底,柏拉图主义所许诺的普世解救之道,如"至善""上帝"或"永恒真理"等,都只不过是一套卑贱的谎言——似乎任何人只要信仰了它,就可以获得"解救"。但在查拉图斯特拉看来,任何"解救"首先都是"自我解救",相应地任何教育也都首先意味着自我教育;因此之故,所谓"自我教育"就是通过真理获得"自我解救"。具体地说,一个人要想获得自我教育或自我解救,那么他首先必须深刻地领悟"生命就是权力意志"的真理,从而摆脱对其生命的时间或"过去"的复仇,最终把这种领悟或"求真意志"变成对生命的无限肯定。

假如我们把超人理解为生命的自我肯定,那么查拉图斯特拉就非但没有否定超人,反而把超人提升到了一个前所未有的高度。因为从现在起,超人不再是纯粹的"言辞",而是变成了他的实践行动。换句话说,他的使命不再是充当超人的教导者或先行者，而是要成为超人本身；他的目标也不再是把门徒教育成为超人，而是首先把自己教育成为超人。反过来说，他之所以放弃了把门徒教育成为超人的希望，是因为超人恰恰意味着自我教育；而要实现自我教育，则首先必须能够深刻地理解"生命就是权力意志"的真理。从这一点来看，门徒注定不能成为超人，因为他们自始至终都只是被动地追随和信仰自己的老师，从而把超人理解为一种柏拉图主义式的"解救"之道。

查拉图斯特拉从教育到自我教育的转变，在"论解救"这段话的修辞中也得到了体现。当他说完这段话之后，一位旁观的驼背者非常困惑地问到："查拉图斯特拉和门徒说话，为什么不同于对自己说话？"[1]其实，查拉图斯特拉这番话并非仅仅说给自己，同样也是说给门徒。只不过是说者有意，听者无心："解救"对查拉图斯特拉来说意味着"自我解救"，因此是一种"隐微教诲"，但对门徒来说就仿佛是柏拉图主义式的普世真理，因此是一种"显白教诲"。但这并非意味着查拉图斯特拉刻意隐瞒了自己的意图，而是仅仅表明，门徒因为无法领会"生命就是权力意志"的真理，所以才不能理解这段话的真实含义：解救就是自我解救，教育就是自我教育。

不管怎样，查拉图斯特拉终究踏上了自我解救或自我教育的道路：要想达到命运的顶点，他首先必须下降到命运的深渊；要想在最高的程度上肯定生命，他首先必须体会生命的虚无。换句话说，这条道路意味着"顶峰和深渊已经合为一体"。[2]这座他想

---

[1] Nietzsche, *Also sprach Zarathustra* (KSA 4), s. 182.

[2] Nietzsche, *Also sprach Zarathustra* (KSA 4), s. 194.

攀登的顶峰，这道他必须置身的深渊，也就是所谓的"永恒轮回"思想。对查拉图斯特拉来讲，自我解救或自我教育就是"热爱命运"，就是通过作为最高"权力意志"的"求真意志"来肯定"永恒轮回"。

2. 深渊般的思想

离开门徒之后，查拉图斯特拉并没有马上回到山上，而是开始了新的"漫游"生涯。在一次海上航行中，他遇到了一批探险家和冒险者，遂引以为同道和知音，并对他们讲述了一个故事。这个故事的主要内容是查拉图斯特拉同一个侏儒的对话，而他们的话题则正是"永恒轮回"。

一天傍晚，太阳已经落山，查拉图斯特拉在穿过一条山间小径时，却被一种"沉重的精神"(Geist der Schwere)拉向深渊。这个"沉重的精神"化身为一个侏儒，坐在查拉图斯特拉的身上，并且冷酷地嘲笑他：

> 哦，查拉图斯特拉，你这智慧之石，你居然把自己抛向高处——但任何被抛之石——都必然降落！/哦，查拉图斯特拉，你这智慧之石，你这投掷之石，你这星辰的毁灭者！你把自己抛得那么高，——但任何被抛之石——都必然降落！/哦，查拉图斯特拉，你把石头抛得那么远——但它将会落到你身上：它注定是你的，并且还要砸死你。①

从某种意义上讲，"侏儒"同查拉图斯特拉此前碰到的那位悲观预言家，甚至同《快乐的科学》中的那个恶魔，在精神实质上完全是一脉相承：说到底，他们都是柏拉图主义的现代和最

---

① Nietzsche, *Also sprach Zarathustra* (KSA 4), s. 198.

后变形。在他们看来，假如彻底摧毁了柏拉图主义的谎言，并把
"生命就是权力意志"的真理大白于天下，那么生命就必将成为
一个毫无意义的"永恒轮回"。正如恶魔坚信，没有任何人能够
忍受这个虚无主义的致命后果，而是必定被"碾得粉碎"；预言
家预言说，其结局将是"我们过于厌倦，以至于求死都不可能；我
们仍然保持清醒，继续——在坟墓中——活下去"①。侏儒也断
定，查拉图斯特拉通过智慧或真理寻求自我解救的努力注定要失
败，甚至被落下来的"智慧之石"砸死。一言以蔽之，他们都认
为真理同生命绝对无法相容，所以查拉图斯特拉的生命必将被真
理所摧毁。

但是，查拉图斯特拉并没有被"击倒在地"和"碾得粉碎"，而
是勇敢地告诉侏儒："要么是我！要么是你！但在我们俩之间，我
才是强者——你并不了解我那深渊般的思想——你也不可能承
受这个思想！"②侏儒感到很好奇，它很想知道这个"深渊般的思
想"究竟是什么东西。于是查拉图斯特拉用眼前的"大门通道"作
比喻，开始阐发自己的思想：

> 侏儒！你看这大门通道！它有两个面相。有两条道路
> 在此交会：从来没有人走到尽头。/这条长长的胡同向后通
> 向永恒，那条长长的胡同向前通向另一个永恒。/这两条道
> 路正好相互对立；它们头对头地相遇。——它们交会的地
> 方，正是这个大门通道。大门上镌着名字："瞬间"。/但倘
> 若有人沿着其中一条走下去——永远不停地走下去，侏

---

① Nietzsche, *Also sprach Zarathustra* (KSA 4), s. 172.

② Nietzsche, *Also sprach Zarathustra* (KSA 4), s. 199.

儒，你认为这两条道路会永远相互对立吗？——①

侏儒听完了之后，非常不屑地回答说："一切直线都是骗人的，一切真理都是弯曲的，时间本身就是一个圆圈。"②从查拉图斯特拉的前提来看，这当然是一个正确的回答。因为既然时间意味着一个无数瞬间（Augenblicke）的永恒消逝过程，那就不可能存在某种超时间的永恒，也就是说，时间不可能拥有某种朝向未来的目标。在这种情况下，时间就只能是一个圆圈（Kreis），而不可能是一条包含着过去、现在和将来的直线（Gerade）。③

但是，这个看起来非常合理的答案却激怒了查拉图斯特拉，因为他觉得侏儒过于看"轻"（leicht）了这个"圆圈"。为此，他继续说：

> 请看这个瞬间！从这个瞬间之门起，向后延伸着一条永恒的长胡同：我们身后就有一种永恒。能够从万物中跑开的东西，不都必然已经在这条胡同里跑开过一次了吗？能够在万物中发生的事情，不都必然已经发生过、做过、经历过一次了吗？假如一切都已经存在，你这侏儒从这个瞬间得到什么？就连这个大门通道不都已经——存在过了吗？难道万物不是联系得这样紧密，以至于这个瞬间

---

① Nietzsche, *Also sprach Zarathustra* (KSA 4), ss. 199 – 200.

② Nietzsche, *Also sprach Zarathustra* (KSA 4), s. 200.

③ 德国学者安内马丽·彼珀对此有很详细的论述，参见安内马丽·彼珀：《动物与超人之维》，第 338 – 350 页。另可参见 K. – H. Volkmann – Schluck, „Die Stufen der Selbstüberwindung des Lebens: Erläuterungen zum 3. Teil von Nietzsches Zarathustra", in *Nietzsche Studien*, Band 2, 1973, ss. 143 – 144。

把一切即将到来的事情都引向自己？因此——也包括它自身？因为，能够从万物中跑开的东西——必然也从这条长胡同中跑出去——它还必然再跑一次。这只在月光下缓慢爬行的蜘蛛，这月光本身，在大门通道两旁嘀咕着永恒之物的你我——我们这一切难道不都必然已经发生过一次了吗？——难道不都要复归，从另一条胡同跑出去，再回到我们面前这条可怕的长胡同吗——我们难道不是必然永恒地复归吗？[①]

对查拉图斯特拉来说，"时间是一个圆圈"绝对不是一个轻飘飘的论证，而是一个"深渊般的思想"。因为假如时间没有一个永恒的目标，那么结果必将是：生成—消逝—毁灭，再生成—再消逝—再毁灭……以至无穷；不仅其他事物或生命，就连谈论"永恒之物"的查拉图斯特拉和侏儒，都注定要"永恒地复归"（ewig wiederkommen）。而且更重要的是，每一次"复归"都是前一次的完全重复，绝无任何新意，也就是说，这将是"同一个东西的永恒轮回"。[②]

"同一个东西的永恒轮回"之所以是一个"深渊般的思想"，是因为它揭示了生命最可怕的深渊：假如生命的任何"创造"都只是过去的简单重复，那么生命本身就是一个永远无意义地自我重复的过程。这个"深渊"过于恐怖，以至于查拉图斯特拉"说得

---

① Nietzsche, *Also sprach Zarathustra* (KSA 4), s. 200.

② 从这一点来看，德勒兹对永恒轮回的理解颇有疑问，因为他把"永恒轮回"视为一个"选择性"的轮回，即是主动或积极性的（active）因素之轮回，而不是被动或反应性的因素之轮回。Deleuze, *Nietzsche and Philosophy*, translated by Hugh Tomlinson, Columbia University Press, 1983, p. 71.

越来越低声",因为他"对自己的这个思想和隐念感到害怕"。就在这时候,他突然被一阵狗叫声惊醒,发现侏儒、大门通道、蜘蛛等都消逝得无影无踪,只有他"孤身一人站在乱石丛中"。于是他才明白刚刚发生的一切都是一个幻觉(Gesicht)。顺着狗叫声,他看见不远处有一个年轻的牧人,口中垂着一条"黑色的大蛇",并且"紧紧地咬住他的咽喉"。看到这个恐怖的景象,查拉图斯特拉忍不住冲着牧人大叫:"咬啊!赶紧咬啊!咬断它的脑袋!咬啊!"

故事的结局是:"正像我叫喊着建议的那样,牧人咬了下去;他狠狠地咬下去!他把蛇脑袋吐得很远——然后高高地跳起来。——他不再是牧人,不再是人——而是一位变形者,一位光芒四射的欢笑者!大地上,从来没有谁像他那样欢笑!"[1]至于这个牧人是谁,故事的寓意究竟是什么,他并没有亲口说出来,而是留给听者和读者去猜测。其实在其后的"痊愈者"中,他已经给出了答案:"牧人"就是指查拉图斯特拉自己,"黑色的大蛇"则是指那个"深渊般的思想"——"同一个东西的永恒轮回";牧人咬断"蛇的脑袋"象征着,查拉图斯特拉克服了对时间和过去的复仇,获得了自我解救,因为他把"永恒轮回"从一个虚无的深渊变成了对生命的最高肯定——"生命曾经是这样?好啊!那就再来一次!"[2]

3. 万物的新尺度

查拉图斯特拉虽然咬断了"蛇的脑袋",但正如他本人所

---

[1] Nietzsche, *Also sprach Zarathustra* (KSA 4), ss. 201 – 202.

[2] Nietzsche, *Also sprach Zarathustra* (KSA 4), ss. 273 – 274.

说，这一切都只是一个幻觉，并没有真正地发生。如此看来，恶魔、预言家、侏儒和"黑色的大蛇"等，只不过是他自己的"心魔"。他之所以一开始被这个"心魔"打倒，是因为他还没有彻底摆脱柏拉图主义的阴影。倘若以柏拉图主义为尺度，那么"永恒轮回"当然意味着"虚无主义"，因为它否定生命拥有某种超越自身的超验"意义"，并把生命看成是一个永恒地创造和毁灭的"无意义"过程；但是，只要我们发现，柏拉图主义所鼓吹的"意义"并不是生命真正的意义，而是一种强加在生命之上的谎言，一种对生命的时间或"过去"的复仇，那么我们就会反过来看到，"永恒轮回"非但不是虚无主义，反而是对生命的最大肯定，因为它恰好把生命从超验的囚笼中解放出来，重新肯定了"生成的无辜"或生命自身的正当性。

通过"永恒轮回"的教诲，查拉图斯特拉从生命的复仇者变成了祝福者（Segende）和肯定者（Ja – sagende）。因为这一教诲把万物"从目标的枷锁中解放出来"，把偶然（von Ohnge-fähr）——这个"世界的最高古老贵族"——"归还给万物"；它让万物"在'偶然'之脚尖上跳舞"，"在永恒之泉边、在善恶的彼岸接受洗礼"；它使万物自行敞开，让万物如其所是地存在；它摧毁一切"人性、太人性"的谎言或"沉重的精神"，"挪开大地上所有的界石（Grenzsteine），并且给它重新洗礼，命名为'轻盈的大地'"。[①]有鉴于此，查拉图斯特拉在返回山上时情不自禁地说："一切存在的语言和语言宝盒都在此向我敞开：一切存在都

---

① Nietzsche, *Also sprach Zarathustra* (KSA 4), ss. 208 – 210.

想要在此成为语言，一切生成都想要在此向我学习言说。"①

正因为如此，"永恒轮回"不仅意味着查拉图斯特拉个人的"自我解救"，同时也构成了"万物的新尺度"。这一点，在"痊愈者"这一章节中体现得最为明显。所谓"痊愈"，当然首先表明查拉图斯特拉本人获得了"自我解救"，肯定了自己命运的"永恒轮回"。但相当令人不解的是，这个象征着"人所能达到的最高肯定形式"的教诲，并不是由他本人来表达的，而是通过动物之口说出来的。当他从七天的沉睡中醒过来时，动物们围在他身

---

① Nietzsche, *Also sprach Zarathustra* (KSA 4), ss. 233.查拉图斯特拉在这里几乎已经道出了海德格尔后期的主要观点：存在通过语言向人敞开，语言是存在之家。但是海德格尔要么是对此视而不见，要么是为了显示自己思想的独创性，别有用心地歪曲查拉图斯特拉或尼采的意图。海德格尔认为，尼采的"权力意志"和"永恒轮回"是对一个传统形而上学问题——"存在者的存在"——的回答：前者回答了"存在者是什么"（本质），而后者则回答了"存在者如何是"（实存）。这样一来，海德格尔就把尼采强行纳入了西方形而上学的历史，甚至是这一历史的最后完成。具体地说，尼采尽管激烈地反对柏拉图以来的形而上学，但却最终搞出了一套价值形而上学，因为他把真理变成了价值，变成了权力意志的创造。由此海德格尔进一步认为，尼采完全继承了自笛卡尔以来的近代主体性形而上学，并且将其推向顶点，变成了一种权力意志的形而上学，甚至主张用技术手段征服、控制并改造自然和世界。但无论从查拉图斯特拉还是从尼采本人那里，我们都很难获得这样一种印象。事实上，查拉图斯特拉之所以肯定"永恒轮回"，恰恰反对征服自然的技术形而上学，反对用任何人性、太人性的谎言去遮蔽万物自身的存在，而是把存在自身归还给存在。在这种意义上，"永恒轮回"正是海德格尔后期所要追求的"让在"（Seinlassen）或"泰然任之"（Gelassenheit），亦即让存在"自行敞开"。海德格尔：《林中路》，第260－266页。

边，这样对他说：

> 噢，查拉图斯特拉，对于我们这样的思考者来说，万物是自己跳舞：它们出来，手拉着手，欢笑，逃开——然后返回。万物走了，万物回来；存在之轮永恒地转动。万物死亡，万物复生，存在的岁月永恒地流转。万物破碎，万物重新组合，同一个存在屋宇永恒地自己建构。万物分离，万物复又相聚；存在之轮永恒地忠于自己。存在开始于每一瞬间；彼处之球围绕此处之球永恒地转动。中心无处不在。永恒之径充满了曲折。[①]

当动物们热情地赞美了"永恒轮回"之后，查拉图斯特拉并没有附和它们，而是微笑着向它们回顾了自己"痊愈"的经过：他最初之所以无法忍受"永恒轮回"，是因为他发现，假如一切都只是"同一个东西的永恒轮回"，那么不仅高贵者和伟大者，低贱者和渺小者也必然永恒轮回；他对动物说："我曾亲眼目睹最伟大的人和最渺小的人这两者何其相似——就连最伟大的人都太人性了（allzumenschlich）！就连最伟大者也如此渺小——这就是我对人的极度厌恶！小人也永恒轮回！——这是对一切存在的极度厌恶！"换句话说，要肯定生命的自然等级秩序，那就必须同时肯定低贱者和渺小者的"永恒轮回"。这也意味着，永恒轮回绝对不是一个完美的乌托邦，一个摆脱了所有丑恶或低贱的"千年王国"。反过来说，超人教诲之所以有缺陷，也是因为它接受不了这一点。

查拉图斯特拉还没来得及说完，就被动物们打断了。它们担

[①] Nietzsche, *Also sprach Zarathustra* (KSA 4), ss. 272–273.

心这样会影响他的健康,所以继续为他吟唱"永恒轮回"之歌:

> 瞧,我们知道你的教导是什么:万物永恒地轮回,我们也一道轮回;我们已经无限次地存在过了,万物也同我们一道存在。你教导说:有一个伟大的生成岁月,一个伟大岁月的庞然大物:它如同一个沙漏,一再重新旋转,以便重新离开和出发。——所有岁月都同自身完全相同,不管在最伟大还是在最渺小之处——以至于在每个伟大岁月中,我们同自身也都完全相同,不管在最伟大还是在最渺小之处。①

从任何意义上讲,这段言辞都完全符合查拉图斯特拉本人的教导。所以当动物们说完之后,"期待着查拉图斯特拉对它们说点什么"。但后者似乎没有听见它们的说话,因为"他正在同自己的灵魂进行对话"。那么,查拉图斯特拉的反应为什么如此冷淡,他是不是从根本上拒绝了动物们对永恒轮回的理解和表述?②

对比查拉图斯特拉在同侏儒的对话中对永恒轮回的表述,我

---

① Nietzsche, *Also sprach Zarathustra* (KSA 4), s. 276.

② 很多论者认为,查拉图斯特拉完全否定了动物们对永恒轮回的理解和表述。譬如海德格尔说,"侏儒的看法和动物们的看法仍然显示出某种令人尴尬的相似性",他也据此认为,动物们所陈述的永恒轮回只是侏儒的可笑变形,所以理所当然地遭到查拉图斯特拉的拒绝。罗森则认为,动物同门徒一样缺乏领悟力,所以他们只能机械地重复查拉图斯特拉的教导,这也表明,查拉图斯特拉完全不能与自然沟通,只能同自己的内心对话。但从"痊愈"的主题来看,这两种看法都完全不符合查拉图斯特拉或尼采的本意。海德格尔:《尼采》,第300页;罗森:《启蒙的面具》,辽宁教育出版社,2003年,第230—231页。

们不难发现，从内容上来看，动物们的表述同前者完全一致。唯一不同之处在于，动物们没有经历过艰难的"自我解救"过程。对它们来说，"永恒轮回"从一开始就意味着对万物和自身的直接肯定，所以它们才尽情地讴歌"万物永恒地轮回"。但对查拉图斯特拉来说，永恒轮回最初却是一个"深渊般的思想"，一种"沉重的精神"；只有当他通过自己的智慧和勇敢克服了对"小人也永恒轮回"的厌恶之后，"永恒轮回"才变成了对生命的最高肯定。

这一点恰好表明，查拉图斯特拉和动物们对"永恒轮回"的理解和表述，在内容上虽然并无不同，但在视角（perspective）上却有根本性的区别：查拉图斯特拉是馈赠者、祝福者和肯定者，而动物们则是被馈赠者、被祝福者和被肯定者。用美国学者兰佩特的话来说，前者是一种奠立者（founder）的视角，而后者则是一种被奠立者（the founded）的视角：对于奠立者而言，"永恒轮回"就是他的最高权力意志之创造，以使万物如其自身所是地存在；而对于被奠立者而言，"永恒轮回"则是直接的肯定和祝福，因为它把它们从"从目标的枷锁中解放出来"，让它们"在'偶然'之脚尖上跳舞。"①正是在这个意义上，永恒轮回才成为"万物的新尺度"，或者借用尼采早期的语言说，是一个肯定生命的新"视域"。

---

① Laurence Lampert, *Nietzsche's Teaching: An Interpretation of Thus Spoke Zarathustra*, pp. 220 - 222. 正因为如此，我们绝对不能把尼采的永恒轮回学说简单地看成是一种宇宙论或本体论，更不能理解为古代斯多亚学派或赫拉克利特的永恒轮回哲学的翻版。至于两者的根本差别，可参看本章第五节第四部分"未来哲学与未来宗教"。

4. 永恒的婚礼

　　查拉图斯特拉的"痊愈",标志着真理与生命的最终和解:正因为他深刻地洞察了"生命就是权力意志",他才能够反过来肯定生命的"永恒轮回"。如果说真理或智慧象征着有德性的男人,而生命象征着"没有德性的女人",那么自我解救或自我教育则象征着两者的完美结合,或者用查拉图斯特拉本人的话说,象征着两者的永恒婚礼。由此反观两千多年的柏拉图主义,我们不难发现一个事实:柏拉图以来的哲学家虽然也声称追求真理,但事实上他们所追求的恰恰不是生命自身的真理,只不过出于对生命女人的反复无常或"没有德性"的仇恨,他们把自己的"真理"或"德性"强加给生命,因此把真理变成了征服生命的皮鞭。①但在查拉图斯特拉那里,真理却反过来变成了为生命的舞蹈而助兴的皮鞭。为了证明这一点,我们再来看看他同生命的最后一次对话,题目是"另一支舞蹈之歌"。

---

　　①《查拉图斯特拉如是说》中有一句名言:"你到女人那儿去吗,别忘记带上鞭子。"(《查拉图斯特拉如是说》卷一,"老妇与少妇")很多人望文生义,误以为尼采极端贬低和轻视女人,甚至认为他有虐待狂的倾向。迄今为止,这仍然是对尼采最粗鄙、最庸俗的误解。其实只要明白女人在尼采哲学中象征着反复无常的生命,那么我们就会发现,这句话其实是对两千多年的柏拉图主义传统的批判,因为后者无法理解生命自身的真理,所以才会粗暴地用鞭子征服生命,强迫生命接受被强加给她的"真理"或德性。而查拉图斯特拉则刚好相反,他所谓的真理恰恰是生命自身的敞开,是对其反复无常(永恒轮回)的最大祝福和肯定。在这一点上,后现代主义反倒比较准确地把握了尼采把女人作为真理和生命之隐喻的用意。可参见德里达:《风格问题》,《尼采在西方——解读尼采》,第 397－418 页;布隆代尔:《尼采的生命作为隐喻》,《尼采在西方——解读尼采》,第 361－396 页。

　　所谓"另一支舞蹈之歌",自然是相对于前一支"舞蹈之歌"而言。在前文中,我们已经叙述了查拉图斯特拉同生命的一次对话。在那次对话中,生命自称为"没有德性"的女人,并且指责查拉图斯特拉重蹈以前哲人的覆辙,试图把一种男性的德性(智慧)强加给她;而智慧作为另一位女人,却反过来满怀嫉妒地对他说,"你有意志,你渴望,你爱,仅仅为此你才赞美生命。"因为无法协调这两个女人之间的冲突,所以他才最后感到莫名的"悲伤"。但是,这一次谈话的结果却完全不同。查拉图斯特拉从一开始就尽情地赞美生命,并且最后告诉她:"你按照我的鞭子节拍跳舞和呐喊! 我没有忘记鞭子吧? ——没有!"[1]对于这一充满爱欲的表示,生命心神领会地回答说:"倘若你的智慧有朝一日离开了你,哎呀! 那么我的爱也就很快离开你。"[2]

　　当他们的谈话结束时,远处敲响了子夜的钟声。生命以为这是死亡的钟声,预示着查拉图斯特拉将要离开自己(死亡),所以很不满地说:"哦,查拉图斯特拉,你对我仍然不够忠诚! 你爱我的时间,并不比你口头的表白更长;我知道,你正在考虑离开我。"[3]但是,当查拉图斯特拉在生命耳边说了一句话之后,生命才恍然大悟:"哦,查拉图斯特拉,你知道这一点? 其他人都不知道。"尽管他没有把这句话公开说出来,但我们仍然不难猜测它的内容:"我渴望再来一次——我想要永恒地轮回。"生命终于明白,他是发自内心地爱着自己。这段看起来极端晦涩的对话,却再清楚不过地道出了查拉图斯特拉的意图:生命的消逝或

① Nietzsche, *Also sprach Zarathustra* (KSA 4), s. 284.
② Nietzsche, *Also sprach Zarathustra* (KSA 4), s. 284.
③ Nietzsche, *Also sprach Zarathustra* (KSA 4), s. 285.

死亡并不是对生命的否定，而是对生命的最高肯定，因为这是终有一死的生命对自己呼喊："我渴望再来一次——我想要永恒地轮回！"正因为如此，钟声与其说意味着死亡，不如说象征着查拉图斯特拉同生命的"永恒婚礼"。

这场"永恒的婚礼"，在《查拉图斯特拉如是说》第三卷的最后一段言辞——"七个印章"（die sieben Siegel）——中达到了高潮。这里所谓的"七个印章"正是对基督教"七印羊皮书"的戏拟（Parodie）：根据《新约·启示录》的说法，耶稣在"世界末日"时刻重临，依次揭开七个封印，对尘世进行末日审判，并且把魔鬼撒旦捆绑一千年，最终毁灭这个尘世；相应地，第七日则象征着耶稣同教会的永恒婚礼。但是，查拉图斯特拉的"七个印章"却要对《启示录》的彻底颠覆，因为它反过来肯定这个有朽的尘世或生命。在这个意义上说，"七个印章"恰恰标志着"神"的复活：经历了漫长而艰难的自我解救，查拉图斯特拉最终把自己教育成为"超人"，一位进行哲学思考的神（《善恶的彼岸》）。这个神既不属于古代神话中的诸神，也不是基督教中的不朽上帝，而是一位"有朽"（mortal）的神——狄奥尼索斯。他曾经被命运撕成粉碎，但却通过智慧或真理赢得了自我解救，并且在"复活"之后，重新找回了被抛弃的女人——作为生命之象征的阿里亚德涅（Ariadne），给她命名为"永恒"，最后同她举行了婚礼。[①]这就是他对阿里亚德涅的婚誓：

[①] 阿里亚德涅是希腊神话中底比斯国王的女儿，她曾用金羊毛帮助希腊英雄忒修斯走出了迷宫，并且嫁给了后者，在遭到他的抛弃之后，便改嫁给狄奥尼索斯。尼采曾把瓦格纳的妻子科西玛·瓦格纳比作自己心目中的阿里亚德涅。相关的研究可参见 Jörg Salaquarda, „Noch Einmal Ariadne:

> 哦，我怎能不渴望永恒，怎能不渴望那戒指中的婚姻戒指——轮回戒指 (Ring der Wiederkunft)? /除了我爱的这个女人之外，我从未发现我愿意与之生儿育女的女人：因为我爱你，哦，永恒！/因为我爱你，哦，永恒！[①]

五、面向未来的教育

在《查拉图斯特拉如是说》的第三卷结尾，查拉图斯特拉与生命举行了婚礼，这一点似乎象征着他的自我解救或自我教育已经完成。但是作为一部戏剧，《查拉图斯特拉如是说》却没有结束，因为它还包含着最后一幕，亦即该书的第四卷。在不少论者看来，《查拉图斯特拉如是说》的前三卷就已经构成了一个戏剧整体，而第四卷并没有增加任何新的内容。从某种程度上，这也符合尼采本人的判断：他在《瞧，这个人》中也说过，第三部分就已经是全书的完成。[②]为此，他甚至给第四卷加上了一个单独的标题——"查拉图斯特拉的诱惑：一个插曲"。从这个标题可以得出两点结论：首先，所谓插曲 (Interludium) 当然是表明，第四卷在某种程度上并没有完成；其次，尼采明确地表示，第四卷的主题就是"查拉图斯特拉的诱惑"。[③]但这样一来，就相应

Die Rolle Cosima Wagners in Nietzsches Literarischem Rollenspiel", in *Nietzsche Studien*, Band 25, 1996, ss. 99 – 125; Adrian Del Caro, "Symbolizing Philosophy: Ariadne and the Labyrith", in *Nietzsche: Critical Assessments*, Volume I, pp. 58 – 85。

① Nietzsche, *Also sprach Zarathustra* (KSA 4), ss. 287 – 291.

② Nietzsche, *Ecce Homo* (KSA 6), s. 341.

③ 事实上，尼采当时并没有打算发表第四卷，而是仅仅让朋友复印了

地有两个问题：既然前三卷已经是一个完整的戏剧，尼采为什么还要附上这个未完成的"插曲"？而具体到第四卷的戏剧情节，查拉图斯特拉究竟面临什么"诱惑"？要回答这两个问题，我们必须首先叙述一下第四卷的大致情节。①

查拉图斯特拉在山上又度过了多年的时光，"不知不觉头发已经花白"。有一天，他长时间地"眺望远方的大海"。正像前几次轮回那样，他现在显然因为智慧过于充溢，所以准备再次下山，并把"永恒轮回"的新教诲作为礼物馈赠给世人。这一点再次表明，自我解救或自我教育并不是查拉图斯特拉精神漫游的终点，毋宁说是酝酿着解救或教育他人的全新起点。正如他本人所说："我从根本上并且从一开始就是垂钓者，把钓竿拉近拉起，我是引诱者、培育者和教育者，否则我就不会曾经徒劳地对自己说：'成为这样的人吧！'"正因为如此，当动物们问他是不是在

几份私下传阅，后来甚至表示要将这些稿件悉数收回，以免过早地流传于世。尼采原本说过，第四卷至少几十年之后才可以公开发表。但他的朋友们不太同意，而是在 1892 年的秋天把第四卷同前三卷一道出版，此时尼采早已神志不清，无力阻止他们的这一举动。相关的研究请参看 Laurence Lampert, *Nietzsche's Teaching: An Interpretation of Thus Spoke Zarathustra*, pp. 287－288。

① 希金斯认为，《查拉图斯特拉如是说》第四卷是尼采对古罗马喜剧作家阿普列乌斯 (Lucius Apuleius) 的《金驴记》(Golden Ass) 的戏拟 (parody)：驴子在《金驴记》中象征着聪明和智慧，但在尼采那里却意味着愚蠢。在《查拉图斯特拉如是说》第四卷的"驴子的节日"中，这一戏拟的喜剧性效果达到了高潮。Kathleen Higgins, "Zarathustra IV and Apuleius: Who Is Zarathustra's Ass?", in *Nietzsche: Critical Assessments*, Volume I, pp. 167－187.

"眺望自己的幸福"时，他回答说："我的幸福算得了什么？我早就不再追求幸福，我追求的是自己的事业（Werke）。"①换言之，当自我教育完成之后，他就不再关心自己的幸福，而是渴望重新下山继续自己的教育事业。

但是，前两次教育（即对民众和门徒的教育）的失败，使查拉图斯特拉清醒地意识到，他的任何教诲都有被扭曲的危险，因为在这样一个"偶像的黄昏"时代，几乎所有人都已经被败坏，几乎不可能成为他想要教育出来的那种人。因此对他来讲，当务之急不是马上下山，而是在山顶耐心地等待，这也如他所说："但愿现在有人来到我的高处：因为我现在还在等待我下山时机的征兆，所以尽管我必须下山，但现在却并不这么做。"②这就是"垂钓者"的含义：他把"永恒轮回"的教诲当作"蜂蜜"或"诱饵"，引诱山下的有心人"上钩"，以此检验这个时代究竟值不值得接受自己的教育。

当查拉图斯特拉重新"坐在山洞前的石头上"时，忽然发现已经有人来到了自己的面前，这就是那位悲观的预言家。如果说他曾成功地预言了查拉图斯特拉对门徒之教育的失败，那么这一次他的预言则是：查拉图斯特拉必将毁于最后一个罪恶（Sünde）——对高人（der höhere Mensch）的同情（Mitleid）。③所谓"高人"，正是指这个时代的优秀者：他们因为对现代性的末人状态感到不满，希望到查拉图斯特拉的山顶寻找解救之道。在预言家看来，查拉图斯特拉因为无法克制对他们的"同情"，所

---

① Nietzsche, *Also sprach Zarathustra* (KSA 4), ss. 295 – 298.

② Nietzsche, *Also sprach Zarathustra* (KSA 4), s. 297.

③ Nietzsche, *Also sprach Zarathustra* (KSA 4), s. 301.

以将不可避免地自贬其身来解救或教育他们,最终注定要败坏自己的教诲。

此后的情节发展似乎逐渐应验了预言家的说法:查拉图斯特拉在"穿行于山林之间"时,发现有人正陆陆续续地朝自己所居住的山顶之洞走去,他们总共有九位,即一左一右两位国王、老魔术师、教皇、自愿行乞者、影子、精神的良知者、悲观的预言家、最丑陋者;除此之外,还有一头作为国王坐骑的驴子。这些"高人"代表了这个时代不同的精神面相:"国王"意味着被现代民众推翻的传统贵族,"老魔术师"就是瓦格纳之类鼓吹"艺术至上"的现代浪漫主义者,"教皇"象征着"上帝死后"无依无靠的天主教会,"自愿行乞者"是指反对世俗化之基督教的真正基督徒,"影子"影射的是查拉图斯特拉(或尼采本人)的盲目追随者,"精神的良知者"代表了"为科学而科学"的现代专业知识分子,"预言家"是指受叔本华影响的悲观主义者和虚无主义者,"最丑陋者"则暗指那些"杀死上帝"的现代无神论者。

查拉图斯特拉并非不明白,这些高人的确代表了这个时代的最高精神,正因为如此,他们同自己一样对现代性的末人处境感到不满。但他同样清楚地看到,他们已经被这个时代所败坏;他们之所以"不够美好、不够健康",是因为他们的心中还隐藏着"贱民";换句话说,他们只能到自己这里寻找虚幻的解救,但却不知道如何自我解救。正因为如此,在象征性地发表了一番"论高人"的祝辞之后,他便"悄然离开宾客,暂时走到了洞外",并且困惑地询问自己的动物:"这些高人是否全都没有很好的嗅觉？"①

　　不过话虽然如此，查拉图斯特拉却并非完全不在乎高人们对自己的反应。事实上当他离开之后，"老魔术师"立刻吟唱了一首哀歌，致使"所有人都像鸟儿一样，不知不觉地陷入了他那充满狡计和阴郁的激情之网"。那位自称是查拉图斯特拉之"影子"的漫游者甚至哀求他说："留在我们身边吧，否则那古老而阴郁的悲伤将再次袭击我们。"查拉图斯特拉忍不住答应了他的要求。为此，"影子"也以"在荒漠的女儿们中间"为题唱了一首歌。不料在唱完之后，"山洞里突然爆发出喧嚣和大笑。所有的聚会者都同时高谈阔论，就连那头驴子也受到刺激不再保持平静"。这种场面深深地感染了查拉图斯特拉，以至于他情不自禁地走出洞外，为自己的成功感到陶醉："我们上钩了，我的诱饵生效了，他们的敌人，即沉重的精神，也逃走了。"②

　　然而就在这个时候，洞内的笑声却戛然而止。查拉图斯特拉走到洞口，才发现了一个"奇迹中的奇迹"(Wunder über Wunder)：原来所有这些高人突然"像孩子和迷信的老太太一样，跪在驴子脚下祈祷"，同时还念叨着一篇福音书式的祷词。看到这样的场面，查拉图斯特拉以为，高人们如同基督徒对待上帝那样，正在把他当作驴子来崇拜。

　　　查拉图斯特拉再也无法自我控制，自己也发出了"咿——啊"的喊声，甚至比驴子还要响，并且跳到发疯的客人中间。"你们究竟在干什么，你们这些人类的孩子？"他

① Nietzsche, *Also sprach Zarathustra* (KSA 4), s. 369.
② Nietzsche, *Also sprach Zarathustra* (KSA 4), ss. 375－387.

一边叫嚷，一边把祈祷者从地上拉起来。"哎呀，假如有人对你们的观察与查拉图斯特拉不同，那才是可悲。每个人都能判断，由于你们的新信仰，你们变成了最可怕的渎神者，或者是愚昧透顶的老太太。"①

正如美国学者希金斯（Kathleen Higgins）所解释的，"查拉图斯特拉的这一行为，是最富辩护特征之真正信仰者的行为"②。他在反对高人们的荒唐信仰时，也不知不觉地成为自己信仰的辩护者，要求他们与自己的信仰完全保持一致。正因为如此，他实际上已经把自己变成了柏拉图主义式的哲学家或基督教意义上的救世主，而把高人们当成了自己的信徒。这也似乎应验了预言家的预言：查拉图斯特拉因为克制不了对高人们的"同情"，所以才希望去解救他们，但却最终把自我解救的教诲变成了一种基督教式的信仰，从而扭曲甚至败坏了这一教诲。事实上，正如"最丑陋者"所立刻指出的，查拉图斯特拉最没有资格要求别人恪守他的"无神论福音"，因为他曾经教导大家："不要通过愤怒，而要通过笑声来杀人。"③

听到这一批评，查拉图斯特拉才恍然大悟：原来这些高人们恰恰忠实地践行了自己的教诲——他们用这个滑稽的"驴的节日"彻底颠覆了对上帝的信仰，并且在笑声和欢乐之中肯定了生命。在这一瞬间，他们从忧郁的厌世者变成了无忧无虑的"孩

① Nietzsche, *Also sprach Zarathustra* (KSA 4), ss. 388–390.

② Kathleen Higgins, "Reading Zarathustra", in *Reading Nietzsche*, edited by Robert C. Solomon and Kathleen Higgins, Oxford University Press, 1988, p. 149.

③ Nietzsche, *Also sprach Zarathustra* (KSA 4), s. 392.

子"，以至于他们也情不自禁地："'生命——就是这样？'我要对死亡说，'好啊！那就再来一次。'"①为此，查拉图斯特拉最后教给他们一首歌，"它的名字是'再来一次'，它的含义则是'在一切永恒中！'"②毫无疑问，这正是查拉图斯特拉的"永恒轮回"之教诲。但他非常清楚的是：这些高人只是暂时获得了解救，但却无法最终获得自我解救；一旦他们离开了他，那就势必重新退回到从前的状态；他们就像自己从前的门徒一样，因为无法领悟"生命就是权力意志"的真理，所以注定不可能真正地肯定"永恒轮回"。

第二天清晨，查拉图斯特拉起床之后发现这些高人仍然在酣睡，于是忍不住说道："这些高人不是我真正的同伴！……他们的身上缺少倾听我的耳朵。"此时他突然听见无数只鸽子朝自己飞过来，而当他正要伸手挥走"这些温柔的鸟儿"时，却"不知不觉地触摸到一团浓密、柔软的毛发；同时在他面前响起了一阵吼声——一阵温柔而悠长的狮吼！"查拉图斯特拉以为这是"自己孩子临近"的征兆，忍不住热泪盈眶。但是狮子却吓坏了前来告别的高人们，以至于他们转眼就消失得无影无踪。这个变化过于突然，以至于使他感到"昏眩和陌生"。最后他终于明白，原来所有这一切都不过是自己的一场梦、一个幻觉，事实上根本就没有什么高人来过山上。③

正因为如此，第四卷在某种意义上仍然是查拉图斯特拉自我

---

① Nietzsche, *Also sprach Zarathustra* (KSA 4), s. 396.

② Nietzsche, *Also sprach Zarathustra* (KSA 4), ss. 403 – 404.

③ Nietzsche, *Also sprach Zarathustra* (KSA 4), ss. 405 – 408.

教育的延续：他必须克服最后一个柏拉图主义的诱惑，亦即对当今高人的"同情"；他必须彻底放弃直接教育自己时代的希望，而是把目光放在未来。在这个意义上，假如我们把《查拉图斯特拉如是说》看成是一部关于教育和自我教育的戏剧，那么前三卷就是一个从教育他人转向自我教育的悲剧，而第四卷则是一个从自我教育转向教育他人的喜剧。在前三卷中，查拉图斯特拉一开始希望把民众教育成为超人，继而转向了少数门徒，最终转向了自己。从根本上讲，这三次转折都同柏拉图主义相关。正是通过对柏拉图主义一次又一次的颠覆，查拉图斯特拉阐述了自己的三个核心教诲——超人、权力意志和永恒轮回；而且他还以自己的行动揭示了三者的关系：一旦他通过权力意志的智慧肯定了生命的永恒轮回，那么他就把自己教育成了超人。正因为如此，这一悲剧在查拉图斯特拉同生命的永恒婚礼中达到了高潮："生命曾经是这样？好啊！那就再来一次！"

但在第四卷中，查拉图斯特拉"教育"高人的喜剧则在"驴子的节日"中达到高潮。当然严格说来，第四卷的主题与其说是他对高人的教育，不如说是他如何最后克服了教育高人的诱惑。正因为如此，这个喜剧仅仅是一个"插曲"，预示着一个新的悲剧之开始：查拉图斯特拉准备再次"下山"或"毁灭"（untergehen），继续进行自己的教育事业。只不过这次下山或教育并非体现为行动，而是体现在言辞上，也就是说，这是一种言辞中的教育（education in speech）。更明确地讲，他的真正教育对象并不是当今时代的高人，而是未来的"自由精神"（狮子）：通过阅读《查拉图斯特拉如是说》，他们重新经历主人公查拉图斯特拉的精神漫游，踏上漫长而艰难的自我教育之路——

他们必须深刻地领悟"生命就是权力意志"的真理，才能获得自我解救、肯定生命的"永恒轮回"。要想充分理解这个"言辞中的教育"，我们必须从《查拉图斯特拉如是说》转向《善恶的彼岸》。

第五节　尼采的未来哲学

一、《善恶的彼岸》的意图

《善恶的彼岸》是尼采紧接着《查拉图斯特拉如是说》所写的一本著作。对于二者的关系，尼采在《瞧，这个人》中这样说："今后几年的任务已经规划得尽可能地紧凑了。在我的使命的肯定性部分完成之后，我的使命中通过语言和行动进行否定的部分就提上了议事日程。"①如果说《查拉图斯特拉如是说》的"使命的肯定性部分"，亦即通过"生命就是权力意志"的真理来肯定生命的"永恒轮回"，那么《善恶的彼岸》的使命无疑是否定。所谓否定就是"重估迄今为止的所有价值，一场伟大的战争——唤起决断的那个日子。这也包括长时间地环顾四周、寻找同类，寻找那些由于强大而能够帮助我进行否定的人。"②这样看来，《善恶的彼岸》的使命应该包括两项内容：其一是"价值重估"，亦即继续推进此前对柏拉图主义及其各种变体的批判，其二是寻找"同类"。尼采之所以把包括《善恶的彼岸》在内的后期著作都称为"垂钓之作"（Angelhaken），其意大概也是与《查拉图斯特拉如是说》的第四卷相一致，都是为了吸引自己的

---

① Nietzsche, *Ecce Homo* (KSA 6), s. 350.
② Nietzsche, *Ecce Homo* (KSA 6), s. 350.

"同类"。[①]

正因为如此,《善恶的彼岸》可以被视为《查拉图斯特拉如是说》的真正续篇。在前文中我们说过,《查拉图斯特拉如是说》的第四卷是一个"插曲"。查拉图斯特拉在克服了对当今各种"高人"的"同情"之后,便放弃了直接教育当下时代的努力,而是寄希望于未来的时代,寄希望于他所说的"自由精神"。尼采当然想把他们最终教育成为真正的哲学家,不过他也知道这种新的哲学家并没有诞生,所以他必须自己把他们创造出来。《善恶的彼岸》的副标题——"未来哲学的序曲"——似乎也暗示,尼采的哲学是一种未来的哲学,而"自由精神"则有可能成为未来的哲学家。就此而言,我们可以把《善恶的彼岸》理解为查拉图斯特拉的第三次"下山"或教育,只不过这次"教育"并非体现为行动,而是体现在"言辞"中,即是说这是一种"言辞中的教育"。

初看起来,《善恶的彼岸》的问题视野似乎比《查拉图斯特拉如是说》狭窄得多。借用尼采本人的说法,"过去被习惯强制性地观察远方的眼睛……现在却不得不用来观察近物,敏锐地把

①《瞧,这个人》中有一段话,似乎可以帮助我们更好地理解这两部著作的关系。"用神学的话来讲——请注意,因为我很少以神学家的身份说话——正是上帝自己在一天的工作结束之后,化身为蛇躺在知识之树的下面:他从做上帝的状态之中恢复过来……他把万物创造得过于完美……魔鬼仅仅是上帝在每个第七天的悠闲状态。"用"非神学"的话说,尼采从创造《查拉图斯特拉如是说》的状态中恢复过来,成为一位诱惑者(蛇):他想引诱那些"自由精神"去摘吃自己的知识之果——"权力意志"的智慧,成为自己的"同类"或共同创造者。Nietzsche, *Ecce Homo* (KSA 6), s. 351.

握时代和环境"①。如果说《查拉图斯特拉如是说》的视野是西方两千多年来的柏拉图主义历史，那么《善恶的彼岸》的着眼点则是"现代性"："该书从根本上讲是对现代性的批判，包括现代科学、现代艺术、甚至现代政治，同时提出与它们相对立的类型。"②在尼采看来，现代性是一个复杂但却并非不可理解的进程，因为现代性的根本规定就是虚无主义。具体而言，现代性的虚无主义特征恰恰体现为鼓吹"畜群道德"的现代"末人"，他们宣称"人人追求平等，人人也都事实平等"，并把这样一种"普遍同质"的现代社会视为"历史的终结"。不过，我们必须同时注意这样一个基本事实：尼采本人恰恰把现代性视为柏拉图主义的一种变体。这也意味着，以反传统或反柏拉图主义为旨归的现代性，本身仍然是柏拉图主义历史的一个部分，它的真正源头必须要回溯到柏拉图。从根本上讲，对现代性的批判必须放到一个更大范围的对柏拉图主义本身的批判。

柏拉图笔下的苏格拉底在《理想国》中宣称，"纯粹的心灵"可以摆脱各种偏见和局限，把握"至善"理念或永恒真理。但在《善恶的彼岸》的"前言"中，尼采指出：柏拉图关于"纯粹心灵"(reine Geist)和"善本身"(Gut an sich)的发明，是"迄今为止的一切错误中最糟糕、最漫长和最危险的错误"③。正是这个致命的错误构成了柏拉图主义的实质，同时也主宰了西方此后两千多年的漫长历史。柏拉图主义因为无法理解和把握任性无常的真理"女人"，所以转而去迎合"民众"的需要，把民众关于

---

① Nietzsche, *Ecce Homo* (KSA 6), s. 351.

② Nietzsche, *Ecce Homo* (KSA 6), s. 350.

③ Nietzsche, *Jenseits von Gut und Böse* (KSA 5), „Vorrede".

"灵魂不朽"和"善恶报应"之类的偏见（Aberglaube）抬高为"至善"理念或永恒真理。[①]正如《查拉图斯特拉如是说》所说，作为一种"催眠术"，柏拉图主义的本意是为了催眠民众，使他们安心地入睡（"论道德讲坛"）。但在尼采看来，这一做法的危险是颠倒了哲学（真理）与宗教（谎言）的关系，并且为基督教的出现直接铺平了道路——因为基督教正是一种"民众的柏拉图主义"（Platonismus für Volk）。[②]基督教恰恰利用了这种做法取得了对哲学的统治地位，把后者变成基督教信仰的"婢女"；它在安慰下层民众的同时，却完全败坏了上层统治者，从而彻底摧毁了柏拉图在《理想国》中苦心经营的等级制。

尼采认为，文艺复兴之后，尤其是经过马基亚维利、培根、笛卡尔和斯宾诺莎等启蒙哲人的批判，柏拉图主义和基督教本来已经濒临崩溃，西方也原本可以返回到前苏格拉底的希腊文明以及鼎盛时期的罗马文明，但是卢梭、康德以及此后的德国哲人却把西方再次带入睡眠。他们发明了一套所谓的"道德形而上学"，把此前那场伟大的启蒙运动改造为一种宣扬平等的"民主启蒙"（die demokratische Aufklärung），并且在"自由意志"或"道德主体"等名目之下，偷梁换柱地继承了柏拉图主义和基督教的遗产。更有甚者，他们把这种"畜群道德"或"末人"理想视作历史进步的最终目标或终结。有鉴于此，尼采认为自己的使命就是，在西方有可能被柏拉图主义重新催眠入梦的时刻"保持清醒"，并对柏拉图主义及其两种变体——基督教和现代性——继

---

① 参见本章第四节第三部分。

② Nietzsche, *Jenseits von Gut und Böse* (KSA 5), „Vorrede".

续宣战。①

在这一方面，尼采把帕斯卡视为自己的先驱。他认为，在否定了柏拉图主义之后，欧洲人本来应该"用一张绷紧的弓，射向最远的目标"②。但是，"欧洲人觉得这种紧张是一种危急状态；他们两次试图以宏大的风格松开这张弓，第一次是靠耶稣会教义，第二次是靠民主启蒙"。当耶稣会使基督教同现代世俗社会完全妥协时，帕斯卡以一个真正"宗教人"（*homo religiosus*）的坚定信仰重新恢复了基督教与世俗社会的张力；相应地，当现代民主启蒙将要使西方重新入睡时，尼采保持了一个真正哲人所应有的"清醒"。③

因此，《善恶的彼岸》的意图同《查拉图斯特拉如是说》其实并无根本分别，它同样体现了尼采的反柏拉图主义之努力。说得更具体些，尼采希望在《善恶的彼岸》中通过对现代性的批判，更彻底地摧毁笼罩西方两千多年的柏拉图主义，并且为"未来的哲学"和"未来的哲学家"的到来扫清道路。为此，尼采必须要寻找甚至创造出自己真正的同伴，他们并不是"未来的哲学家"，但他们却是"未来的哲学家"的先驱——"自由精神"。尼采心目中的"自由精神"之原型，正是伏尔泰（尼采的《人性

---

① 参见本章第二节第二部分"柏拉图主义：一个错误的历史"。

② Nietzsche, *Jenseits von Gut und Böse* (KSA 5), „Vorrede".

③ 但尼采毕竟不同于帕斯卡：作为一个宗教人，帕斯卡完全牺牲了"理智的诚实"，但作为一个哲人，尼采却坚持"理智的诚实"或"求真意志"。Nietzsche, *Jenseits von Gut und Böse* (KSA 5), §47; Laurence Lampert, *Nietzsche's Task: An Interpretation of Beyond Good and Evil*, pp. 13 – 16.

的，太人性的》就是献给他）这样的伟大怀疑者。[1]他们同尼采一样怀疑柏拉图主义对哲学和真理的理解，但他们却进而怀疑并且否定哲学和"求真意志"本身。在尼采看来，这是因为他们仍然囿于柏拉图主义的偏见，看不到这样一个至关重要的事实：反对柏拉图主义并不等于反对哲学，因为哲学在后柏拉图主义的时代仍然是可能的；或者更准确地说，只有彻底否定了柏拉图主义，"未来的哲学"才重新成为可能。

概而言之，《善恶的彼岸》包含了尼采哲学的双重意图。用兰佩特的话来说，《善恶的彼岸》的意图之一是否定"民主启蒙"的目标，亦即被现代人顶礼膜拜的"畜群道德"或末人理想，另一意图则是确立哲学这项"人类的最高事业"的正当性。[2]由此可见，《善恶的彼岸》的使命显然不只是尼采"使命的否定性部分"，而是同样包含了"使命的肯定性部分"。就后者来说，《善恶的彼岸》可以被看成是《查拉图斯特拉如是说》这部戏剧的最后完成：如果说在《查拉图斯特拉如是说》中，尼采通过对

---

[1] 尼采在《敌基督者》中对此有很好的描述："一个人必须在精神上极端诚实，坚韧不拔，才能忍受我的严峻，忍受我的激情。他必须锻炼自己在高山生活——把那些政治和民族自恋的陈词滥调踩在脚下。他必须变得冷漠。他必须从不追问，真理是否有用，它是否成为祸害……他必须强烈地偏爱今天没有人有勇气追问的问题。正视禁令的勇气。迷宫般的命运。七位孤独者的体验。渴望新音乐的新耳朵。渴望看到最远处的视线。用新的良知追求那些至今仍然保持缄默的真理；具有伟大风格的节约意志：积累他的力量，他的激情……敬畏自己；热爱自己；自己拥有绝对的自由。"尼采、洛维特、沃格林等：《尼采与基督教思想》，第 2 页。

[2] Laurence Lampert, *Nietzsche's Task: An Interpretation of Beyond Good and Evil*, p. 4.

"生命就是权力意志"这一真理的深刻洞察肯定了生命的"永恒轮回",那么在《善恶的彼岸》中,尼采则进一步把"权力意志"的教诲明确地看作"未来哲学"的起点,并且相应地把"永恒轮回"的教诲作为他心目中的"未来宗教"。通过这种转换,尼采希望重新确立哲学对宗教的绝对统治地位,并且在此基础上建立一个符合生命之自然等级秩序的未来"新民族",亦即《查拉图斯特拉如是说》中所说的"第一千零一个民族"。这一点既是《善恶的彼岸》的根本意图,也是尼采哲学的最后旨归。

二、求真意志与民众偏见

尼采在《善恶的彼岸》中的出发点是对"哲学家之偏见"(die Vorurteile der Philosophen)的批判。在该书的一开始,尼采就重新提出了这样一个贯穿自己一生思考的问题:"假如我们想要追求真理,那么为什么不是宁可追求非真理(Unwahrheit)?为什么不追求不确定性?甚至无知?"①毫无疑问,这是"求真意志"对自身所提出的一个斯芬克斯(Sphinx)式的问题,也是一切哲学之自我认识的起点。以柏拉图主义为代表的传统形而上学坚信:真理不可能产生于非真理(错误),因为二者之间有一个无法逾越的绝对鸿沟——前者属于一个真实的存在(Sein)世界,后者则属于一个虚假或错误的生成(Werdung)世界。但在尼采看来,这种"对价值之对立的信仰"(Glaube an die Gegensätze der Werte),恰恰是传统柏拉图主义哲学或形而上学的一种根深蒂固的偏见;只不过这种偏见的产生绝非偶然,而是哲学家的"求

---

① Nietzsche, *Jenseits von Gut und Böse* (KSA 5), § 1.

真意志"作为一种本能或权力意志的必然体现。

正如尼采所说,"一位哲学家的大多数有意识的思考是由其本能隐秘地支配,并且被强制进入一个明确的轨道"①。这种隐藏在哲学家有意识思考背后的无意识本能(Instinkt),就是认为,"确定比不确定更有价值,假象(Schein)比'真理'的价值要少。"②由此可见,传统哲学家虽然宣称要追求"真理",但实际上主宰他们的并不是真正的"求真意志",而是一种根深蒂固的生命本能:出于自我保存的需要,生命顽固地把自己所设定的价值尺度当成"真理",浑然不觉这些所谓的价值尺度其实不过是"表面性的评价"(Vordergrunds – Schätzungen),甚至是一种"愚蠢"。更明确地说:

> 错误的判断(包括[康德的]先天综合判断)是我们所必不可少的判断,如果不承认逻辑虚构的有效性,如果不根据纯粹发明出来的无条件、自我等同之世界来衡量现实,如果不通过数来对世界进行持久的伪造(Fälschung),人就无法生活——对错误判断的放弃就是一种对生命的放弃,一种对生命的否定。③

尼采这段话再次清楚地表述了他在早期的深刻洞察:真理最初不过是一种"信以为真"的信念,一种"人性、太人性"的幻觉、谎言、隐喻或神话。进一步说,哲学家所谓的绝对真理,原本来自于一种群体的迷信或"民众偏见":出于群体生存和安全

---

① Nietzsche, *Jenseits von Gut und Böse* (KSA 5), § 3.

② Nietzsche, *Jenseits von Gut und Böse* (KSA 5), § 3.

③ Nietzsche, *Jenseits von Gut und Böse* (KSA 5), § 4.

的需要，民众把自己的意愿强加到事物身上，由此虚构了一个关于"绝对真理"的世界，以此来判断善恶、好坏或是非。①倘若有人用认识和"求真意志"揭穿了事实的真相，那么个人和群体的生活就失去了"保护层"，民众也就失去了生活的根本信靠。因此，民众必然把这种过度的求真意志看成是罪恶和不义，并且通过严厉的肉体和精神惩罚，使所有人在内心深处保持对"真理"的敬畏感。

正如尼采在《查拉图斯特拉如是说》中所说，传统哲学的真正动机并不是发乎本心地热爱智慧或追求真理；相反，古往今来大多数所谓的"哲人"其实不过是迎合"民众偏见"的"著名智者"。他们要么是为了追求万世不朽之名，要么是因为害怕受到民众的迫害，所以隐藏甚至放弃了自己的"求真意志"或"理智的诚实"，转而炮制出了一套关于善恶的道德谎言：凡是符合民众偏见的皆为"善"（Gut），凡是与之相违背的皆为恶（Böse）。②在尼采看来，统治西方长达两千多年的柏拉图主义哲学，就是这种典型地迎合民众偏见的道德谎言，譬如柏拉图所谓的"纯粹心灵"和"善本身"，基督教中的永恒上帝，康德所鼓吹的"自由意志"等。

尼采的这一看法已经隐含了他对自古希腊以来整个西方哲

---

① 参见本章第三节第二部分"真理与谎言的起源"。

② 尼采在《论道德的谱系》中进一步指出了哲学迎合民众偏见的原因："哲学精神的出现总是先乔装打扮为以前业已确定的静思默想人们的模样，粉饰为牧师、巫师、预言家，而且只要有一丝可能，就尽力装扮为宗教人……否则，哲学在这个地球上就根本不可能长期存在下去。"《论道德的谱系》，第90页。

学史的理解。在《善恶的彼岸》中，尼采首先考察了古代具有代表性的三个哲学流派，即柏拉图、伊壁鸠鲁和斯多亚学派，其中尤以柏拉图学派和伊壁鸠鲁学派的斗争最为耐人寻味。柏拉图学派用"灵魂不朽"和"德性就是幸福"之类道德说教迎合了民众偏见，从而成功地扭转了希腊哲学的方向，把前苏格拉底时期非道德化的自然哲学导向了一种道德哲学，并且在此之后在希腊乃至整个西方世界占据了绝对统治地位。作为前苏格拉底自然哲学的继承者，伊壁鸠鲁被柏拉图学派赶出了希腊的历史舞台，被迫在雅典城外的小花园中过着孤独的隐居生活。[①]失败的伊壁鸠鲁学派转而攻击柏拉图学派是"僭主的诌媚者"（Dionysiokolakes），意思是说，柏拉图虽然未能吸引叙拉古的僭主狄奥尼修斯（Dionysios），但却最终成为真正的僭主——人民——的诌媚者。

伊壁鸠鲁学派非常清楚，柏拉图学派的成功乃是归功于他们的"表演"天才：他们在舞台上把自己庄严肃穆地打扮为人民的代言人，借此获得了人民的信赖和服从。但是，伊壁鸠鲁学派也绝非是真正超凡脱俗的隐士。出于对柏拉图派的"愤怒"和类似的"功名之心"，伊壁鸠鲁躲在自己的小花园中整整写下了三百本书，试图抵消柏拉图的影响。（但是，这些书在中世纪却被柏拉图主义者几乎焚烧殆尽，只留下一些残篇断语，以至于伊壁鸠鲁学派在此后漫长的一千多年时间里几乎销声匿迹。）"希腊人花了整整一百年的时间，才弄明白这位花园之神伊壁鸠鲁是什么

---

① 关于尼采与伊壁鸠鲁的关系，可参见 Fritz Bornmann, "Nietzsches Epikur", in *Nietzsche Studien*, Band 13, 1984, ss. 177－188。

人。"①但尼采认为，希腊人终究还是没有搞明白这一切，最终还是接受了柏拉图主义，这个"迄今为止的一切错误中最糟糕、最漫长和最危险的错误"。

柏拉图学派和伊壁鸠鲁学派虽然为争取人民的支持而勾心斗角，但他们双方对彼此的真正动机却洞察若火。相比之下，古代另一哲学流派——斯多亚学派——却缺乏这种自知之明 (Selbst - Erkenntnis)。他们明明是在"自我表演"，明明是根据他们自己的自然或本能生活，但却误以为自己的生活是"符合自然" (gemäß der Natur)。他们不知道，真正的"自然" (Natur) 并非如他们想象那样是一个和谐的宇宙秩序 (Kosmos)，而是"无节制的浪费，无度的冷漠，没有意图和目的，没有怜悯和正义，既丰饶又沉闷且琢磨不定"②。一言以蔽之，包括柏拉图学派、伊壁鸠鲁学派和斯多亚学派在内的全部古代哲学，都不是对自然的"发现"，而是一种"对自然的僭政" (die Natur sich tyrannisieren lassen)，是"按照自己的形象创造世界"。正是在这个意义上，尼采总结说："哲学就是这种僭政的冲动本身，是最富精神性的权力意志、创世意志、追求第一因 (causa prima) 的意志。"③

哲学的求真意志是一种统治和僭政的冲动，一种最高或"最富精神性" (geistigst) 的权力意志。这一结论恰恰回答了那个斯芬克斯式的问题：哲学的求真意志究竟起源于什么？在尼采看来，柏拉图以降的西方哲学要么是对此一无所知，要么是出于某

---

① Nietzsche, *Jenseits von Gut und Böse* (KSA 5), §7.

② Nietzsche, *Jenseits von Gut und Böse* (KSA 5), §8.

③ Nietzsche, *Jenseits von Gut und Böse* (KSA 5), §8.

种政治考虑有意掩盖了这一真相，所以毫无例外地堕落为一种"独断论"（Dogmatik）或形而上学。这种独断论无法理解作为"女人"（Weib）的真理和生命，于是把一套民众偏见强加给生命，将其装扮为"绝对真理"。①不过在所有这些独断论中，柏拉图主义无疑是"最糟糕、最漫长和最危险"的独断论，因为它成功地支配了后世，以至于在文艺复兴和启蒙运动之后，当西方哲学开始崭露出一线生机时，又被它重新扑灭。换句话说，现代哲学虽然公开地反对柏拉图主义（和基督教），但却偷梁换柱地继承了后者的遗产。

现代哲学家的确已经不再相信柏拉图的"纯粹心灵"和"善本身"，不再信仰基督教的上帝和永恒拯救，但却崇拜起新的偶像——确定性（Gewissheit）。通过区分所谓的"现实与表象世界"（die wirkliche und die scheinbare Welt），现代哲学家恰恰隐秘地继承了柏拉图主义的遗产，亦即后者关于"真实世界"与"假象世界"的区分，只不过他们认为，所谓的"真实世界"并不是柏拉图主义的超验真理，而是作为"主体"的人。正如尼采所指出的，"总有一些善良的自我观察者，他们相信有某种直接的确定性存在，譬如'我思'（Ich denke），或者如叔本华所迷信的'我意愿'（Ich will）：似乎认识在这里已经纯粹和赤裸裸地将其对象把握为'物自体'（Ding an sich），似乎不管从主体方面、还是从对象方面都没有任何伪造发生"②。但尼采却敏锐地看出，所谓

---

① Nietzsche, *Jenseits von Gut und Böse* (KSA 5), „Vorrede".

② Nietzsche, *Jenseits von Gut und Böse* (KSA 5), § 16.

"我思"和"我意愿"这类词语的背后,恰恰隐藏着民众的偏见。[①]就以后者为例,叔本华等现代哲学家所说的"意志",其实包含了三个不太相干的因素:其一是一系列杂乱的肌肉感觉,其二是与意志不可分离的"思想",其三是一种发布命令的"冲动"。这三种因素不过是借助于"意志"这个名称才统一起来。推而广之,譬如"自我""主体""灵魂"和"自由意志"等概念,也无不是现代哲学家的伪造或虚构。

现代哲学之所以被称为"认识论"(epistemology),而现代认识论之所以最关心"确定性"问题,是因为现代人在失去了自然和上帝这两大依靠之后,拼命地想要抓住最后一根"确定性"的稻草,不管它是"我思""自我意识""主体性",还是"自由意志"。用尼采的话讲,"他们宁可偏爱一点点的确定性,也不要一整车完好的可能性。……他们宁可依托于一个确定的虚无,也不愿依托于一个不确定的东西"[②]。这一点恰好表明,现代哲学再次成为民众偏见的俘虏。[③]因为对现代民众来讲,"确定性"就是他们最后的依靠,否则他们的生活将无法忍受"上帝死了"所导致的虚无主义后果。

在现代哲学之中,最具代表性的当数康德哲学。为了对抗此前的唯物主义启蒙哲学(伊壁鸠鲁主义的继承者),康德不惜以毒攻毒,最终把现代启蒙运动改造为一种"民主的启蒙"。康德宣称,人作为一个理性的先验主体拥有某种"先天综合判断能

---

① Nietzsche, *Jenseits von Gut und Böse* (KSA 5), §19.

② Nietzsche, *Jenseits von Gut und Böse* (KSA 5), §10.

③ Nietzsche, *Jenseits von Gut und Böse* (KSA 5), §19.

力"(das Vermögen zu synthetischen Urteilen a priori)，正是通过这种"能力"，人才得以重建自己作为"自由意志"的道德主体地位，并且最终使"道德的形而上学"成为可能。在康德之后，"德国哲学的蜜月来临了"：费希特、谢林与黑格尔等德国古典哲学家不断地发明出新的"能力"，建构了各种各样的形而上学。通过这种方式，康德及其后继者使柏拉图主义或形而上学以改头换面的形式保留下来，继续统治着西方。同柏拉图主义类似，这种现代的主体性形而上学正好迎合了现代民众对"确定性"的追求。

尼采最后认为，古往今来的哲学家之所以陷入了民众偏见，并且制造了一个又一个"真实世界"的神话，说到底是因为他们的哲学思考都受到某种无意识的支配。"在一种看不见的魔力支配下，他们总是一次又一次地踏上同一个运行轨道：他们自以为可以凭借其批判和体系的意志相互保持独立，但总有某种东西在引导着他们，总有某种东西驱使着他们前赴后继地进入某种预定的秩序，而这正是他们的概念中那种与生俱来的系统性和相似性。"[1]这种系统性和相似性恰恰源于他们无意识地信仰的"共同语法哲学"，譬如印度、希腊和德国哲学之间之所以表现出某种"家族相似"(Familienähnlichkeit)的特征，正是因为这些语言的背后都拥有共同或类似的语法结构。

这一点再次表明，哲学的求真意志恰恰是一种无意识的生命冲动，一种根深蒂固的权力意志；或者用上述尼采的话说，"哲学就是这种僭政的冲动本身，是最富精神性的权力意志、创世意志、追求第一因的意志"。只不过以往的哲学家要么是丧失了"理

---

[1]　Nietzsche, *Jenseits von Gut und Böse* (KSA 5), § 20.

智的诚实"，要么是缺乏"自知之明"，对于这一最本源性的"真理"却视而不见。但尼采以为，"自由精神"首先要从古往今来的种种哲学偏见中解放出来，进而清醒地认识到，包括"求真意志"在内的一切生命活动都是"权力意志"。一旦获得了这种洞察，那么"自由精神"就已经"置身善恶之外"，并且走向了"未来哲学"的道路。

三、隐微与显白

尼采对传统哲学偏见的"解构"，揭示了生命作为权力意志的两个向度：其一是"求假意志"，亦即生命为了维护自身的存在并且健康地成长，必须要进行持续不断的自我欺骗、简化和伪造，并把自己所坚持的偏见或创造的"谎言"设定为"绝对真理"；其二是"求真意志"，亦即生命作为权力意志必定会不断地否定并且超越自身，所以才要揭穿自己所创造的谎言，不顾一切地追求"真理"或"真相"。从根本上讲，生命的这两个向度就是体现为民众的"偏见"和哲人的"求真意志"：前者是生命的"基本意志"，而后者则是"最富精神性的权力意志"。如此一来，尼采虽然批判了传统哲学（尤其是柏拉图主义）的偏见，认为它们放弃了真正的"求真意志"并且为"民众偏见"所支配，但他却没有否定"民众偏见"本身。恰恰相反，在《善恶的彼岸》的第二章一开始，尼采就热情地赞美了作为生命之"基本意志"的"民众偏见"：[1]

哦！神圣的简化！(O sancta simplicitas!) 人活在怎样多

---

[1] Nietzsche, *Jenseits von Gut und Böse* (KSA 5), § 24.

534

么罕见的简化和伪造中！只要对这一奇迹亲眼目睹过一次，人们最终也就不会感到惊奇。我们如何把周围的一切都变得何等明亮、自由、轻松和简单！我们如何知道给我们的感官提供一个通达一切表面之物（Oberflächliche）的通行证，给思维提供一种对任意跳跃和错误推理的渴望！——我们如何从一开始就懂得保持我们的无知，以便享受生命那不可理喻的自由、不假思索、毫无顾忌、热情澎湃和纵情愉悦，享受生命本身！迄今为止，科学的发展正是以眼下这种坚实和牢固的无知为基础，求知意志也是在一种更为强大的意志，在追求无知、追求不确定性、追求不真的意志基础之上才得以发展。

生命若要健康地成长，就必须对周围世界乃至自身进行某种程度的"简化"和"伪造"，或者正如尼采在早期所说，生命必须拥有某种作为"视域"或"保护层"的"无知""欺骗"或"谎言"，并且相信这个"视域"就是"真理"。从低级的感官，一直到高级的"科学认识"，这一点都概莫能外。①从根本上讲，民众作为生命的"基本意志"就生活在这样一个"无知""欺骗"或"谎言"的世界之中，并且错把这个世界当作"绝对真理"。

与民众偏见相反，哲学作为"最富精神性的权力意志"，恰恰是在根本上违背了民众追求"简化""伪造""欺骗"和"无知"的

---

① 尼采的这一看法几乎贯穿了他后期的所有文字。在《权力意志：1887年至1889年的遗稿》中，尼采这样说道："'假象的世界'是一个经过整顿和简化了的世界，我们的实践本能造就了它。这个世界对我们来说是非常合适的，因为我们可以生活在其中，这就是其真实性的证据……"《权力意志：1887年至1889年的遗稿》，贺骥译，漓江出版社，2000年，第300页。

意志，因为哲人清醒地看到了这样一个"致命的真理"：民众所信仰的"真理"都不过是哲人权力意志的创造。但是问题在于，既然承认民众偏见与求真意志之间的紧张冲突和对立，那么尼采如何能够既肯定"民众偏见"的正当性，同时又为哲学的"求真意志"进行辩护？正是在这里，我们触及了尼采哲学的根本政治意图，而这一意图则体现为他对"隐微"与"显白"这两个视角的区分。

尼采认为，"我们的最深刻洞察，倘若以未经允许的方式传到了并非生来并且注定与之相配者的耳朵中，那么听起来必然是——而且应该是！——如同愚蠢，在某些情况下简直如同犯罪"①。这一点清楚地表明，哲人与民众必然在生活方式上截然对立：民众永远生活在一个由自己的偏见所虚构的"谎言"或"假象"世界之中，他们注定无法理解哲人的求真意志，所以反过来认为后者的洞察是一种"愚蠢"甚至"犯罪"。在这种情况下，哲人"很难被人理解，尤其是当他以恒河的节奏快速地（gangas-trotogati）思考，并且生活在那些以不同的方式进行思考和生活的人们中间时，因为后者以乌龟的节奏缓慢地（kurmagati）思考和生活，或者在最好的情况下按照青蛙的节奏跳跃性地（mandeikagati）思考和生活"②。

在尼采看来，哲人之所以难以为民众所理解，他们的思考和生活"节奏"（Tempo）之所以相差十万八千里，归根到底是因为他们看待世界的视角完全相反：③

---

① Nietzsche, *Jenseits von Gut und Böse* (KSA 5), § 30.

② Nietzsche, *Jenseits von Gut und Böse* (KSA 5), § 27.

③ Nietzsche, *Jenseits von Gut und Böse* (KSA 5), § 30.

> 正如人们从前在哲学家之间所区分的那样，显白与隐晦（das Exoterische und das Esoterische），在印度人那里，如同在希腊人、波斯人和穆斯林那里一样，简而言之，在人们相信某种等级秩序，而不相信平等和平等权利的地方——不仅可以通过这种方式来相互对照，即显白者（Exoteriker）站在外面，由外向内而不是由内向外地进行观察、评价、衡量、判断；更重要的是，他是自下而上地看待事物——但是，隐微者（Esoteriker）却是自上而下地看待事物！

这段话清楚地表明，民众和哲人虽然生活在同一世界中，但二者看待世界的视角却刚好相反：民众"自下而上"地看待事物，他们既无法理解哲人的"求真意志"，也无法理解自己的"求假意志"，所以才以自己的视角把哲人的生活方式理解为"显白"；哲人则"自上而下"地看待事物，所以他们不仅能够理解自己，而且能够理解民众的生活方式，也就是说，他们所持的是一种"隐微"的视角。正是基于这两种视角的区分，尼采批判了哲学史上哲人对待"民众偏见"的三种错误态度。

第一种错误来自布鲁诺和斯宾诺莎等启蒙哲人。[①]为了捍卫"真理"以及作为"求真意志"的哲学，他们公开地反对并且批判民众偏见，为此遭到民众的怀疑和迫害，甚至不惜牺牲了自己的生命。但尼采却并没有肯定更没有赞美这种"为真理而受难"的"殉道"（Martyrium）精神，因为他们在进行哲学启蒙时，却忽视了这样一个基本事实：民众注定理解不了，同时也无法接受彻底

---

① 这里似乎还应该包括尼采在《悲剧的诞生》时期所理解的苏格拉底。

的"求真意志"。所以，当启蒙哲人以"真理的捍卫者"这一姿
态去批判和否定民众的偏见时，他们实际上已经把哲学从"一场
漫长的悲剧"变成了一出萨提尔剧（Satyrspiel），一出已经收场
的闹剧（Nachspiel – Farce）。尼采尤其指出，这种"为真理而献
身"的表演最终却损害了哲学本身，因为它把"真理"变成了某
种需要辩护的"教义"，把"求真意志"变成了独断式的信仰。为
此，尼采建议未来的哲人"躲到隐蔽之处"，甚至"戴上面具"，而
不是公开与民众偏见为敌。[1]

第二种错误来自包括伊壁鸠鲁和近代意大利哲人伽里阿尼
（Abbé Galiani）在内的隐士及犬儒主义者。与上述启蒙哲人不
同，这些隐士及犬儒主义者虽以"例外"自居，但对作为"常例"的
民众却没有任何"义愤"，因为他们根本不关心民众的生活方
式，而是"安静并且骄傲地隐藏在自己的城堡之中"。不过，他
们在人性中仅仅看到"动物、鄙俗、常例"，却不承认任何高贵的
东西。用尼采的话来讲，他们仿佛是将"科学的头脑放置在猿猴
的躯体上，一种精致的非凡理智放置在一颗鄙俗的灵魂上"[2]。但
尼采强调，作为"例外中的例外"和真正的认识者，未来的哲人
反倒应该走出自己的城堡，去认识和理解民众的生活之道，并且
最终保存人性的高贵。在这个意义上，未来的哲学家注定要同时
成为未来的政治哲学家。

第三种错误来自柏拉图以及后世所有的柏拉图主义者。尼采
从不怀疑，柏拉图的哲学中确实包含了"显白"与"隐微"的两

---

① Nietzsche, *Jenseits von Gut und Böse* (KSA 5), § 25.

② Nietzsche, *Jenseits von Gut und Böse* (KSA 5), § 26.

个面相。譬如在《理想国》中，柏拉图一方面公开地让自己的主人公苏格拉底论证"灵魂不朽"和"善恶报应"之类的道德信条，另一方面却借其他主人公如色拉叙马库斯、格劳孔和阿德曼图斯之口，道出了自己的真实想法：每个人都不会在自然上追求正义或德性，而是不择手段地追求自己的好处或利益，即使偶尔行正义也不过是把它当成获取名利的手段，因为事实的真相是——正义者永远得不到幸福，而不正义者却得到幸福。毫无疑问，如果说前一方面体现了柏拉图的"显白"教诲，那么后一方面则体现了他的"隐微"教诲。

"显白"与"隐微"的修辞区分恰恰表明，尽管柏拉图是柏拉图主义的始作俑者，但他本人却绝对不是一位柏拉图主义者。这一点可以通过尼采所举的例子来证明：

> 说到阿里斯托芬，那个美好绝伦和整合性（comple-mentär）的精神，为了他的缘故，人们原谅了当时整个希腊文化；只要人们深刻地理解到，当时的一切多么需要原谅和美化——那么，我不知道还有什么比那个幸运地保留下来小嗜好（petit fait），更能让我梦见柏拉图的隐秘和斯芬克斯本性（Sphinx—Natur）：在他死亡之际，人们在其床上的枕头底下既没有发现《圣经》，也没有发现埃及、毕达哥拉斯和柏拉图的东西——而是发现了阿里斯托芬。——假如没有阿里斯托芬！——一位柏拉图如何忍受生活——一种他所否定的希腊生活。[①]

这个关于柏拉图和阿里斯托芬的典故形象地说明，柏拉图既

---

① Nietzsche, *Jenseits von Gut und Böse* (KSA 5), §28.

不相信也不喜欢他在其对话中所鼓吹的道德说教，譬如"至善""灵魂不朽"和"善恶报应"。恰恰相反，他真正热爱的恰恰是阿里斯托芬，是前苏格拉底时期的希腊悲剧和自然哲学，是他在《理想国》中所驱逐的诗人荷马。毫无疑问，这才是柏拉图的"隐微"教诲，而那些公开的道德说教只是他的"显白"教诲，或者更准确地讲，是一种迎合民众的产物。就柏拉图而言，"显白"与"隐微"的区分更多的是"外在"与"内在"之分，亦即上述所说，"显白者站在外面，由外向内而不是由内向外地进行观察、评价、衡量、判断"，而"隐微者"则刚好相反。

尼采既不否认柏拉图本人的高贵，也不怀疑柏拉图哲学的高贵动机。正如在《理想国》中所见，柏拉图的真正意图当然是要确立哲学对民众偏见（或城邦公共意见）的统治地位，从而捍卫生命的自然等级秩序。这也是柏拉图同后世所有柏拉图主义者的根本区别，因为后者根本不理解，柏拉图的关于"至善"或"绝对真理"之类的"显白"教诲仅仅是一个"高贵的谎言"。但尽管或者正因为如此，柏拉图犯下了一个"迄今为止的一切错误中最糟糕、最漫长和最危险的错误"，因为他把"灵魂不朽"和"善恶报应"之类的"民众偏见"美化为"至善"或"绝对真理"，从而使哲学屈从甚至迎合了民众的需要，最终败坏了哲学乃至生命的等级秩序本身。事实上，中世纪的基督教柏拉图主义者（如奥古斯丁和安瑟伦等），恰恰错把柏拉图的"显白"教诲当成他的"隐微"教诲，从而把哲学变成了"神学的婢女"，把"求真意志"变成了一种为"上帝存在"进行辩护的信仰。

如果说柏拉图主义原本是为了保护哲学的统治地位并且捍卫生命的等级秩序，那么在中世纪它就变成了一种宣扬"在上帝面前人人平等"的"民众柏拉图主义",而到了现代性时期则最终堕落为一种肯定"畜群道德"的"民主启蒙"。正如尼采在《查拉图斯特拉如是说》中反复强调的,整个柏拉图主义的历史正是以这种灾难性的虚无主义宣告终结。这一"价值的颠覆"虽非柏拉图的本意,但却是他屈从和迎合民众偏见的必然后果。

综上所述,尼采既反对启蒙哲人公开地批判和否定民众偏见,也不同意像隐士和犬儒主义者那样以逃避民众的方式隐居起来,更不认可柏拉图对民众偏见的屈从和迎合。既然这样,未来的哲学究竟应该如何对待民众偏见?答案仍然是关于"隐微"与"显白"的视角区分。尼采认为,柏拉图主义的"谎言"在现代虽然已经破灭,但是"隐微"与"显白"的区分并没有随之破灭——恰恰相反,正是由于否定了柏拉图主义关于"真实世界"的"谎言",这一区分才焕发出自己的原本意义:"隐微"与"显白"并不是视角的内在之别,而是视角的高下之分。作为一种"整全"视角,哲人的"隐微"视角不仅高于而且包容和肯定了民众的"显白"视角。换句话说,哲人对生命之真理的洞察使他不仅能够高高在上地俯视民众,而且能够成为民众的立法者,为他们创造出某种价值"视域"或生命意义。

由此看来,"权力意志"学说无疑就是尼采哲学的"隐微教诲",因为它恰恰体现了尼采对包括哲学的"求真意志"在内的生命整体的深刻洞察。当然必须提醒的是,"权力意志"学说并非如海德格尔等论者所说的那样构成了尼采哲学的"本体论"——因为尼采对柏拉图主义和形而上学的批判,已经彻底否定了任何"本体论"的可能性与必要性——毋宁说,它是尼采的一个哲学"实验"(Versuch)。这个实验最初来自于尼采关于"文本"（Text）和"解释"（Intepretation）的区分。在《善恶的彼岸》中，尼采站在一个"老语文学家"的立场驳斥了现代物理学家的偏见，因为后者宣称自己"发现"（finden）了普遍有效和客观存在的"自然规律"。但尼采认为，物理学家既没有"发现"，也没有说明（erklären）作为"文本"的"自然"，而是仅仅把自己的"权力意志"强加到"自然"上，错把"解释"当成了"文本"。事实上，当物理学家骄傲地宣布"在自然规律面前人人平等"时，他们仅仅表达了一种"现代灵魂的民主本能"。①

对于这一批评，现代物理学家当然可以提出这样的反问：难道"权力意志"学说本身不也是一个解释吗？但这个反问却正中尼采的下怀，因为这等于是证明了他的结论：一切"文本"都是"解释"，都是"权力意志"的创造；这样一来，"权力意志"就既是"文本"，又是关于"文本"的"解释"。通过这种实验，尼采首先抛弃了柏拉图主义关于超验与尘世的区分，然后否定了现代哲学关于"真实世界"（物自体）与"表象世界"（现象）的区分，最终取消了文本与解释的区分。②一言以蔽之，尼采用"权力意志"学说消除并且取代了所有这些区分。正因为如此，"权力意志"学说虽然不是一种柏拉图主义式的本体论，但却必然成为高于并且包容所有其他视角的"整全"视角。用尼采的话说，"假如从内部来看世界，假如就其'可理解的特征'来规定和描述世

---

① Nietzsche, *Jenseits von Gut und Böse* (KSA 5), § 22.

② 尼采用"权力意志"说取代了关于文本与解释的区分，这一点非常清楚地体现了他的反目的论立场，亦即不存在作为"终极目的"（Telos）的文本。参见 Günter Abel, *Nietzsche: Die Dynamik der Willen zur Macht und die Ewige Wiederkehr*, De Gruyter, 1998, ss. 133－142。

界——世界正是'权力意志'，别无其他"。既然世界没有一个超越自身之外的理解视角（Perspektive），那么世界以及对世界的理解本身就都属于同一个"权力意志"。①

---

① 尼采关于"权力意志"的论述，是由一个长长的假设语句构成的，它的完整内容如下："假定实在地'被给予的'（gegeben）不过是我们的欲求和激情世界，我们的本能恰恰只能向这个'实在'（Realität）下降或上升——因为思维不过是这些本能之间的一种关系——那么可不可以进行这样的实验，提出这样的问题：这个被给予物是否足以能够从自身的相似物出发，来理解所谓的机械（或'物质'）世界？我指的不是一种欺骗，一种'假象'，一种（贝克莱和叔本华意义上的）'表象'，而是与我们的冲动具有相同实在性等级的东西——这是一种冲动世界的原始形式，一切以后在有机进程中分支或扩展（当然也可能变得柔弱或萎缩）的东西，都以这种形式被封闭在一个强大的统一体之中；这是一种生命冲动的方式，全部有机体的功能，包括自我调节、吸收、供养、排泄、新陈代谢，都以这种方式相互统一地联系在一起——这是一种生命的原始形式。最后，这个实验不仅可以这么做，而且从方法论的良知来看也应该这么要求。进行这个实验并不需要假定好几种因果关系，而是只要把一种推到极端（推到荒谬的地步，假如可以这么说的话）——这是一种人们今天无法回避的方法之道德——如同数学家所说的，这一点'从定义推导而来'。最后的问题是，我们是否真正地承认意志产生作用，我们是否相信意志的因果关系：假如我们这么做——而且我们对意志的信念在根本上正是对因果关系本身的信念——那么，我们就必须尝试着把意志的因果关系设定为唯一的因果关系。当然，'意志'只能对'意志'而不对物质（比如对'神经'）——产生作用。简言之，人们必须敢于进行这样的假设：但凡承认有'作用'发生的地方，是否意志对意志'发生作用'——是否一切机械事件，就它们之中都有某种力量在活动而言，都是意志的'作用'。最后，假定我们成功地把我们的全部本能生活都解释为一种基本意志形式——即权力意志，正如我的命题也包含了

"权力意志"固然是尼采的隐微教诲，但对"自由精神"来说，这又意味着什么呢？尼采通过一个短短的对话，描述了他们的反应：

> "怎么回事？"用民众的话说，这难道不意味着：上帝受到了反驳，而魔鬼却没有——？"恰恰相反！恰恰相反，我的朋友！而且真是活见鬼，是谁强迫你们用民众的方式说话？"①

这段对话再次印证了上述尼采的看法："我们的最深刻洞察，倘若以未经允许的方式传到了并非生来并且注定与之相配者的耳朵中，那么听起来必然是——而且应该是！——如同愚蠢，在某些情况下简直如同犯罪。"从民众的显白视角来看，"权力意志"学说的确反驳了上帝、捍卫了魔鬼，因为它否定了柏拉图主义传统所承诺的彼岸世界或超验真理，否定了被这一传统视为"好"(Güte)的一切东西；在他们听来，这种做法当然意味着"愚蠢"甚至"犯罪"。但尼采却以为，从哲人的隐微视角来看，结论却刚好相反：因为只有否定了传统的"上帝"，才能肯定生命的有限性和"生成的无辜"，才能反过来肯定生命自身的"好"。正

它——的扩展和分支；假定一切有机的功能都可以追溯到这种权力意志，并且在其中也能找到繁殖和营养问题——这是同一个问题——的答案，那就有权利把一切产生作用的力量明确地规定为权力意志。假如从内部来看世界，假如就其'可理解的特征'来规定和描述世界——世界正是'权力意志'，别无其他。"这段话也再次表明，尼采的权力意志说并不是一个传统意义的"本体论证明"，而是一个思想"实验"。参见 Nietzsche, *Jenseits von Gut und Böse* (KSA 5), §36。

① Nietzsche, *Jenseits von Gut und Böse* (KSA 5), §37.

是在这个意义上,尼采认为"权力意志"学说恰恰是对"上帝"(尼采本人所认可的"好")的辩护。为此,尼采批评"自由精神"("我的朋友")仍然局限于民众的"显白"视角、"用民众的方式说话",也就是说,他们仍然没有彻底摆脱民众偏见的束缚。

四、未来哲学与未来宗教

"隐微"视角与"显白"视角的区分表明,尼采虽然提醒"自由精神"不要"用民众的语言说话",不要为"民众偏见"所左右,但他并没有像斯宾诺莎和伏尔泰那样公然反对"民众偏见"本身的正当性。因为作为"生命的基本意志",民众必然生活在一个"简化""伪造""无知"和"欺骗"的世界中。所以对尼采来说,对传统哲学家之偏见的批评仅仅是通向"未来哲学"的第一步,亦即《查拉图斯特拉如是说》中所谓的"狮子"阶段,在这以后更重要的问题是:在洞察了"生命就是权力意志"这一"致命的真理"之后,我们如何能够重新肯定"生命的基本意志",肯定生命追求"简化""伪造""无知"和"欺骗"的本能?如果说任何"隐微"视角都拥有相应的"显白"视角,任何"真"(Wahrheit)也都蕴涵了相应的"好"(Güte),那么"权力意志"的"隐微"视角或"真理"究竟会导致什么样的"显白"视角或"好"(价值)?正是在这里,我们开始触及了《善恶的彼岸》中的第三个重要主题:哲学与宗教的关系。

黑格尔曾经警告哲学不要"教导"。尼采并不反对这一点,但他却进一步认为,哲学必然会"教导",这不是说哲人想要这么做,而是因为他对"真理"的洞察必然包含了他对生命价值的相应肯定，亦即他必定用某种关于"好"与"坏"的价值标准来衡量生命。正如兰佩特所说："任何成功的哲学都必须承认人类所赖以为生的'简化'和'伪造'，并且使自己适应这一事实，比如柏拉图主义就成功地做到了这一点。为了能够让那些并非少数天才精神的大多数人生活，哲学必须按照自己的形象创造出一个世界。"①这也意味着，尽管哲学不是宗教，但任何哲学都必然会产生相应的宗教，正如任何隐微视角都拥有相应的显白视角。因此尼采虽然激烈地反对基督教，并且公开宣扬自己的无神论立场，但他却并没有从根本上否定宗教的意义——原因很简单：反基督教和无神论并不等于反宗教。②

在尼采看来，宗教的来源正是上述所说的"民众偏见"，亦即生命根深蒂固地追求"简化""伪造""无知"和"欺骗"的本能。对此，尼采本人一再强调：

> 谁若把目光投向世界深处，也就能够猜测出，人是表面的（oberflächlich）这一点蕴含了什么样的智慧。正是使他们得以保存的本能教导他们变得草率、轻松和虚假。人们处处发现了一种对"纯粹形式"的热情和过度崇拜，这在哲学家和艺术家那里都是如此：没有人怀疑，倘若谁如此这般地需要崇拜表面，那么他就在某个时候不幸地触到了表面之下。这些被灼伤的孩子、天生的艺术家，只有在伪造生命图像的意图中（仿佛在一种对生命的缓慢复仇中）才发现了生命的享受；就他们来说，仍然存在着某种

---

① Laurence Lampert, *Nietzsche's Task: An Interpretation of Beyond Good and Evil*, p. 100.

② Nietzsche, *Jenseits von Gut und Böse* (KSA5), § 54.

等级秩序：根据他们在多大程度上伪造、稀释、彼岸化和神化生命的图像，人们能够推测出他们忍受生活的程度。[①]

宗教把生命追求"伪造"或崇拜"表面"的本能发挥到登峰造极的地步，使之成为一种精致和伟大的艺术。不仅如此，宗教甚至创造了一个"彼岸"和"神化"的世界；在这个虚幻的世界中，生命通过遗忘自身的方式获得了某种肯定。但尼采尤其指出，宗教本身的最大危险也正在于此，因为它虽然来源于生命的本能，但却免不了用一个它所虚构出来的彼岸世界来审视生命，甚至由此否定了生命自身的意义。

宗教的这种可能危险，在基督教中体现得尤为明显。尼采对奥古斯丁和帕斯卡等"宗教人"（homines religiosi）的分析，可以让我们更好地理解这一事实。

——人们或许也可以把宗教人算作艺术家，而且是最高等级的艺术家。这是对一种不可救药的悲观主义的深刻怀疑和恐惧，正是这种悲观主义迫使几千年的时间都紧紧地依附于一种对存在（Dasein）的宗教解释：这是对那样一种本能的恐惧，它预感到：在人强大和坚韧到足以成为艺术家之前，真理的确是太早了。用这种眼光来看，虔诚、"在上帝中生活"都表现为对真理之恐惧的最精致和最后产物，表现为艺术家对一切伪造中最彻底之伪造的崇拜和沉醉，表现为不惜一切代价地颠倒真理、追求非真理的意志。或许迄今为止，没有什么手段比虔诚更能强有力地美化人自身：通过虔诚，人竟然化身为艺术、表面、彩色游

---

① Nietzsche, *Jenseits von Gut und Böse* (KSA 5), § 59.

戏、美好，以至于人们不再因为看到他而感到痛苦。①

从根本上说，基督教的"虔诚"恰恰是出于一种对"真理"和"求真意志"的恐惧。在尼采看来，基督教的"宗教人"无法忍受这样一个"致命的真理"：生命本身就是一个不断创造和毁灭的过程，并不存在超越生命之上的"永恒意义"。为了抵抗根深蒂固的厌倦和虚无感、克服这种"不可救药的悲观主义"，他们牺牲了理智的诚实，转而信仰一个虚幻的彼岸世界或超验上帝，并且以此否定了有限的尘世生命。

毫无疑问，基督教的危险归根到底就在于，它把生命的"求假意志"推向了极端，以至于完全压倒了"求真意志"；用上述尼采的话说，它以生命的"基本意志"取代了"最富精神性的权力意志"，用宗教否定了哲学。从西方文明的历史来看，基督教的产生并非偶然：早在基督教产生的几百年前的古希腊时期，它实际上就已经有了自己的精神源头——在尼采看来，这个源头就是柏拉图主义。如前文所说，柏拉图主义既是柏拉图的哲学，也可以被理解为他的宗教——正如柏拉图用自己的哲学取代了前苏格拉底时代的自然哲学，他也同时用自己的宗教取代了从荷马到希腊悲剧时代的希腊宗教。对于这一"世界历史的转折点"，尼采有一个简洁而有力的概括：

> 古希腊宗教精神中令人惊奇不已的，就是它所倾洒出来的无穷无尽的充分感激：正是这种极为高贵的人在面对着自然和生命！——此后，随着群氓在希腊世界占据了上风，恐惧（Furcht）也就在宗教中恣意横生；而这已经为基

---

① Nietzsche, *Jenseits von Gut und Böse* (KSA 5), § 59.

督教做好了准备。①

从荷马到前苏格拉底的希腊悲剧时代，希腊宗教的根本精神是对"自然和生命"的充分感激：不管是在荷马史诗还是在希腊悲剧中，生命的短暂和无常非但没有成为否定生命的理由，反而是对生命的最高肯定和赞美。但随着这个伟大时代的结束，对生命"感激"逐渐为"恐惧"所取代。为了安抚民众的这种"恐惧"，柏拉图发明了"至善""灵魂不朽"和"善恶报应"之类的道德说教。但尼采恰恰认为，柏拉图的这一做法无疑埋下了最危险的祸根，因为他使哲学屈从了民众偏见，颠倒了哲学与宗教（"求真意志"与"求假意志"或"理性"与"信仰"）之间的关系，从而为基督教的诞生乃至最终胜利铺平了道路。

但是，基督教颠倒哲学与宗教、调和理性与信仰的努力注定不会成功，因为恰恰是它所哺育出来的"年轻德性"，即"理智的诚实"，终将反过来揭穿它自己编造的谎言，这也正如尼采在《快乐的科学》中所说，"究竟是什么战胜了基督教上帝呢？是科学的良知和理智的纯洁。而它们正是从基督教道德本身、愈益严谨的诚实理念以及基督教良心的忏悔中被改变过来并升华而成的，可谓不惜代价。把自然视为上帝的善意与呵护的明证，把历史诠释为上帝理性之荣耀，在解释个人的经历时，以为心灵的一切安排、暗示都是为了爱（正如虔诚之人长期以来所解释的），等等这一切，都一去不复返了，因为它们无不违背良知，有良知的人认为这些是不诚实的、不正当的，全是谎言、虚弱、怯

---

① Nietzsche, *Jenseits von Gut und Böse* (KSA 5), §49.

懦，是男人的女儿态。"①

事实上，现代无神论正是柏拉图主义和基督教的必然后果："今天为什么会有无神论？——因为上帝身上的'父'彻底遭到了反驳，'审判者''奖赏者'也同样如此。"②但在尼采看来，"上帝之死"固然有可能导致虚无主义的深刻危机，但却同时孕育着新的宗教之希望，因为基督教上帝的死亡并非意味着宗教本身的死亡。③恰恰相反，只有彻底否定了柏拉图主义和基督教，一种真正的"未来宗教"才成为可能。在尼采的心目中，这种未来宗教的典范正是前苏格拉底时期的希腊宗教。同后者一样，未来宗教不是一个虚幻的彼岸世界或超验上帝来否定生命，而是对"自然和生命"的无限"感激"和肯定。为此，尼采用一段简洁的语言表达了未来宗教的理想：

> 假如谁像我这样怀着一种谜一般的渴望把对悲观主义的思考贯彻到底，并把它从半基督教、半德国式的，尤其在这个世纪以叔本华哲学的形态所表现出来的狭隘和偏执中解放出来；假如谁真正以亚洲和超亚洲的眼光深刻地洞察了一切可能思考方式中最彻底地否定世界的思考方式，并且高高在上地审视这种思考方式——这是一种超善恶的审视，而不再像佛陀和叔本华那样陷入道德的魔障和幻觉之中；——那么他恰恰由此张开双眼看到了相反的理想（尽管他并非真正有意这么做）：看到了那种最骄傲、最

---

① Nietzsche, *Die fröhliche Wissenschaft* (KSA 3), § 357.

② Nietzsche, *Jenseits von Gut und Böse* (KSA 5), § 53.

③ Nietzsche, *Jenseits von Gut und Böse* (KSA 5), § 53, 54.

有生命力和最肯定世界之人的理想，后者不仅学会顺应和容忍一切曾在和现在（was war und ist），而且希望如其曾在和现在地（wie es war und ist）重新拥有一切曾在和现在，希望永恒地重新拥有它，永不知足地呼喊"再来一次"（da capo）；他的呼喊不仅针对自己，而且针对整个剧本和戏剧，不仅针对一部戏剧，而且在根本上针对那些恰好需要这部戏剧——并且使之成为必要——的人：因为后者自己一再（immer wieder）需要这部戏剧。①

这样看来，尼采的意思就再清楚不过了：尽管他本人没有明言，但"未来宗教"的实质无疑正是《查拉图斯特拉如是说》中所说的"永恒轮回"思想。这一思想所要教育的，就是"最骄傲、最有生命力和最肯定世界的人"：他不仅像斯宾诺莎那样"热爱命运""顺应和容忍一切曾在和现在"，而且"希望如其曾在和现在地重新拥有一切曾在和现在"，或者用查拉图斯特拉的话说，"把'过去如此'变成'我愿意如此'"；他永不知足地对自己的有限和短暂生命这样呼喊："生命曾经是这样？好啊！那就再来一次！"因此之故，"永恒轮回"作为"万物的新尺度"，不仅意味着他对自己生命的肯定，同时也是对作为"整个剧本和戏剧"的生命整体或万物的肯定。一言以蔽之，"永恒轮回"非但不是像"自由精神"所担心的那样"把恶性循环变成了上帝"（circulus vitiosus deus），反而是"人所能达到的最高肯定

---

① Nietzsche, *Jenseits von Gut und Böse* (KSA 5), § 56.

形式"。^①

不过这里尤其需要提醒的是，尽管尼采的确表达了某种关于未来宗教的理想，但他特别强调自己"并非真正有意这么做"。这是因为，尼采首先把自己看成是一位追求真理的哲学家，而不是一个像帕斯卡那样放弃"求真意志"、牺牲"理智的诚实"的宗教人。作为一位哲学家，尼采通过对"生命就是权力意志"这一真理的深刻洞察，否定了一切超越尘世的彼岸世界或虚假的生命"意义"，从而"把对悲观主义的思考贯彻到底"。正因为如此，他才能以一种查拉图斯特拉式的"亚洲和超亚洲的眼光"或"超善恶"的精神，克服了因为无法忍受这一"致命的真理"——生命没有一个超验的永恒意义——所导致的悲观主义，并且最终看到了相反的理想，亦即无限地肯定"一切曾在与现在"、祝福生命万物的"永恒轮回"。对比《查拉图斯特拉如是说》，我们似乎不难发现，这一决定性的转变正是查拉图斯特拉的"自我解救"之关键。

尼采把"永恒轮回"思想视为未来宗教的真正理想，这也充分地表明，"永恒轮回"并不属于哲学的范围，尽管它是"权力意志"这一未来哲学的直接产物。这一点也是尼采与古代斯多亚

---

① Nietzsche, *Jenseits von Gut und Böse* (KSA 5), §56. 尼采这里所批评的显然是指"自由精神"，他们不理解尼采的用意，所以才感到困惑不解："怎么回事？这难道不是——把恶性循环变成了上帝 (circulus vitiosus deus)?"他们的这种困惑同他们对"权力意志"思想的误解完全是一脉相承："'怎么回事？'用民众的话说，这难道不意味着：上帝受到了反驳，而魔鬼却没有？"在尼采看来，这是因为他们还没有完全摆脱民众的偏见，所以才"用民众的方式说话"。

学派的根本区别所在：如果说永恒轮回思想在斯多亚学派那里是一种关于"自然法"或"宇宙秩序"的本体论哲学，那么在尼采那里则是一种肯定生命之"美好"（Güte）的神话或宗教。对尼采而言，倘若生命就是权力意志的不断创造与毁灭，那么我们就必须直接承认和肯定这个生命，"相信"（glaube）它是美好的（gut），并且想要（will）它"再来一次"。由此可知，"永恒轮回"的思想并没有断定生命本身真的是（ist）永恒轮回，而是说——想要（will）自身的永恒轮回。在这个意义上，不管海德格尔把"永恒轮回"看成是对"存在者之存在"这一本体论问题的回答，还是洛维特将其理解为尼采哲学的基本原则，都是一种彻头彻尾的误解。

因此，未来哲学直接孕育了未来宗教：如果说"权力意志"作为未来哲学构成了尼采的"隐微"教诲，那么"永恒轮回"作为未来宗教则相应地成为他的"显白"教诲。这也进一步印证了上述的看法：尼采并没有从根本上否定"民众偏见"的正当性，相反他用"永恒轮回"的未来宗教或神话取代了此前的柏拉图主义和基督教，为人类提供了一个新的理想，亦即《查拉图斯特拉如是说》中所说的"第一千零一个目标"，使他们能够"简化""美化"甚至"神化"有限的生命。在这样一个价值"视域"中，他们能够像荷马神话和前苏格拉底悲剧世界的英雄一样，无限地热爱甚至感激"自然和生命"。因此，"永恒轮回"作为未来宗教恰恰体现了未来哲学家的"爱人"理想，只不过这不是宗教人的"为了上帝的缘故而爱人"（den Mensch zu lieben um Gottes Willen），而是哲学作为生命的最高或"最富精神性"的权力意志对"生命的基本意志"的肯定和热爱，一如《查拉图斯特拉如是说》

中所说的"馈赠",一种出于哲学家之"求真意志"的自然本能。

尼采之所以要创造一种肯定"永恒轮回"的未来宗教,是因为他看到了宗教对于未来哲学家的重大意义:"哲学家,正如我们、我们自由精神所理解的那样——作为肩负最广泛责任的人,拥有承担人的全面发展(Gesamt – Entwicklung)的良知:这种哲学家将利用宗教来为自己的培养和教育事业服务,就像他利用当时的政治和经济状态一样。"①如果说"自由精神"仍然停留在对宗教的单纯怀疑和拒斥,那么尼采则反过来告诉他们,宗教对未来哲学家至少有三个层面的用途:首先对统治者、"强者、独立者、准备或预定要下命令者"来说,宗教是维护一个群体内部统治者与臣民之统治关系的最好纽带,并且"为哲学家在粗鄙统治的喧闹和艰辛之外创造了宁静,在一切政治权力的必然肮脏之外创造了纯洁";其次对潜在的统治者来说,宗教"给他们提供了足够的动力和诱惑,以使他们踏上通向更高精神的道路,考验他们对伟大的自我超克、沉默和孤独的感受";最后对大多数被统治者来说,宗教给他们提供了"对自身地位和等级的巨大满足,心灵的诸多平静",使他们能够"神化""美化"对统治者的服从,为自己的"日常生活"进行辩护。②

尼采的这些说法听起来非常类似于古代印度教的种姓制度,甚至如同柏拉图《理想国》的翻版。当然单就动机而论,尼采同这二者的确没有多大分别,因为他们在根本上都是为了维护等级制。但他们真正的决定性分歧恰恰在于:这种等级制的根据

---

① Nietzsche, *Jenseits von Gut und Böse* (KSA 5), §61.

② Nietzsche, *Jenseits von Gut und Böse* (KSA 5), §61.

究竟是"必要的谎言",还是"理智的诚实"?这一问题之所以非常关键,是因为它涉及到我们应该如何理解哲学与宗教的关系:究竟是哲学统治宗教,还是宗教统治哲学?事实上,柏拉图主义的最大错误就是颠倒了二者的关系,使哲学屈从于宗教的统治。在尼采看来,这一现象的产生绝非出于偶然,而是哲学长期以来以"禁欲主义"的形式"自我伪装"的必然结果。在《论道德的谱系》中,尼采指出了一个与此相关的历史事实:"哲学精神的出现总是先乔装打扮为以前业已确定的静思默想人们的模样,粉饰为牧师、巫师、预言家,而且只要有一丝可能,就尽力装扮为宗教人。"①因为长期生活在一个信仰"无知""欺骗""简化"和"伪造"的民众生活世界里,所以哲学家被迫隐藏起了自己的"求真意志",甚至放弃了"理智的诚实",并且转而为民众的偏见或"信仰"辩护,以此来维护自己的统治地位或等级秩序,否则"哲学在这个地球上就根本不可能长期存在下去"。②

但是正如尼采在《查拉图斯特拉如是说》中反复强调过的,"真理一旦被隐瞒就会变得有毒。"事实上,柏拉图主义使哲学屈从于宗教或"民众偏见"的做法为基督教开启了危险的先河,因为后者正是用宗教取代哲学的必然产物。为此,尼采在《善恶的彼岸》中尤其指出:"倘若宗教不是作为培养和教育的手段掌握在哲学家的手里,而去完全凭借自身获得至高无上的统治,倘若它自身想要成为最终的目的,而不是同其他手段并列的

---

① 《论道德的谱系》卷三,格言 10。
② 《论道德的谱系》卷三,格言 10。

手段，那就必将要付出沉重和可怕的代价。"①因为宗教假如不是由哲学来统治，那么它就不知道什么是生命的真正价值（Güte）；这样一来，它就必然会颠倒生命的最高等级（即作为"最富精神性的权力意志"的哲学）与最低等级（即作为"生命的基本意志"的民众偏见）之间的关系，否定或颠覆生命的等级秩序。在尼采眼里，基督教的实质就是这样一种"价值的颠覆"，因为它把受苦、贫穷、孱弱、病态、愚昧等败坏的东西（Schlechte）抬高为最高的价值，甚至美化为"善"（Gut）或"上帝"，却反过来把快乐、富足、强壮、健康、智慧等美好的东西（Güte）贬低为"恶"（Böse）或"魔鬼"。②

更为严重的是，基督教的危险在现代世界不仅没有被克服，反而有愈演愈烈之势。现代的"民主启蒙"虽然否定了基督教的人格上帝，但却完全继承了后者的平等观念，甚至把"价值的颠覆"推向了极端。因为正如科耶夫所说，基督教至少承认人是上帝的仆人或奴隶，所以还保留着最后一丝等级意识——上帝对人的统治。但现代人却进一步抛弃了他们的最后一位主人（上帝），宣称每个人都应该"自己统治、自己服从"，都应该成为"自律""自我立法"的平等自由人。③但在尼采看来，他们不过是"一个萎缩、几近可笑的物种，一种畜群动物，某种心满意足、病态

---

① Nietzsche, *Jenseits von Gut und Böse* (KSA 5), § 62.

② 参见《论道德的谱系》第一章"'善与恶'，'好与坏'"。

③ Alexandre Kojève, *Introduction to the Reading of Hegel: Lectures on the Phenomenology of Spirit*, assembled by Raymond Queneau, edited by Allan Bloom, translated from French by James H. Nichols Jr., Cornell University Press, 1969, pp. 63 – 70.

和平庸的东西"①。

凡此种种现代苦果，无不归咎于柏拉图最初埋下的祸根：柏拉图主义颠倒了哲学与宗教的统治关系，并且使哲学屈从于民众偏见，这一点恰恰是导致现代虚无主义危机的最初根源。由此反观，我们似乎不难理解尼采的苦心：未来哲学家尽管创造了一种肯定"永恒轮回"的未来宗教，但他却"并非真正有意这么做"，因为正如未来哲学家的最高德性是"理智的诚实"，未来哲学的真正使命仍然是"追求真理"。在这个意义上，不管"永恒轮回"的未来宗教看起来多么肯定生命，它都仅仅是尼采的"显白"教诲；倘若不能理解"权力意志"的"隐微"教诲，假如没有这种未来哲学作为根据，那么就连"永恒轮回"的教诲本身也必然会成为对生命的否定——尼采对斯多亚学派的批评充分证明了这一点。②所以无论如何，我们都不应该忽视生命女人对查拉图斯特拉的告诫："倘若你的智慧有朝一日离开了你，哎呀！那么我的爱也就很快离开你。"③

---

① Nietzsche, *Jenseits von Gut und Böse* (KSA 5), § 62.

② 尼采此前对斯多亚学派的批判表明，"永恒轮回"恰恰有可能成为对生命的否定。因为斯多亚学派把"永恒轮回"思想变成了一种本体论或形而上学，把"永恒轮回"理解为一种自然法则或宇宙秩序，并且宣称要根据这种"自然"来生活。但尼采认为，他们所谓的"符合自然地生活"恰恰在根本上违反了他们的"自然"，否定了他们自己的有限生命，因为他们不知道生命就是"权力意志"，而"永恒轮回"只不过是一种权力意志的创造。Mihailo Djuric, „Die Antiken Quellen der Wiederkunftslehre", in *Nietzsche Studien*, Band 8, 1979, ss. 1 – 16.

③ Nietzsche, *Also sprach Zarathustra* (KSA 4), s. 284.

五、未来哲学的政治使命

尼采关于求真意志与民众偏见、隐微与显白、哲学与宗教的逐层区分，归根到底是为了凸显自己的根本意图：如何确立生命的等级秩序。在尼采看来，生命就是权力意志——如果说生命的"基本意志"体现为民众的"求假意志"，即不顾一切地追求"简化""伪造""无知"和"欺骗"，那么生命的顶点则体现为哲学的"求真意志"，因为哲学是"最富精神性的权力意志、创世意志、追求第一因的意志"。正是由于未来的哲学家深刻地洞察了"生命就是权力意志"的真理（Wahrheit），所以他才能够肯定有限生命的"美好"（Güte），并且最终创造了一种肯定的"永恒轮回"未来宗教，一种使民众在其中健康地生活的价值"视域"。这也正如尼采本人所言，"哲学家……作为肩负最广泛责任的人，拥有承担人的全面发展的良知"[1]。因此，尽管他一再强调自己"并非真的有意这么做"，但未来哲学却必然导向未来的政治哲学，而未来哲学家也注定同时要成为未来的政治哲学家。[2]

尼采对未来哲学之政治维度的强调，使自己再次卷入与柏拉图的纠葛之中。正如施特劳斯敏锐地指出的，"在《善恶的彼岸》这部尼采本人生前亲自出版的唯一著作中，尼采虽然在当时的前言里以柏拉图的敌对者之面目出现，但就'形式'而言却最为柏

---

① Nietzsche, *Jenseits von Gut und Böse* (KSA 5), §61.

② 相比之下，后现代主义过于强调了尼采哲学的否定层面，但却忽视了他的政治意图，所以无法解释尼采为什么要捍卫等级秩序。萨德勒（Ted Sadler）正是据此批评了后现代主义对尼采的解释。Ted Sadler, *Nietzsche: Truth and Redemption*, The Athlone Press, 1995, pp. 67 - 115.

拉图化 (platonize)"①。换句话说,尼采在《善恶的彼岸》中虽然一如既往地反对柏拉图,但却比以往任何时候都更体现了一位"柏拉图式政治哲学家"的形象:如果说柏拉图的"哲学王"之理想一方面是为了维护城邦的等级秩序,另一方面是为了论证哲学作为最高生活方式的正当性,那么尼采也同样希望确立生命的等级秩序,并且捍卫哲学作为"最富精神性的权力意志"的地位。

但也正是出于对柏拉图这一高贵动机的高度认可,尼采反过来批评后者所犯下的那个"迄今为止的一切错误中最糟糕、最漫长和最危险的错误",亦即所谓的柏拉图主义。具体地说,柏拉图把"灵魂不朽"和"善恶报应"之类的民众偏见美化为"永恒真理"或"至善",从而把等级秩序的大厦建立在一个错误的根基之上,因为基督教和现代"民主启蒙"正是利用了这个错误摧毁了柏拉图所要捍卫的等级秩序,并且发展出了一种"畜群"道德和"末人"理想,最终导致现代虚无主义的危机。因此,要想重新确立生命的等级秩序,那就必须彻底否定柏拉图主义的这套谎言。但尼采的反柏拉图主义却使自己的政治哲学面临严峻的挑战:假如说柏拉图的政治等级秩序是以某种虚假的"自然"等级秩序为基础,那么当尼采否定了柏拉图主义之后,他又如何能够论证生命之等级秩序的正当性?换一种问法就是,尼采的等级秩序究竟需不需要某种"自然"根据?②

① 施特劳斯:《注意尼采〈善恶的彼岸〉的谋篇》,引自《尼采在西方——解读尼采》,第 27 页。

② 除了洛维特之外,奥特曼也认为尼采是想通过"权力意志"学说返回到古代(尤其是斯多亚学派)的自然秩序。Henning Ottmann, *Philosophie und Politik bei Nietzsche*, Walter de Gruyter, 1999, ss. 375 – 382.

事实上，当尼采拒斥斯多亚学派的"符合自然地生活"的道德哲学时，自然（Natur/Physis）就已经成为一个潜在的问题。根据尼采的最初说法，自然并非如柏拉图、亚里士多德和斯多亚学派等古代哲学家所说的拥有永恒的和谐秩序或内在"目的"，而是"无节制的浪费，无度的冷漠，没有意图和目的，没有怜悯和正义，既丰饶又沉闷且琢磨不定"。换言之，自然本身仅仅意味着"虚无"或"混乱"（Chaos），而所谓"符合自然地生活"恰恰是"对自然的僭政"，是人把自己所创造的秩序或法则强加给自然。①

"对自然的僭政"很容易使我们联想起康德的经典命题——"人为自然立法"。乍看起来，尼采似乎倾向于把自然等同于康德所说的"物自体"（Ding an sich），从而认为真正的自然是绝对不可认识的。但对自然的这种二元论式理解却并不符合尼采的意图，因为他很快便取消了"现象"与"物自体"（真实世界）的二元对立，并且以"权力意志"取而代之。正如我们在前文里提到的，尼采对现代物理学家的批评已经充分地表明："权力意志"既是一种"解释"也是"基本文本"，或者说既是"现象"也是"物自体"。一言以蔽之，对尼采来讲，所谓自然就是权力意志。

倘若自然就等于权力意志，那就必须同时承认，"对自然的僭政"也同样属于自然。所谓"僭政"就是指，人必须创造出某种关于善恶、好坏或对错的道德法则或价值秩序，以此对抗自然或生命本身的"无节制的浪费，无度的冷漠，没有意图和目的，没有怜悯和正义，既丰饶又沉闷且琢磨不定"。正因为如此，尼采

---

① Nietzsche, *Jenseits von Gut und Böse* (KSA 5), § 9.

认为,"与一切闲散放任相反,任何一种道德都是对'自然',同时也是对'理性'之僭政的一部分"①。假如"反自然"道德(或习俗[Nomos])本身也是属于自然,那么两千多年的柏拉图主义历史不就同样属于"自然"的一部分吗?尼采对此做出了肯定的回答,用施特劳斯的话来说,尼采把"历史"作为一个必要的补充整合进了自然。因为在尼采看来,未来哲学要想确立真正的等级秩序,那就必须首先要对"历史"或过去进行公正的裁决;②换句话说,未来哲学家必须在透彻地了解"道德的自然历史"(Naturgeschichte der Moral)的基础上,才能超越柏拉图主义关于"善"与"恶"的虚假道德区分,建立一种用来衡量生命之"好"与"坏"的真正"道德"。

根据尼采的说法,西方道德观念有两大基本来源,其一是苏格拉底和柏拉图所发明的理性主义道德③,其二是肇始自犹太人的"价值颠覆"(Umkehrung der Werte)。前者将"好"(gut)等同于"有用"(nützlich),即作为民众或城邦之功用的"共同之好";后者则成功地发动了"道德中的奴隶造反"(Sklaven-Aufstand in der Moral),"把'富有''渎神''恶''残暴''感性'融为一体,并且第一次把'世界'这个词改造为卑鄙之言"。但在尼采看来,这两种道德观念看起来毫不相干甚至截然对立,但却几乎一致宣称:凡是符合民众偏好的皆为"善"(Gut),凡是与之相违背的

---

① Nietzsche, *Jenseits von Gut und Böse* (KSA 5), § 188.

② 这一点也呼应了尼采在《历史对生命的用途和滥用》中的论断:"只有极少数人真正地为真理服务,就如同只有极少数人对正义有纯粹的意志一样,而在这些人中,又更少有人能有力量做一个公正的人。"

③ Nietzsche, *Jenseits von Gut und Böse* (KSA 5), § 190,191.

皆为恶（Böse）。①在这种情况下，"更高和独立的精神、追求孤独的意志、伟大的理性就被感觉是危险；一切使个别人超出畜群并且使邻人畏惧的东西，从现在开始就叫作恶；廉价、谦卑、顺从、千篇一律的思想，追求的平均化获得了道德美名和尊敬。"②

因此并非偶然的是，作为这两种道德观念的共同产物，基督教恰恰把这种关于善恶的道德偏见推向了极端，以至于完全否定了这二者所共同坚持的等级制。基督教以"邻人之爱"和"同情"的名义，把此前的"民众道德"变成了一种"奴隶道德"。③而在尼采看来，这一错误的历史在现代非但没有终结，反而日益加剧，因为"民主运动恰恰继承了基督教的遗产"，并把后者的奴隶道德最终改造为一种"畜群道德"。现代人自以为已经超越了苏格拉底，已经变得和《创世纪》中那条蛇一样知道了分辨善恶：凡是有利于每个人"自我保存"的就叫做"善"，凡是于此不利的就叫做"恶"。④由此，"他们在根本上并且发乎本能地敌视一切不同于自足畜群（autonome Heerde）的社会形式。"⑤用施特劳斯的话说，这种"畜群道德"或"末人"社会意味着"哲学在地球上的终结"。⑥

---

① Nietzsche, *Jenseits von Gut und Böse* (KSA 5), §190, 191, 195.

② Nietzsche, *Jenseits von Gut und Böse* (KSA 5), §201.

③《论道德的谱系》卷一，格言10。

④ 霍布斯:《利维坦》，黎思复、黎廷弼译，杨昌裕校，商务印书馆，1985年，第37、96–97页；洛克:《人类理解论》，关文运译，商务印书馆，1959年，第199–203页。

⑤ Nietzsche, *Jenseits von Gut und Böse* (KSA 5), §202.

⑥ Leo Strauss, *On Tyranny*, Cornell University Press, 1963, p. 211.

倘若把这两千多年的错误历史也理解为一种"自然"的进程,那么上述尼采对自然的规定就同样适用于"历史",即是说,历史也意味着——"无节制的浪费,无度的冷漠,没有意图和目的,没有怜悯和正义,既丰饶又沉闷且琢磨不定。"这正如尼采在《查拉图斯特拉如是说》中所说,"迄今为止,荒谬和无意义仍然统治着人类。"①而从"道德的自然历史"来看,终结这一"荒谬和无意义"的历史就是未来哲学家的无可推卸的使命。为此,尼采不遗余力地强调:

> 我们拥有另一不同的信仰——我们把民主运动不仅当作一种堕落的政治组织形式,而且视为人的堕落和萎缩形式,视为人的平庸化和价值的贬低:我们必须把希望投向何方?——投向那些别无选择的新哲学家,投向那些强大和原始得足以提出相反的价值评估、颠覆和颠倒"永恒价值"的精神,投向那些在当前把强制和束缚结合起来以便强迫数千年的意志走上崭新轨道的受命者和未来人。让人知道人的未来就是他的意志并且让他知道独立于一种人类的意志 (Mensch—Wille),准备为培养和教育进行巨大的冒险和实验,终结迄今一直被叫做"历史"的荒谬和无意义——"最大数量"的无意义仅仅是历史的最后形式——的可怕统治:为了实现这一目的,一种新的哲学家和发布命令者总有一天将成为必要,在他们的形象面前,地球上一切隐秘、可怕和友好的精神中出现过的东西都变得黯然

---

① Nietzsche, *Also sprach Zarathustra* (KSA 4), s. 100.

失色、形同侏儒。①

未来哲学家之所以能够"终结迄今一直被叫做'历史'的荒谬和无意义",是因为他的求真意志意味着最高或"最富精神性"的权力意志,而他对"永恒轮回"的无限肯定则是自然或生命所能达到的顶点。在这个意义上说,未来哲学就是"整合性的人"(complementärer Mensch):他不仅肯定了自己的生命,而且肯定了自然、历史乃至整个宇宙,以至于"其他的存在都在他那里获得确证"②。正是这一点,把未来哲学家同形形色色的现代学者、批判家、怀疑论者以及"哲学工作者"(philosophischer Arbeiter)区分开来。在尼采看来,所有这些声称追求"客观知识"的现代知识分子都不过是寄生在各种传统或现代价值偏见之中的"市场之蝇",③只有未来哲学家才是万物之新尺度或新价值的创造者。

从"自足畜群"到未来哲学家的"历史"转变不仅是对虚无主义的克服,而且意味着对"一切曾在与现在"的无限肯定。因此,倘若把历史也整合进"自然",那么对尼采来说,这一转变恰恰意味把人重新"自然化"(vernaturalisieren)、使人"返回自然",亦即返回到作为"基本文本"的"自然人"(homo natura)。④不过在尼采看来,"返回自然"绝非像卢梭所理解的那样退回到一种前历史或"原始状态"的自然,而是上升到自然或历史的顶

---

① Nietzsche, *Jenseits von Gut und Böse* (KSA 5), §203.

② Nietzsche, *Jenseits von Gut und Böse* (KSA 5), §207.

③ Nietzsche, *Also sprach Zarathustra* (KSA 4), ss. 65 – 68.

④ Nietzsche, *Jenseits von Gut und Böse* (KSA 5), §230.

点——未来哲学家的自由创造。正如施特劳斯精辟地指出的:"然而,正是人类迄今受制于荒谬和偶然的历史,构成了克服荒谬和偶然的条件。这就是说,人的自然化预设并且终结了整个历史进程——这一进程绝对不是必然的,而是要求崭新和自由的创造行动。"①

考虑到人在自然上仍然是一种"未完成的动物",那么未来哲学家的自由创造就更显得不可缺少。一言以蔽之,未来哲学家恰恰通过"对自然的僭政"使人上升到了自然的顶峰,从而最终肯定了自然的等级秩序。原因在于:

> 真正的哲学家是命令者和立法者:他们说"应该这样",他们规定了人的何去(Wohin)与何从(Wozu),由此支配了一切哲学工作者、一切过去强大者的准备工作——他们用创造之手把握着未来,一切现在和曾在对他们来说都成为手段、成为工具、成为锤子。他们的认识是一种创造,他们的创造是一种立法,他们的求真意志是——权力意志。②

通过把历史整合进自然的方式,未来哲学家不仅肯定了自然,而且肯定了"荒谬和无意义"的历史,肯定了包括人在内的一切生命或存在物的"曾在与现在";因为说到底,他恰恰渴望"同一个东西的永恒轮回"。在这个意义上,未来哲学家超越了以往的一切精神,成为拥有"勇敢、洞见、激情和孤独"等高贵德

---

① 施特劳斯:《注意尼采〈善恶的彼岸〉的谋篇》,引自《尼采在西方——解读尼采》,第 48 页。

② Nietzsche, *Jenseits von Gut und Böse* (KSA 5), §211.

性的新贵族，成为给尘世赋予意义的"超人"，甚至最终成为一个神——狄奥尼索斯。这是一位有朽的神，一位"诱惑之神"(Versucher – Gott)，一位进行哲学思考的神。[①]通过自己的智慧或真理，他终于走出了"几千年的迷宫"[②]，寻回了曾被自己抛弃的女人——作为生命之象征的阿里亚德涅，并且向她表达了自己的永恒之爱。因此同查拉图斯特拉一样，未来哲学家作为未来的政治哲学家，最终也是将同生命的"永恒婚礼"作为其政治使命的实现。

第六节　尼采的影响

卡西尔在一篇评论康德的文章中说过，伟大思想家的周围总是笼罩着一层浓厚的晕圈，但这一晕圈不仅没有折射、反倒愈加掩盖了思想家自身的光芒。[③]这一说法适用于康德，更适用于尼采。尼采曾把自己比作时代的"继儿"和"坏良心"，他认为自己的时代远远没有到来，而是属于"明天之后"。[④]不过多少显得有些反讽意味的是，这位生前自以为"不合时宜"的哲学家在死后不久就产生了巨大的影响，以至于最终主宰了此后一个多世纪西方思想的整体格局和走向。20 世纪的西方哲学、神学、文学、

---

① Nietzsche, *Jenseits von Gut und Böse* (KSA 5), § 295.

② 尼采、洛维特、沃格林等：《尼采与基督教思想》，第 4 页。

③ 卡西尔：《克莱斯特与康德哲学》，引自《卢梭·康德·歌德》，刘东译，生活·读书·新知三联书店，2002 年，第 124 页。

④ Nietzsche, *Also sprach Zarathustra*, (KSA 4), s. 250. 尼采、洛维特、沃格林等：《尼采与基督教思想》，第 2 页。

艺术、社会科学、历史学和心理学等，无一不打上了尼采的烙印。各种各样的思想流派，譬如存在主义、解释学、法兰克福学派、精神分析、后现代主义（解构主义），直至今天方兴未艾的后殖民主义、女权主义和东方主义等，都一致把尼采奉为鼻祖。那些在立场上极端分歧甚至对立的政治意识形态，如左翼激进主义、右翼保守主义甚至法西斯主义，也都毫无例外地援引尼采为各自的代言人。更有形形色色的"哲学工作者"、学者、诗人、艺术家、神秘主义者、革命家、无神论者、狂热分子、宗教徒等，如同《查拉图斯特拉如是说》第四卷中的"高人"一样以尼采的门徒自居，纷纷宣称从他那里获得了真正的灵感和神秘的启示。所有这些都如同"一层浓厚的晕圈"把尼采笼罩得严严实实，以至于他真正面目反倒日益模糊，不复能够辨认。①

尼采当然预感到了自己在未来时代的这一命运，否则他也不会在《瞧，这个人》反复强调，不要把他同任何他人相混淆。尼采之所以反对柏拉图主义，一个重要的原因就是防止任何人把他理解为柏拉图主义式的"著名智者"——尼采从来就无意制造一个"尼采主义"的传统，更不想鼓吹某种"民众的尼采主义"，所以他才尤其强调，"每一位深刻的思想与其说是害怕被人误解，不如说是更害怕被人理解"。②不过尼采当然知道，由于哲学家的思想和生活"节奏"与其他人存在着巨大反差，由于他们在视角上

---

① 关于尼采对 20 世纪西方的影响，参见 Ernst Behler, "Nietzsche in the Twentieth Century", in *Cambridge Companion to Nietzsche*, edited by Bernd Magnus and Kathleen M. Higgins, Cambridge University Press, 1966, pp. 281 – 322.

② 尼采：《善恶的彼岸》，格言 290。

截然对立，作为"隐微者"的哲学家在其他人眼里却成为一位"显白者"，他所显示于人的"显白视角"也成为掩盖甚至遮蔽自己"隐微视角"的重重"面具"，以至于他的哲学作为一个"文本"反倒最终变成了一个层层叠叠的"解释"史或效果史。这既是柏拉图哲学的命运，也是尼采哲学的命运。所以，倘若把尼采的解释史或影响史也视为其哲学的一部分，那么如何根据 20 世纪的尼采解释史来重新审视他的基本问题，则显得尤为必要。

尼采曾把哲学家比作"文化的医师"。①用美国学者丹豪瑟的话说，"他的哲学既是对其同时代即 19 世纪的疾病或危机的诊断，也是对治疗方法的探索"②。从早期的《悲剧的诞生》《真理和谎言之非道德论》和《历史对生命的用途和滥用》，到中期的《曙光》《快乐的科学》和《查拉图斯特拉如是说》，直至后期的《善恶的彼岸》和《论道德的谱系》等，尼采一生的哲学思考正是这样一种"医师"式的实践。不过他的诊断和治疗范围绝不仅仅局限于"19 世纪的病症或危机"，因为在他看来，19 世纪的虚无主义危机——"上帝死了"——并不单纯是一个 19 世纪的现象，而是体现了两千多年西方文明本身的总体危机。事实上，当苏格拉底"把哲学从天上拉回到人间"（西塞罗语）、当柏拉图紧接着发明了一套柏拉图主义的神话时，西方文明的危机就已经开始了；此后漫长的两千多年历史，不过是一个西方文明不断地自我颠覆和自我毁灭的"错误历史"。

---

① 尼采：《作为文化医生的哲学家》，载氏著《哲学与真理》，第 97 页。

② 列奥·施特劳斯、约瑟夫·克罗波西主编：《政治哲学史》，李天然等译，河北人民出版社，1993 年，第 982 页。

尼采对柏拉图主义历史的病理学诊断,必然包含了他对西方文明的整体理解。在尼采的心目中,西方文明在有史可载的开端就已经不可思议地达到了自己的顶峰,这就是前苏格拉底时期的希腊文明。希腊文明的伟大成就体现在两个方面,其一是前苏格拉底时期的自然哲学,其二是希腊悲剧。前者使希腊人走出了荷马及赫西俄德的原始神话世界,开始以清醒的眼光观察包括自己在内的整个宇宙,并且洞察了"万物流转、无物常驻"的"真理"。但是,希腊人并没有因为对"生命无常"的深刻体悟否定了生命本身的意义;恰恰相反,他们创造出了一个"阿波罗"和"狄奥尼索斯"的悲剧世界,一个"梦"与"醉"的"幻象"世界;正是在这样一个世界中,他们遗忘了"生命无常"的"现实",并且以巨大的热情从事政治、战争、艺术、体育等活动。

在尼采看来,前苏格拉底时期的希腊文明之所以取得了辉煌的成就,是因为它很好地维持了哲学与悲剧或宗教之间的平衡或张力:一方面,以泰勒斯、赫拉克利特和德谟克里特等为代表的自然哲学家虽然走出了神话的世界,但却很好地节制了自己的"知识冲动",从而为希腊悲剧的创造留下了广阔的空间;另一方面,他们始终保持了清醒的求真意志,从来不为作为民众偏见化身的希腊悲剧所左右。但是,苏格拉底改变了这一切。出于对希腊人高贵信念的敌视,苏格拉底用冷酷的辩证法摧毁了希腊悲剧,并且用一套理性主义或功利主义的道德说教取而代之。在他的巨大诱惑下,柏拉图——这位古代世界最高贵的精神类型——用整整一生的时间来为这套道德说教进行辩护,把它从一个"民众话题和俚俗民歌"神化为"至善"或永恒真理,最终"把它变成了无限和不可能的东西"①。这就是所谓的柏拉图主义,"迄今为止的一切错误中最糟糕、最漫长和最危险的错误"。

对比前苏格拉底时期的希腊文明,柏拉图主义的最大错误正是在于颠倒了哲学与民众偏见之间的关系。为了安抚民众对"生命无常"的恐惧,柏拉图主义不惜编造了"德性就是幸福""灵魂不朽"和"善恶报应"之类的道德谎言,由此放弃了哲学统治民众偏见的特权,并且在根本上败坏了作为求真意志的哲学生活本身。不仅如此,柏拉图主义的更大危险是为基督教铺平了道路,因为后者进一步用一个子虚乌有的超验上帝否定了有限生命或尘世,从而使柏拉图最初所要捍卫的等级秩序变得既不可能(因为一切不平等的生命在上帝面前都一律平等),也无必要(因为一切有限的生命相对于上帝都没有任何意义)。

基督教把柏拉图主义变成了"民众的柏拉图主义",它对希腊和罗马文明的胜利是"奴隶道德"对"主人道德"的胜利。在尼采看来,基督教在文艺复兴和现代启蒙时期的衰落,原本是西方终结这一"错误历史"的最佳时机,但是宗教改革和现代"民主启蒙"不但摧毁了这一希望,而且把西方文明进一步推向现代虚无主义的黑暗深渊。在这样一个"人人追求平等,人人也都事实平等"的现代社会,公意(general will)取代了神意(providence),"早报取代了晨祷"。②这样一种"普遍同质"的现代国家,不仅意味着两千多年的西方文明历史彻底"终结",而且表

---

① Nietzsche, *Jenseits von Gut und Böse* (KSA 5),§190.

② 列奥·施特劳斯、约瑟夫·克罗波西主编:《政治哲学史》,李天然等译,第 992 页。

明它已经堕落到了极点，因为西方人除了低贱的"畜群道德"和"末人"理想，除了贫乏而空洞的"权利"或"自由"之外，再也没有任何伟大的奋斗目标或生活信念。用尼采的话说，他们除了追求虚无（Wille zur Nicht），再也无所追求（nicht will）。

不过对尼采而言，危机或许恰恰就是转机：柏拉图主义的崩溃或"上帝之死"，虽然使西方文明面临深刻的虚无主义危机，但却同时包含了克服这一危机的可能。只不过尼采非常清楚地看到，克服现代危机的途径绝对不可能是简单地返回古代，哪怕这个"古代"是他最为向往的前苏格拉底时期的希腊文明。古代的诸神已经被柏拉图主义和基督教完全杀死，而柏拉图主义和基督教的超验世界或上帝也被现代科学的"理智良心"彻底否定，在这种情况下，任何单纯地返回古代的努力都是一种拙劣和卑贱的自我欺骗。既然返回古代的道路已经被堵死，那么西方文明的复兴恰恰要依靠一种面向未来的创造。对尼采来说，"复古"意味着"革命"，而"革命"才是真正的"复古"：只有彻底否定自柏拉图以来的两千多年西方文明历史，才有可能在根本上克服它所导致的现代虚无主义危机。在这个意义上，尼采对西方文明的病理学诊断就是对其内在病症或危机的治疗，而这一可能性则正是基于他对哲学的全新理解。

尼采从来没有指望能够简单地回到前苏格拉底时期的希腊文明——两千多年的柏拉图主义历史使得这种"返回"已经变得既不可能，也没有任何必要。恰恰相反，他把西方文明的希望寄托给未来，寄托给未来哲学和未来哲学家。[①]未来哲学超越迄今

---

① 包括所罗门 （Robert C. Solomon）在内的很多学者认为，尼采哲学

为止的所有哲学类型，包括前苏格拉底时期的自然哲学，因为未来哲学家把"求真意志"或"理智诚实"贯彻到底，从而拥有最高程度的自知之明（Selbst‑Erkenntnis）。说得更具体些，正因为未来哲学家深刻地洞察了"生命就是权力意志"的真理，同时也因为认识到这一洞察本身也是一种权力意志，而且是"最富精神性的权力意志""创世意志"或"追求第一因的意志"，他才把"真理"或"求真意志"变成对生命的最高肯定——"不仅学会顺应和容忍一切曾在和现在，而且希望如其曾在和现在地重新拥有一切曾在和现在，希望永恒地重新拥有它，永不知足地呼喊'再来一次'。"①既然"真理"是对生命的最高肯定，那么"权力意志"的未来哲学就必然孕育了"永恒轮回"的未来宗教。作为"人所能达到的最高肯定形式"，"永恒轮回"的未来宗教就是西方文明的"第一千零一个目标"。只有这样，未来哲学家才能把西方文明从两千多年的"荒谬和无意义"中解放出来，并使它重新获得它在前苏格拉底时期所爆发出来的巨大生命力。一言以蔽之，未来哲学家只有彻底摧毁柏拉图以来的两千多年西方文明传统，才能在废墟上重建真正的西方文明。

令人相当惊奇的是，尼采的结论虽然听起来颇为惊世骇俗，但在 20 世纪的西方思想界却引起了强烈的共鸣。其中最有争议性、但也最有吸引力的，当然是他对西方文明的整体理解以

包含了一种浪漫主义式的思乡病。但从未来哲学的眼光来看，这种批评其实恰恰是对尼采的误解。Robert C. Solomon, "A More Severe Morality: Nietzsche's Affirmative Ethics", in *Nietzsche: Critical Assessments*, Volume III, pp. 335‑337.

① Nietzsche, *Jenseits von Gut und Böse* (KSA 5), § 56.

及对现代虚无主义危机的深刻洞察。毫不夸张地说，20 世纪西方思想的整体格局正是通过对尼采的不同解释才得以展开，其中最有典型意味的则是海德格尔的存在哲学，德里达和德勒兹等人的后现代主义，以及施特劳斯学派的政治哲学。

　　海德格尔很早就接触了尼采的思想，但直到 20 世纪 30 年代中期才开始真正地思考后者的基本问题。[①]就对西方文明的整体理解而言，海德格尔同尼采几乎完全一致，他也把两千多年的西方文明看成是一个柏拉图主义或形而上学的历史。海德格尔认为，前苏格拉底时期的希腊悲剧和哲学作为"存在"的最初"敞开"构成了西方文明的"第一次开端"，但随着苏格拉底、柏拉图和亚里士多德把存在（Sein）等同于某种永恒"在场"的存在者(Seiende)，如理念或实体等，并且相应地把存在的言说(logos)变成了一种本体论（Ontologie）或形而上学（Metaphysik），"存在的遗忘"就已经开始了；随后在中世纪，基督教的神学家们把"存

---

　　① 海德格尔很早就对尼采产生了兴趣，也曾听过其导师李凯尔特关于尼采的讲座。他在《教职论文》中第一次明确地提到了尼采的名字，在《存在与时间》中引证了尼采在《历史对生命的用途和滥用》中关于历史的三种理解，而在著名的《德国大学的自我主张》中则把尼采称为"最后一位寻找上帝的哲学家"。但他对尼采的真正思考，则要等到他在辞去弗莱堡大学校长职位并且脱离纳粹的政治事件之后。西方学界普遍认为，尼采对促成海德格尔从早期向后期的著名思想"转向"起了相当大的作用。关于尼采与海德格尔的关系，可参见 Gianni Vattimo, "Nietzsche and Heidegeer", tranlated by Thomas Harrison, in *Nietzsche: Critical Assessments*, Volume II, pp. 340－347; Otto Poggeler, *Martin Heidegeer's Path of Thinking*, translated by Daniel Magurshak and Sigmund Barber, Humanities Press International, Inc., 1987, p. 83。

在"进一步等同于上帝，并且相应地把本体论变成了一种本体
论—神学（Onto – Theologie），从而加剧了"存在的遗忘"；最后
到了现代性时期，人作为"主体"取代了上帝的地位，成为衡量
"存在"的最高原则或终极根据，这种现代的主体性形而上学无
疑是对"存在"的彻底"遗忘"，最终把西方文明推向虚无主义
的危机。①

　　但也正是因为海德格尔对西方文明及其危机持有同尼采几
乎完全相同的理解，所以他才反过来对后者提出了有史以来最为
严厉的指控：尼采虽然一生都在批判柏拉图主义或形而上学，但
却导致了形而上学历史的最终实现。根据海德格尔的解释，"权
力意志"的"永恒轮回"作为尼采哲学的两个方面，恰恰构成了
对"存在者整体"这一形而上学基本问题的回答：前者作为"本
质"（essentia）回答了"什么存在"（Was – sein），后者作为"实
存"（existentia）回答了"如此存在"（Daß – sein）。②进而言之，当
尼采把"存在"变成"价值"，把"真理"当作"权力意志"的
设定时，他已经使形而上学达到了有史以来的最高程度——"价
值形而上学"。更重要的是，这种价值形而上学在无限地抬高人
之"主体性"的同时，也把技术对自然、大地或世界的征服发展
到了极致，以至于使"诸神"纷纷逃离大地，西方也陷入了对"存
在"的最深"遗忘"。一言以蔽之，尼采克服虚无主义的全部努

---

　　① 海德格尔对西方形而上学之存在史的诠释，可参见海德格尔：《尼
采》，第八章；*Beiträge zur Philosophie (Vom Ereignis)*, in Gesamtausgabe, Band
65, Vittorio Klostermann, Frankfurt am Main, 1989, ss. 457 – 470。

　　② 海德格尔：《尼采》，第 830 – 833、932 页；《林中路》，第 224、237 页。

力恰恰最终把西方推向虚无主义的最黑暗深渊。[①]

这样一来,问题似乎并不仅仅在于海德格尔是否或者在什么意义上误解了尼采的意图(本文此前对于这一点有过详细的论述),而是在于:就对西方文明总体危机的治疗来说,海德格尔同尼采的根本分歧究竟何在?尼采终生都以一位追求真理的哲学家自居,他同柏拉图等西方历史上的伟大哲学家一样坚信,哲学构成了西方文明的真正基础和精神顶峰,相应地哲学家对这个文明的健康成长负有不可推卸的责任。对尼采而言,柏拉图主义或形而上学的终结非但不是哲学本身的终结,反而使真正的未来哲学成为可能。尼采之所以彻底否定自柏拉图以来的整个西方哲学传统,是因为他要在根本上为西方文明奠定新的哲学根基。这也意味着,尼采既没有否定哲学,也没有丢弃通过哲学来重建西方文明的信心。

但在一个哲学家的"德性"和历史的"命运"之间,海德格尔选择了后者。对他来说,西方文明在前苏格拉底时期的"第一次开端"——作为一个"重大事件"(Ereignis)——完全属于"存在"自身的神秘启示,此后的"存在之遗忘"也不是哪个哲学家(如柏拉图、亚里士多德、笛卡尔或尼采等)有意为之,而是同样属于存在的"天命"或"馈赠"。现代虚无主义的命运不过意味着,西方文明已经彻底耗尽了"第一次开端"的全部可能性与生命力。至于"第二次开端"或"存在"的再次"敞开",西方只能耐心地等待。[②]不过海德格尔明确地表示,西方文明的"第二

---

① 海德格尔:《林中路》,第 261－270 页。

② Martin Heideger, *Beiträge zur Philosophie (Vom Ereignis)*, ss. 177－190.

次开端"不仅与"哲学"无关，甚至与"西方"无关，因为哲学作为第一次开端的可能性已经彻底"终结"了，而西方也必须开始学会从非哲学的东方寻找自己的转机。[①]

后现代主义者完全继承了尼采和海德格尔对柏拉图主义或形而上学的批判，甚至有过之无不及。如果说尼采把西方两千多年的形而上学看成是一个"错误的历史"，海德格尔认为它是"存在的遗忘"，那么后现代主义的代表人物德里达则将其视为一种根深蒂固的"逻各斯中心主义"。[②]根据德里达的解释，自柏拉图以降的西方形而上学家无不偏执地追求某种"同一性"，譬如真理、上帝或主体等，并且以此来统一、整合甚至消除"差异性"；由此，凡是合乎理性或逻各斯（Logos）的因素就居于"中心"地位，凡是不符合"逻各斯"的因素——如神话、诗歌、隐喻等——都遭到排除和否定，从而被放逐到"边缘"。[③]但是德里达提醒说，这种"逻各斯中心主义"本身却是一个"隐喻"。因为就连柏拉图本人也不得不承认，"至善"或"真理"无法用理性的语言或逻各斯来表达，而只能将其比喻为"太阳"。在他之后，太阳的比喻一直贯穿了西方形而上学的历史，譬如基督教神学家用它来描述上帝（奥古斯丁），近代哲学家用它代表人的意识或心灵（笛卡尔）。一旦表明西方形而上学的"逻各斯中心主义"也是一个隐喻，那么它所预设的"同一性／差异性"之二元对立就立刻土崩瓦解——"边缘"颠覆了"中心"，"差异性"最终取代

---

① 海德格尔：《哲学的终结和思的任务》，《面向思的事情》，陈小文、孙周兴译，商务印书馆，1996 年，第 58－76 页。

② 德里达：《论文字学》，第 3－5、13－16 页。

③ 德里达：《论文字学》，第 5 页。

了"同一性"。

从精神实质上来说,德里达对逻各斯中心主义的"解构"同海德格尔对形而上学历史的拆解(Destruktion)当然是一脉相承,他对"差异性"的强调也在相当大程度上受到后者的"存在论差异"之启发。但也恰恰因为如此,德里达反过来批评海德格尔的不彻底性。在他看来,海德格尔虽然声称放弃了对"在场"的形而上学追求,但却仍然希望追寻"存在"隐退之后所留下的"痕迹",所以仍然没有从根本上摆脱形而上学的影响。由是观之,海德格尔对形而上学的颠覆反而不如尼采那么彻底。[①]德里达之所以完全不同意海德格尔对尼采的评价,如"颠倒的柏拉图主义者""最后一位形而上学家""虚无主义的完成者"等,是因为他把尼采的"哲学"本身看成是一种彻底的"解构"实践。换句话说,尼采根本没有建立什么"价值形而上学",他的所有思考都是一个反形而上学的思想实验和语言游戏。用德里达本人的话来说,尼采的全部文字都不过是"能指"符号的无限"分延"。所以,尼采最大程度地解放了"差异性"或"不确定性",却从不追求什么"同一性"或"确定性"。[②]

德里达对尼采的这一看法,在相当大程度上代表了后现代主义者的共识。譬如福柯也强调说,尼采同马克思和弗洛伊德一道,彻底颠覆了西方传统的尤其是 16 世纪以来所形成的解释技

---

① 德里达:《论文字学》,第 30 - 32 页。

② 关于德里达对尼采与海德格尔的比较,可参见德里达:《阐释签名(尼采/海德格尔):两个问题》,引自《尼采的幽灵——西方后现代语境中的尼采》,第 243 - 252 页。另参见恩斯特·贝勒尔:《尼采、海德格尔与德里达》,第二章。

艺，从而使任何寻找"主体""本质"或"真理"的解释学努力变得再也不可能，因为"没什么绝对的解释项有待解释，因为实际上，一切都已经是解释，每个符号就其本身来说并不是需要解释的事物，而是其他符号的解释"①。而德勒兹则进一步指出，尼采的革命要比马克思和弗洛伊德更为激进。原因在于，"马克思和弗洛伊德，或许真的代表着我们现代文化的开端，但尼采却全然不同：他代表着反文化的开端"②。所谓"反文化"恰恰代表了一种"游牧思想"。在德勒兹看来，尼采之前的西方思想家在对传统思想进行颠覆或"解码"之后，总是无法摆脱"再编码"的形而上学诱惑，重新编织了一个又一个符码（code）系统；但是，"尼采是唯一无意再编码的思想家"，作为一个永恒的"游牧者"，他听任欲望或"力"无限地漂流和迁徙，但却永远不会成为重新编码的定居者。③

　　但经过后现代主义的过滤，尼采思想中的所有肯定或建构因素都消失殆尽，只剩下无穷无尽的否定、解构或"价值重估"。譬如说，尼采不再是等级秩序的捍卫者，而是成为肯定一切"边缘"或"差异性"的左翼思想家；不再是西方文明的重建者，而是包括西方文明在内的一切文明的颠覆者；甚至不再是追求真理的哲学家，而是一位风格奇特的文学探险家。20 世纪 70 年代之

---

　　① 福柯：《尼采·弗洛伊德·马克思》，引自《尼采的幽灵——西方后现代语境中的尼采》，第 104 页。

　　② 德勒兹：《游牧思想》，引自《尼采的幽灵——西方后现代语境中的尼采》，第 158 页。

　　③ 德勒兹：《游牧思想》，引自《尼采的幽灵——西方后现代语境中的尼采》，第 160－167 页。

后，随着后现代主义在社会政治领域的影响逐渐扩大，尼采进一步成为形形色色的价值相对主义、平等主义甚至无政府主义的代言人，以至于在女权主义者和东方主义者心目中，俨然成了反男权中心主义和反西方中心主义的象征，似乎一切遭到"中心"压制的"边缘"、一切被主流社会排斥在外的"被欺凌和被侮辱者"，都可以在尼采那里获得肯定、安慰和拯救。

　　正因为如此，后现代主义的尼采解释遭到了施特劳斯学派的强烈挑战。不仅如此，他们还试图进一步把尼采从海德格尔的阴影中解放出来，恢复他作为一位"柏拉图式政治哲学家"的真正面目。不过施特劳斯学派的所有这些努力只有一个目的，亦即无非是要最终把柏拉图从尼采、海德格尔以及后现代主义的批判中"拯救"出来。就施特劳斯本人而言，他当然完全同意尼采与海德格尔（甚至包括后现代主义者）对西方形而上学的批判，但他却进一步认为，他们所批判的形而上学或柏拉图主义其实同柏拉图本人毫不相干，而是中世纪新柏拉图主义者和基督教神学家的创造；事实上，柏拉图并不是一位形而上学家，而是一位"哲学家－立法者"，或者用施特劳斯本人的话说，一位"政治性的哲学家"。正因为如此，施特劳斯反对尼采对柏拉图之批判的同时，也为他进行了某种程度的辩护：尼采不是海德格尔所说的"形而上学家"，而是一位柏拉图式的"哲学家－立法者"。

　　同尼采与海德格尔一样，施特劳斯的柏拉图解释也是以对西方文明之危机的深刻洞察为出发点。在他看来，西方文明的危机恰恰集中体现为现代性本身的危机：当马基亚维利等现代性的先驱宣告与古代决裂时，西方文明就开始踏上了自我毁灭的不归路，因为在一次比一次激烈的反传统革命之中，西方人一步步地

放弃了对德性和美好生活的理论探究和实践追求,最终完全丧失
了判断善恶、是非与对错的标准。施特劳斯很早就意识到,克服
现代性危机的唯一途径就是返回古代;但他同样非常清楚的
是,在尼采对形而上学的毁灭性批判之后,以形而上学的方式返
回古代传统已经变得完全不可能。经过漫长而艰难的探索,施特
劳斯终于从阿尔－法拉比、迈蒙尼德、阿威洛伊等伊斯兰和犹太
哲学家那里发现了另一个"隐微"的传统,这就是"柏拉图式的
政治哲学"(platonic political philosophy)。

根据这一理解,施特劳斯回应了尼采和海德格尔对柏拉图的
批判:事实上,柏拉图(或苏格拉底)同前苏格拉底时期的自然
哲学家一样把哲学看成是一种"符合自然"的最高生活方式,但
出于对自己同胞的关怀,哲学家不惜返回到城邦或"洞穴"之中
为他们立法,并且捍卫政治生活的权威或公共秩序(nomos);因
此,与柏拉图主义的最大区别在于,"柏拉图式的政治哲学"非
但没有使哲学迎合"民众偏见"或政治需要,反而尤其强调要在
哲学与政治之间保持健康的平衡和必要的张力。

施特劳斯进而认为,西方文明正是在哲学与礼法
(law/nomos)、理性与启示、哲学与诗或雅典与耶路撒冷的紧张冲
突之中,焕发出源源不断的生机,而它的根本危机也恰恰在于这
一冲突的完全消解。就此而言,基督教调和理性与启示的努力已
经为西方文明的危机埋下了祸根,而现代性只不过是这一危机的
总爆发。现代哲学家一方面宣称要用哲学来启蒙民众、消除他们
的偏见或迷信,另一方面却又把哲学降低为一种维持政治社会长
治久安的公民宗教,这一点恰好表明,"政治的哲学化"必然导
致"哲学的政治化"。因此在施特劳斯看来,现代性的全部危机

就在于哲学和政治两败俱伤：它使西方人不仅在政治实践中丧失了判断善恶、是非与对错的能力，而且也无法在理论上对于这一至关重要的问题进行哲学追问。正是在这个意义上，施特劳斯认为西方文明的危机首先是现代性的危机，而现代性的危机归根到底意味着政治哲学本身的危机。[1]

　　基于对柏拉图的这种政治哲学式理解，施特劳斯不仅拒绝了尼采与海德格尔对西方文明及其危机的诊断，而且明确地否定了他们的治疗方案。在他看来，西方文明的危机与其说是应该归咎于苏格拉底和柏拉图，不如说是应该归咎于对苏格拉底和柏拉图的遗忘；相应地，克服这一危机的途径也不是返回到前苏格拉底时期的自然哲学或"悲剧哲学"，而是应该返回到苏格拉底和柏拉图所奠定的"政治哲学"。[2]不仅如此，施特劳斯还依据"柏拉图式的政治哲学"反过来对尼采和海德格尔进行了深刻批判：这两位伟大的思想家虽然怀着克服虚无主义的高贵动机，试图以返回前苏格拉底之古代的方式来批判现代性，但却恰恰推动了现代性的"第三次浪潮"，并且把西方文明推向极端历史主义和虚无

----

[1] Leo Strauss, "Relativism", in *The Rebirth of Classical Political Rationalism*, selected and introduced by Thomas Pangle, The University of Chicago Press, 1989, pp. 13 − 26. 另可参见甘阳：《政治哲人施特劳斯：古典保守主义政治哲学的复兴》，牛津大学出版社，2003 年，第 75 − 76 页。

[2] 为了回应尼采对苏格拉底和柏拉图的批判，施特劳斯在《古典政治哲学的复兴》中重新提出了"苏格拉底问题"，而这显然是针对尼采在《偶像的黄昏》中对"苏格拉底的问题"之理解。Nietzsche, „Das Problem des Sokrates", in *Götzen − Dämmerung* (KSA 6), ss. 67 − 79; Leo Strauss, "The Problem of Socrates: Five Lectures", in *The Rebirth of Classical Political Rationalism*, pp. 103 − 183.

主义的黑暗深渊,所以他们必须在一定的程度上为法西斯主义的政治灾难负责。①从政治哲学上来看,尼采与海德格尔的共同错误都是在于,他们同此前的现代性思想家一样,完全消解了哲学与政治或雅典与耶路撒冷之间的张力:尼采希望以超人来化解哲学与诗(宗教)的永恒冲突,消除"沉思"与"行动"或"自然"与"创造"的界限,海德格尔则完全放弃了对"自然"的哲学思考或理论探究,转而诉诸某种神秘的"决断"、启示或命运。这一点恰好表明,他们仍然停留在基督教甚至《圣经》的视野之中,并没有真正地理解古代哲学的真正精神。②

在尼采的众多解释者之中,似乎只有施特劳斯最有资格成为尼采心目中的"自由精神"。施特劳斯完全洞悉了尼采的意图:他把哲学看成是最高的生活方式,他承认自然等级秩序的正当性,他知道哲学不应该迎合"民众偏见",他也清楚"隐微"与"显白"的区分,他甚至欣赏尼采作为哲学家的极度清醒与极度疯狂。然而,施特劳斯毕竟没有成为一位尼采所期望的未来哲学家。姑且不论施特劳斯对尼采的公开批评是否符合后者的自我理解,但他的确没有像尼采那样公开地赞扬"理智的诚实"。这样一来,施特劳斯就不免陷入了某种程度的困境:一方面他的"自

---

① 施特劳斯:《现代性的三次浪潮》,引自《西方现代性的曲折与展开》,第 100 - 101 页。

② 施特劳斯:《〈斯宾诺莎宗教批判〉英译本导言》,引自《西方现代性的曲折与展开》,第 243 - 244 页;《作为严格科学的哲学与政治哲学》,引自《西方现代性的曲折与展开》,第 105 - 108 页;《海德格尔式生存主义导言》,引自《西方现代性的曲折与展开》,第 125 - 126、131 - 134 页;《自然权利与历史》,彭刚译,生活·读书·新知三联书店,2003 年,第一章。

然正确"(right by nature)必然承诺了某种柏拉图主义式的自然等级秩序,另一方面他也非常清楚地看到,作为这种秩序之基础的古代目的论和宇宙论已经被现代科学完全摧毁。施特劳斯完全洞察了虚无主义这一"致命的真理",但他却没有像尼采那样把它变成一个对有限生命的无限肯定和祝福,而是徒劳地宣扬那个早已死去、再也没有任何人相信的柏拉图主义谎言世界。况且,施特劳斯虽然比任何人都清楚尼采的意图,但在公开的文字中却比海德格尔更不公正地贬低了尼采的意义,似乎尼采反柏拉图主义的全部努力并不是为了复兴西方文明的生命,而是仅仅导致现代性的"第三次浪潮"。

尼采生活在 19 世纪晚期。他仅仅预见了西方虚无主义的来临,却没有亲眼看到这一危机如何最终变成了活生生的现实。在他死后的一个多世纪里,西方经历了两次"世界大战",经历了法西斯主义和共产主义的兴衰,经历了半个世纪的意识形态冷战,经历了从现代性向"后现代"的重大转向。从根本上讲,海德格尔、后现代主义和施特劳斯学派对尼采哲学的解释,恰恰体现了 20 世纪西方文明对自身危机的深刻反省;所以,尽管他们并没有完全接受尼采的诊断和治疗,但却在不同的意义上深化了尼采的思考。更重要的是,随着西方文明的进一步扩张,它也把包括中国文明在内的所有非西方文明都卷入到自身的危机。在 20 世纪初,在五四新文化运动和"打倒孔家店"的喧嚣声中,尼采的思想同西方形形色色的现代话语一道漂洋过海来到中国,从而引发了五千年华夏文明之"亘古未有的大变动"。在这种情况下,如何以一种新的眼光来重新考察尼采以及他对柏拉图以来两千多年的西方文明之理解,同时借此来思考中国文明自身的问题,则是一个非常重要的任务。

附　录

附录一　现象学运动的发展

　　现象学作为一种哲学流派，并没有像其他哲学思潮那样一峰突起，然后风靡某国的哲学界，但是现象学的影响却十分深远、长久。它的许多基本原理和方法默默地浸透到 20 世纪各种哲学思潮之中，因此出现了下列有趣的现象：除了奠基者胡塞尔之外，自从现象学问世以来，在哲学界举足轻重、成为泰斗的纯粹的现象学家，寥寥无几，但是运用现象学方法，受到现象学启蒙或影响的大哲学家却比比皆是。另外，现象学家们以及运用现象学方法或原则的哲学家之间，并没有形成统一的出发点，也没有统一的研究领域和对象，所以也谈不上统一的理论风格或者哲学倾向。他们对现象学的基本方法与原则的理解也各执己见。所以西方把现象学称为"运动"而不是"流派"，是再合适不过了。

第一节　现象学的起源及其在德国的发展

　　1900—1901 年，德国哲学家胡塞尔发表了《逻辑研究》一书。《逻辑研究》的问世，是现象学诞生的标志。该书在当时德国哲学界引起了很大反响，很多人著文评论此书。它对当时学哲学的大学生影响更大，许多哲学学生特意从其他大学转学到胡塞尔执教的哥廷根大学学习。大约从1907年开始，一些最热心的学生除了听胡塞尔讲课之外，还每周举行一次哲学聚会，烟酒相伴，或宣读论文，或即兴谈玄，既而形成了哥廷根学派。胡塞尔本人很少跻身于这些活动。他甚至曾戏称这个小组进行的现象学研究为"小人书现象学"（Bildbuch Phänomenologie）。这主要是因为，哥廷根学派的成员对现象学的理解，从开始便与胡塞尔不同。

早在胡塞尔的《逻辑研究》发表以前，在慕尼黑大学执教的心理学家李普（T. Lipps）周围聚集着一批学生，形成了一个哲学小组，专门讨论李普的心理主义哲学。《逻辑研究》发表以后，该小组的学生们开始以研究、讨论该书的内容为主要活动，并渐渐由李普心理主义的追随者转而热衷于胡塞尔的现象学，并与李普展开辩论。胡塞尔还亲自去讲过课。这样该小组便转变成为现象学运动中的慕尼黑学派。

这两个学派有一个共同特点，他们都直接受到《逻辑研究》中提出的描述现象学方法的影响，遵循胡塞尔力主的"回到事物本身"的现象学纲领，深入到不同的学科领域中，对在本质直观中显现的"事物本身"进行直接的研究，并努力作出无偏见的分析描述。

1913年胡塞尔创办了一个哲学杂志《哲学与现象学研究年鉴》，并在创刊号上发表了他的第二本重要著作《纯粹现象学和现象学哲学的观念》的第一卷。该年鉴成了现象学初创阶段的理论阵地。很多现象学家参与了该年鉴的编辑工作，并在胡塞尔指导或影响下为年鉴撰写书稿。海德格尔的《存在与时间》一书也是在该年鉴上问世的。年鉴共出了十一卷，于 1930 年停刊。《纯粹现象学和现象学哲学的观念》一书中，胡塞尔一方面将《逻辑研究》中提出的方法系统化、完善化，同时又发展出了超验现象学理论，进而形成了现象学唯心主义系统大纲，但这个体系并没有最终完成。他的学生们大都坚持《逻辑研究》的基本立场，很少有接受胡塞尔后期理论的。

由于现象学运动发轫之处就存在上述理论上的分歧，加之 1914 年第一次世界大战爆发，许多学生奔赴前线作战（其中有些死于战事，比如为《逻辑研究》编写概念及人名索引的克莱门斯，所以到目前为止，《逻辑研究》三卷单行本一直没有索引），胡塞尔本人又受聘于弗赖堡大学。这样，哥廷根学派就此瓦解。慕尼黑学派一直在活动，但与胡塞尔本人的现象学工作很少直接地联系了。

这两个学派中较重要的成员有：阿道夫·赖纳赫（Reinach）、海德薇·贡拉特－马梯乌斯（Gonrad－Martius）、莫里茨·盖格尔（M. Geiger），他们主要从事实在论的或客观主义的描述现象学的建设工作；另外还有亚历山大·普凡德尔（Pfänder）等，他们是这一时期的现象学中从事描写心理学工作的代表。舍勒（Max Scheler）和希尔德布兰特（Dietrich Hildebrand）则是客观主义的现象学伦理学家。

胡塞尔到弗赖堡任教以后，身边又聚集了一批新的学生，其中有用现象学方法研究自然科学和数学问题的贝克尔（Oskar Becker）、研究本体论与美学问题的波兰籍学生因加登（Roman Ingarden）、第二次世界大战期间被纳粹分子残杀于集中营的犹太女学生施泰因（Edith Stein，改宗天主教后叫 Theresia Benedicta a

Cruce)、创建了现象学的存在论的海德格尔以及胡塞尔最重要的科研助手芬克（E. Fink）、兰德格里伯（Ludwig Landgrebe）。他们在现象学运动中各有建树。与此同时，马堡大学的学生伽达默尔（Hans－Georg Gadamer）则发展了现象学解释学。在美茵茨，冯克（Funke）吸收现象学方法，建立了新的先验哲学。

　　1935 年，有犹太血统的胡塞尔日益感到纳粹的威胁。在此期间，他应朋友之邀，赴巴黎和布拉格举行哲学演讲。在准备这些演讲的过程中，胡塞尔又一次对自己的现象学作了总结，并准备写一部长卷专著，把他一生的现象学工作系统化起来；与此同时，他又提出了人生世界发生论的思想，以补充过去工作的不足。这些讲演受到法国等欧洲国家的哲学爱好者的热烈欢迎。这些讲演加强了现象学在德国以外的欧美国家中已有的影响。

第二节　法国现象学

　　一直到第一次世界大战以前，现象学在法国鲜为人知，只是在深受德语文化影响的阿尔萨斯地区重归法国之后，通过该地区首府斯特拉斯堡大学基督教神学系教授赫林（Jean Hering）的宣传，现象学才开始在法国"发迹"。赫林是胡塞尔的学生和朋友。在赫林的影响下，斯特拉斯堡在以后的很长一段时间一直是法国现象学运动的中心。另外一些曾从学于胡塞尔、后定居法国的外国移民，也为现象学的影响在法国的扩大做了不少工作，如列维纳斯（Emmanuel Lévinas）、柯瓦雷（Alexandre Koyré）、科耶夫（A. Kojève）和居尔维茨（Georges Gurvitch）等。居尔维茨在 1928－1930 年开课介绍胡塞尔、舍勒、海德格尔的思想。

1930 年来自立陶宛的列维纳斯发表了他的重要著作《胡塞尔现象学的直觉理论》。这是在法国发表的第一部大部头现象学专著。列维纳斯后来一直是现象学运动中的重要思想家。但大多数法国哲学家首先接触的是舍勒的现象学。舍勒曾多次去法国讲学（1924、1926、1928），他的著作也率先被译成法文在法国出版，并成为法国哲学家讨论的对象。1929 年胡塞尔在索邦(Sorbonne) 作题为"超验现象学导论"的讲演。这个讲演对法国现象学的发展发生了很大影响，真正激起了人们对胡塞尔本人的现象学方法和原则的兴趣。马塞尔和梅洛 - 庞蒂和列维纳斯都听了胡塞尔的演讲。1931 年列维纳斯同佩弗(G. Peiffer) 合作将其译成法文发表（即《笛卡尔式的沉思》，其德文手稿 1950 年才发表于《胡塞尔全集》第一卷）。在此前后有很多哲学家和心理学家（特别是完形心理学的代表）在胡塞尔现象学影响下进行研究工作，发表了不少重要著作。这些著作对法国现象学运动的主要代表人如萨特、梅洛 - 庞蒂和列维纳斯思想的形成，对法国存在主义哲学的诞生，都产生了不可低估的影响。通过他们的工作，在法国哲学界形成了现象学的小气候。但是这个阶段的法国现象学主要是介绍和评论德国现象学家的研究成果。他们独创性的研究尚不多见。这种状态一直延续到萨特开创性的工作开始之前。

起初萨特是通过列维纳斯的现象学著作了解到胡塞尔和海德格尔的哲学成就的。1933 - 1934 年间萨特作为奖学金生在柏林学习。他专心研究了胡塞尔、舍勒和海德格尔等人的重要著作。其中胡塞尔的思想使他十分兴奋，他认为自己找到了一种全新的哲学立场。在这期间，他写了一篇关于胡塞尔意向性理论的文章。1936 年便运用现象学方法对自我及想象进行了研究，写出了《自我的超越性》(*La Transcendance de l'Ego*) 和《想象》(*L'Imagination*, 1936)。1939 年又出版了《情绪理论大纲》(*Esquisse d'une théorie des émotions*)，1940 年发表了《想象的东西：现象学想象心理学》(*L'Imaginaire: Psychologie phénoménologique de l'imagination*) 一书。在这一系列著作当中，萨特基本上遵循着胡塞尔的研究路线，进行着现象学的描述心理学研究，为他的存在主义思想的提出作了充分的准备。这些著作尽管不再是简单的介绍和评论，但都没能超出胡塞尔的研究风格的范围，也就是还算不上独具风格的法国现象学作品。与此同时，萨特发表了他的著名文学作品《呕吐》(*La Nausée*, 1938)。这一作品中已经明显地表达了他后期哲学著作中占主导地位的存在主义思想。这里所涉及的课题已经超出了胡塞尔充满学究气质的认识论现象学的研究领域，把视野投入了抽象认识论所无力驾驭的人生世界：描述了面对事物的赤裸裸的实情，揭示出的人生自由的无根性与无用性。1943 年发表了他的第一部哲学巨著《存在与虚无》(*L'être et le néant*)。这部著作中萨特把现象学方法用于解决他自己提出的独特的哲学问题，因此标志着真正意义上的法国式的现象学的诞生。1946 年发表了著名文章《存在主义是一种人道主义》(*L'Existentialisme est un humanisme*)，并引出海德格尔的公开信《关于人道主义的一封信》。1960 年他出版《辩证理性批判》(*Critique de la raison dialectique*) 第一部分，成为现象学马克思主义的代表作。1971 年又出版了《家中的低能儿：1821 - 1857 年的福楼拜》(*L'Idiot de la famille: Gustave Flaubert de 1821 à 1857*)。

　　梅洛—庞蒂是法国的另一位现象学大师,他是通过居尔维茨(Georges Gurvitch)、列维纳斯和居尔威池 (Aron Gurwitsch) 等一系列早期现象学学者的著作结识了现象学。而且,他通过与居尔威池等完形心理学家的个人接触,更清楚地了解到现象学与完形心理学或整个心理学研究的关系。为了进一步深入了解现象学,他曾赴比利时卢汶大学的胡塞尔档案馆去研究胡塞尔未发表的工作手稿。他在那里研读了《纯粹现象学和现象学哲学的观念》一书的第二卷和《欧洲科学的危机与超越论的现象学》未发表部分。梅洛－庞蒂的现象学工作更接近胡塞尔的学院研究风格。他不满足于运用现象学的某些原则和方法分析具体事物;他更乐于专门致力于现象学本身的发展工作。1938 年完成、1942年发表了他的《行为结构》(*La Structure du comportement*) 一书。1945 年出版了《知觉现象学》(*Phénoménologie de la perception*)。这两本书都是法国现象学的代表作。

　　二战以后,法国的现象学一直在发展中。此间积极从事现象学工作的主要代表是列维纳斯和保罗·利科。列维纳斯是最早将胡塞尔的思想介绍给法国哲学界的早期现象学家之一。但他最有影响的独立的现象学研究完成于 20 世纪 60 年代,其代表作《整体与无限》发表于 1961 年。另外一本重要文集《异于存在或本质之外》(*Autrement qu'être ou au-delà de l'essence*),发表于 1974年,其中包括了他 1963－1972 年间的一系列重要论文。

　　保罗·利科是当今法国最重要的现象学家。利科属于第二代法国现象学家。他比上述三位重要现象学代表年轻不到 10岁——萨特生于 1905 年,梅洛－庞蒂生于 1906 年,列维纳斯生于 1908 年,利科生于 1913 年——他在二战中被俘,一直被监禁到 1945 年。在监禁中他开始翻译胡塞尔的代表作《纯粹现象学和现象学哲学的观念》第一卷。在他的法译本中附有对胡塞尔的思想的评论、注释和一篇翔实的导论。1950 年发表了《意愿和不自主》(*Le Volontaire et l'involontaire*) 一书，开始了他的意志现象学的研究。1965 年发表了《解释》，1969 年发表了《解释的冲突》(*Le Conflit des interprétations: essais d'herméneutique*)，象征了他的解释学现象学的建立。法国现象学从存在主义现象学发展到解释学现象学阶段。1983 – 1985 年出版了《时间与叙述》(*Temps et récit*) 共三卷。

当前法国的现象学运动是世界上最活跃的一支。他们的工作既有严格的文本研究，如 H. Birault，G. Granel，F. Dastur，D. Frank，M. Haar，J. Taminiaux（法语比利时），M. Richir（法语比利时）等，也有独立的现象学工作，如 R. Brague，J.‑F. Courtine，D. Janicaud，J.‑L. Marion，E. Marineau，J.‑F. Mattéi 等人的用现象学对形而上学再思考，利科等用现象学方法对政治哲学和政治学问题的研究。此外独具特色的 Michel Henry 的《本质及其表现》(1963)、《躯体哲学与躯体现象学》(1965)，《物质现象学》(1990)；近年现象学的宗教研究在法国越来越多，人们甚至有"法国现象学的神学转向"的说法。

第三节　美国现象学

北美哲学家与现象学的接触并不晚，但由于北美的实证主义和实用主义哲学传统十分强大，所以它的影响一直十分有限，现象学运动发展较慢。只是在近 20 年现象学才渐渐博得广大哲学爱好者的青睐。

早在 1902 年就有美国学生在胡塞尔门下学习现象学。但真正将现象学介绍到北美的是法伯（Marvin Farber）和凯恩斯（Dorion Cairns）。法伯于 1923－1924 年，凯恩斯于 1924－1926 年和 1931－1932 年就学于胡塞尔。他们回到美国后，法伯于 1928 年发表了他的博士论文《作为方法和哲学原则的现象学》；凯恩斯于 1934 年发表了博士论文《在发展中的胡塞尔哲学》。这两本书是当时美国哲学爱好者了解现象学仅有的英文专著。在这期间，1931 年出版了由 W. R. Boyce Gibson 翻译的《纯粹现象学和现象学哲学的观念》英文本。胡塞尔亲自为英文本写了后记。尽管如此，法伯等人当时人微言轻，30 年代现象学在美国仍然鲜为人知。1931 年在美国留学的沈有鼎没有听说过胡塞尔的工作，也未能接触胡塞尔的研究成果，以至他当时写的一篇论文重复了胡塞尔 1900 年《逻辑研究》的部分工作。[①]

真正把现象学带给美国人的是二战期间流亡美国的胡塞尔的学生们。纳粹统治德国并侵占欧洲大多数国家之后，许多现象学者从欧洲大陆流亡北美，其中包括来自法国的居尔威池（Aron Gurwitsch），来自奥地利的舒茨（Alfred Schutz）、库恩（Helmut Kuhn），以及海德格尔的学生和情人阿伦特（Hannah Arendt），马克思的后裔维尔纳·马克思（Werner Marx）等等。他们在法伯的领导下于 1939 年 12 月在美国纽约新社会研究学院召开了国际现

---

① 《论表达式》在发表时沈有鼎补写了一篇后记(Remark)，后记中写道："这篇文章写于 1931 年，在我熟悉胡塞尔的逻辑著作之前。"《沈有鼎文集》，人民出版社，1992 年，第 29 页；英文版第 15 页。

象学协会成立会议。参加成立会议的人数很有限，十一位美国学者，六位欧洲流亡学者，三位欧洲学者缺席。胡塞尔的夫人玛尔文·施泰因施耐德（Malvine Steinschneider）被邀请为名誉会员。会议选举法伯为协会主席，凯恩斯为协会副主席，并成立了协会理事会。理事会由两位美国学者、五位流亡学者和三位欧洲学者组成，其中包括施皮格尔贝尔格（Spiegelberg）、舒茨（Schutz）、芬克（Fink）和兰德格里伯（Landgrebe）。法伯和舒茨还分别写信给欧洲的现象学者，同他们建立联系。协会在法伯领导下筹备出版协会刊物。最初计划刊物用英、法、德三种文字出版，但由于技术上的原因未能实现。1940 年哲学季刊《哲学与现象学研究》问世。该刊物是要继续胡塞尔主编的《哲学与现象学年鉴》的事业，以"进一步理解、发展和运用现象学的研究"[1]为己任。杂志和协会明确指出，现象学不是一个流派，而是要努力在哲学中贯彻现象学的描述原则，并把当代世界的问题作为这种描写的基础。组织召开学术会议，在各国建立分支机构，出版刊物，这些就是协会工作的基本任务。至此现象学有了自己组织得相对良好的国际机构。1940 年或 1941 年美国哲学协会东部分会召开了专门讨论现象学的学术会议。这是现象学运动中的第一次大规模的学术会议。法伯执教的巴法罗大学成了美国第一个现象学的科研基地，其后在纽约新社会研究学院的研究生考夫曼（Felix Kaufmann）、舒茨和居尔威池等流亡学者的主持下也渐渐变成了现象学研究中心。1943 年法伯出版了他的另一本代表作《现象学基础》。尽管如此，二战结束之前以及以后的十年内，现

---

① *Phänomenologica*，卷 95，1984 年，第 213 页。

象学的影响仍然十分有限。

1967 年 Janes M. Edie 在为《现象学在美国》一书写的导论中说:"我们现在有充分的理由相信,展望 20 世纪美国哲学的未来或者读她的历史时,60 年代将被认为是现象学运动终于在我们的哲学土壤中扎根,并成为一支积极的赋有创造性力量的时期。"①1953 年在哈佛大学执教的怀尔德(John Wild)发表了《存在主义的挑战》一书。该书吸收了胡塞尔晚期提出的生活世界发生论的思想和梅洛－庞蒂的人体总体存在的现象学思想,对胡塞尔后期思想及存在主义现象学在美国的传播起了重要作用,甚至可以说,为它奠定了基础。在怀尔德思想的影响下,1962 年成立了"现象学哲学和存在主义哲学协会"。该协会每年定期在美国中西部地区或东部地区开会,每年强调一个研究重点,出版研究丛书,翻译出版了大量德文和法文现象学原著的英文本。70年代之后,现象学在美国似有方兴未艾之势。有现象学者执教的大学几乎遍布美国和加拿大各州:西北大学、石溪大学、杜兰大学、南卫理公会大学,耶鲁大学、华盛顿州立大学、杜肯大学、圣母大学、芝加哥洛约拉大学、保罗大学、波士顿大学、渥太华大学、滑铁卢大学等。以发展现象学为宗旨的杂志也很多,其中除了法伯的《哲学和现象学研究》之外最重要的还有《人与世界》《现象学与存在哲学研究》(1963 年创刊)、《现象学研究》和 *Telos*。*Telos* 是一本研究社会科学中的马克思主义与现象学的左派杂志,主编是皮考尼(Paul Picone)。

北美每年举行的以现象学为题的学术会议也十分多。还有各

---

① Janes M. Edie, *Phenomenology in America*, 1967, p. 7.

种学习小组，难以计数。1969 年世界各地的现象学学者云集加拿大的安大略州的滑铁卢大学召开了第一届国际现象学大会。1971 年出版了《现象学研究年鉴》。1977 年还成立了高级现象学研究与学习世界学院，它是由麻省的图米尼斯卡（Anna - Teresa Tymieniecka）领导的。该团体经常举行研究讨论班、发表系列文献、出版丛书 *Analecta Husserliana*，举行国际性现象学大会。就国内看到的材料，国际性大会已召开了十几次，丛书第一卷 1971 问世，2002 年已出到第 76 卷。

在美国现象学运动的影响下，英国现象学也开始有所发展。1967 年在曼彻斯特成立了英国现象学协会。1970 年《英国现象学协会杂志》创刊，但其影响仍很有限。

第四节　胡塞尔档案馆和德国现象学的复兴

胡塞尔档案馆建立对现象学运动的发展起到了很大的作用。1938 年 4 月 27 日胡塞尔去世。几个月之后胡塞尔的遗孀玛尔文·施泰因施耐德看到丈夫一生的研究成果面临被付之一炬的危险，便要求比利时卢汶的天主教牧师凡·布里达（H. L. van Breda）将丈夫的手稿带到保险的地方。凡·布里达欣然同意，并马上动手组织胡塞尔的学生们将手稿和相关材料运到比利时的卢汶天主教大学，随后在那里建立了胡塞尔档案馆。这次运去的胡塞尔用 Gabelsberger 速写系统写成的手稿有四万五千多页。胡塞尔的整个私人图书馆和他的大部分私人档案材料也被运抵卢汶。1939 年 6 月胡塞尔遗孀也移居比利时，又带来了一批重要的私人档案原件，其中包括往来信件、照片等。凡·布里达得到兰德格里伯和芬克的帮助,首先将速写手稿分批誊译为普通德文文稿。这是一项十分细致艰巨的工作。在这两位学者的帮助下,又带出了一批誊译人员,他们边誊译边研究,后来大都成了现象学专家。如斯特拉瑟 (Stephan Strasser)、瓦尔特·比梅尔、玛尔莉·比梅尔夫妇 (Biemel)、伯姆 (Rudolf Böhm),耿宁 (Iso Kern)、舒曼 (Karl Schuhmann)、马尔巴赫 (Eduard Marbach) 及伯尔奈特 (Rudolf Bernet) 等。誊译为普通德文的手稿共计一万两千页。

芬克在给胡塞尔当助手期间 (1926－1936),胡塞尔赠送给他一部分手稿作为礼品,大约 1200 页左右,大部分是讨论现象学中的时间问题的。1968 年 1 月芬克将手稿全部捐给档案馆。档案馆还收藏了布伦塔诺的儿子 1969 年捐赠的他父亲的手稿的照片和胶卷。从 1950 年开始,档案馆便收集胡塞尔通信。截止 1969 年已收集到 1400 多封往来信件。现在已经全部编辑完成,出版了 10 卷本的《胡塞尔通信集》。

胡塞尔祖籍捷克,是摩拉维亚人。1969 年 9 月档案馆人员获准去捷克斯洛伐克胡塞尔的出生地普罗斯涅茨以及他上中学的小城奥罗姆茨 (Olomouc),收集了大量的胡塞尔传记材料,其中包括胡塞尔祖先、家庭情况,在中学学习的课程及成绩。这些材料的原件均拍照成资料存在馆内。

档案馆最主要的任务是出版《胡塞尔全集》(*Husserliana*) 和 "现象学研究丛书"(*Phänomenologica*)。《胡塞尔全集》从 1950 年开始出版,至 2020 年已经出版了 43 卷。《现象学研究丛书》从 1958 年创刊,2001 年已出版 160 卷。档案馆创立者布里达在他去世之前一直任档案馆馆长。他去世后,接任的是耶瑟林 (Samuel Ijsseling)。本文写作时馆长是瑞士的现象学家 Bernet。

随着现象学在国际上的影响日益扩大，哲学爱好者们更迫切要求有接触胡塞尔未发表的手稿的机会。于是档案馆在世界几个现象学中心建立了分馆：1947年在美国纽约巴法罗(Buffalo)；1950年在联邦德国的弗赖堡；1951年在联邦德国的科隆；1957年在法国的巴黎；1966年在美国纽约。

第二次世界大战期间，一大批现象学家移居到美国，另一些则工作在胡塞尔档案馆。如胡塞尔当年的得力助手芬克和兰德格里伯在此期间做了大量档案的整理和译写工作，为年轻学者研读这些手稿作出了重大贡献。同时他们也独立从事现象学研究。他们的工作是德国战后现象学复兴的基础，也是德国战后的第一批现象学家。兰德格里伯于1934年就发表了《称谓功用和词的意义》，1952年出版了《当代哲学》一书。这是一本从现象学和存在主义出发介绍现代哲学的书。该书至今还是学习现代哲学重要的导论性德语文献。1960年发表了《辩证法问题》，1962年整理出版了胡塞尔的《经验与判断》一书。1963年又出版了文集《现象学道路》。1968年出版了《现象学与历史》一书。1969年出版《关于政治哲学的几个基本问题》，1975年出版《关于国家理论的哲学基础的争论》等。他想运用现象学方法建立新的历史哲学。不仅他的著作对现象学在德国的复兴发生了巨大影响，而且他的教学活动也为现象学培养了一代新人。战争后期，他曾短期在汉堡当过一段时间售货员。战后，他在汉堡，后到基尔执教10年。1956年被任命为波恩胡塞尔档案馆馆长，从此波恩便成为德国现象学的重要研究活动中心。从波恩毕业了数十名研究现象学的学生和留学生。对中国现象学运动的发展作出了特殊贡献的 Klaus Held 也是兰德格里伯的学生。

　　芬克是另一个对现象学在德国的复兴贡献最大的人。他战后一直在弗赖堡任教，并任弗赖堡胡塞尔档案馆馆长（芬克1975年去世后，由卡尔·马克思的远亲，从美国回来的维尔纳·马克思接任馆长职务）。他的主要著作有：《胡塞尔现象学问题》(1939)、《存在—真理—世界》(1958)、《一切与虚无》(1959)、《教育学与生活论》(1970)《邻近与距离》(1976)《存在与人》(1977)。

　　在兰德格里伯和芬克的领导下，一批青年人在卢汶档案馆认真地从事现象学的研究工作，他们后来都成为德语区的重要现象学家，比如曾在亚琛大学执教的比梅尔夫妇（Walter and Marly Biemel)，还有伊索·科恩（Iso Kern，自取中文名字是耿宁)，他著有《胡塞尔和康德》(1964)，该书是学习研究现象学与康德哲学关系的必读的德语文献之一。他曾来我国学习中国哲学，现在瑞士从事研究工作。还有卡尔·舒曼（Karl Schuhmann)，鲁道夫·伯姆（Rudolf Böhm）等人。发展到20世纪80年代，现象学在德国已小有生气。各大学哲学系都有人进行现象学的研究，或受现象学方法的影响从事研究工作。在弗赖堡大学有赖讷(Hans Reiner)，在波恩有福尔克曼－施鲁克（Karl－Heinz Volk-mann－Schluck)、施特罗克尔（Elisabeth Ströker)、艾里（Lothar Eley)。在海德堡有特约尼森（Michael Theunissen)，美茵茨有冯克（Gerhard Funke)，在特利尔有奥尔托（Ernst Wolfgang Orth)，在维尔茨堡有罗姆巴赫（Heinrich Rombach）与维斯(Dieter Wyss)，在波鸿有瓦尔登费尔兹（Bernhard Waldenfels)、荷仑施坦（Elmar Holenstein)、普格勒（Otto Pöggeler）和萨斯(Hans－Martin Sass)，在慕尼黑有老资格的现象学家贡拉特－马梯乌斯（Hedwig Conrad－Martius)，在乌泊塔尔有克劳斯·黑尔德（Klaus Held），等等。

1971 年德国现象学家汇集慕尼黑，召开纪念现象学家普凡德尔学术会议。会上宣布成立现象学研究德国学会，并出版半年刊《现象学研究》。现在学会每年举行一次学术讨论会。

现象学运动的发展不仅限于西欧北美，它对东欧及亚洲，甚至非洲的某些哲学发达的国家都有影响。它的影响也不仅限于现象学运动内部，它对非现象学的哲学家，甚至对非哲学的思想家都有影响。现象学对社会批判理论，即法兰克福学派的影响是众所周知的。恩斯特·布洛赫（Ernst Bloch）1960 年以前是东德社会科学院哲学所的著名哲学家，后移居西德，他在其"希望哲学"中所运用的方法也来自现象学。苏联以及其他东欧联盟国家中的非教条马克思主义或新马克思主义哲学流派的哲学方法，也都直接或间接地受到来自现象学的影响。西方格式塔心理学的建立与现象学描述理论有着不可分割的联系[①]。现象学在日本、韩国等亚洲国家也发生了重要影响。人们从现象学中，从胡塞尔的著作和手稿中不断有新的发现，人们不断对胡塞尔的某些观点做出新的解释，为哲学或其他人文学科发现、开拓了新的视野。现象学与分析哲学的结合就是一例。基于这样一个事实，现象学的研究对中国哲学发展及其他文化领域的研究工作的发展也是有一定意义的。

①　杜·舒尔茨：《现代心理学史》中译本，第 282 页以下。

第五节 现象学在中国*

一、首次引入——杨人楩的"现象学概论"

就目前笔者所能看到的出版物而言,中国人正式谈及胡塞尔现象学的早至 1929 年初, 即胡塞尔 70 岁, 正在写作《形式的与先验的逻辑》一书之时, 这就是杨人楩所写《现象学概论》一文, 刊登于《民铎》杂志 10 卷一号, 1929 年 1 月出版。[1]他在"序说"中先认为现象学处于所谓"学之哲学"与"生之哲学"之间, 即认识论哲学与生命哲学之间, 意在"解决现代哲学中种种至难的对立的问题"[2]。杨人楩这篇《现象学概论》显示出了对胡塞尔现象学的比较内行的理解,只可惜它未能引起当时学人的关注。[3]

---

* 本节是对张祥龙、杜小真、黄应泉合著《现象学思潮在中国》(首都师范大学出版社,2002 年)一书前几章内容的简单摘要,个别地方作了补充。

[1] 此文(杨人楩的《现象学概论》)转载于钟离蒙、杨凤麟主编的《西方资产阶级哲学流派批判（一）》, 1984 年 6 月, 第 133 – 137 页。此书属《中国现代哲学史资料汇编续集（第二册）》。

[2] 杨人楩:《现象学概论》, 钟离蒙、杨凤麟主编:《西方资产阶级哲学流派批判（一）》, 第 133 页。

[3] 但是关于杨人楩, 大家所知道的也仅仅是这篇文章。在韩水法先生协助下, 我查到了一些杨人楩先生的资料。综合这些资料, 我得到的印象是, 杨人楩曾主修英国文学, 是一位历史学家, 但亦精通德文, 曾从德文翻译了茨威格写的《罗曼·罗兰传》, 由商务印书馆 1928 年出版。北京解放前夕, 傅作义在同社会名流商讨和平解放问题时, 杨人楩先生名列其中。但是目前所见的材料中没有发现任何证据说明杨人楩是哲学家。所

杨人楩的《现象学概论》以后，也有人在介绍西方哲学思想时顺便提及胡塞尔的思想，比如张东荪、贺麟等。但是也并未引起哲学爱好者的真正注意。具体情况见张祥龙等合著《现象学思潮在中国》[①]。所有这些中国现象学运动的早期介绍者，似乎都没有亲身聆听过胡塞尔本人的教诲。真正有幸聆听过胡塞尔的言传，后来又用胡塞尔的思想做哲学研究工作的却另其有人，他就是以数理逻辑专家享誉国内学术界的、鼎鼎大名的沈有鼎。但是他同胡塞尔现象学的关系却一直鲜为人知，我们这里不妨多讲几句。

沈有鼎，字公武，1908年生于上海，1929年毕业于清华大学。在清华大学从金岳霖学习期间，曾建议金岳霖在清华大学创办哲学系；[②]毕业后公费留美。1931年获哈佛大学硕士学位，1931－1934年赴德国弗赖堡大学和海德堡大学深造。1934年回国，在清华哲学系任教。1945－1948年在英国牛津大学作研究，回国后仍在清华任教。1952年院系调整，入北京大学哲学系任教授，1955年调科学院哲学所工作，直至1989年逝世。在中国学术界，沈有鼎是以中国有名的数理逻辑学家著称，是中国早期分析哲学思潮的代表之一。他的《论真理的分野》一文被视为中国哲学家论分析哲学的代表作之一，后被收入《分析哲学——回顾与反省》[③]一书。1984年左右我曾经拜读过他的论公

以，我们可以设想，该文可能是依据英、德文介绍性文献编译而成。

① 详见张祥龙、杜小真、黄应泉：《现象学思潮在中国》。

② 1926年"金岳霖先生接受了学生沈有鼎的建议，创办了清华大学哲学系，任主任"。胡军：《道与真》，人民出版社，2002年，第3页。

③ 陈波主编：《分析哲学——回顾与反省》，四川教育出版社，2001

孙龙子的文章及《墨经逻辑学》，对先生贯通中西的学问十分敬仰。但是当时我无论如何也没有想到，他会与现象学有什么瓜葛。2002 年由于偶然的机会，翻阅先生的弟子收集、编纂的《沈有鼎文集》，以及附在文集最后的沈有鼎"文革"结束后致他的学生、国际知名逻辑学家王浩的通信。我在文集中惊奇地发现，沈有鼎同胡塞尔居然有直接的交往，并且受到胡塞尔现象学特别是逻辑研究工作的影响。

　　1931－1934 年沈有鼎曾在德国弗赖堡大学和海德堡大学深造，这是介绍沈有鼎生平的材料里都有记录的[①]。关于沈有鼎在德国的学术活动的情况，我只见到熊伟先生在《熊伟自传》中有记录，他回忆 1933 年留德之初的经历时说："在弗赖堡的头一年，由沈有鼎和我一同听海德格尔的课，因尚有语言隔阂，我没有能力与沈展开讨论。沈没有语言隔阂，虽然我们曾海阔天空谈论过古今中外的哲学，他却一次也没有谈过海德格尔，第二年沈即回国。"[②]20 世纪 30 年代，海德格尔在德国如日中天，德国青年纷纷向他求学，将他奉为大师。尽管沈有鼎曾经听过课，可是直到今天，我们没有发现哪怕是只言片语能够证明，沈有鼎在什么地方提及过海德格尔。可见，后期海德格尔的诗意哲学没有引起年轻的数理逻辑学家沈有鼎的任何兴趣[③]。

年，第 311－322 页。

　　① 《沈有鼎文集》，第 1 页；《中国大百科全书》哲学卷 II,第 777 页。

　　②《熊伟文集——自由真谛》，中央编译出版社，1997 年，第 384 页。该书中还提及张颐先生 1935 年休假，去德国探望学生时"拜访了国际大师胡塞尔教授"。

　　③ 沈有鼎的弟子刘培育先生在人民网的"人民书城－学者风采"栏目

　　与此相反，沈有鼎留德期间同已经退休、渐受冷落的犹太哲学家胡塞尔反倒有直接的交往。长期以来，我们完全不了解沈有鼎对胡塞尔的逻辑工作研究。现在文献证据就是沈先生的学生和朋友美籍华裔数学家、数理逻辑学家王浩的文字材料。关于沈有鼎同胡塞尔的关系，在王浩的文字中直接得到证实的只是，沈有鼎在弗赖堡期间同胡塞尔有过直接的交往。关于这种交往到底深到何种程度，到底沈有鼎研究了胡塞尔的哪些书，我们至今未能发现直接的材料。他是否在胡塞尔的指导下学习过，我们也不得而知。但从王浩保留的沈有鼎的书信中，可以证明，他曾同胡塞尔就他的现象学进行过认真的讨论。比如，1974 年 8 月 11 日沈有鼎给王浩的信中谈到现象学的文献时，沈有鼎写道："不过，我当时在德国的时候，胡塞尔告诉我，只有他自己的著作才算数，所有其余的现象学文献都没有用。……无论如何，劝告'初学者'除了胡塞尔自己之外，应当暂时忽视所有的现象学著作，倒是正确的。"[①]1931 年到 1934 年胡塞尔已经不在大学授课。所以，这条材料证明，沈有鼎在弗赖堡期间同退休的胡塞尔有过私人往来。胡塞尔很可能在家中接待过这位来自中国的年轻的天才数理逻辑学家。但是我们毕竟没有直接的材料说明，沈有鼎同胡塞尔的交往到底有多深。另外，王浩在发表沈有鼎的信件时回忆道："1942 年我选了沈先生讲维特根斯坦及胡塞尔的两门课。"[②]可见沈有鼎曾经在西南联大时期开过讨论胡塞尔思想的课程。

中发表的署名文章《沈有鼎：著名数理逻辑学家》中写道，沈有鼎曾在"海德格尔指导下从事研究"，只此一句话，没有提供任何根据。

　　[①]《沈有鼎文集》，第 539－541 页。
　　[②]《沈有鼎文集》，第 511 页。

沈有鼎一生从来没有声称自己是现象学家。除了沈有鼎在南联大时的学生王浩之外，没有听到任何人谈起过，沈有鼎曾经在弗赖堡从胡塞尔学习并同胡塞尔本人有过私人交往。沈有鼎也从来没有写过介绍胡塞尔思想的文章。他生前发表绝大部分文章都是讨论数理逻辑问题、解读中国古典文献中的逻辑著作。但是，仔细阅读沈有鼎的早期著作，可以明显地看出，沈有鼎在这些研究中利用了胡塞尔认识论成果，用于澄清逻辑语法，数理逻辑中的概念和问题。而且直到晚年，沈有鼎对胡塞尔的《逻辑研究》仍然评价甚高："胡塞尔和弗洛伊德在现代讲英语的世界中相当流行。这跟他们两人都遭受过纳粹的迫害有某些联系。他们两人的另一个共同情况就是，在他们较早的著作中他们真正充分地讨论了所处理的问题，那时他们的头脑还不像后期那样为新奇的想法所充斥。胡塞尔的《逻辑研究》仍然是用德文做哲学讨论的一个模范。虽然胡塞尔自己认为它是不成熟的，但它至少具有明白易懂的优点。"[1]所以我们可以断言，他一定认真研究过胡塞尔的《逻辑研究》，或许还包括胡塞尔后期的逻辑研究工作。

他回国后发表的第一篇文章写于 1931 年他留美期间，1935 年从德国归国后，用英文发表于《哲学评论》上，它的题目是《论表达式》，英文原文的题目是 *On Expressions*，译成德文就是 *Über Ausdrücke*，而胡塞尔《逻辑研究》的第一研究的题目就是 *Ausdrück und Bedeutung*，即"表达式与意义"。《论表达式》在发表时沈有鼎补写了一篇后记（Remark），后记中写道："这篇文章写于 1931 年，在我熟悉胡塞尔的逻辑著作之前"。"它是我对

---

[1]《沈有鼎文集》，第 557 页。

数学符号系统和一般语言的性质作形式的和结构的理解的首次
努力"①,而"我后来发现,我的某些结果已经由胡塞尔讨论过"。这
两段文字里所说的胡塞尔的工作,很可能是《逻辑研究》。无论
如何,它表明沈有鼎在德国深造期间熟悉了胡塞尔的逻辑著
作。而如果细读沈有鼎的文章,我们的确可以看到,沈有鼎在美
国独立地重复了胡塞尔的《逻辑研究》中的一部分工作,特别
是第一研究中的部分工作,并得出了类似的结果。

　　沈有鼎分别在 1943 年和 1944 年发表了两篇文章:《语言、
思想与意义——意指分析第一章》《意义的分类——意指分析第
二章》。两篇文章都被编在《沈有鼎文集》中。在这两篇文章中,沈
有鼎直接依据胡塞尔《逻辑研究》的成果,对他的逻辑哲学作
了修订发展,尽管文中未提及胡塞尔的名字。题目中的"意指分
析",无非就是"意向性分析"。在第一篇文章中,沈有鼎实际上
直接运用意向性理论来说明意义的本性,因此直接体现了胡塞尔
现象学的影响。沈有鼎的"意指对象"相当于胡塞尔的 der in-
tentionale Gegenstand(英语的 intentional object),也就是 Noema。
沈有鼎在文章中虽然没有给出他使用的现象学术语的德文和英
文原文,但是对此,沈有鼎在给王浩的信中谈到《意指分析》
一文时有明确的解释,沈有鼎说:"按传统的看法,说到思想,就
牵涉六方面的问题,即主体,官能,行为,内容,态度,客体。内
容可以指思想内容,也可以指实在或实际内容。思想内容是广义
下的概念,亦即胡塞尔所谓 Bedeutung(意义)。实际内容可以
指'限制'于思维行为中的思想内容,也可以指一种由通常称之

---

　　①《沈有鼎文集》,第 29 页;英文版第 15 页。

为'心思'的思维行为产生的现实的实体。胡塞尔只假定前者，不假定后者。前者在我的论文中称为意指对象……总之这是胡塞尔的 Noema。"[①]Noema 也就是意向性对象。既然沈有鼎的意指对象是胡塞尔的意向性对象，即 Noema，那么相应于意向性对象（Noema）的思想作为自然是 Noesis，即意向性的赋意行为。可见，他用来建立自己认识论的基本概念，如思想作为（act of thinking, 德文的 Denkakt）、思想内容（contents of thought）、意念（intention, 或 reell Bewusstsein）、意指对象（intentional objects, Noema）、意指性（Intentionality），都是胡塞尔现象学的基本概念。

在中国，将胡塞尔现象学的意向性理论用于哲学研究——用于逻辑研究——的第一人是沈有鼎。遗憾的是，他的工作也未引起学界的注意。

从以上的介绍与分析中可见，1949 年之前的中国学界已注意到了胡塞尔，甚至运用现象学于自己的逻辑哲学（沈有鼎），尽管是一种"边缘"式的，却不能说是不重要的。它表明了这些学者的思想敏锐性。

二、"文革"后罗克汀和李幼蒸重提胡塞尔现象学

由于政治原因，1949 年之后的很长一段时间内，对胡塞尔现象学的介绍和翻译几乎等于零。20 世纪 60 年代以后，由于与苏联意识形态的决裂，开始了对西方哲学思想的更多的介绍。《哲学译丛》反映出这种变化。1963 年，《哲学译丛》上登出了三篇关于胡塞尔的译文。一篇是 I. 开尔伦（Iso Kern, 后被译成"耿

---

①《沈有鼎文集》，第 551－552 页。

宁")的《在胡塞尔哲学中达到先验现象学还原的三种途径》(第
3、4 期合刊),由何愚译自荷兰《哲学季刊》。另一篇是 R. 斯米
特的《现象学和形而上学》(第 5 期),由张继安译自《美国哲
学杂志》。第三篇最有特色,是 L. 舍斯托夫写的《纪念伟大的
哲学家爱德曼·胡塞尔》(第 10 期),由谭湘凤翻译,无滞校。但
是,此后尽管继续刊载关于海德格尔和雅斯贝尔斯的论文,乃至
这些"存在主义"者们自己写的文章,却再也没有刊载关于胡塞
尔的东西了。在由国人撰稿的刊物中,比如《哲学研究》等,从
1949 年到"文革"结束,似乎从未登过关于胡塞尔的论文。胡
塞尔本人写的东西,则无处可觅。就是洪谦主编的《西方现代
资产阶级哲学论著选辑》(商务印书馆,1964 年),也不见胡塞
尔的踪影。只有贺麟的《〈精神现象学〉译者导言》(1962)一文,讨
论"现象学"的含义时提到胡塞尔。

　　"文革"后,也可以说是 1949 年之后,1980 年春,中国发
表了第一批关于胡塞尔的文章。它们是李幼蒸的《埃德蒙特·
胡塞尔》和罗克汀的《胡塞尔现象学是对现代自然科学发展的
反动》。前者发表于杜任之主编的《现代西方著名哲学家述评》
(北京三联书店,1980 年 2 月第 1 次印刷),后者则刊登于《哲
学研究》1980 年第 3 期。罗克汀的文章已在 1979 年 11 月的第
一届现代外国哲学会议上宣读。文中胡塞尔的现象学被归入某种
形式的唯心主义,认为胡塞尔意向性学说"是一种神秘主义的思
辨的主观唯心主义哲学"。[①]该论文引起一些讨论。不管怎样,在
那样一个时代,这篇文章引起了人们对胡塞尔现象学的关注。

---

　　① 《哲学研究》1980 年第 3 期,第 70、73－75 页。

　　李幼蒸文重在介绍胡塞尔的生平、基本学说和影响，对于国际学术界的研究成果有所吸收，文章的信息量较大。杜任之主编的这本《述评》（后来又出了续集）在当时的哲学界和知识界产生了较大的影响。因此李幼蒸的文章产生了很大影响。许多青年学者和大学生，就是通过这篇文章而得到关于现象学的一些基本的信息。

　　1980 年之后，大陆学者对胡塞尔现象学的兴趣陡增，《现代外国哲学》论文集和《现代西方哲学》的教科书中都有有关的讨论和介绍。

　　1986 年，出现了胡塞尔著作的第一个中译本《现象学的观念》，由倪梁康译出，夏基松和张继武校阅，上海译文出版社出版。自《现象学的观念》之后，胡塞尔著作的中文译本逐渐增多。其中特别值得一提的有李幼蒸译的《纯粹现象学和现象学哲学的观念》第 1 卷，以及倪梁康译的《逻辑研究》。

　　20 世纪 80 年代初以来，讨论胡塞尔现象学的论文时有出现，但从数量上远不如讨论海德格尔和萨特的。除了《哲学研究》等学术杂志之外，刊登这类文章的还有各种论文集，比如《现代外国哲学论文集》（商务印书馆，1982 年）、《现代外国哲学》（人民出版社，自 80 年代初以来出了多辑）《德国哲学》（北京大学出版社，自 20 世纪 80 年代中后期以来出了十几辑；现改由人大出版社出版，书名为《德国哲学论丛》）、《中国现象学与哲学评论》（上海译文出版社）；此外，就是《现代西方哲学》一类的教科书中的有关章节。早期的作者除以上提及者外，包括范明生、张庆熊、张宪、涂成林等，后来则有靳希平、倪梁康、涂纪亮、张祥龙、陈立胜等。

倪梁康 1994 年出版的《现象学及其效应：胡塞尔与当代德国哲学》（生活·读书·新知三联书店）是中国第一本关于胡塞尔及其引发的思想效应的研究性力作。

现象学在中国起步之时，胡塞尔现象学与中国思想就开始对话。在这方面最值得注意的是张祥龙的工作，他自 1993 年以来在国内外发表了一些关于胡塞尔与东方思想关系的论文，如《胡塞尔、海德格与东方哲学》发表于《中国社会科学》1993 年第 6 期，《胡塞尔"生活世界"学说的含义与问题》发表于《场与有》1995 年第 2 期,《现象学的构成观与中国哲学》发表于 1995 年[1]。

张庆熊 1995 年出版了《熊十力的新唯识论和胡塞尔的现象学》（上海人民出版社）一书。张庆熊自 20 世纪 80 年代初以来就在《现代外国哲学》等处发表关于胡塞尔现象学的文章，1983 年至 1993 年在瑞士学习现象学。其博士论文导师之一就是上文提到的耿宁（Iso Kern）教授，而《熊十力的新唯识论和胡塞尔的现象学》一书，是他的博士论文的中译本，"但在内容和论述方式上作了不少改动"。[2]

西安西北大学学者张再林 1997 年出版了《我与你和我与它——中西社会本体论比较研究》，其中西方思想以胡塞尔的现象学为主，兼及海德格尔、萨特、伽达默尔和哈贝马斯，东方思想以中国的儒家为主，兼及道家和《孙子兵法》。此书是张再林 1991 年出版的《弘道——中国古典哲学与现象学》一书的续篇。

① 张祥龙：《现象学的构成观与中国哲学》,《中国现象学与哲学评论》第 1 辑，上海译文出版社，1995 年，第 335－350 页。

② 张庆熊：《熊十力的新唯识论与胡塞尔的现象学》，上海人民出版社，1995 年，第 4 页。

附录二　现象学对二十世纪
西方哲学的影响

　　胡塞尔的现象学是一种认识论哲学，它试图通过对主观活动（或者叫主观行为）的深入分析，为人类建立的自然科学找到它之所以有效的最后的先验条件。所以胡塞尔的主要工作是先验的主观行为的分析，即先验的意识分析。在这个意义上，胡塞尔的现象学哲学是对以笛卡尔为代表的近代哲学传统的直接继续。所以瓦尔特·舒茨（Walter Schütz）说，胡塞尔是"最后一位先验论哲学家（der letzte Transzendentalphilosoph）"[①]，胡塞尔的哲学是关于主观性的哲学研究的"终结"（Vollendung）[②]。也就是说，尽管胡塞尔奠基了一个新的哲学运动，但是胡塞尔之后，即使在现象学运动内部，也再没有人步他的后尘，去继续进行先验的主观行为的分析，做先验的意识分析工作了。20 世纪的哲学家从胡塞尔的单一倚重意识分析工作的倾向中吸取了教训。他们一方面以各自的方式批判胡塞尔的意识现象学，另一方面又继承了现象

[①]　瓦尔特·舒茨：《世界变革中的哲学》，第 15 页。
[②]　瓦尔特·舒茨：《世界变革中的哲学》，第 21 页。

学的方法，在各自的工作领域中用这个方法进行探索，提出了自己全新的理论，因而使现象学运动呈现出了五彩缤纷的繁荣景象。在这个扬弃胡塞尔现象学的过程中，工作最成功、成果最深刻、影响最深远的人是海德格尔和萨特。在这里我们简要介绍如下。

第一节　海德格尔对胡塞尔现象学的批判和继承

海德格尔曾经是胡塞尔在弗赖堡大学执教时期的学生和助手。受胡塞尔委托，海德格尔编辑出版了胡塞尔的《关于内在时间意识现象学讲演录》一书。他自己的主要代表作《存在与时间》中的时间性理论就是对于胡塞尔这本书中论述的内在时间意识等一系列思想的直接发展。

胡塞尔工作的成果中，意识的意向性活动主要是人类认识活动的基本结构；他在意识的意向性分析中，集中描述了意向性思考过程、意向性思想内容、外在对象这三者之间从结构上的区别、特征，以及它们之间的联系。但是在胡塞尔初期的研究中，并没有重视比意识活动本身更基本的活动过程，对它们没有作具体描述和分析。也就是说，胡塞尔只注意分析意识高层次活动的机制——认知活动的共同结构，但对意识低层次的，或者叫基础层次的活动机制并未进行专门研究。正是因为这个原因，胡塞尔在1901年《逻辑研究》第二卷发表不久便开始了这方面的工作，即对意识本身的实际过程的描述分析工作，研究成果就是《内在时间意识现象学》。但是这些成果直到1928年才经海德格尔之手公之于世①。在胡塞尔看来，任何实际意识体验、意识经历，就其纯粹状态而言，都必然是某种延续过程。这种延续过程的不断继续就形成了一种无穷的体验经历之流（Erlebnisstrom）。②因此，意识活动就其实际过程本身而言，是一种纯粹延续过程本身，而这个实际的意识过程的最好特征描述就是时间，所以胡塞尔说，意识过程本身是一个时间性事件。然而这种以延续过程为其结构的意识流，并不同于普通事件的时间过程。一般客观事件的时间图解中，点代表现在，线代表延续过程，点的不间断的连续便集合形成为线。但胡塞尔发现的意识的内在时间结构，并不能用点和线的图式来说明。意识的内在时间结构要比它复杂得多。我们试举胡塞尔自己用的例子来说明，胡塞尔理解的意识的内在时间结构。

当我们第一次感知一个对象，比如，我们"当下"听到一个乐音 a，这个乐音有开始、持续和终了。这个乐音 a 最初是以"当下"的形式给出的（因为我过去没听过）。但是它不仅仅是在"当下"出现，在时间中出现，而且这个"当下"的形式构成了它本身的存在的方式，是它存在的特点。并不是所有在时间中的存在都是以"当下"这种时间性为其本身的存在方式的。一切感性对象，比如桌子、山石等都在时间中，在"当下"这一形式中出现或被给出，但它们本身并不是时间性事件。乐音则不同，"当下"这种时间性规定了它的质地，是它的存在的具体形态。时间性除了

---

① 当然 1913 年发表的《观念（一）》一书中已经言简意赅地阐述了这方面的思想。

② 胡塞尔:《观念（一）》，第 81 节，第 200 页。

原初形态之外，还有另外的形态：现在已经听到了乐音的一部分；这个"正听"与"听到了"紧密地连在一起；"当下"与"刚才"的这种密不可分的联系就是所谓事件的第二种形态：retention。从字面上讲，retention 是向后、向"刚才""过去"的趋向、勾连。我们在这里将它译作"滞留"。这种"滞留"不是回忆（胡塞尔也把它称为基础性回忆），不是对乐音 a 的再造。"滞留"也是原初性的、首次出现、首次给定的东西，所以，它也是意识的内在时间结构中的时间性的基础形态。胡塞尔认为，没有"滞留"，就根本不可能感知到时间性事件：当我们感知到一个时间性对象时，这个对象一定是个"滞留性"的对象，即处于"滞留"中的对象。[①]我们也可以说，"滞留"是时间性对象的构成成分。胡塞尔对乐音的描述并没有就此结束。因为当乐音 a 的第一部分已经被听到，第二部分正在被听到，接下来，第三部分马上就要开始被感知；此时，第二部分的"步入"刚被听到，第一部分已经成为被听到。在"正听"的第三部分中，含有对第二部分的"滞留"和第一部分的滞留的滞留，也就是说，"滞留"似乎是过去了，但这种过去了的滞留又都直接是当下给出的乐音 a 这个整体的一个部分，是乐音 a 的组成部分。"滞留"直接参与了"当下"事件或当下对象的构成：……当下滞留的滞留——当下的滞留——当下……一直推移下去。这就是时间性事件的结构。由滞留垂直叠加融合与水平连续所构成的链条（更准确地讲，是由滞留形成的面）就是对当下的事件的感受，它是感知的

---

① 胡塞尔：《关于内在时间意识现象学讲演录》，《哲学与现象学研究年鉴》第 9 卷，1928 年，Max Niemeyer Verlag，第 390 页。

当下瞬间的最后一个环节。

胡塞尔在《关于内在时间意识现象学讲演录》中用图来说明这种关系：

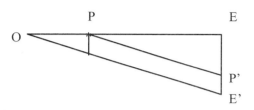

图中，OE 是当下的连续链条，OE'是最初印象或感知的滞留，即当下与过去的直接联系，EE'则是阶段性的联系，是由"当下的时间点"同过去视野的融合。①

这里我们十分清楚地看到，如果没有滞留，就不会有当下的时间性事件。所谓同一个时间事件（乐音 a）是由无数多个当下的——滞留的"共同显现"——所构成，是同一个印象的不同的滞留与不同印象的多种滞留交融而成的。所以，当说同一个乐音 a 时，我们是指，我们对不同乐音或者一段音乐的不同部分的综合的结果。实际上，对象（即乐音 a）的每个部分都是不同的，对象的同一性是在意识流中综合而成的；这种同一性是在意识的意向性活动的基础上构成、显现出来的同一性。我们现在所讲的是一种假定情况：当我感知时，并没有经历过、没听过我感知的内容；在没有任何"历史"经历过的情况下直接感知，就是最原初的感知，这种"没有经历过"是不可重复的。

① 详见胡塞尔：《关于内在时间意识现象学讲演录》，《哲学与现象学研究年鉴》第 9 卷，第 389 页。

上面讲的是对一个从未接触过的对象进行首次感知时的情况，也就是对象最原初显现时意识的活动情况。但是我们在日常生活中遇到的许多对象并不是从未接触过的对象，而是见过的、熟知的对象。这种情况下，我在感知时，我总是已经大概地知道我所感知的东西，我有意向地去恢复过去的体验：感知到第一部分的同时就期望、等待下一部分的出现。①这是对熟知的对象进行认识的重要环节。它是在重新认定一个对象，重新建立一个对象的同一性。还是以对乐音的感知为例。假如我们听一首熟知的乐曲，当听到其中乐音 a 的一部分时，我们知道，接续下去的乐音应该是什么。所以，这个对下一部分乐音的出现的预期，构成当下乐音感知的一个重要部分。如果它不与乐音下面的延续发生联系，或者它不与下一个新出现的乐音相联系，它便不是这首乐曲中的乐音了。所以，我对一首乐曲的感知，实际上是对我的预期的充实。当然，在这种情况下，原初感知的"当下""滞留"结构仍然保存。一个"当下"的事件总是与未来事件相联系，是未来事件的实现，同时又是对过去的步入。也就是说，我们对任何一个"现在"出现的时间性对象的感知，都是一个联系到未来的当下的事件，同时又是已经步入"刚才"的当下事件。内在时间并不是向自然科学描述的客观时间那样，是一个一个点的相继不断的连续，而是每一个当下都有一个不很确定的有厚度、有长度的"域"。每一个当下都包含了对过去的接续，甚至就是过去本身（Retention），同时又包含了对未来的预期（Protention）。胡塞

---

① 胡塞尔：《关于内在时间意识现象学讲演录》，《哲学与现象学研究年鉴》第 9 卷，第 395－396 页。

尔认为这就是滞留与预期在"当下"的彼此融会（Ineinander von Retention und Protention）。[①]当下的感知就像一颗彗星，滞留形成它的彗尾，彗头与彗尾的区别正是由于前驱的运动造成的，彗星本身是彗头和彗尾的统一体，这就是当下。时间不是点，而是一个呈多向辐射的彗星式结构。这是意识活动本身的最基础的机制。

　　海德格尔在《存在与时间》中恰恰就借鉴了胡塞尔发现的这种时间结构。海德格尔在分析人的实际生存结构时认为，人的实际生存的内在结构就是时间性。人的诞生是人过去的历史中最根本的瞬间。但你永远经历不到你的诞生，你有经历时，是你已经生下来了。这个过去只能体现在你现在的生存上。个人最根本的未来是死亡，但死亡也是人不可能经历到的。它体现在你走向死亡的现在的人生中。这就是说，你的根本性的过去和将来都体现在你的现在生存中，这里的人生的时间性也是将来、过去于现在这个"地方"的共生状态。海德格尔受基尔凯郭尔的影响，认为人的生存具体体现在操心中，而操心的环节之一就是"先行于自身"的将来性：因为操心总是对未来的什么事情的操心（当然，海德格尔强调，最根本的操心是人为自由的实行而操心）。操心的另一环节"已经在－世界中"，它是过去性的，是曾在。而操心本身则是现在性的：是现在在操心。但是，操心的"现在"不是独立的现在，而是为了将来的，联系到将来才有意义的现在；它同时又包含过去，恰恰是从过去考虑、为了将来，才有现在的决定，以求"当下"进入到自己选择的境域中去。而萨特在《存

---

① 胡塞尔：《观念（一）》，第199页。

在与虚无》中把这种人生化的内在时间意识的结构机制归结为两句话：是其所不是，并且不是其所是。"当下"的存在是过去的存在，同时又是为将来而存在。就其自身存在的构成环节讲，"当下"的存在恰恰不是它们存在的本身，他的存在恰恰在于，它的过去和他辉煌的未来；当下的一瞬间离开二者皆无意义。人生不具有"是其所是"这样的结构，正是在这个意义上，人生在其存在的结构上的特征描述叫"虚无"。

由此可见，胡塞尔关于内在时间结构分析中提出的内在时间的基本结构的构想对海德格尔产生了决定性影响。在胡塞尔那里，这种结构是意识活动过程的机制，是对意识流具体的现象学描述的结果；在海德格尔这里，这种结构变成了人的生存方式的内在结构：操心与畏的结构。说极端一点，海德格尔和萨特的存在主义是把胡塞尔的内在时间意识学说嫁接到人生本体论这棵树干上结出的果实。

当然，海德格尔和胡塞尔关于内在时间问题上不同之处有很多，其中最明显、最主要的区别体现在关于时间的有限性问题的看法中。胡塞尔认为，人的内在体验之流，即内在时间"既不能有开始也不能有终了"[①]，"它是一个无穷的同一性"[②]。也就是说，胡塞尔认为，内在时间无始终，是无限的统一性。这当然与他的先验自我的认识论、本体论构想有直接关系：胡塞尔一直坚持认为，意向活动的主体是先验自我，其内在时间意识应该是无限过程，意识的内在时间流中是不受经验自我的局限的。由此，才

---

① 胡塞尔：《观念（一）》，第 198 页。
② 胡塞尔：《观念（一）》，第 200 页。

可以成为科学真理,特别是成为数学与逻辑真理的基础。海德格尔则认为时间性是具体的、实在的人的存在的结构,因而实在的人的存在就是时间性的界限。因此海德格尔坚持,"时间性是有终的"①;时间性是"已经－当下－的将来"(gewesende－gegenwärtigende Zukunft)②;它主要体现在人对将来的操心、对死的畏等生存环节上,人生命的结束就是这种时间性的结束。由于一般人只看当下、此刻,而无视将来和过去,所以才使他以为时间的无限性的。

尽管在具体观点上,海德格尔吸收并发展了胡塞尔的思想,但从总体上看,海德格尔的存在本体论是同胡塞尔完全不同的新哲学,在一定意义上可以说,海德格尔是在批判胡塞尔现象学认识论中心论中提出他的生存－存在论思想的。胡塞尔看到,科学研究的对象是客观实在,通过它们对实在性存在的研究,科学本身没有解决科学的基础问题,即没有找到科学认识之可能的先验条件。因此,胡塞尔便否认通过实在性存在的研究解决科学基础问题的可能性。胡塞尔运用括弧法,干脆把实在性存在放到一边,回溯到认识的主体中,在人的意识活动本身去找认识之可能的最后依据。这条道路当然就是笛卡尔－康德的近代认识论的老路。海德格尔也同意胡塞尔的看法,即像自然科学那样,通过对一般的实在性存在的研究不可能找到科学认识的存在先验条件。但海德格尔认为,并不能因此而得出结论说,一定不能从任何实际存在身上找到解决这一问题的途径。也就是说,胡

---

① 海德格尔:《存在与时间》德文版,第 348 页。
② 海德格尔:《存在与时间》德文版,第 350 页。

塞尔完全否定科学哲学研究的对象域,而海德格尔仍然活动在自然科学面对的现实存在的领域中。他不同意胡塞尔完全离开实际存在,到先验主观意识分析中去解决自然科学认识的基础问题。他指责胡塞尔坚持的传统认识论中心论是一种教条主义。海德格尔认为,自然科学认识的基础问题是可以通过对实在的分析得以解决的。这是胡塞尔和海德格尔的分歧的根本之点。正是由于这点不同,海德格尔是本体论(存在论)哲学,而胡塞尔则是认识论哲学。海德格尔认为,在诸多实在性存在中,有一类存在极为特殊,它就是人的存在。在人的存在身上隐含着"先验构造的可能性"[①],即科学认识之所以可能的最基本的条件。人是世界当中的一种实际存在,但他从来不是世界中的一个简单的实在的事实,即静止不动的物,而是活生生的生存者:筹划着自己的生存,为了实现自己的筹划而活动。海德格尔认为,作为精神性的存在的人只是"笛卡尔认识论思考"[②]的产物,并不是从人的存在基础中生长出来的现实的真实结构。因此,回到意识中去,并没有回到事物本身,而是滞留于一种特殊的偏见中,因而违背了现象学"回到事物本身"去的原则。真正的事物本身不是精神性的存在,不是意识活动。近代认识论把人的精神或意识活动同人的真实的实际生存相割裂,以认识为中心考察问题,恰恰是歪曲了事物的本相。意识不是事物的原初现象;胡塞尔的现象学把意识当作原初现象加以研究,违反了他自己提出的现象学原则。所以海德格尔对现象学作了全面的改造。在海德格尔这里,现象学

---

① 《海德格尔给胡塞尔的信》,《德国哲学》第三卷,第 119 页。

② 《海德格尔给胡塞尔的信》,《德国哲学》第三卷,第 119 页。

的"现象"从内容上看仍是事物的自我显现。但这里事物恰恰是平时不在认识中显现但又包含在日常的显现物之中的那种东西。这个事物就是存在者的存在。它应该是现象学的专题对象。现象学是达到本体论–存在论的途径，所以海德格尔说，"存在论只有作为现象学才有可能"①，"现象学是存在物之存在的科学，即存在论"②。从方法上讲，现象学的方法就是解释、诠释的方法。由于 Phenomenology（现象学）这个字，来自希腊文的两个词：phainomenon 和 logos，所以海德格尔说，研究人的真实存在的"现象学的 logos 具有 hemeneüin（诠解）的性质。通过诠解，存在的本真意义与此在（即人的实际生存）的本己存在的基本结构就向居于此在本身的存在之领悟宣告出来。此在的现象学就是诠释学（Hermeneutik）"③。本体论（或存在论）与现象学在海德格尔看来并不是并列的两个学科，他认为，这两个名称是从对象和处理方式这两个不同方面描述着同一学科，即哲学本身。④所以在海德格尔看来，哲学就是现象学，哲学无非就是一般的现象学本体论（存在论）。在方法上，现象学应该是诠释学的；从内容上，或者说从对象上看，现象学是研究存在、讨论本体问题的。

如果说胡塞尔在 1900–1901 年发表的《逻辑研究》中提出的现象学标志着近代哲学认识论传统向现代哲学的转化、过渡（尽管它坚持了传统认识论中心论，在近代哲学的范围内活动，但

---

① 海德格尔:《存在与时间》,陈嘉映、王庆节译,熊伟校,第 44–45 页。
② 海德格尔:《存在与时间》,陈嘉映、王庆节译,熊伟校,第 46 页。
③ 海德格尔:《存在与时间》,陈嘉映、王庆节译,熊伟校,第 47 页。
④ 海德格尔:《存在与时间》,陈嘉映、王庆节译,熊伟校,第 47 页。

它提出的全新的哲学方法为现代哲学——当然主要指"人文"传统中的现代哲学——的诞生提供了方法论上的条件），那么海德格尔的现象学就是典型的 20 世纪哲学了：它公开反对近代认识论中心论传统，克服了胡塞尔的激进的认识论中心论的立场，提出了全新的人生存在本体论，试图以此为突破口，克服和超越近代乃至两千年欧洲哲学史上长期争执不下的问题，使哲学的面目为之一新。海德格尔对现象学的继承和改造可以说是现象学运动中影响最深远的工作，他在西方哲学史上写下了不可磨灭的一章。

第二节　萨特哲学中的现象学

　　萨特思想深受现象学的影响是人所共知的。"萨特是 30 年代初通过高师时期的同学雷蒙·阿隆开始了解现象学的……西蒙娜·德·波伏娃曾经生动地描述过萨特初晓胡塞尔现象学时的那种狂喜的神态……他（指阿隆）对萨特谈到了胡塞尔的现象学……阿隆指着他的鸡尾酒杯说：'你看，我的伙计！如果你是现象学者，你就能谈论这个酒杯。而这，就是哲学！'萨特激动得脸都发白了，或者说几乎发白了：这正是萨特多年所希望的，谈论他们接触到的那些东西，而这就是哲学……萨特情不自禁的喊道：'这才是真正的哲学！'"[1]

　　现象学中的什么东西如此吸引萨特呢？换句话说，萨特吸收

　　① 西蒙娜·德·波伏娃：《年华的力量》法文版，第 141 页。转引自杜小真:《萨特》，侯鸿勋、姚介厚主编:《西方著名哲学家评传续编》下卷，山东人民出版社，1987 年，第 7 页。

了现象学中什么东西呢？从上面引述的波伏娃的回忆可以看出，萨特开始接受现象学并不是学院式逻辑分析的结果，而是凭着他的感情与直觉，感到现象学正是他需要的哲学。他在喊出现象学"是真正的哲学"时，他对现象学还一无所知。所以选择现象学的哪些成分加以吸收与发展，在很大程度上取决于萨特的感情和生活的需要。

　　萨特的童年是悲剧性的，他从小就尝到人生这颗苦果的滋味。青年时代便感到自己的多余，使他很早就开始求索自己个人生存的意义。当时法国哲学界流行新康德主义哲学，高谈阔论，气吞山河，通过极玄的理论演绎出世界乃至宇宙的存在的规则。他们构建的理论与萨特遇到的现实的人生问题、个人的存在问题，风马牛不相及。而现象学却提出：放弃一切教条和偏见"回到事物本身去"，回到事物对你的直接显现中去，回到你的直接体验中去，回到你的意识活动中去。现象学给人的忠告是：相信你的直观，去描述你亲自体验到、直观到的一切吧！现象学的所有的这些原则性思想，都正中萨特的下怀。现象学的这些原则无异于告诉萨特，不必到别的哲学中去寻求答案了；事物本身就是你直接体验到的东西；把你对人生的体验描述下来，这就是哲学。这恰恰符合了在无家长权威的环境中形成的酷爱自由、渴望创造的天才的雄心勃勃的性格。①

　　萨特在学习融会现象学的过程中，从总体内容上讲，更多接受了海德格尔对现象学的改造，把描述和解释人的实际生存状态及其结构的工作当作现象学。但从萨特的具体工作来看，他更接

_____

　　① 所有涉及萨特生平经历的材料，都取自于杜小真《萨特》一文。

近胡塞尔。萨特哲学研究的具体对象还是人的意识活动。他的主要哲学著作《想象》《想象的东西》《存在与虚无》等，都是对意识的分析研究。在这个意义上，他的工作是胡塞尔工作进一步发展和开拓，也可以说是对胡塞尔意识分析方法的更具体运用。萨特认为，"现象学是对先验意识结构的一种描述"，而这种描述又是建立在对"意识结构的本质直觉的基础上"。[①]这种以本质直观为基础的描述活动是反思活动的一种。但是萨特认为，这种反思活动不同于内省。内省是对经验事实的确定、把握，并且通过归纳使其成为一般性存在的反思活动。现象学的反思活动则不然，它是可以一下子抓住本质的反思活动，它在活动开始之处，"一下子就处于普遍的立场上"[②]，也就是说，无须顾及什么传统的理性原则，对生动的直接的体验或切近的直观的描述，就是对事物"自身的绝对的表达"[③]。显而易见，现象学的本质直观实际上构成了萨特哲学工作的基础：无需别的顾及，只需靠直观来洞察自己直接体验的普遍性现象；无需别的理由和根据，直接宣布，我直观到的人生存在的种种现象、我对人生的种种直接体验就是真理。所以，在萨特的哲学中，用来对人的本质进行规定的许多基本概念，用科学的真理标准来衡量都是主观随意的构造，不具有客观的普效性，然而从现象学的直观描述原则来看则是无可非议的。

---

① 萨特：《影像论》，魏金声译，中国人民大学出版社，1986 年，第115 页。

② 萨特：《影像论》，第 115 页。

③ 萨特：《存在与虚无》，陈宣良等译，生活·读书·新知三联书店，1997 年，第 2 页。

　　萨特坚持了胡塞尔现象学的"现象－本质一元论"："显露的存在物的那些显象，既不是内部，也不是外表，它们是同等的，都返回到另一些显象，无一例外。"①显象不再和存在对立，"反而成为存在的尺度"。②存在就是整个的显象系列。萨特在这里完全重复着胡塞尔对感性对象存在的规定。

　　但是在研究的过程中，萨特遇到了西方哲学最困难的问题，即康德的物自体问题：无限的不可穷尽的显现系列中不是隐含了一种超越性吗？把握到显现无穷的系列的无限性时，这不就是潜在的持久性质吗？本质最终与具体的显现根本分离，因为本质原本就是用那些个别显露物的无限系列显露的东西。③也就是说，在变动不居的、显现的无穷系列中显露着一种稳定的东西，这就是那个显现的存在，尽管它不是像康德所认为的那样，是一个不显现的存在，因为存在的显现"不需要任何中介"④，但是存在的现象不同于现象的存在。也就是说，"向我们揭示和显现出来的存在"，即我们常人称作现象的东西，"与向我们显现的存在物的存在"，即类似于康德的物自体的存在（但不是不显现的物自体，而是显现自身的物自体）不是同一个东西。萨特公开承认物的存在本身，并指出它的"存在是超现象性的"⑤。这个作为存在的显现的超现象的存在"超出了人们对它的认识，并为这种

---

① 萨特：《存在与虚无》，第 1 页。
② 萨特：《存在与虚无》，第 2 页。
③ 萨特：《存在与虚无》，第 4 页。
④ 萨特：《存在与虚无》，第 5 页。
⑤ 萨特：《存在与虚无》，第 7 页。

认识提供基础"。①所以我认为，在这一点上，萨特超越了胡塞尔和海德格尔，公开走向唯物主义。但是由于现象学的立场，他的唯物主义思想不同于我们一般所理解的唯物主义。但是萨特又不是康德式的不可知论者。他对这个问题的处理有辩证法的色彩：没有一种存在不是以某种存在的方式存在，没有一种存在不是通过显露存在又掩盖存在这样的存在方式被把握的。在"既掩盖又显露的"把握方式这一思想中，隐含了萨特存在主义的逻辑原则。

　　萨特哲学中的另一个重要现象学思想，就是意向性理论。萨特把意向性学说看成是克服近代传统认识论哲学在主—客观统一问题上遇到的难题的法宝。他认为，传统认识论中关于客观对象反应的影像这个想法，在意向性学说中变成了一种有意义的结构。意向性理论使影像"从意识的静止不动的内容状态过渡到与一种超验对象相联系的唯一的和综合的意识状态"②。这是一种有机的意识状态，它与自己的对象有关。这种新的意识状态是一种指向外在现实存在的可能方式。这样，"无须通过一种可以当作自身的假象"③，意识活动便直接与对象发生关系。于是，关于"假象与其现实对象的关系，以及纯粹思维和这一假象的关系中所具有的一切困难，连同影像的内在论的形而上学，一下子都消失了"④。这样便"消除了"影像和思维关系的传统问题中所

---

① 萨特：《存在与虚无》，第 7 页。
② 萨特：《影像论》，第 121 页。
③ 萨特：《影像论》，第 121 页。
④ 萨特：《影像论》，第 121 页。

遇到的"所有困难"①。

尽管萨特对胡塞尔的思想推崇有加,认为胡塞尔的这种指向对象的意向性学说为人们的研究"开辟了新的途径","向我们提供的宝贵看法"②,但是他并不满意胡塞尔的认识论唯我论倾向。萨特对意向性学说进一步作了唯物主义的改造。他认为,意向所指向的对象是一种物,意向活动则"是一种行为,而并非一个物"③,在区别认识性的知觉和非认知性的影像时,萨特认为,"只需要唯一的物质本身就能够把知觉和影像区分开","一切都取决于这种物质的生气勃勃的世界"。④当然,这种物质的显现离不开意识,而意识的存在又离不开物质,所以萨特把物质世界也称为"意识最深入的结构中产生的一种形式"。⑤胡塞尔意向性学说的根本性原则是,一切对象,不是存在于意识内部,就是存在于意识本身中。萨特把这一原则倒过来,进一步加以发展,形成了他整个的关于意识的虚无结构理论:尽管现实的存在通过意识的存在方式显现出来,但是意识本身内部不包含任何现实性存在的因素,所以意识或思想是一个虚无,或者想象的存在。萨特说:"意识生来就被一个不是自身的存在支撑着。"⑥因为意识的存在就是对某物的意识;这种对外在物的趋向,就是意识的生命本身,这就是所谓意识的超越性结构。存在不是按意识的方式而

① 萨特:《影像论》,第 122 页。
② 萨特:《影像论》,第 130 页。
③ 萨特:《影像论》,第 132 页。
④ 萨特:《影像论》,第 123 页。
⑤ 萨特:《影像论》,第 121 页。
⑥ 萨特:《存在与虚无》,第 21 页。

存在，相反意向是从物质存在中获得存在。

意识的存在和外物的存在不能过渡、转化，这是萨特的唯物主义同传统唯物主义的根本区别。萨特认为，无论如何也不能想象，意识"超越主观性走向客观性"。[①]萨特嘲笑胡塞尔后期想使意识存在转化为客观存在的努力："他只不过创造了一个杂交的存在，这种存在既遭到了意识的否定，又不可能作为世界的一部分。"[②]实际上，在本体论上萨特把意识和存在完全分开，重新恢复了胡塞尔企图克服的主客体的对立。意识只是"对某物，即对某个超越的存在的揭示性直观"。[③]它是现象，它指示存在并要求存在，但"现象的存在不是存在"。[④]意识和存在是对立的，所以它不是存在，因而是虚无。现象学的意识的意向性学说经过改造后成了萨特的虚无学说的基础。而意识的虚无性，非存在性，又是人的自由的基础，是人的存在的根本性结构。所以可以说，现象学的意向性学说是萨特存在主义的理论基础。

第三节　当代分析哲学对现象学的研究

胡塞尔的思想深受大陆哲学家笛卡尔和康德的影响，但他的现象学哲学并不是典型的大陆哲学理论。他对英国的经验主义哲学家如洛克、休谟的思想十分熟悉，有人甚至认为，"对胡塞尔

---

① 萨特：《存在与虚无》，第 18 页。

② 萨特：《存在与虚无》，第 18 页。

③ 萨特：《存在与虚无》，第 21 页。

④ 萨特：《存在与虚无》，第 23 页。

来说,最重要的哲学家是休谟"。①胡塞尔曾经为施罗德 (Schröder)
的主要逻辑著作《逻辑代数讲演集》写过书评。施罗德这本书
对数学家和数理逻辑学家在数理逻辑初创时期的卓越工作做了
全面总结，可以说，它集这个阶段数理逻辑研究成果之大成，对
后来数理逻辑的在英语国家的成熟和长足发展起了很大的作
用。莫汉梯 (J. N. Mohanty) 认为胡塞尔的逻辑哲学思想直接受
到了施罗德的影响。②由于英国哲学对胡塞尔思想的影响，致使
胡塞尔与后来英语国家的分析哲学家在很多问题上的看法有类
似，甚至相同。正是由于这个原因，20 世纪 60 年代以后，随着
越来越多的胡塞尔著作移译为英文，英语国家的哲学家重新发现
了胡塞尔。他们看到，胡塞尔所谈的正是他们自己传统中所关注
的问题，很多人为胡塞尔思想的广博和深邃所倾倒。

　　1957 年巴－希尔 (Yehoshua Bar－Hillel) 就提出，胡塞尔是
逻辑实证主义思潮的先驱。1964 年莫汉梯出版了他的名著《胡
塞尔意义理论》一书，书中用十分清楚明白的语言全面阐述了胡
塞尔的意义理论,并将其与分析哲学中的语言哲学理论进行了比
较研究。今天，该书仍然是研究胡塞尔语言哲学的必读文献之
一。1971 年德菲 (H. A. Durfee) 在《不列颠现象学学会会刊》
上发表了《奥斯汀与现象学》一文；1976 年他又出版了《分析
哲学与现象学》一书。1977 年特拉格瑟出版了《现象学与逻辑》
一书，1984 年他出版了《胡塞尔和逻辑及数学中的实在论》。这

---

　　① 罗伯特·S. 特拉格瑟:《胡塞尔与逻辑及数学中的实在论》，出版
者导言，第 7 页。

　　② 莫汉梯:《胡塞尔和弗雷格》, Indiana University Press，1982 年，第
一章，第 2－8 页。

些书都是从分析哲学的角度对胡塞尔哲学的研究。但在分析哲学家的现象学研究中，影响较大的是挪威哲学家福勒斯达尔（Dagfinn Føllesdal）。福勒斯达尔 1932 年生，就学于奥斯陆大学，后赴美国哈佛大学在蒯因门下学习，并取得了博士学位。毕业后在奥斯陆、斯坦福等大学任教。福勒斯达尔被施泰格缪勒称为"杰出的胡塞尔研究者，甚至可以说是胡塞尔专家"，又是"研究存在主义的专家"。[①]而德雷福斯则称他为逻辑学家和分析哲学家。施泰格缪勒认为，他几乎是当代仅有的几个（如果不是唯一的话）在现象学和分析哲学两方面都是内行的哲学家。这个得天独厚的条件使他成为这方面的工作显赫的人物。

他于 1972 年发表了著名论文《为分析哲学家们写的现象学导论》，其后他在进行逻辑、科学哲学和其他哲学课题的研究的同时，还写了一系列的关于现象学的论文，指导博士生、主持讨论班，从分析哲学的角度对现象学进行研究。根据施米特和麦因泰尔（D. Mcintyre，1942 年出生）的报道，从 1969 年 6 月到 1970 年，他在斯坦福大学主持一个有芬兰籍分析哲学家欣梯卡（Hintikka）参加的研究班，专门研究现象学问题。1973 年和 1974 年的夏季又组织了同类的讨论班。这种研究班的参加者均对这个问题有专门的研究，人数最多不过七八个。1980 年德雷福斯又在加利福尼亚伯克利大学组织举行了一次"现象学与存在主义暑期学院"，题目为"从大陆哲学和分析哲学角度看意向性问题"。会上福勒斯达尔及他的同事、学生们报告了他们的研究成果。1982 年，德雷福斯便编辑出版了包涵大量福勒斯达尔观点的论文集

---

① 施泰格缪勒：《当代哲学主潮》第六版，下卷，第86页。

《胡塞尔、意向性和认知科学》(*Husserl, Intentionality, and Cognitive Science*, The MIT Press, 1982)。文集中收入了福勒斯达尔的论胡塞尔现象学的重要论文多篇和福勒斯达尔的学生的很多文章。同一年，福勒斯达尔的学生施密斯（D. W. Smith，1944 年出生）和麦因泰尔把他们多年随福勒斯达尔学习研究、参加上述福勒斯达尔领导的现象学讨论班的研究成果汇集成书，以《胡塞尔和意向性》为题出版。这两位年轻哲学家的这本书可以说是目前这方面研究的代表性著作。[①]

福勒斯达尔对胡塞尔的思想进行了历史的分析，并同弗雷格的哲学思想进行了比较，进而突出了现象学中 Noema（意向性意义）的重要地位，认为它是整个胡塞尔现象学的核心，甚至可以说现象学是专门研究 Noema 的先验科学。[②]

福勒斯达尔认为，胡塞尔的现象学是为克服布伦塔诺哲学中的困难而提出的。布伦塔诺在对意向性作规定时，认为与意向的趋向性相应的对象总是存在的。但是，如何解释，大量与意向活动相应的事件只是意向的构想，并不是真实存在。为此，布伦塔诺又提出了意向性内存的问题。那么内存是否构成意识本身的一部分呢？如果是，它如何成为意向活动的对象呢？为解决这一问题，胡塞尔将布伦塔诺的"意向性活动－对象"二维认识模式改

---

① 上述背景材料均来自施密斯和麦因泰尔合著的《胡塞尔和意向性》一书的前言。我们至今没能在国内找到福勒斯达尔《为分析哲学家写的现象学导论》一文，所以只能根据收集在德雷福斯《胡塞尔、意向性和认知科学》一书中的福勒斯达尔及其同事的论文，并参考施密斯、麦因泰尔合著的《胡塞尔和意向性》一书的有关内容加以介绍。

② 施泰格缪勒：《当代哲学潮流》第六版，下卷，第 99 页。

变为"意向性活动－Noema－对象"三维模式。[①]按福勒斯达尔的看法,胡塞尔的这个解决办法与弗雷格解决"数个指号共同'享有'同一个被指对象"这个矛盾时提出的办法是一致的。弗雷格将"指号(名称)－对象"的二维模式改变为"指号(名称)－含义－对象"的三维模式。弗雷格认为,每个指号都含有一个意义,如果它具有相应的对象,它便通过意义来指向对象。胡塞尔则认为,每个认识活动都有一个 Noema,通过 Noema 来指向对象,假如有这样的对象存在的话。弗雷格认为一个对象可以有多个含义;胡塞尔认为一个行为可以用多个 Noema 指称同一对象。[②]他们之间的不同则在于,弗雷格的意义是言语行为的内容:当一个指称对象不透明时,言语行为用指号指示的便不是被指对象而是意义。与此相反,胡塞尔则认为,Noema 从来不是意向性活动的对象,它只是意向性活动指称对象的手段。只有通过现象学的反思才能把握 Noema 的存在。福勒斯达尔以分析哲学家特有的清晰明白的语言,对胡塞尔的意向性意义概念(Noema)进行系统的分析阐述,使之变为十分易懂的学说。他的《论 Noema 观念》一文中把 Noema 观念分析为十二个基本命题:[③]

1. Noema 是一种意向性实体,是意义观念的一般化推广。

2. Noema 由两个因素构成:a. 统一的对象本身,也称为对象性意义。它独立于意向行为对它的表象方式或设置方式。b. 因设置方式或表象方式而异的对象的表象。它又分为:(ⅰ)行为

---

① 德雷福斯:《胡塞尔、意向性和认知科学》,第 31－41 页。

② 关于弗雷格的意义理论,参见涂纪亮:《分析哲学及其在美国的发展》上卷,第 43－55 页。

③ 德雷福斯:《胡塞尔、意向性和认知科学》,第 73－96 页。

的设置性特征（Setzungscharakter）。（ⅱ）意义的充实、实现的形式，即直观性意义（Anschauungssinn）。

3. Noema 性的意义是意识借以与对象发生联系的手段。

4. 意向性行为的 Noema 不是意向行为的对象。

5. 同一个 Noema 只有一个对象与之相应。

6. 同一个对象可以有几个不同的 Noema。

7. 每一个意向性行为只有一个唯一的 Noema。

8. 所有的 Noema 都是抽象的实体。[①]

9. 所有的 Noema 都不是由我们的感官接受到的。

10. 所有 Noema 都是通过一种独特的反思活动，即现象学反思活动而被认识。

11. 现象学反思是可重复的。

12. 对象的规定性的范型加上其对象的表象形式（gegebensweise）就是 Noema。

通过这十二个命题，Noema 的直接在意识中显现而又独立于意识过程的存在方式便得到了明确的规定。它在经验中出现，但不是经验的组成部分，这就是弗雷格所谓的含义（Sinn）。它是介于人的认识主体经验与被认识之客体之间的抽象的存在。

福勒斯达尔还通过列表[②]的方式明确阐明了胡塞尔经验或体验概念的内容。

---

① 包括这个命题在内的以下的四个命题都是福勒斯达尔从胡塞尔未发表的手稿《Noema 和意义》中发掘的思想。

② 德雷福斯:《胡塞尔、意向性和认知科学》，第 38 页。中括号内的文字为笔者所加。

$$
\text{经验（体验）}
\begin{cases}
\text{经验（体验）的意向性层次} \\
\quad = \text{意向性思维活动（Noesis）} \\
\quad = \text{表达（informing）层次或赋义行为层次} \\
\text{经验（体验）的材料层次} \\
\quad = \text{质料（Hyle）} \\
\quad = \text{材料（Stoff）} \\
\quad = \text{感性材料（Sense data）} \\
\quad = \text{基源性内容（Primary contents）} \\
\quad = \text{透视变化（Perspective）}
\end{cases}
$$

［Noema，即系统性的规定，使经验（体验）的意向性层次同经验（体验）的材料层次联系在一起。］

$$
\text{对象特征}
\begin{cases}
\text{经验（体验）的对象性层次} \\
\quad = \text{被透视到的可变化者（Perspected variable）}
\end{cases}
$$

福勒斯达尔明确指出，感性素材，即我们平时所说的感觉，亦即透视变化与被透视到的变化者，原本是相互独立的，只是由于复杂的理解行为的加工整理，才把许多感性素材（透视变化）综合为一个统一的经验对象（被透视到的可变化者）。整理加工综合的各种复杂的系统的诸规定就是 Noema。Noema 加上感性素材（Hyle）就构成了一个完整的感性的意向性认知行为。[1]福勒斯达尔对胡塞尔解说，使现象学的认识论以至语言哲学的特征更为突出。更重要的是，现象学的基本内容从复杂的反思、繁复的研究材料中解脱出来，以清晰明快的面貌展现在人们面前，使对

---

① 福勒斯达尔对胡塞尔现象学认识论的解释与笔者对胡塞尔现象学认识论的研究结果基本一致。不过，他没有提及意向活动的整体性原则，也没有强调在这种行为中，对象自身显现的思想。笔者认为是一种缺憾。

繁冗艰深的反思一贯反感的英美国家的哲学家得以了解胡塞尔思想的真谛。当然，福勒斯达尔的现象学解说中略去了它的很多本质性原则，比如先验自我等原则性命题，因而他也受到坚持胡塞尔先验主义立场的哲学家的非议。①

英语国家也有人把胡塞尔的现象学意义理论同分析哲学家塞尔（John Searle）的言语行为理论加以比较。比如美国的德雷福斯和德国的艾莱（Lothar Eley）就是这样做的。塞尔是英国日常语言哲学在美国的重要的代表。在语言哲学的研究中，他进一步发展了奥斯汀的观点，把语言行为分为三类：（一）"命题行为"（propositional act）；（二）"以言行事的行为"（illocutionary act）；（三）"以言取效"的行为（perlocutionary act）。塞尔指出，在语言中常有这种情况，不同的命题表达方式表达了同一内容。这个共同内容的表达就是"命题行为"，但这种不同的表达方式是不同的"行事"行为。②德雷福斯则发现，早在1900年胡塞尔就已对言语行为中的这两种不同方式作了区别。塞尔称为"命题行为"形式的，被胡塞尔称为"意义"的"matter"（德文是 Materie）；塞尔称为"以言行事行为"的形式的，被胡塞尔称为意义的"Qualität"。当然，塞尔认为，语言交流的一个重要的特征是它

---

① 在美国教授科克曼斯 1986 年访问北京大学期间，作者曾问及他对福勒斯达尔现象学解释的意见，他认为福勒斯达尔及大多数美国哲学家都把现象学庸俗化了，不值一顾，研究现象学应从胡塞尔本人的原著入手，切勿受庸俗化的影响。

② 关于塞尔的哲学思想的具体介绍，请看涂纪亮：《分析哲学及其在美国的发展（下）》，第 597－615 页；涂纪亮：《当代美国哲学》，第 101－106 页。

的意向性结构，这一观点当然是胡塞尔思想的核心。胡塞尔和年轻塞尔在观点上的根本区别在于，胡塞尔认为，意向行为是"先验自我"功能，它的活动使意向性的意义得以实现，现象学的任务就是描述"先验自我"的工作过程，描述这个过程中的这种规则的实施结构和环节。而塞尔则持一种功能主义观点：仅指出意向性行为的逻辑性质，而不去具体描述大脑中的具体过程本身。塞尔认为，它也许是大脑细胞的功能，也可能是一种抽象的形式规则。这对语言哲学的研究不重要。[①]

第四节　现象学与人工智能研究

把现象学同人工智能研究结合在一起的代表是美国教授德雷福斯（Hubert L. Dreyfus)。《计算机不能做什么》是他的代表作。

人工智能是研究机器思维的，也就是研究计算机如何可以模拟人的思维。既然要模拟人的思维，对思维全过程的从细节到整体的研究必然是它的基本任务之一。在此基础上，才可以谈得上模拟这个过程。胡塞尔搞现象学研究 30 多年，目的也正是要弄清思维一般过程的细节和整体，只不过他没有将这个过程通过机器模拟下来的想法。所以胡塞尔的认识论工作与人工智能研究有内在的联系。

人工智能研究中的所谓模拟，也不是用物理手段再做一个能思维的人造大脑。这里所谓模拟是指按人的思维功能的模拟。人工智能科学家持这种态度，当然有其技术上的原因：他们认为，现

---

① 有关的比较分析，见德雷福斯为其主编的《胡塞尔、意向性和认知科学》一书写的序言。

代生理学所提供的关于人脑及其机能的知识还太少,从神经活动到逻辑思维,这中间还有很长一段联系环节根本没有搞清楚,所以无法用生理模型来模拟能思维的大脑结构。^①胡塞尔的现象学在思维研究中也采取了类似的立场,尽管这种立场与技术毫不相干。为了做到对思维本身进行观察分析,也就是为了为思维研究创造一个纯粹的环境,不受各种科学及哲学成见的干扰,胡塞尔把我们对世界的各种看法,把心理－生理学的理论放到括弧中,存而不论,在研究中不加考虑。正是由于这个原因,在研究之初,胡塞尔便激烈反对心理主义。他实际上是反对用人的大脑的生理－心理细节分析来解释思维过程,以取代对思维过程本身的观察描述与分析。从具体内容上看,胡塞尔现象学中的超验自我,无非是一个忽略了人脑存在的、宏观的、功能性的思维统一体,可以称之为一个理论人脑——它执行人脑的一切功能,但没有人脑的存在。这样的理论人脑不就是人工智能研究者要寻找的吗?

人工智能的研究存在着数学学派和心理学派这两个派别。数学学派不关心人与机器在解决问题时的各自的物理特征,也不考虑如何使二者一致或起码相仿的问题。他们只要求为机器寻找一个能解决思维所能解决的问题的那样一组算法,算法理论当然是人工智能的理论基础。对于这一派来说,现象学的研究当然没有太大的意思。人工智能研究中的心理学派则认为,世界上人是最

---

① 英语国家的哲学中,精神哲学 (Philosophy of Mind) 研究的正是从大脑到思维之间的这段联系。它的工作有很强的技术需要上的背景。正是由于这个原因,英语国家中的精神哲学研究一直十分兴盛。

聪明的,所以人在思维中使用的各种方法是解决智能问题的最佳方案,所以他们主张,把人解决各类问题时所使用的方法策略、经验技巧编制成程序,依它来解决问题。因此,他们必须首先致力于考察人是怎样思维的,把语言报告和行为表现的描述总结成思维活动的规律,并把这些规律转换成(编成)程序,作为心理模型在计算机上进行模拟操作。这样,他们的工作就与胡塞尔的工作有共同之处。胡塞尔的工作恰恰是对人的思维的操作过程的不同类型的尝试性分析和描述工作。不管这些描述在多大程度上是可靠的,这些描述和分析毕竟可以作为过去对思维过程的研究报告来看。所以人工智能研究者开始关心起现象学,希望从中受到些启发。

在人工智能研究中,人们普遍认为,思维的特征是能自寻目标,能在各种各样的环境下达到这些目标。而自寻目标是通过负反馈来实现的,因此加有负反馈的系统,也就具有了思维的特点。这种把思维特征归纳为"自寻目标"的想法,马上使人们想到胡塞尔的意向性结构的理论。通过对人工智能与现象学的比较,我们看到,胡塞尔现象学认识论研究的确可以称为人工智能的思维研究的先驱性工作。所以德雷福斯把胡塞尔称为人工智能之父是有道理的。但是在德雷福斯的手中,现象学并不是人工智能理论的正面支持者或辩护者,相反它是人工智能研究的哲学背景的批判者。他"吸收了埃德蒙·胡塞尔的现象学分析"[①]来批

---

① 德雷福斯:《计算机不能做什么》,生活·读书·新知三联书店,1986年,第41页。该译文的一些地方值得商榷,如把"声音现象的频率"译为"现象学的声音序列"。还有时把"胡塞尔"译为"赫塞尔",有时又译为"赫

判人工智能的弱点,勘探出目前人工智能工作暂时失败的哲学根据，他认为在原有原则指导下的人工智能研究是不可能成功的。这种批判受到人工智能专家的肯定。哈佛大学艾肯计算实验室的安东尼－奥廷格尔认为,德雷福斯对人工智能专家们来说是"一位富有批判精神的旁观者，一位热心于探究和分析知识基础问题的专业哲学家"，并告诫同行,"绝不可把他当作不受欢迎的冒犯者拒之门外。也不要用挖苦的言辞非难他"。他认为，德雷福斯提的问题带有十足的科学性,"不能推诿给哲学家"，但又带有十足的哲学性质，因而也"不能推诿给科学家"。也就是说，要在科学家和哲学家的对话中来解决这些问题。

德雷福斯所理解的现象学是很宽泛的。他把所有符合现象学描述原则的哲学观点、特征的关于认知问题的看法都称为现象学的。如，他把维特根斯坦对语言使用的无规则性的描述称为"现象学描述"。①梅洛－庞蒂和海德格尔的一些观点被他算作现象学研究成果，它们弥补了胡塞尔现象学研究中的弱点。

德雷福斯主要是重视胡塞尔现象学对认识活动的具体过程的研究。他强调，胡塞尔首先指出了认知活动（即智能活动）的整体性。心理学的格式塔或完整的心理学派，正是在胡塞尔的这种整体主义影响下形成的。所以，德雷福斯在文章中经常交错使用格式塔理论和现象学这两个概念。这里所谓整体，是指由人的意指行为产生的、由意义的广泛联系构成的整体。

斯尔"（第 42 页），把"维特根斯坦"译为"维特杰斯坦"，把"梅洛－庞蒂"译为"默卢－庞第"，甚至"庞第"，等等。

　　① 德雷福斯：《计算机不能做什么》，第 211 页。

德雷福斯看到，在人的智能研究中，人们是把世界分成两个层次：物理的层次和心理的层次。人的智能就是用物理材料复制出具有心理功能的机器。但是德雷福斯认为，还存在第三个层次，现象学的层次。在这个层次上，人们感知的是物理对象，比如我们看到一把椅子，它可以作为物理对象，可以"被定义为原子的集合，或者木头或金属的集合"①。在这种情况下，椅子没有意义，但因此我们也无从辨别什么是椅子，而人们实际上看到的是椅子。听到的音乐、动物的叫声，不仅是一定频率空气震动；我们听懂的是单词和句子，而不是千差万别的、由声带引起的空气震动，甚至不是人的声音本身。"人们所做的是在有意义的场合中的有意义的行为。"人的行为中意指的各种意义实际上是一种指称客体的功能，以椅子为例："使它能起物的作用的是它在全部实践环境中的地位。这又预设了有关人类的某些事实（疲劳、人体弯曲的方式），一种由文化所决定的其他设备（桌子、地板、灯）的网络和技能（吃、写、开会、讲读等）的网络。"②人可以理解这一网络，被我们理解的意义指称着椅子的功用，以及它发挥功用的背景，所以能区别凳子和炕桌。人工智能研究者试图用"可坐于其上的某物"来定义椅子，以便使计算机能识别它。但这样，机器便会把炕桌也叫椅子，甚至把便桶也叫椅子。由于人工智能研究者忽视现象学发现的第三层次，即意义网络的层次，所以他们设计的计算机连日用品也不能区别（椅子的形状也是五花八门，不下万种）。按照德雷福斯的看法，具体的观念和

---

① 德雷福斯：《计算机不能做什么》，第 43 页。

② 德雷福斯：《计算机不能做什么》，第 44 页。

物理能一样都是具体的，但又是完全不同种类的现象。无论通过怎样复杂的手段也不可能把变化不居的能量输入与持续（不变）的乐音之间的沟壑填平。在听音乐时，绝对的物理声响根本没有被感知到，感知到的只是乐音。总之，物理对象不能转化为被现象学描述发现的意向性对象，即不能被直接转化为意义。

意义网络的整体性是由意向性活动构建而成的。德雷福斯将意向性活动构建活动称为非确定性的全局性预感或设定。[①]在胡塞尔那里，是由具有神奇力量的先验意识作出这种全局性的预感或设定的。这种智能行为的运行离不开有预设的文化实践和惯例等背景。文化实践和惯例在认识中的重要作用恰恰是现象学研究发现的，是它的研究成果，而这方面的问题常常为人工智能研究所忽视。德雷福斯指出，胡塞尔认为，形式可同内容分开，全局性期望可以同知性感觉分开。所以胡塞尔的意向性内容，即全局性期望（Noema）实际上是一条规则，它独立于对它的经验的运用而先验地存在于意识中。德雷福斯认为，胡塞尔之所以提出这类假设，是因为他没有完全摆脱传统唯理论。胡塞尔的假设应该由梅洛－庞蒂的躯体化理论来取代："传达意义的正是我们的身躯。"[②]人类的智能活动－思维不可能离开躯体而独立存在。人类的思维在各个方面都包含着诸如情绪、躯体的感觉－运动技能、对行为的深远意义的解释等。所有这一切都十分紧密地融合在一起，人们无法用抽象的明晰的观念之网把这种具体的日常生活实

---

① 德雷福斯：《计算机不能做什么》，第 245 页。

② 德雷福斯：《计算机不能做什么》，第 256 页。

践整体复制出来。①这就是现象学揭示出的人的智能活动的描述性结构。目前人工智能的研究尚未找到一种方式来模拟人的这种实践生活整体。甚至相反,人工智能的研究者认为,日常生活中的理解和自然语言交际根本不包含有我们的躯体化的、社会化的技能,因此形成了对人的智能的曲解。②所以,德雷福斯认为,目前人工智能工作的研究还没有走上正确的道路。

在本节结束之前,还应顺便指出,1972 年德雷福斯的书首次发表之后,的确引起了不少人工智能研究者注意,不少人提出,应该接受胡塞尔对意义的整体、社会文化背景的理解,以及有关意向性活动的思想,并提出了模拟这些功能结构的方案。在该书的 1979 年第二版中,德雷福斯又指出,胡塞尔的发现固然重要,但整个研究都失败的原因,就是胡塞尔忽视了躯体及其技能在智能中的关键作用。人工智能真要达到人的智能水平,必须解决如何模拟人的躯体化及其技能的问题。

另外还需指出,德雷福斯认为,胡塞尔发现的人可以理解不合语法惯例甚至是错误的句子的能力,是人的智能理解的意向性和整体性的明证:直到今日,任何电脑都还无法理解不符合该机语义惯例的句子,更不用说理解错句了。

---

① 德雷福斯:《计算机不能做什么》,第 62 页。
② 德雷福斯:《计算机不能做什么》,第 74 页。

跋

初稿写成后，张祥龙教授曾经阅读了全文，提出了不少宝贵意见；我的博士生张应伟和亓校盛通读了修改稿，指出了许多打印录入错误和笔误。值此机会一并表示感谢。

最后我要再次感谢我的夫人水伊女士。和我的其他书稿或译稿一样，这次的稿本也是由她在工作和家务之余录入计算机的。离开她的支持和帮助，我在工作中的任何成绩都是不可思议的。

靳希平于京西骚子营

2003 年 5 月

再版跋

《老子》三十三章有言："知人者智也，自知者明也。"
苏格拉底则更加具体地说：

ἐγὼ γὰρ δὴ οὔτε μέγα οὔτε σμικρὸν σύνοιδα ἐμαυτῷ
σοφὸς ὤν.（21b4-5）

κινδυνεύει μὲν γὰρ ἡμῶν οὐδέτερος οὐδὲν καλὸν
κἀγαθὸν εἰδέναι, ἀλλ᾽ οὗτος μὲν οἴεταί τι εἰδέναι οὐκ
εἰδώς, ἐγὼ δέ, ὥσπερ οὖν οὐκ οἶδα, οὐδὲ οἴομαι. ἔοικα
γοῦν τούτου γε σμικρῷ τινι αὐτῷ τούτῳ σοφώτερος εἶναι,
ὅτι ἃ μὴ οἶδα οὐδὲ οἴομαι εἰδέναι. (21d4-7)

"因为我意识到，无论是在大事上还是在小事上，我
都不是智慧的。"

"虽然事实上我们两人都不知道任何美好的东西和
善良的东西［是什么］，但是这个人认为自己知道，尽
管他不知道；而我，我的确不知道，因此，我也不认为
＜自己知道＞。所以，至少恰恰就在下面这一小点来说，我
似乎比这人智慧些个，那就是，凡是我不知道的东西，我
不认为我知道。"（《希汉对照柏拉图全集：苏格拉底的
申辩》，商务印书馆，2021年，第12—15页。略有改动）

　　早年的教育不良，给我们这一代人带来的精神上的伤害，知识与智力上的缺陷与不足，是无法完全修复的，成了我辈的特征！但是，对此有自觉者，鲜矣！2022年在中山大学访学期间，我结识了中山大学历史系的一位著名中国经济史教授，是我的同代人。他带中山大学人文高等研究院的同仁，参观广州十三行博物馆和还能找到的十三行世家的旧址。在自我介绍时，他十分坦然地说，"我就是小学水平"云云。他的这种觉悟和真诚，一下子使我们成了知己。在近50年的北大哲学系执教生涯中，我无日不在用补课来抚摩旧伤，弥补无知，以免使自己成为滥竽充数者。现在要再版的这本旧作《十九世纪德国非主流哲学》，就是抚摩旧伤的副产品。具体情况，前言中已有说明，不复赘述。

　　经我退休后的无薪助手、商务印书馆的李强先生介绍，武汉的崇文书局有意再版这本旧作。我本来觉得已经过时，但李强先生认为，本书对西方哲学初学者还有一些参考价值，于是也就同意了他的再版建议。值此机会对李强先生长期以来的无私帮助表示感谢。另外，北京大学吴增定教授同意保留他写的关于尼采哲学的精彩章节，以继续为本书增辉。对吴增定教授的鼎力支持深表谢意！最后，真挚感谢武汉崇文书局的编辑黄显深先生，感谢他对再版本书的热情和认真工作！

靳希平于北京西郊镶黄旗寓所

2023年5月12日草，15日改定

崇文学术文库 · 西方哲学

崇文学术文库 · 中国哲学

唯识学丛书（26种）

禅解儒道丛书（8种）

徐梵澄著译选集（4种）

西方哲学经典影印（24种）

西方科学经典影印（7种）

古典语言丛书（影印版，5种）

出品：崇文书局人文学术编辑部 · 我思

联系：027-87679738，mwh902@163.com

我
思

敢于运用你的理智

崇文学术译丛·西方哲学 [待出]

1.〔英〕W. T. 斯退士 著，鲍训吾 译：黑格尔哲学
2.〔法〕笛卡尔 著，关文运 译：哲学原理 方法论
3.〔美〕迈克尔·哥文 著，周建漳 译：于思之际，何者入思
4.〔美〕迈克尔·哥文 著，周建漳 译：真理与存在

崇文学术译丛·语言与文字

1.〔法〕梅耶 著，岑麒祥 译：历史语言学中的比较方法
2.〔美〕萨克斯 著，康慨 译：伟大的字母 [待出]
3.〔法〕托里 著，曹莉 译：字母的科学与艺术 [待出]

崇文学术译丛·武内义雄文集（4种）

1. 老子原始　2. 论语之研究　3. 中国思想史　4. 中国学研究法

中国古代哲学典籍

1.〔明〕王肯堂 证义，倪梁康、许伟 校证：成唯识论证义
2.〔唐〕杨倞 注，〔日〕久保爱 增注，张觉 校证：荀子增注 [待出]

萤火丛书

1. 邓晓芒　批判与启蒙